U0378470

HarmonyOS 原子化服务卡片原理与实战

李洋◎著

清华大学出版社
北京

内 容 简 介

本书主要阐述鸿蒙操作系统(HarmonyOS)应用开发中全新的服务形式,原子化服务与服务卡片技术发展的必然趋势,运行的基本概念、原理与实战开发练习。

本书分为三篇共9章。第一篇基础原理篇为本书的第1～3章,分别是概述、开发环境和快速入门、HarmonyOS应用基础与原理。第二篇成长提高篇为本书的第4～6章,分别是常用模板开发练习、常用组件布局开发、业务功能与数据管理开发。第三篇案例实战篇为本书的第7～9章,分别是设计与UX、案例实战开发练习、编译测试与上架申请。

本书在创作过程中主要使用了JS、Java、eTS三种开发语言,直接从事代码开发相关的读者,至少需要具备这三种开发语言中的一种入门级基础知识才能很好地阅读。同时本书对原子化服务与服务卡片技术发展的宏观背景与必然趋势、策划创意来源、设计和UX要求、编译和上架申请流程进行了详细介绍,也适合应用开发决策者、产品经理、设计师、运营人员等应用开发运营团队成员阅读。

图书在版编目(CIP)数据

HarmonyOS原子化服务卡片原理与实战/李洋著.—北京:清华大学出版社,2022.11
(计算机技术开发与应用丛书)
ISBN 978-7-302-60699-4

Ⅰ.①H… Ⅱ.①李… Ⅲ.①移动终端-应用程序-程序设计 Ⅳ.①TN929.53

中国版本图书馆CIP数据核字(2022)第069319号

责任编辑: 赵佳霓
封面设计: 吴 刚
责任校对: 时翠兰
责任印制: 曹婉颖

出版发行: 清华大学出版社
网 址:http://www.tup.com.cn, http://www.wqbook.com
地 址:北京清华大学学研大厦A座 邮 编:100084
社 总 机:010-83470000 邮 购:010-62786544
投稿与读者服务:010-62776969, c-service@tup.tsinghua.edu.cn
质量反馈:010-62772015, zhiliang@tup.tsinghua.edu.cn
课件下载:http://www.tup.com.cn,010-83470236
印 装 者: 北京嘉实印刷有限公司
经 销: 全国新华书店
开 本: 186mm×240mm **印 张:** 34.25 **字 数:** 767千字
版 次: 2022年12月第1版 **印 次:** 2022年12月第1次印刷
印 数: 1～2000
定 价: 129.00元

产品编号:094847-01

前 言

PREFACE

在笔者创作本书期间，华为公司官方公布自有终端设备及第三方生态合作伙伴终端设备已经超过3.2亿台次升级为HarmonyOS。HarmonyOS已成为全球第三大智能终端操作系统。华为公司官方公布规划2022年HarmonyOS升级终端设备数为5亿～8亿台，2023年升级目标数是20亿台。我们通过观察互联网时代的计算机网站往移动互联网时期的手机App的迁移过程就可以发现，应用软件服务的变革往往是从操作系统、设备的不断发展创新开始的。那么基于HarmonyOS万物互联智慧时代的应用软件服务表现形式是怎样的呢？

HarmonyOS现在除了支持传统的需要安装的App外，还支持一种全新的应用软件服务形态，即原子化服务与服务卡片；原子化服务与服务卡片具有免安装、多设备流转、支持超级终端、更智能地交互、更便捷地分享等特征。笔者认为，基于HarmonyOS的原子化服务与服务卡片代表着未来应用软件服务发展的新趋势。

笔者及公司团队，比较早地接触了HarmonyOS、原子化服务与服务卡片的技术开发工作。笔者创作本书时的原子化服务与服务卡片，主要支持JS、Java、eTS这三种语言进行开发，笔者及团队在一年左右的时间里学习、练习了这3种语言的100个以上的HarmonyOS应用服务组件的开发，并逐步通过模板、组件、功能组合形成多种类型的HarmonyOS应用服务Demo；在华为HarmonyOS官方原子化服务与服务卡片正式开放上架运营时，我们又比较早地参与了测试、开发等工作。在创作本书时笔者及团队已经策划、开发、上架了多个原子化服务与服务卡片。

鉴于HarmonyOS原子化服务与服务卡片应用服务形态目前仍处于初期发展阶段，我们将自身学习体验的开发、策划、设计、上架、运营等经验整理为书籍进行分享，希望能帮助更多的开发者参与进来，共同促进鸿蒙生态的发展；同时，通过写作本书，笔者及团队查阅了大量的资料和系统整理了我们的知识与技能，也为笔者及团队后续的技术发展打下了更加坚实的基础。

本书主要内容

本书主要阐述HarmonyOS应用开发中全新的服务形式，以及原子化服务与服务卡片技术发展的必然趋势、运行的基本概念、原理与实战开发练习。

本书分为三篇，基础原理篇、成长提高篇与案例实战篇，每篇又分为3章。

第一篇基础原理篇为本书的第1～3章。分别是概述、开发环境和快速入门、HarmonyOS应用基础与原理。

第 1 章主要分析了 HarmonyOS 与 HarmonyOS 应用、原子化服务与服务卡片的基本概念与关系；开发者积极参与的价值和意义；用开发案例对与本书技术开发相关的创作方式进行了展示说明。

第 2 章的内容主要包括 HUAWEI DevEco Studio 整体介绍、安装、使用入门、多设备开发练习；让开发者快速熟悉工具、上手原子化服务与服务卡片实战开发，获得直观的体验。

第 3 章主要讲解 HarmonyOS 应用开发的基础知识与原理，原子化服务与服务卡片技术开发的总体要求、运行原理与基础知识。

第二篇成长提高篇为本书的第 4～6 章。分别是常用模板开发练习、常用组件布局开发、业务功能与数据管理开发。

第 4 章主要基于 HUAWEI DevEco Studio 中自带的模板进行汇总和实战练习。笔者认为通过直接使用模板或者在其基础上根据开发者需要的场景进行创新与二次开发是最为快速和便捷的学习方式。

第 5 章主要是对 HarmonyOS 原子化服务与服务卡片在开发过程中可以使用的各项组件与布局进行汇总与练习。通过使用组件的练习方式，可以快速地让开发者上手并看到成效。我们创作了部分组件案例，读者可以直接引用。

第 6 章主要介绍原子化服务与服务卡片的功能开发过程，包括卡片的流转开发、华为及畅连分享接入和平行视界的开发、引用封装好的 API 和三方组件的开发、OpenHarmony 的应用、原子化服务与服务卡片开发简述等内容。

第三篇案例实战篇为本书的第 7～9 章，分别是设计与 UX 相关、案例实战开发练习、编译测试与上架申请。

第 7 章主要阐述设计与 UX (User eXperience)用户体验的内容。

第 8 章用笔者及团队已经开发成功并上架和正在开发中的部分实际项目案例，对前面各章节阐述的各项知识与技能进行了汇总演示，供读者参照练习。

第 9 章主要阐述原子化服务与服务卡片代码包及相关资源的编译构建方式与申请上架流程。

阅读建议

笔者认为基于 HarmonyOS 应用服务的开发者分为狭义与广义两种类型；狭义开发者可定义为直接和程序创作相关的开发者。广义开发者则包括了和 HarmonyOS 应用服务诞生相关的决策、策划、设计、开发、测试、运营、投资甚至与体验者相关的全部参与者。其中狭义开发者一定是广义的开发者，但广义的开发者并不一定是狭义的开发者。整体上分析，一个优秀的软件应用、原子化服务与服务卡片需要团队配合协作才能很好地完成和运行。

本书创作主要使用了 JS、Java、eTS 三种开发语言。直接从事代码开发相关的读者，至少需要具备这三种开发语言中的一种入门级基础知识才能很好地阅读、理解与练习。本书的第 2、3、4、5、6、8 章都是和代码写作直接相关的内容。其中第 3 章的阐述以技术开发相关的基本概念、知识、原理为主，该章的大部分内容已经在 HarmonyOS 和开发工具中自带、自动生成和设置好了，并且在其他各章的学习练习中都有实际应用，所以建议读者采用快速阅览的模式初读，等学习了其他与实战相关的章节后，再去精读其中所需要的内容会更容易理解和吸收。和代码开发直接相关的内容围绕着开发工具快速入门的感性体验，开发相关的基本概念、知识、原理讲解，模板练习、组件布局实战练习，各项功能与数据管理的开发，项目案例实战分享的线路展开，便于读者循序渐进，有步骤、有计划地进行阅读理解与练习。

本书第1章对宏观背景与必然趋势进行分析；第7章主要阐述与设计和UX相关的内容，因为只有UX符合HarmonyOS官方基本的规范要求，该原子化服务与服务卡片才能上架运行；第9章为编译和上架申请流程。这3章内容不仅适合狭义开发者阅读与学习，也适合广义开发者阅读。

由于笔者及团队知识经验的不足，HarmonyOS及其应用、原子化服务与服务卡片等相关技术内容的快速发展，本书的内容一定有不足和不完善的地方，欢迎批评指正。

本书源代码

扫描下方二维码，可获取本书源代码：

源代码下载

致谢

感谢清华大学出版社赵佳霓编辑的邀请、耐心细致的指导与鸿蒙生态的开放、发展，让笔者有机会创作本书。感谢华为周清城、潘怡、钟海林、韦桂新、郭奇鑫、刘果、欧建深、秦杰、于小飞、张伟等对笔者及公司团队在HarmonyOS、原子化服务与服务卡片项目开发中的各项指导与支持。感谢笔者所在公司深圳市蛟龙腾飞网络科技有限公司原子化服务与服务卡片创作团队成员郭浩、张龙海、尹皎洁、田秦鲁、覃庆缘、舒映、李成、李江、韦惠飘、颜学盟、余国强、董会义、张术清等在笔者创作过程中对案例资料收集整理、策划设计、创意呈现、技术开发实践汇总、测试上架申请、升级操作经验总结等各方面的支持。感谢周仕斌、周毓捷、黄林淼、郑高叠、何媚媚、李亚明、侯鹏飞等好友在本书创作过程中提供的各项帮助，感谢积极参与并为本书提供案例的客户。感谢51CTO、电子发烧友、华为开发者联盟HarmonyOS社区的各项支持和鼓励。

感谢我的妻子尹皎洁及两个孩子李尹靖婷、李尹靖轩的支持，感谢本书创作期间弟弟、妹妹们及其家庭对父母、岳父岳母的照顾，因为在书籍创作过程中，笔者关心家庭的精力少了很多。

李　洋

2022年8月于深圳

目　录

CONTENTS

第一篇　基础原理篇

第二篇 成长提高篇

第三篇 案例实战篇

第一篇　基础原理篇

本篇包括第 1～3 章，分别是概述、开发环境和快速入门、HarmonyOS 应用开发基础与原理。

第 1 章主要分析了 HarmonyOS、HarmonyOS 应用、原子化服务、服务卡片的基本概念，让读者对 HarmonyOS 有整体的认知，对 HarmonyOS 应用的新服务形式有详细的了解，让读者对本书的主要内容原子化服务、服务卡片相关的基础知识进行掌握。同时对开发者积极参与 HarmonyOS 万物互联智慧新世界中的价值和意义进行了总结。用一个原子化服务与服务卡片开发案例对与本书技术开发相关的创作方式进行了展示说明。

第 2 章的内容主要包括 HUAWEI DevEco Studio 的整体介绍、安装、使用入门、多设备开发练习；让开发者快速熟悉工具、上手原子化服务与服务卡片实战开发，获得直观的体验。

第 3 章主要讲解 HarmonyOS 应用开发的基础知识与原理，无论是传统的需要安装的 App 开发，还是原子化服务与服务卡片开发，这些基本概念、基本设置、配置、基本知识与基本技能需要开发者了解和掌握。同时本章对原子化服务与服务技术卡片开发的总体要求与基础知识部分进行详细阐述。

第1章 概　述

本章主要分析了 HarmonyOS、HarmonyOS 应用、原子化服务、服务卡片的基本概念与关系；让大家对 HarmonyOS 有整体的认知；对 HarmonyOS 应用的新服务形式有详细的了解；让读者对本书的主要内容原子化服务、服务卡片开发相关的基础知识进行掌握。

本章对开发者积极参与 HarmonyOS 万物互联智慧新世界中的价值和意义进行了总结。用一个原子化服务与服务卡片开发案例对与本书技术开发相关的创作方式进行了展示说明。

1.1 HarmonyOS 与新服务

本节主要阐述 HarmonyOS 整体概念，以及软件、应用软件的分类；通过对应用软件发展的简要历程进行总结，论述了 HarmonyOS 应用新服务的必然趋势、各项特征与主要类型。

1.1.1 HarmonyOS 简述

1. 基本概念与主要特征

HarmonyOS 是面向万物互联时代与智慧世界的新一代分布式操作系统。

HarmonyOS 在继承和发扬传统的单设备（例如计算机、手机）操作系统能力的基础上，创新性地提出和实践基于同一操作系统能力、适配多种终端形态的分布式理念。

基于 HarmonyOS，根据各设备的特征、需要与对操作系统的不同要求，在实现与满足各设备通用、基础、快速配网、互联互通等功能的基础上，还可以个性化地支持手机、平板、智能穿戴、智慧屏、车机等多种终端设备的配置需求；实现用户在全场景下对多种设备和应用形成统一感知使用的超级终端的全新体验；前期实现的具体场景包括智慧家居、智慧出行、移动办公、运动健康、社交通信、媒体娱乐等领域。

从消费者、应用开发者和设备开发者的角度来分析，HarmonyOS 主要具备以下几个特征。

（1）消费者全新的使用体验，HarmonyOS 为消费者提供了在不同的场景下，多种设备与应用综合为其提供服务，并让消费者感知为一个设备与应用的超级终端体验，并相对于传统的单设备,在配网、使用交互、提供的功能服务和消费者的需求场景更加地匹配。

(2) 对应用开发者而言,HarmonyOS通过多种分布式技术,实现同一代码与一次开发,实现多设备与多端无差异化部署。让开发者能够专注于应用的业务逻辑与用户体验,让综合开发成本降低、效率提高。

(3) 对设备开发者而言,既可以统一使用HarmonyOS的基础、通用功能,又可以根据不同设备的特性及需求,对所需要的HarmonyOS的组件进行灵活裁剪,满足不同形态终端硬件与使用场景对操作系统的要求。

2. 技术架构与组成体系

HarmonyOS的整体技术构架从下向上分别为内核层、系统服务层、框架层和应用层4部分,见表1-1。

表1-1 HarmonyOS分层设计

分层设计
应用层
框架层
系统服务层
内核层

HarmonyOS的功能按照系统、子系统、功能和模块分级分层次地执行,在各设备进行开发时,HarmonyOS支持根据实际需求调取必要的部分。

同时,基于整体技术框架,HarmonyOS云、侧端形成了丰富的应用服务体系,设备端形成了互联的智能全场景设备生态,基于应用服务、智能设备及核心框架的应用开发、测试、设计工具环境、智能设备开发工具环境与各种接口、能力支持平台组成了其整体的技术框架。

HarmonyOS的内核主要由内核和驱动构成。内核包括Linux内核、HarmonyOS微内核和华为前期研发并投入使用的LiteOS等多内核;由于HarmonyOS是由多内核组成的,所以HarmonyOS内核通过抽象层的方式进行了统一封装,通过抽象层对上层提供统一的基础的各项内核能力,包括进程、线程管理等,让上层感觉不到多内核的存在。驱动主要涉及硬件的接入和管理,硬件驱动框架是HarmonyOS硬件生态开放的基础,为各种设备与外设提供统一的访问能力和驱动开发、管理框架。

HarmonyOS的系统服务层具体包括以下几部分。①系统基本能力相关,由分布式软总线等部分组成,主要为应用服务运行、迁移等操作提供基本的保障。②基础软件服务相关,进行公共的、通用的软件服务,由事件通知、电话等部分组成。③增强软件服务相关,为各种设备的不同能力提供特色功能的软件服务,包括智慧屏专有业务等部分组成。④硬件服务相关,由位置服务、生物特征识别等专门为硬件服务的多个部分组成。根据不同设备形态的部署环境,各个系统集内部都可以再按子系统进行细分与调用。

框架层为HarmonyOS应用开发提供了Java、C/C++、JS/TS等多语言的用户程序框架和Ability框架。具有由适用于Java语言的Java UI框架、适用于JS/TS语言的方舟开发框架两种UI框架,以及各种软硬件服务对外开放的多语言框架API组成。根据系统的组件化裁剪程度,HarmonyOS设备支持的API也会有所不同。

应用层的应用服务体系包括系统应用(例如控制栏等)、扩展应用(如输入法等)、第三方非系统应用(例如即时通信、移动办公、搜索引擎、出行服务等)。HarmonyOS的应用由一个或多个元程序FA(Feature Ability)或元服务PA(Particle Ability)组合而成。其中,FA

负责与用户互动沟通，有 UI 界面，而 PA 负责后台运行任务的能力及统一的数据访问运行管理，无 UI 界面。元程序 FA 在进行用户交互时由元服务 PA 提供所需的后台数据。基于 HarmonyOS 使用 FA、PA 开发的应用服务，除了可以实现特定的业务功能外，还可以支持跨设备流转与分享，为用户提供全新的全场景应用体验。本书的主要内容是基于应用层而开展的，是 HarmonyOS 应用中与原子化服务卡片相关的开发与实践。

基于 HarmonyOS 整体技术框架，云端有应用服务体系，设备端则是全新的智能联网状态，此外还有为之配套的开发服务工具。

设备端包括全面支持 HarmonyOS 特性的芯片、各种元器件、模组、开发板、解决方案与各种智能设备产品等。

基于整体的工具包括以下体系：

(1) HUAWEI DevEco Studio 为开发者进行应用开发的主要编辑器工具。

(2) HarmonyOS 的设计工具是一个设计规范和协同资源的端云系统，为开发者进行设计等相关工作提供快速标注和原子化布局的能力，提升设计师和前端开发人员等的工作效率与团队协作能力。

(3) DevEco Services 是 HUAWEI DevEco Studio 的云侧服务，主要为了提升开发者应用测试的效率和提高质量。

(4) HarmonyOS 能力开放与智慧平台是面向智能终端的 AI 人工智能能力开放平台。

(5) HUAWEI DevEco Device Tool 是智慧设备开发者主要使用的编辑器工具。还包括兼容性测试工具等，笔者坚信还有不少新工具在不断研发中。完善而强大的工具体系是支撑 HarmonyOS 发展的基础。

3. 技术特性与环境语言

HarmonyOS 从技术上来讲，其主要特性包括以下几方面。

一是硬件资源互助，设备能力共享。主要通过分布式软总线、分布式设备虚拟化、分布式数据管理、分布式任务调度等关键技术实现。

分布式软总线是手机、平板等多设备的通信底座，为智慧屏、车机、智能穿戴设备与手机及设备之间的无感发现与配网、零等待输出、互联互通提供了统一的分布式通信能力。开发者主要专注于业务逻辑的创新与实现，不用在组网方式与底层协议上花费很多时间和精力。例如在智能家居场景下，在制作料理时，手机可以通过碰一碰和料理机连接，并将自动按照原材料等的要求设置所需的参数，控制料理机制作与运行，做出自己喜欢的料理来；实现设备之间即连即用，无须烦琐的配置过程。

分布式设备虚拟化技术是实现多种设备共同形成超级虚拟终端的基础。对不同类型的场景任务，分布式设备虚拟化技术为用户匹配并选择功能合适的硬件进行组合，实现不同设备间业务连续流转，充分使用不同设备的功能优势，如显示、摄像、声频、交互及传感器能力等。例如家庭中做家务过程中的视频通话场景，在做家务时如果收到视频电话，则可将手机与房间中的智慧屏连接，将智慧屏的屏幕、摄像头与音箱虚拟化替代手机的屏幕、摄像头、听筒与扬声器，实现一边做家务、一边通过智慧屏和音箱进行视频通话。

分布式数据管理以分布式软总线能力为基础，让应用程序中的用户数据不再与单一设备绑定，通过业务流程与数据存储分离，实现多设备的数据处理和本地数据处理一样的体验，让开发者非常容易实现全场景、多设备下的数据存储、共享和访问，为实现超级终端场景下的一致、流畅的用户体验提供技术基础。例如协同办公场景中对手机、智慧屏上的文档进行投屏、翻页、缩放、修改等操作的最新状态可以在多设备间根据权限设置，进行同步操作与显示。例如家庭出游场景中，拍摄的照片可以实现与家庭成员各个手机、平板、家中智慧屏共享，大家可以根据权限设置进行同一照片的浏览、收藏和保存等操作。

分布式任务调度是基于以上阐述的软总线、数据管理、数据存储等分布式技术特性，构建与实现包括多设备发现、同步、注册、调用机制在内的统一的分布式服务管理体系；实现对多设备的应用进行远程启动、连接、调用及迁移等操作；能够根据不同设备的功能、位置、运行状态等，以及用户的不同使用场景，选择合适的设备实现分布式任务的组合，以便满足用户需求。例如导航场景中的用户驾车出行：上车前，用户在手机上选择好具体路线；上车后，导航可无缝迁移到车机和车载音箱，实现导航功能；下车后，导航自动无缝迁移回手机，进行步行导航。

二是统一的操作系统，按需求进行部署。HarmonyOS 的组件化和小型化等构建方法，支持多种终端设备按需获取相关能力，能够适配不同类别的硬件设备资源和功能需求。实现通过编译链关系去自动生成组件化的依赖关系，形成组件树依赖图，让智能产品系统的开发更加便捷和高效、降低硬件设备的开发门槛。例如，在选择配置图形框架组件中的部分控件时，根据编译链关系，可以自动生成组件化的依赖关系，编译器将会自动选择依赖的图形引擎及组件等。

三是一次开发，多终端、多设备应用部署。HarmonyOS 提供了用户应用程序框架、Ability 能力框架及 UI 界面框架，支持应用开发中各项功能、逻辑、界面实现的复用，实现应用的一次开发可以进行多设备部署，提高了跨设备应用的开发效率。UI 界面框架支持 Java 和 JS(JavaScript)等开发语言，提供了丰富的多态控件和组件，采用行业内的主流设计方式，提供了多种响应式布局方案，包括支持原子化、栅格化布局，可以在手机、平板、智能穿戴、智慧屏、车机上显示不同的 UI 效果，满足不同屏幕的界面适配能力。

技术开发方面，主要涉及的与环境、语言、知识点相关的内容如下：

Linux 服务器环境搭建及应用；Windows 或者 iOS 计算机开发环境准备及应用；HUAWEI DevEco Device Tool 环境安装与环境内开发；HUAWEI DevEco Studio 安装与平台内开发等。各种 API 的调用。开发语言暂时为 Java、Extensible Markup Language(XML)、C/C++、JS、Cascading Style Sheets(CSS)、HarmonyOS Markup Language(HML)、TypeScript(TS)、华为自研仓颉编程语言等。

硬件芯片、模组、开发板、产品设计连接等相关知识。

笔者预测，在后续 HarmonyOS 发展过程中，对用户、开发者等会逐步从内核无感替换成独立自主核心技术。

在以上开发语言中，除 C/C++ 主要和智能设备开发相关外，其他语言都和 HarmonyOS

新应用服务开发相关，这些是我们进行学习所需要掌握的一些基础知识和前提。

4. 系统安全

基于 HarmonyOS 的各种智能硬件设备与应用服务的使用，通过多重方式保证人、设备、使用数据的正确性来保障整体系统的安全。

人的正确性包括通过身份认证所识别的数据可将人分为访问者和相关业务操作者；人的正确性是确保系统安全的前提条件。HarmonyOS 主要通过零信任模型、多因素融合与协同互助认证 3 方面实现并确保人的正确性。

设备的正确性，只有用户使用的各种设备是安全可靠的，才能保证用户使用的安全性。HarmonyOS 在智能设备安全性保障上，主要通过安全启动、可信执行环境、设备证书认证实现。

使用数据的正确性，主要是指系统让用户能够正确地使用数据。HarmonyOS 按照各项法律法规与标准规范，以及各项先进的技术手段，在各项数据生成、存储、使用、传输与销毁过程进行全生命周期的保护，从而保证个人数据与隐私及系统的机密数据（如密钥等）不泄露。

5. HarmonyOS 版本介绍

HarmonyOS 开发者套件版本的类型主要包括 3 种类型。

一是 Canary 金丝雀版本，面向特定开发者发布的早期预览版本，不承诺 API 的稳定性，这种类型的版本一般是给 HarmonyOS 先行者或者铁杆用户提前小规模测试反馈使用的，参与的测试者需要对 HarmonyOS 技术方面特别熟悉及了解，愿意作为先行者进行测试。

二是 Beta 测试版本，面向开发者公开发布的 Beta 版本，不承诺 API 的稳定性，本版本属于测试版，一般会进行各种宣传，要求有一定的人数参与测试才会获得全面的反馈，根据开发者的意愿参与。

三是 Release 发布版本，面向开发者公开发布的正式版本，承诺 API 的稳定性。笔者及团队在创作本书时，主要基于 Release 版本进行，所以，本书整体内容的可实践性会比较强。

HarmonyOS 发布的主要版本、时间与特性如下：

2019 年 8 月，首次发布 HarmonyOS 1.0，只应用于华为智慧屏。

2020 年 9 月发布的版本信息见表 1-2。本版本为 HarmonyOS 2.0 首个 Beta 测试版本，支持华为智慧屏、智能穿戴、车机设备等基于 HarmonyOS 进行开发者 Beta 测试。同时华为面向第三方的 128KB～128MB 内存设备发布开源版本 OpenHarmony 1.0，由开放原子开源基金会进行社区化管理运营。

表 1-2　2020 年 9 月发布的版本信息

软　件　包	发布类型	版　本　号	发布时间
HarmonyOS SDK	Beta	Build Version：HarmonyOS SDK 3.0.0.80（API Version 3）	2020/9/11
DevEco Studio	Beta	Version：DevEco Studio 2.0 Beta1 Build Version：DevEco Studio 2.0.8.203	2020/9/11

2020 年 12 月发布的版本信息见表 1-3。本版本在前一版本的基础上，主要更新了对手机的支持，提供给开发者进行手机设备 Beta 测试，上阵智能设备主战场，是一个标志性事件。

表 1-3 2020 年 12 月发布的版本信息

软 件 包	发布类型	版 本 号	发布时间
HarmonyOS SDK	Beta	Build Version：HarmonyOS SDK 2.1.0.5(API Version 4 Beta 1)	2020/12/16
DevEco Studio	Beta	Version：DevEco Studio 2.0 Beta3 Build Version：DevEco Studio 2.0.12.201	2020/12/16

2021 年 3 月发布的版本信息见表 1-4。本次版本的更新重点包括分布式能力增强；基础通信能力增强；图形图像及 UI 框架能力增强；数据服务能力增强；媒体新增和优化了若干能力；新增部分 API 工具类接口；全球化能力增强；安全方面新增了对证书进行操作的相关能力，并对开发者提供相应接口；LiteOS 内核能力新增及优化。

表 1-4 2021 年 3 月发布的版本信息

软 件 包	发布类型	版 本 号	发布时间
HarmonyOS SDK	Beta	Build Version：HarmonyOS SDK 2.1.1.18(API Version 5 Beta 1) 说明 HarmonyOS SDK 2.1.0.13 版本新增接口，统一由 API Version 4 变更为 API Version 5。	2021/3/31
DevEco Studio	Beta	Version：DevEco Studio 2.1 Beta 3 Build Version：DevEco Studio 2.1.0.301	2021/3/31

紧接着在 2021 年 4 月 HarmonyOS 又进行了版本更新，见表 1-5。本次发布了 HarmonyOS SDK 2.1 Release，较前一版本在接口内容上无新增和变更。在配置文件 config.json 中，对于 reqPermissions > reason 字段的设置信息，支持在设备界面的权限申请弹窗中进行显示。新增并提供了服务卡片的开发指导。

表 1-5 2021 年 4 月发布的版本信息

软 件 包	发布类型	版 本 号	发布时间
HarmonyOS SDK	Release	Build Version：HarmonyOS SDK 2.1.1.20(API Version 5)	2021/4/30
DevEco Studio	Beta	Version：DevEco Studio 2.1 Beta 4 Build Version：DevEco Studio 2.1.0.303	2021/4/30

2021 年 6 月 2 日发布的版本信息见表 1-6。本次发布了 HarmonyOS SDK 2.1 Release，较前一版本在接口内容上无新增和变更。正式发布了原子化服务能力。开发指南新增流转的指导。

表 1-6 2021 年 6 月 2 日发布的版本信息

软　件　包	发布类型	版　本　号	发布时间
HarmonyOS SDK	Release	Build Version：HarmonyOS SDK 2.1.1.21(API Version 5)	2021/6/2
DevEco Studio	Release	Version：DevEco Studio 2.1 Release Build Version：DevEco Studio 2.1.0.501	2021/6/2

部分特性能力的优化：JS 卡片的开发，新增支持 JSON 格式。AnimatorProperty、Animator、AnimatedStateElement、FrameAnimationElement 四大类动画 XML 的属性新增支持在 DevEco Studio 的联想输入。

新增支持路由器设备类型的开发能力。

2021 年 6 月 25 日发布的最新版本信息见表 1-7。本次发布了 HarmonyOS SDK 2.2 Beta 1，相较上一版本，API 进行了变更，对 Java API 的支持由 API 5 升级到了 API 6、对 JS API 的支持由 API 5 升级到了 API 6。

表 1-7 2021 年 6 月 25 日发布的版本信息

软　件　包	发布类型	版　本　号	发布时间
HarmonyOS SDK	Beta	Build Version：HarmonyOS SDK 2.2.0.1(API Version 6 Beta 1)	2021/6/25
DevEco Studio	Beta	Version：DevEco Studio 2.2 Beta 1 Build Version：DevEco Studio 2.2.0.200	2021/6/25

2021 年 9 月 15 日发布的版本信息见表 1-8。本次发布了 HarmonyOS SDK 2.2 Release，较前一版本在接口内容上无新增和变更，但对于 JS API，部分在 API Version 6 Beta 版本不稳定的接口，在本次 API Version 6 Release 版本已经可以正常使用。JS API、Java API 都有变化和调整。另外，本次版本还有以下变更：在使用 DevEco Studio 进行 JS 工程开发时，支持 JS FA 调用 PA 代码进行辅助开发。配置文件 config.json 新增配置项 module > distroFilter，用于定义 HAP 包对应的细分设备规格的分发策略，以便在应用市场进行云端分发应用包时做精准匹配。

表 1-8 2021 年 9 月 15 日发布的版本信息

软　件　包	发布类型	版　本　号	发布时间
HarmonyOS SDK	Release	Build Version：HarmonyOS SDK 2.2.0.3(API Version 6)	2021/9/15
DevEco Studio	Beta	Version：DevEco Studio 2.2 Beta 2 Build Version：DevEco Studio 2.2.0.400	2021/9/15

2021 年 10 月，HarmonyOS 3.0 版本发布，版本信息见表 1-9。本次发布了 HarmonyOS SDK 3.0 Beta。相较上一版本，将 Java API 6 升级为 Java API 7、将 JS API 5 升级为 JS API 6。

表 1-9 2021 年 10 月发布的版本信息

软 件 包	发布类型	版 本 号	发布时间
HarmonyOS SDK	Beta	Build Version：HarmonyOS SDK 3.0.0.0(API Version 7 Beta 1)	2021/10/22
DevEco Studio	Beta	Version：DevEco Studio 3.0 Beta 1 Build Version：DevEco Studio 3.0.0.601	2021/10/22

重点变更包括以下内容。

JS UI 正式命名为 ArkUI，并在原有基于 JS 扩展的类 Web 开发范式的基础上，全新发布基于 TS 扩展的声明式开发范式，支持 TypeScript 编程语言，采用链式调用，提供装饰器和 MVVM 能力，支持条件、循环渲染、懒加载渲染，支持自定义组件。

JS 新增 5800+个 API，覆盖多个能力模块。新增一系列事件通知能力的接口，可实现普通通知及附带按钮的通知，支持通知元素设置能力，支持公共事件的发送和接收。

新增一系列电话服务能力的接口，提供基于蜂窝网络的电话服务能力，包括 SIM 卡、搜网、短彩信、蜂窝数据、通话管理、网络管理等几个模块。新增一系列用户程序框架能力的接口，包括获取应用信息、安装及卸载应用、获取系统状态及窗口状态等。新增一系列图形图像能力的接口，提供 WebGL 渲染的基础能力，开发者可基于 WebGL 开发游戏、开发窗口化应用等。其中，窗口接口的变更，需要对历史版本的接口调用方法进行适配及调整。

新增一系列软总线能力的接口，提供 RPC 通信能力，可远程拉起 FA。新增一系列元能力的接口，提供 JS PA 的开发能力和 FA 的迁移流转能力。新增一系列分布式数据管理能力的接口，提供 RDB、KVStore 数据库的基础能力。新增一系列全球化能力的接口，提供时区、语言的获取能力。新增一系列公共基础库的接口，提供 Parcel、URL、编解码库的能力。新增其他能力的接口，包括上传和下载进度的获取、定时服务、fileIO 基础库、电池状态、背光亮度、分布式设备列表获取及上下线通知、系统及应用账号管理、多线程机制、进程管理、后台任务管理、添加日历/联系人、视觉无障碍、人脸识别、传感器管理、WLAN 管理、蓝牙管理、NFC 标签管理、位置信息等。

6. HarmonyOS 与 OpenHarmony

OpenHarmony 是由开放原子开源基金会孵化及运营的开源项目，开放原子开源基金会归属于工信部。OpenHarmony 的目标是面向全场景、全连接、全智能时代的操作系统框架和平台，促进万物智联产业的繁荣发展。2021 年 6 月 1 日，开放原子开源基金会正式发布了 OpenHarmony 2.0 Canary 版本。

目前 OpenHarmony 系统主要支持的类型包括 3 类。一是轻量系统，可支持的产品包括智能家居领域的连接类模组、传感器设备、穿戴类设备等；二是小型系统，可支持的产品包括网络相机、电子猫眼、路由器及行车记录仪等；三是标准系统，可支持的产品包括高端的冰箱显示屏等。

HarmonyOS 可以理解为华为基于开源项目 OpenHarmony 开发的商用发行版本。

鉴于 OpenHarmony 和 HarmonyOS 两者的关系，它们之间的整体理念、基础技术构架、通用的主要子系统及组件等都是一致的。只是 HarmonyOS 在基于华为自有的研发能力、技术水平、场景覆盖、用户反馈等会有其个性化的特征与优势。就现阶段而言，HarmonyOS 整体上功能更加强大、适用的场景更加丰富、系统更加稳定、更可靠与更安全，所以本书基于 HarmonyOS 而创作；基于 OpenHarmony 的相关开发，由于整体逻辑上是相似的，所以本教程可以作为学习参照。

基于 OpenHarmony，开发者可以对开源项目贡献自己的力量，对应用相关开发和设备相关开发进行类似 HarmonyOS 发行版、商业版的开发。

1.1.2 应用软件发展简述

软件的英文单词为 software，是指用户与计算机硬件之间实现互动和交流，实现对计算机硬件的各项功能操作与意图达成等的一系列程序与文档的集合。计算机软件总体分为系统软件和应用软件两大类。

系统软件主要指各类操作系统及关联的工具体系，如 HarmonyOS、OpenHarmony 等及配套的编译器工具等。

应用软件可以进行细分，种类很多，如工具类、游戏类、管理类等都属于应用软件；此外，也可以按 HarmonyOS 的传统应用和原子化服务应用进行分类。应用软件是基于系统软件之上，为了某种特定的用途而被开发的。应用软件的发展历程见表 1-10。

表 1-10 应用软件的发展历程

硬 件 设 备	网络或操作系统	软件应用形式
计算机	未联网	本地软件
PC	互联网	Web 网站、H5 响应式网站
手机平板	移动网络	App、APK、小程序
更多设备	物联网	万物互联、虚拟现实、人工智能等
1+8+N	HarmonyOS、OpenHarmony	传统应用、原子化服务

从表 1-10 可以看出，在计算机还没有联网的时期，应用软件主要安装在本地，基于单设备使用。

当到了互联网时期，大量的 PC 被连接起来，主流的操作系统成型后，应用软件主要表现为 Web 网站的形式。后续随着手机和平板等联网设备的增加，H5 响应式网站，以及兼容多屏的应用也快速发展起来。

随着移动互联网的发展深入，App、APK 等专门为移动设备而生的应用形式大量涌现，更加方便了用户；随着超级应用的出现，类似小程序的基于超级应用的轻量级应用也逐步发展与普及。

每个技术创新时代无论系统软件还是应用软件都在变革和迭代升级。

那么在物联网、智慧化时代，连接的设备数量和种类越来越多，应用程序的特征和表现形式是什么？例如在一些电影里看到的虚拟现实、万物智联、人工智能形式等的综合性软件应用，是否是新一代应用服务的特征呢？

在 HarmonyOS 中，目标为万物连接，前期智能设备表现为 1＋8＋N 的形式，包括以手机为中心的计算机、平板、智能音箱、车机、AR、VR、智能眼镜、智慧电视、智能耳机、路由器、家居家电等。同时也可以看到，HarmonyOS 应用的形式分为传统应用与原子化服务两种方式，接下来具体分析 HarmonyOS 应用服务的各项特征。

1.1.3 HarmonyOS 全场景新服务

HarmonyOS 应用的特征见表 1-11。

表 1-11 HarmonyOS 应用的特征

随处可及、入口丰富	服务直达、方便快捷	跨设备流转	自由安全分享
桌面 碰一碰、扫一扫 智能场景推荐 应用内调用 应用市场专区	即用即走 无须安装、无须下载 便捷精准 直达界面 直达服务 情景感知主动服务	无缝接续和协同 在不同设备间的接续 不同设备间系统提供服务	设备硬件级分享 操作系统级分享 应用服务级分享 随时随地随心情 便捷的多种方式分享

HarmonyOS 官方定义的用户应用程序泛指运行在设备的操作系统之上，为用户提供特定服务的程序，简称“应用”。

在 HarmonyOS 上运行的应用有两种形态，一种是传统方式的需要安装的应用；另一种是提供特定功能，免安装的应用，即原子化服务。在 HarmonyOS 文档中，如无特殊说明，“应用”所指代的对象包括上述两种形态。

表 1-11 中的 HarmonyOS 应用的特征聚合了 HarmonyOS 应用的两种形式。从入口的随处可及，服务直达、方便快捷，跨设备流转与自由安全分享，以及从应用的主要流程和环节，汇总了 HarmonyOS 应用的综合优势与理想发展目标。

笔者认为目前传统应用方式是一种延伸、过渡和升级的产物，而真正在万物互联时代新应用服务，应该是原子化服务，其中原子化服务的必然表现形式之一是服务卡片，所以笔者认为原子化服务卡片代表着 HarmonyOS 应用发展的全新方向，也是本书的主体，即原子化服务卡片的理论研究与实践开发。

1.2 原子化服务卡片

本节主要阐述本书的主体内容，即原子化服务、服务卡片的相关概念与具体形式及未来的开发场景与相关趋势。

1.2.1　关于原子化服务

1. 原子与原子化服务

原子的英文单词为atom，原子最早是哲学上的概念，即原子论中认为万物的本原，组成万物的根本元素之一是原子。随着人类认知的进步，原子逐渐从抽象的概念发展为科学的理论实践。在化学领域，原子是化学反应中不可再分的基本微粒。我们已经发现的在日常生活中及宇宙中的绝大多数物质，可以说是由原子排列而成的。原子可以产生很大的能量，例如基于原子核产生的核聚变而造就的核能量等。

HarmonyOS将其新应用形式以原子化服务来命名，表明HarmonyOS新应用服务的发展方向；成为智能物联时代的各项应用的基本组成部分与新起源，原子化服务将拥有巨大的能力和影响力，代表着美好寓意和行动决心。

在万物智联时代，我们持有的联网设备量不断增加，设备和使用场景也越来越多样化，使基于传统方式的应用服务开发变得更加复杂；用户要求服务入口、交付方式、实现功能更加丰富。

基于这种发展势头，传统应用升级的空间有限，应用提供方和用户都需要一种新的服务方式，让应用开发更简单、使服务的获取和使用更便捷。为此，HarmonyOS除了支持传统的需要安装的应用外，还支持提供特定功能的免安装的应用，即原子化服务。

原子化服务是HarmonyOS提供的面向未来的全新的应用方式。

原子化服务有多种独立入口，如用户可通过设备的服务中心、控制中心、桌面等发现不同的原子化服务，通过线上线下多设备融合的碰一碰、扫一扫HarmonyOS Connect标签等方式直接触发免安装的特定的原子化服务应用；还可以通过语音、情景推荐、传统应用的应用图标等方式来触达原子化服务。

原子化服务基于HarmonyOS API开发，支持运行在1+8+N设备上，用户可以在不同的场景、合适的设备上便捷地使用。

除丰富的入口与全面支持运行在HarmonyOS设备外，原子化服务还具有随处可及、服务免安装等特点，支持分布式流转、便捷分享，还可以直接进行设备控制等。

2. 原子化服务的基本要素

原子化服务所包含的一些基本要素如下：

(1) 基础信息，是指每个原子化服务有独立的图标、名称、描述、快照等。这些信息将根据场景在服务中心、系统设置等界面展示。

(2) 服务卡片，每个原子化服务都需要开发和配置至少一个服务卡片，每个应用可选配置一个或者多个服务卡片。卡片作为服务的轻量承载，需要做到易用可见、主体服务清晰、智能可选和多端适配。

(3) 体验特性，多种入口，在HarmonyOS Connect标签的支持下，原子化服务可以通过线上和线下进行发现与触达。用户也可以在设备的服务中心、控制中心、桌面等界面发现并管理原子化服务。还可以通过语音、情景推荐、传统应用的应用图标等方式来触达原子化服务与卡片。

(4) 服务流转,在 HarmonyOS 中泛指涉及多设备的分布式操作。流转能力突破了硬件界限,实现多设备联动,使原子化服务可分、可合,实现多设备之间的功能融合和协助,实现如图片跨设备编辑、多设备协同办公等分布式业务。

(5) 服务分享,原子化服务可以通过线下面对面、网络等方式分享给其他用户,如通过 Huawei Share、畅连分享等。由于具备免安装和流转特性,原子化服务可使接受分享的用户无须安装、直接打开并协同使用原子化服务。

(6) 设备控制,用手机通过"碰一碰" HarmonyOS 设备的 NFC 标签,便可无感调用并运行对应的设备所控制的原子化服务卡片,可以便捷地连接和控制 HarmonyOS 设备。

整体来讲,原子化服务相对于传统方式的需要安装的应用形态更加轻量化,同时提供更丰富的入口与更精准的分发。

3. 原子化服务技术的组成及与传统应用的对比

原子化服务具体的运行逻辑为用户界面无须显式安装,由系统程序框架在后台安装后即可使用、可为用户提供一个或多个便捷服务。

原子化服务由 1 个或多个 HAP 包组成,1 个 HAP 包对应 1 个元程序 FA 或 1 个元服务 PA。每个元程序 FA 或元服务 PA 均可独立运行,完成 1 个特定功能；1 个或多个功能完成 1 个特定的便捷原子化服务。

原子化服务与传统应用的对比分析如下：

原子化服务与传统应用在技术上的主要区别为安装后无桌面 icon,但可手动添加到桌面,显示形式为服务卡片；传统的应用有桌面图标。原子化服务的所有 HAP 包,包括 Entry HAP 和 Feature HAP 均需满足免安装要求,并且目前要求代码包不能大于 10MB,而传统应用不需要满足免安装要求,代码包也不需要满足不大于 10MB 的限制。另外,两者的分发路径也不一样。

1.2.2 关于卡片 FA 的形式

服务卡片,以下简称"卡片",是元程序 FA 的一种界面展示形式,将元程序 FA 的重要信息或操作前置到卡片。即将原子化服务、传统应用的重要信息、设备控制服务的基本信息以卡片的形式展示在桌面或者流转、分享过程中；用户可通过快捷手势使用卡片,以达到服务直达,减少体验层级的目的,通过轻量交互行为获得更好的用户体验。

服务卡片的核心理念在于向用户提供容易使用,主题信息清晰可见的服务内容,并且具有智慧可选的特性,同时满足在不同终端设备上的适配。

笔者将卡片总结为三大类型与主要应用场景,分别是连接到免安装的原子化服务,连接到传统应用,连接到设备控制的原子化服务卡片。

服务卡片的具体分类包括手机、平板、智慧屏、折叠屏、智能穿戴设备卡片与在设备流转、设备应用分享过程中的介绍卡片等。卡片根据规格也可以分为微、小、中、大卡等,卡片展示的尺寸大小分别对应桌面不同的宫格数量,微卡片对应 1×2 宫格,小卡片对应 2×2 宫格，中卡片对应 2×4 宫格，大卡片对应 4×4 宫格等，在对多设备的不同屏幕进行适配时，服务卡片以桌面宫格布局为基准参照物，通过换算对应宫格实现在不同设备的桌面适配。

同一个应用可以支持多种不同类型的服务卡片，不同尺寸与类型的卡片可以通过管理界面进行切换和选择。上滑应用图标所展示的默认卡片的尺寸由开发者来设定。

卡片还可以实现编辑与刷新，开发者可以根据官方的指导和场景需求，来使用编辑功能和设置刷新时间等。

总体来讲，服务卡片以展示主题信息为主，传递强服务、弱交互的新理念，为用户提供准确直达的新体验场景。

1.2.3 原子化服务卡片场景创新

基于以上内容的分析，我们知道 HarmonyOS 应用的形式包括传统的应用形式（Project-Application）与原子化服务形式（Project-Service）。笔者认为传统应用是一种承接、升级与过渡的形式，而原子化服务和服务卡片则是 HarmonyOS 在万物智能互联等新形态下进行探索与发展的必然趋势。

HarmonyOS 通过服务卡片的形式将传统的应用、各种智能设备和最新的原子化服务数据进行聚合，逐步探索万物互联智能世界中新应用服务的形式，以及根据用户的新习惯形成全新的万物智能应用服务体系。

卡片形式在我们生活、工作中的各种场景随处可见，并且历史悠久。例如古代的腰牌、令牌，现在我们还在用的手机卡、名片、身份证、公交卡、社保卡、医保卡、读书卡、贺卡、积分卡、设备卡、房卡、扑克等；要么用卡片的方式命名，要么具备卡片的样式形态，所以笔者认为在各种场景下都可以有对应的服务卡片样式和类型创新空间。另外各大互联网、移动互联网巨头也在积极地进行类似卡片应用形式的探索和尝试，这也从另外一个角度说明了这个技术方向的正确性。

1.3 开发者参与的价值和意义

1.3.1 综述

围绕着 HarmonyOS、OpenHarmony 的开发者可以进行多方面的开发创新，包括应用服务开发、智能设备开发、开源贡献与组件开发、发行版开发等。

本书重点讲解 HarmonyOS 的原子化服务卡片如何进行开发，所以总结开发者参与开发的具体价值和意义如下。

1.3.2 荣耀和尊严

HarmonyOS 1.0 版本的正式发布时间是 2019 年，截至目前已发布了两年多；服务卡片开发和原子化服务开发在 2021 年的版本中才开始支持，所以一个开发者能参与一个全新的操作系统早期的各项开发工作并坚持下来，在后续发展过程中，如果这个系统生态获得了大成功，则是一种巨大的荣耀。特别是国内的开发者，能早期参与中国企业与基金会自主研发的操作系统及生态建设工作，更是一种尊严与值得骄傲和自豪的事情。

1.3.3 成长与职业

鉴于对万物互联智能时代及世界发展趋势的判断，新的操作系统和应用形态已出现，所以及时学习和应用，对于后续的学习与职业发展是极其有帮助的，可以帮助我们进入更好的学校、理想的公司、获得心仪的职位等。

1.3.4 红利和财富

从多个操作系统的发展情况来对比分析，HarmonyOS 现在还处于早期阶段，对于这个时期进入的开发者，竞争少、HarmonyOS 官方等也会有多项支持政策，可以获得各项前期的红利。当然，在商业化发展过程中，红利也包含着各种财富机会。

1.3.5 创业与梦想

从互联网及移动互联网的发展历程中，我们看到不少优秀的应用是在学校期间完成的创意、测试与前期发展。很多优秀的应用是通过工程师、开发者驱动而产生的。

学习 HarmonyOS 各项最新的开发工作，可以为成功创业奠定基础。特别是一些细分的场景目前处于 HarmonyOS 发展前期，有各项流量等的支持，创业成功的概率会大很多。

1.3.6 耐心和坚持

当然，前期的参与也会遇到很多困难，例如有些功能不是很完善，有些能力还没有开放，有些地方还有 Bug 等，所以前期的参与需要足够的耐心和坚持。

1.4 初识原子化服务与服务卡片开发

本节主要通过一个原子化服务卡片的实际开发案例进行展示，阐述本书与技术开发相关内容的创作风格，为开发者后续的系统学习奠定好基础。建议初学的开发者在阅读时可以用快速阅览的方式来了解，等全书学习完成后，再细致体验。

1.4.1 需求创意

网络的发展，特别是电子商务的发展，从最早的黄页、B2B 到 B2C 平台等，企业对基本信息和形象的展示、宣传、交易等需求一直很旺盛，企业一直是新网络、新载体、新形式的尝试、体验先锋。

在万物智能互联时代，企业的智慧数据中心的表现形式是怎样的呢？具体功能是什么？我们通过 HarmonyOS 原子化服务卡片的形式进行初步探索！

我们将企业的基本形象与信息，例如 LOGO、公司简称、公司简介、产品、联系方式等，根据各种卡片特征进行了不同形式的内容和样式展示、呈现与互动。后续开发者可以在此基础上进一步进行地图定位导航、电商交易、多媒体信息呈现、消息通知、分享、多设备适配、流转分享等深度开发。

1.4.2 练习前提

开发者拥有已注册认证的华为开发者联盟账号，开发者的开发设备上已经安装了 DevEco Studio(HarmonyOS 应用开发工具)，开发者具备 JS、Java、XML 开发语言的基础知识，本练习使用的模板为 List Pattern，要提前策划并准备好要修改的图片和内容。

1.4.3 展示效果

HarmonyOS 企业原子化服务卡片案例的效果如图 1-1 所示。本案例采用了 3 张卡片进行展示，分别是小卡、中卡、大卡，图 1-1(a)和图 1-1(b)中的 3 张卡片放置在手机的桌面。由于 3 张卡片的尺寸大小不一样，所展示的信息内容也有所区别。为了方便整体演示，在本案例中单击 3 张卡片的任一位置，都会统一进入如图 1-1(c)所示的页面。

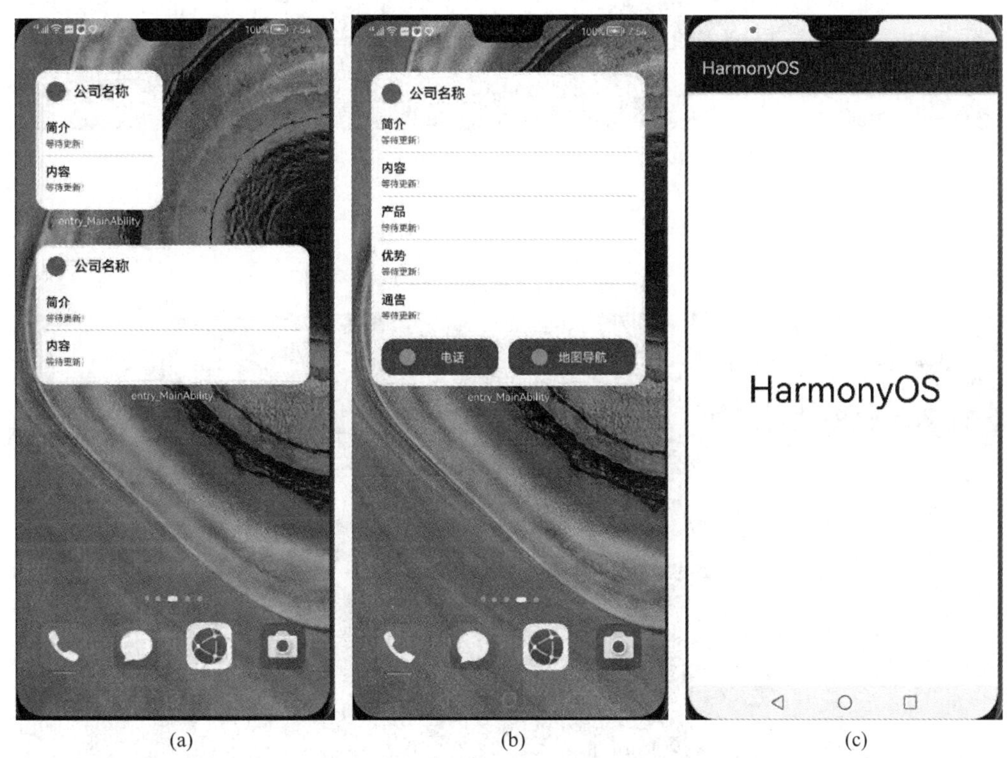

图 1-1 HarmonyOS 企业原子化服务卡片案例的效果

1.4.4 开发步骤

1. 新建项目

选择 Empty Ability(JS)模板，单击 Next 按钮进入下一步，如图 1-2 所示。

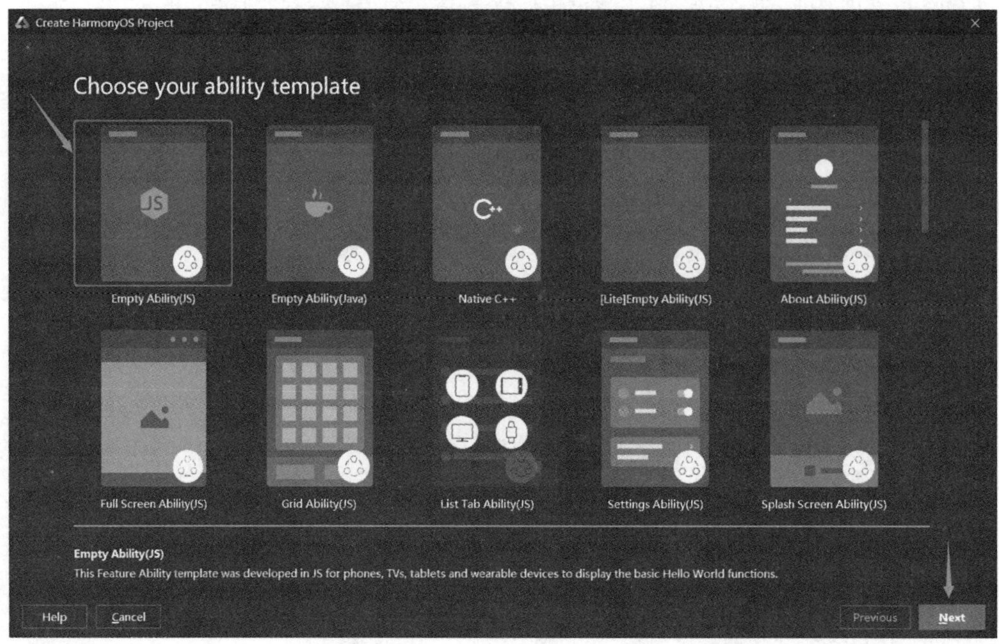

图 1-2　选择 Empty Ability(JS)模板

选择 Service 模式，勾选 Show in Service Center，单击 Finish 按钮完成项目的创建，如图 1-3 所示。

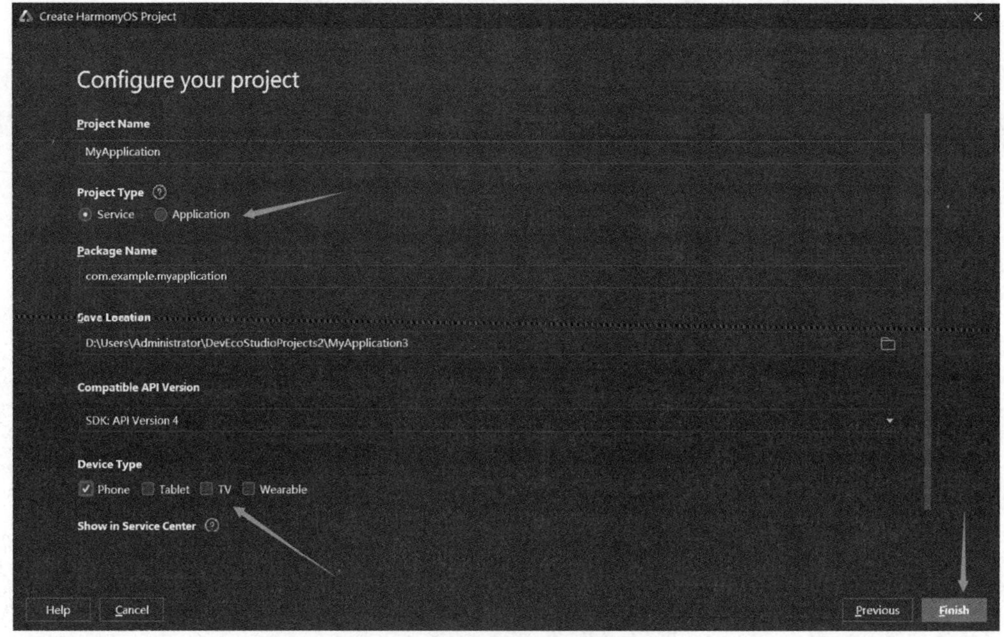

图 1-3　创建项目

创建完成后，打开 build 目录下的 src 文件夹，右击 Java 下的 com 包，选择 New→Service Widget，如图 1-4 所示。

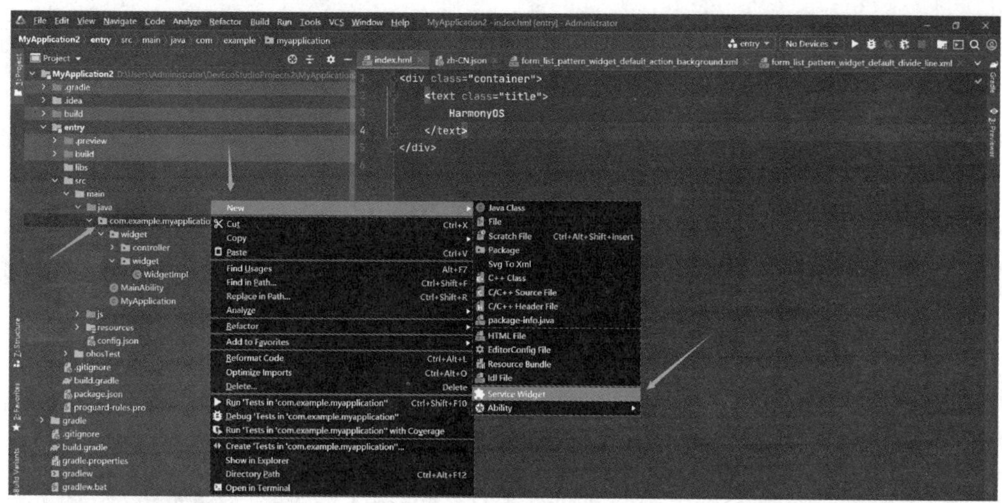

图 1-4 创建 Service Widget

2. 创建卡片模板

选择 Basic 下的 List Pattern 卡片模板，单击 Next 按钮进入下一步，如图 1-5 所示。

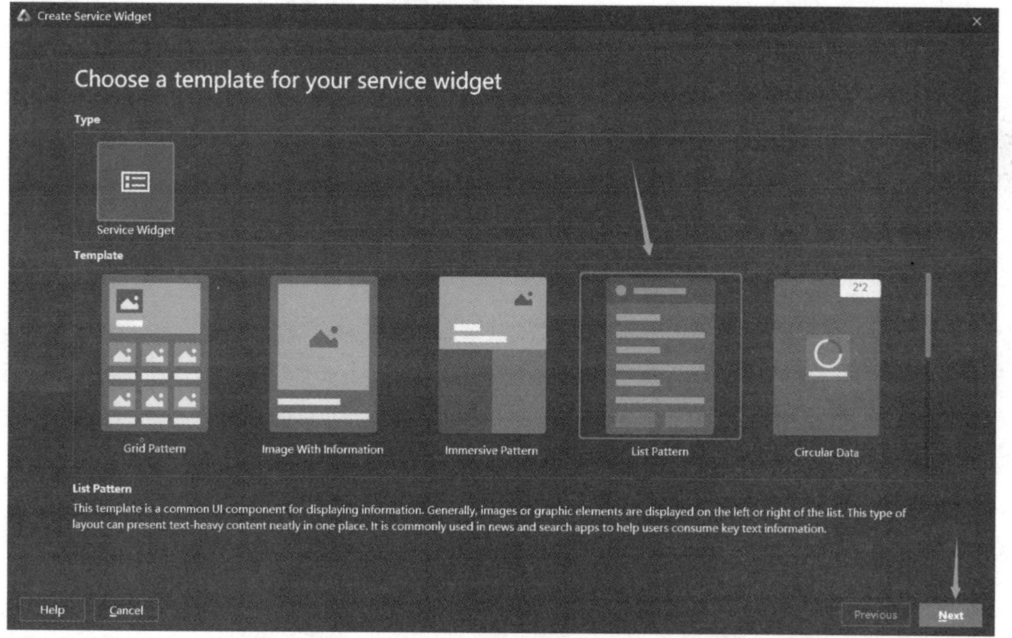

图 1-5 选择卡片模板

勾选语言(这里以 Java 为例),选择 Support Dimensions 的卡片尺寸,单击 Finish 按钮完成创建,如图 1-6 所示。

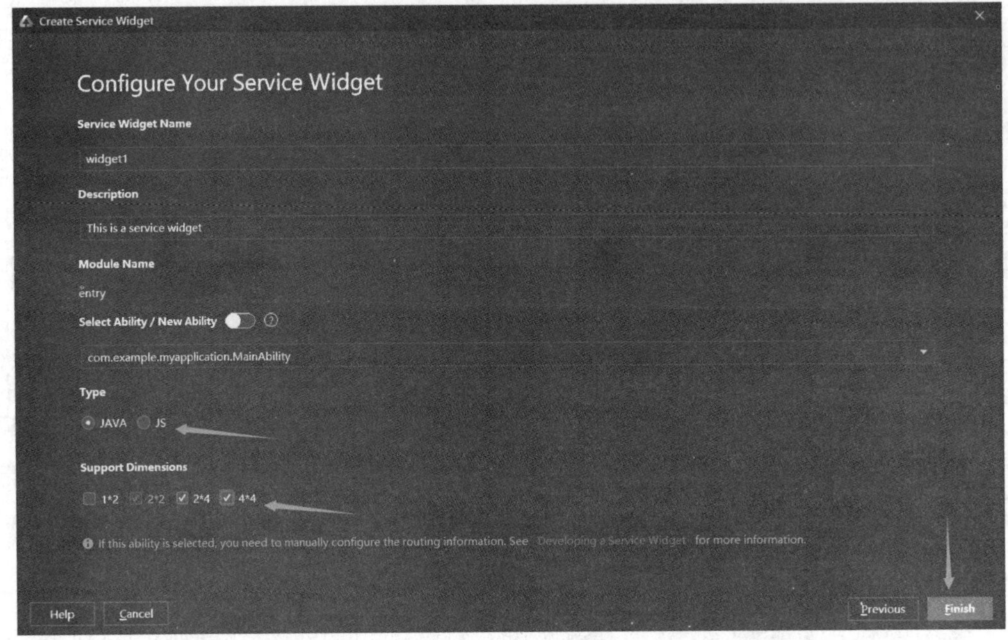

图 1-6　创建卡片

创建成功后,打开 src 下的 resources 目录,打开 base 里面的 layout 文件,如图 1-7 所示,这是成功创建的 3 张卡片模板。

3. 修改实例模板的部分内容

1) XML 修改

修改图片资源,打开 base 下的 media 目录,添加图片资源,如图 1-8 所示。

2×2 尺寸卡片的部分内容修改后的代码如下:

```
//第 1 章/企业原子化卡片服务案例.form_list_pattern_widget_2_2.xml
//修改图片资源,具体修改可查看全部代码

<Image
    ohos:height = "24vp"
    ohos:width = "24vp"
    ohos:image_src = "$media:lan"                //修改图片资源 lan
    ohos:scale_mode = "zoom_center"
    ohos:start_margin = "12vp"
    ohos:top_margin = "12vp"/>
```

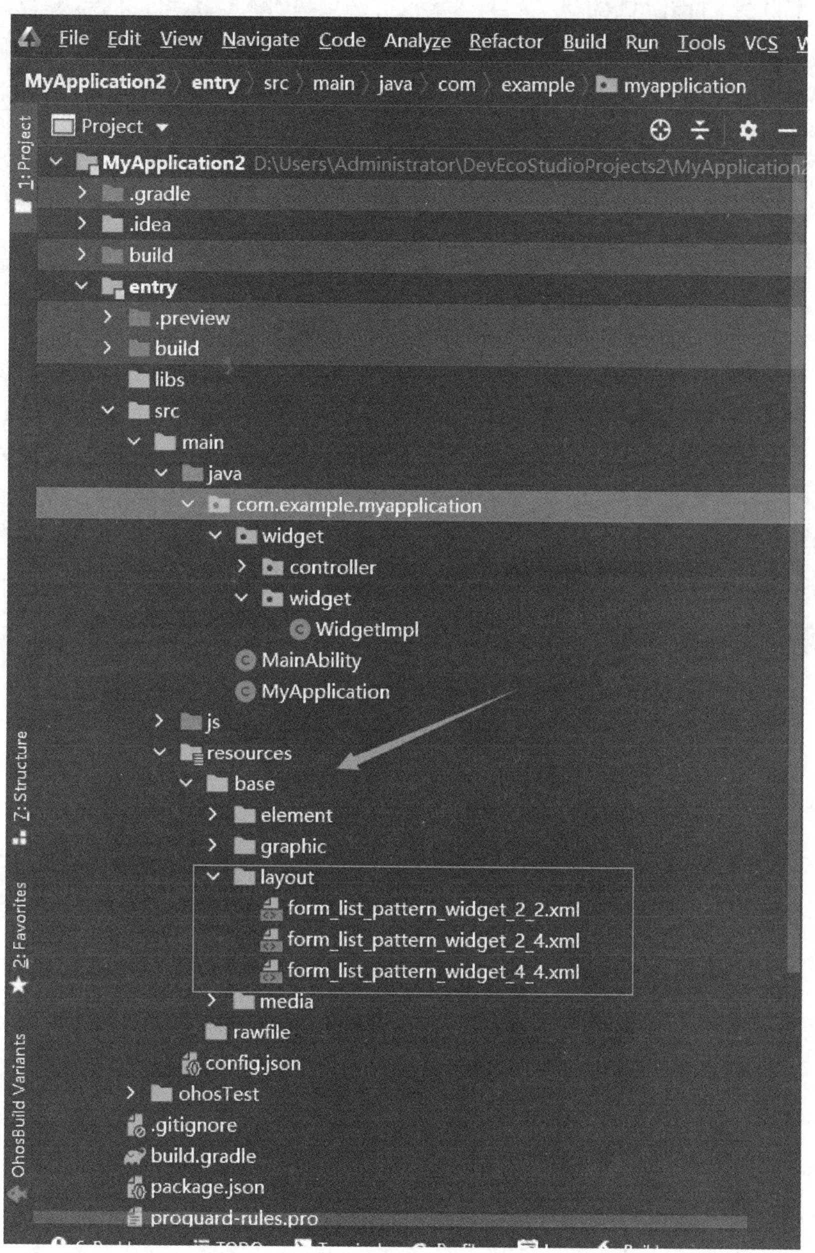
File Edit View Navigate Code Analyze Refactor Build Run Tools VCS
MyApplication2 entry src main java com example myapplication
Project
MyApplication2 D:\Users\Administrator\DevEcoStudioProjects2\MyApplication2
.gradle
.idea
build
entry
.preview
build
libs
src
main
java
com.example.myapplication
widget
controller
widget
WidgetImpl
MainAbility
MyApplication
js
resources
base
element
graphic
layout
form_list_pattern_widget_2_2.xml
form_list_pattern_widget_2_4.xml
form_list_pattern_widget_4_4.xml
media
rawfile
config.json
ohosTest
.gitignore
build.gradle
package.json
proguard-rules.pro
1: Project
7: Structure
2: Favorites
OhosBuild Variants

图 1-7 成功创建卡片

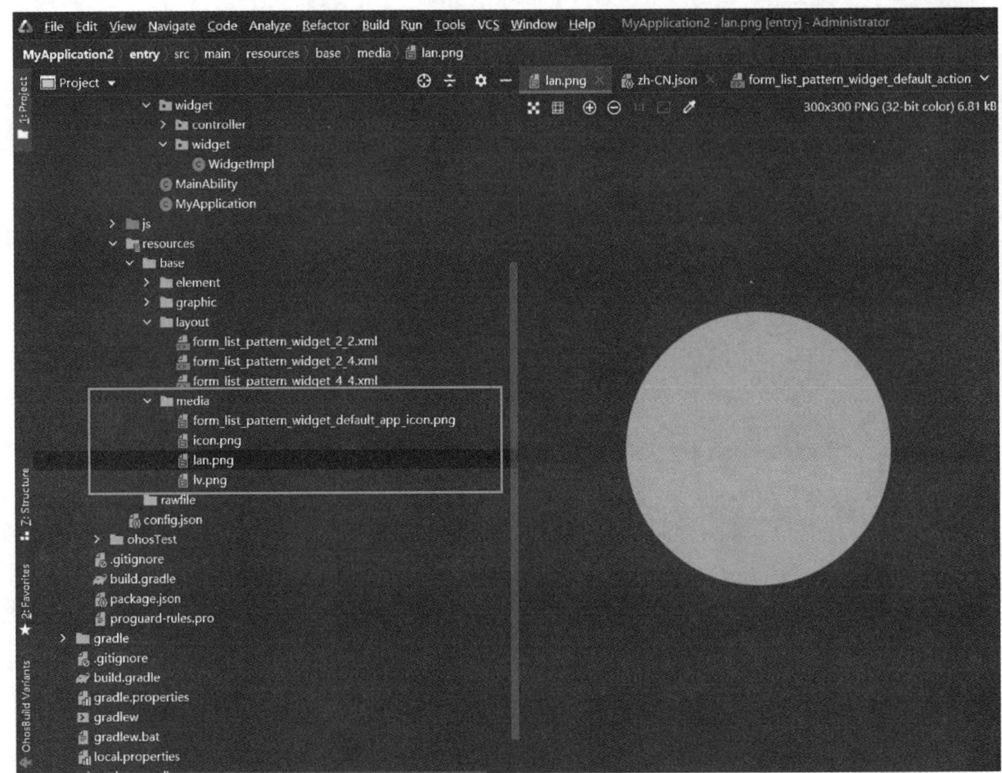

图 1-8　添加图片资源

```
//修改标题,具体修改请查看全部代码
<Text
    ohos:height = "match_content"
    ohos:width = "match_parent"
    ohos:end_margin = "12vp"
    ohos:start_margin = "44vp"
    ohos:text = " $ string:widget_app_name"        //修改此处 string.json 内容
    ohos:text_color = "#E5000000"
    ohos:text_size = "16fp"
    ohos:text_weight = "500"
    ohos:top_margin = "12vp"/>

//修改副标题,具体修改可查看全部代码
<Text
    ohos:height = "match_content"
    ohos:width = "match_parent"
    ohos:text = " $ string:widget_title"           //修改此处 string.json 内容
    ohos:text_color = "#E5000000"
    ohos:text_size = "14fp"
```

```
    ohos:text_weight = "500"
    ohos:truncation_mode = "ellipsis_at_end"/>


//修改文本,具体修改可查看全部代码
<Text
    ohos:height = "match_content"
    ohos:width = "match_parent"
    ohos:text = " $ string:widget_introduction"        //修改此处 string.json 内容
    ohos:text_color = " # 99000000"
    ohos:text_size = "10fp"
    ohos:text_weight = "400"
    ohos:top_margin = "2vp"
    ohos:truncation_mode = "ellipsis_at_end"/>
```

2×4 尺寸卡片的部分内容修改后的代码如下：

```
//第 1 章/企业原子化卡片服务案例.form_list_pattern_widget_2_4.xml
//修改标题,具体修改可查看全部代码
<Text
    ohos:height = "match_content"
    ohos:width = "match_parent"
    ohos:end_margin = "12vp"
    ohos:start_margin = "44vp"
    ohos:text = " $ string:widget_app_name"            //修改此处 string.json 内容
    ohos:text_color = " # E5000000"
    ohos:text_size = "16fp"
    ohos:text_weight = "500"
    ohos:top_margin = "12vp"/>

//修改副标题,具体修改可查看全部代码
<Text
    ohos:height = "match_content"
    ohos:width = "match_parent"
    ohos:text = " $ string:widget_title"               //修改此处 string.json 内容
    ohos:text_color = " # E5000000"
    ohos:text_size = "14fp"
    ohos:text_weight = "500"
    ohos:truncation_mode = "ellipsis_at_end"/>


//修改文本,具体修改可查看全部代码
<Text
    ohos:height = "match_content"
    ohos:width = "match_parent"
    ohos:text = " $ string:widget_introduction"        //修改此处 string.json 内容
```

```
    ohos:text_color = "#99000000"
    ohos:text_size = "10fp"
    ohos:text_weight = "400"
    ohos:top_margin = "2vp"
    ohos:truncation_mode = "ellipsis_at_end"/>
```

4×4 尺寸卡片的部分内容修改后的代码如下：

```
//第 1 章/企业原子化卡片服务案例.form_list_pattern_widget_4_4.xml
//修改标题,具体修改可查看全部代码
<Text
    ohos:height = "match_content"
    ohos:width = "match_parent"
    ohos:end_margin = "12vp"
    ohos:start_margin = "44vp"
    ohos:text = "$string:widget_app_name"          //修改此处 string.json 内容
    ohos:text_color = "#E5000000"
    ohos:text_size = "16fp"
    ohos:text_weight = "500"
    ohos:top_margin = "12vp"/>


//修改副标题,具体修改可查看全部代码
<Text
    ohos:height = "match_content"
    ohos:width = "match_parent"
    ohos:text = "$string:widget_title"             //修改此处 string.json 内容
    ohos:text_color = "#E5000000"
    ohos:text_size = "14fp"
    ohos:text_weight = "500"
    ohos:truncation_mode = "ellipsis_at_end"/>


//修改文本,具体修改可查看全部代码
<Text
    ohos:height = "match_content"
    ohos:width = "match_parent"
    ohos:text = "$string:widget_introduction"      //修改此处 string.json 内容
    ohos:text_color = "#99000000"
    ohos:text_size = "10fp"
    ohos:text_weight = "400"
    ohos:top_margin = "2vp"
    ohos:truncation_mode = "ellipsis_at_end"/>


//修改按钮图标、名称,具体修改可查看全部代码
```

```
<Image
    ohos:height="20vp"
    ohos:width="20vp"
    ohos:end_margin="8vp"
    ohos:image_src="$media:lv"                    //修改图片资源 lv
    ohos:scale_mode="zoom_center"/>
<Text
    ohos:height="match_content"
    ohos:width="66vp"
    ohos:text="$string:widget_action_1"           //修改此处 string.json 内容
    ohos:text_alignment="horizontal_center"
    ohos:text_color="#E5FFFFFF"
    ohos:text_size="14fp"
    ohos:text_weight="500"
    ohos:truncation_mode="ellipsis_at_end"/>
```

2）JSON 修改部分

打开 base 下的 element 目录，单击 string.json 文件后便可修改文本内容，如图 1-9 所示。

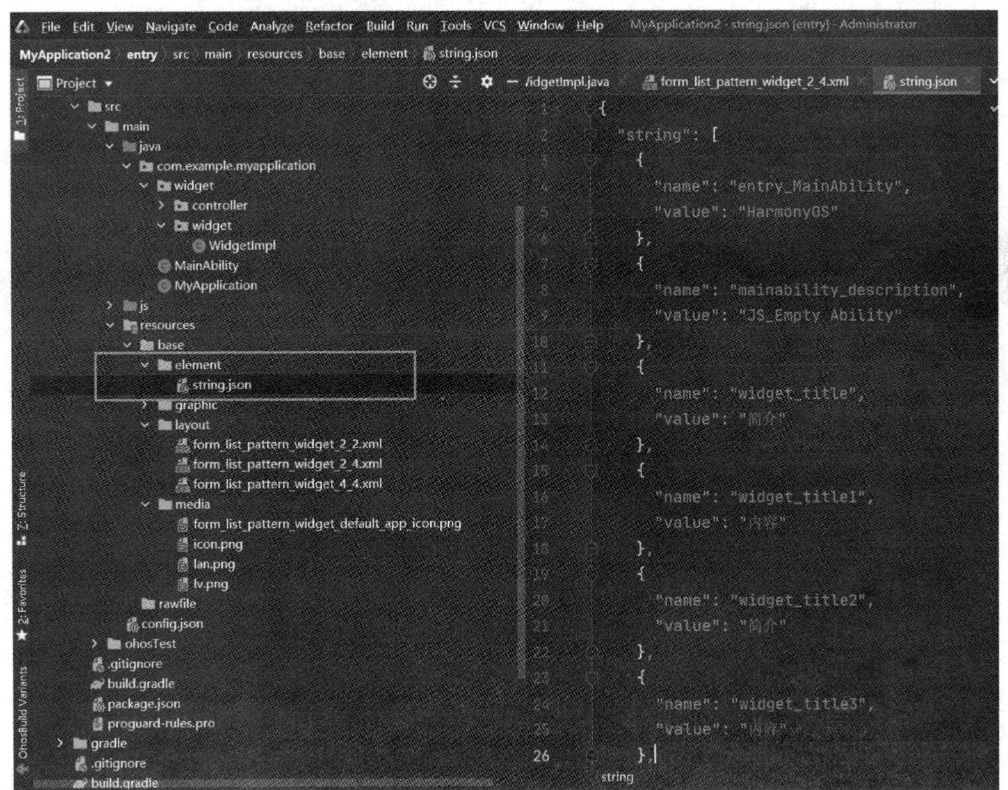

图 1-9 修改文本内容

对小卡、中卡、大卡进行修改后的代码如下：

```
//第 1 章/企业原子化服务卡片案例.json 修改部分
{
  "string": [
    {
      "name": "entry_MainAbility",
      "value": "HarmonyOS"
    },
    {
      "name": "mainability_description",
      "value": "JS_Empty Ability"
    },
    {
      "name": "widget_title",
      "value": "简介"
    },
    {
      "name": "widget_title1",
      "value": "内容"
    },
    {
      "name": "widget_title2",
      "value": "简介"
    },
    {
      "name": "widget_title3",
      "value": "内容"
    },
    {
      "name": "widget_title4",
      "value": "内容"
    },
    {
      "name": "widget_title5",
      "value": "产品"
    },
    {
      "name": "widget_title6",
      "value": "优势"
    },
    {
      "name": "widget_title7",
      "value": "通告"
    },
```

```
    {
      "name": "widget_introduction",
      "value": "等待更新!"
    },
    {
      "name": "widget_app_name",
      "value": "公司名称"
    },
    {
      "name": "widget_action_1",
      "value": "电话"
    },
    {
      "name": "widget_action_2",
      "value": "地图导航 "
    }
  ]
}
```

3）修改 HML 部分

打开 js 目录下的 default 目录，单击 pages 下的 HML 文件，如图 1-10 所示。

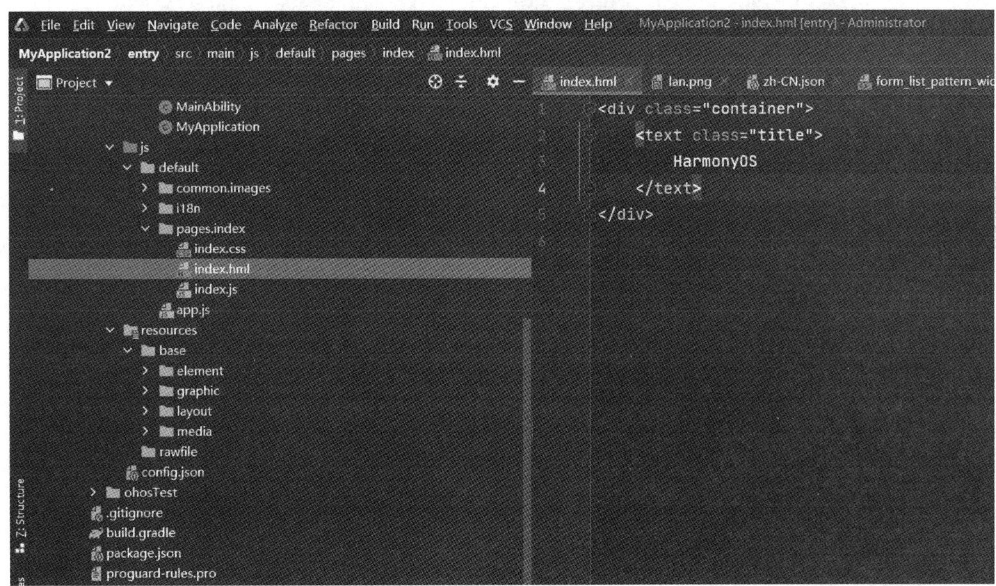

图 1-10　修改文本显示内容

修改后的代码如下：

```
< div class = "container">
```

```
        <text class = "title">
            HarmonyOS
        </text>
    </div>
```

4）效果呈现

登录华为开发者联盟账号，启动模拟器，执行以下操作步骤后便可看到实现的效果。

在手机屏幕的左下角或右下角向侧上方滑动便可进入服务中心，初次进入会有服务中心提示信息，单击“同意”按钮即可，如图 1-11 所示。

(a) (b)

图 1-11 服务中心

“我的服务”涵盖了用户常用的本地服务和云端推送的服务，如图 1-12 所示。

通过长按卡片可将服务添加到我的收藏、添加到桌面或移除，如图 1-13 所示。

单击“添加到桌面”后桌面便可出现该卡片，如图 1-14 所示。

此时长按卡片后会出现“更多服务卡片”“移除”操作，如图 1-15 所示。

然后选择卡片，即可出现在桌面，呈现效果如图 1-16 所示。

单击这 3 张卡片的任意位置，便可进入统一的原子化服务页面，如图 1-17 所示。

图 1-12 我的服务

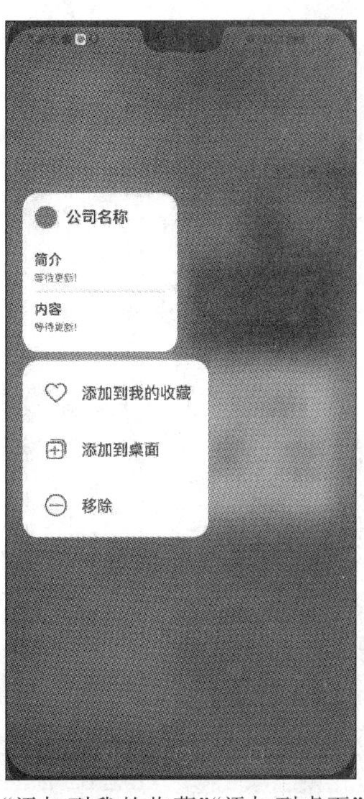

图 1-13 卡片"添加到我的收藏""添加到桌面"或"移除"操作

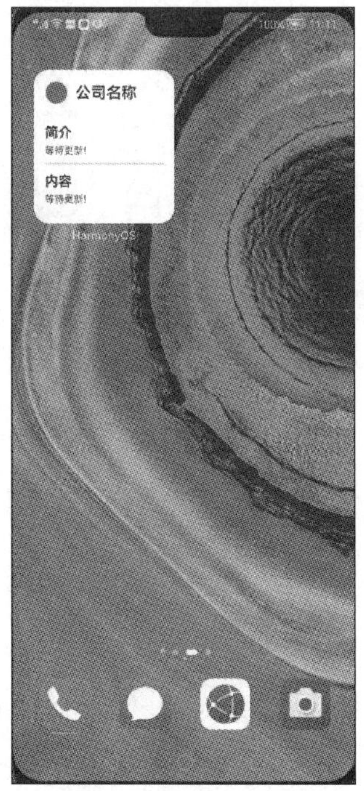

图 1-14 将卡片添加到桌面

(a) (b)

图 1-15 "更多服务卡片""移除"操作

(a) (b)

图 1-16 小卡、中卡、大卡显示效果

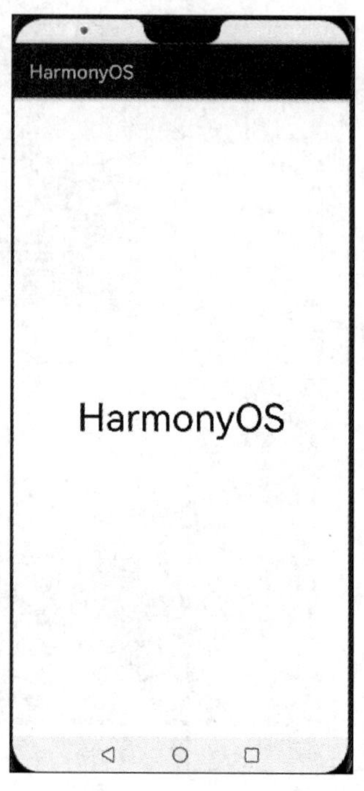

图 1-17 原子化服务页面

第2章 开发环境和快速入门

工欲善其事，必先利其器。本章内容主要包括 HUAWEI DevEco Studio 的整体介绍、安装、使用入门、多设备开发练习；让开发者快速熟悉工具、上手原子化服务与服务卡片实战开发，获得直观的体验。相关的 HarmonyOS 应用及原子化服务、服务卡片开发的基础知识与深度开发等内容，我们将在后面的各章节中逐步展开阐述。

2.1 开发学习概述

本节主要包括 HUAWEI DevEco Studio 的整体介绍，此外还包括 HarmonyOS 应用、原子化服务与服务卡片的整体开发流程，以及对本书的整体创作思路与开发者学习计划建议进行说明。

2.1.1 工具简介

HUAWEI DevEco Studio(以下简称 DevEco Studio)是基于 IntelliJ IDEA Community 开源版本开发的，是面向华为终端全场景多设备一站式的集成开发环境(IDE)，为开发者提供工程模板创建、开发、编译、调试、发布等 E2E 的 HarmonyOS 应用开发服务。开发者通过 DevEco Studio 可以更高效地开发具备 HarmonyOS 分布式能力的应用、原子化服务与服务卡片，进而提升开发效率。DevEco Studio 除以上功能外，还具有以下六大特点。

1. 多设备统一开发环境

支持多种 HarmonyOS 设备的应用开发，包括手机(Phone)、平板(Tablet)、车机(Car)、智慧屏(TV)、智能穿戴(Wearable)、轻量级智能穿戴(LiteWearable)和智慧视觉(Smart Vision)设备等。

2. 支持多语言的代码开发和调试

包括 TS(TypeScript)、JS(JavaScript)、Java、XML(Extensible Markup Language)、C/C++、CSS(Cascading Style Sheets)和 HML(HarmonyOS Markup Language)等。

3. 支持 FA 和 PA 快速开发

通过工程向导可快速创建 FA、PA 工程模板，一键式打包成 HAP(HarmonyOS Ability

Package)。

4. 支持分布式多端应用开发

一个工程和一份代码可跨设备运行,支持不同设备界面的实时预览和差异化开发,实现代码最大化地重复使用。

5. 支持多设备模拟器

提供多设备的模拟器资源,包括手机、平板、车机、智慧屏、智能穿戴设备的模拟器,方便开发者高效调试。

6. 支持多设备预览器

提供JS和Java等的预览器功能,可以实时查看应用的布局效果,支持实时预览和动态预览;同时还支持多设备同时预览,查看同一个布局文件在不同设备上的呈现效果,如图2-1所示。

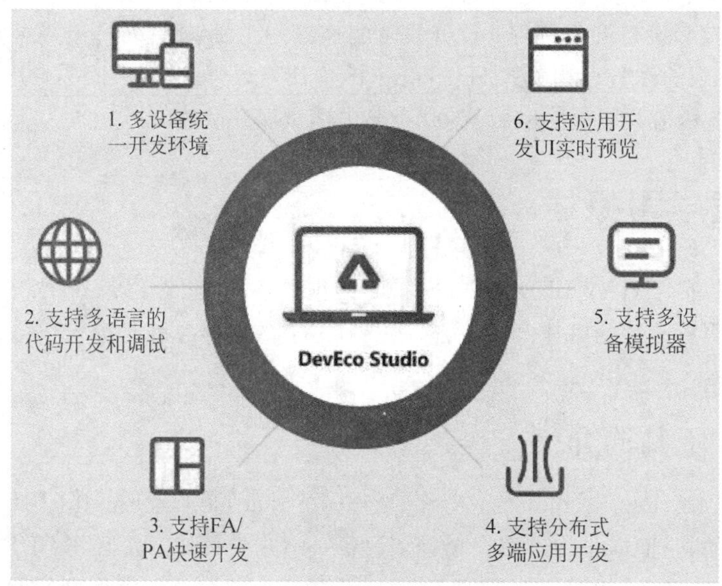

图2-1 DevEco Studio功能与特色

2.1.2 开发流程

开发者通过DevEco Studio,主要按照以下几个步骤,即可开发并将HarmonyOS应用、原子化服务与服务卡片上架到华为应用市场与服务中心。

1. 开发准备

在进行HarmonyOS应用开发前,开发者需要注册一个华为开发者账号,并完成实名认证,实名认证的方式分为“个人实名认证”和“企业实名认证”。关于注册和实名认证的流程在后续章节中会阐述。

下载HUAWEI DevEco Studio,进行开发工具的安装。设置开发环境,对于绝大多数开发者来讲,只需下载HarmonyOS SDK;只有少部分开发者,如在企业内部访问Internet受限且需要通过代理进行访问的情况下，才需设置对应的代理服务器以便下载 HarmonyOS SDK。

2. 开发应用

DevEco Studio 集成了手机、平板、智慧屏、智能穿戴、轻量级智能穿戴等设备的常用场景模板，开发者可以通过工程向导使用模板创建一个新工程。

需要设计应用 UI、开发具体业务功能等编码工作，需要全面了解 HarmonyOS 应用开发的基础知识与熟悉 API 文档与调用 API。

在开发代码的过程中，可以使用预览器来查看 UI 布局的效果，支持实时、动态、双向预览等功能，使编码的过程更高效。

3. 运行、调试和测试应用

应用开发完成后，可以使用真机或模拟器进行调试，支持单步调试、跨设备调试、跨语言调试、变量可视化等调试手段，使应用调试更加高效。

HarmonyOS 应用开发完成后，在发布到应用市场前，还需要对应用进行测试，主要包括漏洞、隐私、兼容性、稳定性、性能等测试，确保 HarmonyOS 应用纯净、安全，给用户带来更好的使用体验。

4. 发布应用

HarmonyOS 应用开发流程完成后，需要将应用发布至华为应用市场或者服务中心，以便应用市场或服务中心对应用进行分发，这样终端用户就可以通过应用市场、服务中心等获取对应的 HarmonyOS 应用。发布到华为应用市场或服务中心的 HarmonyOS 应用，必须使用发布证书进行签名，如图 2-2 所示。

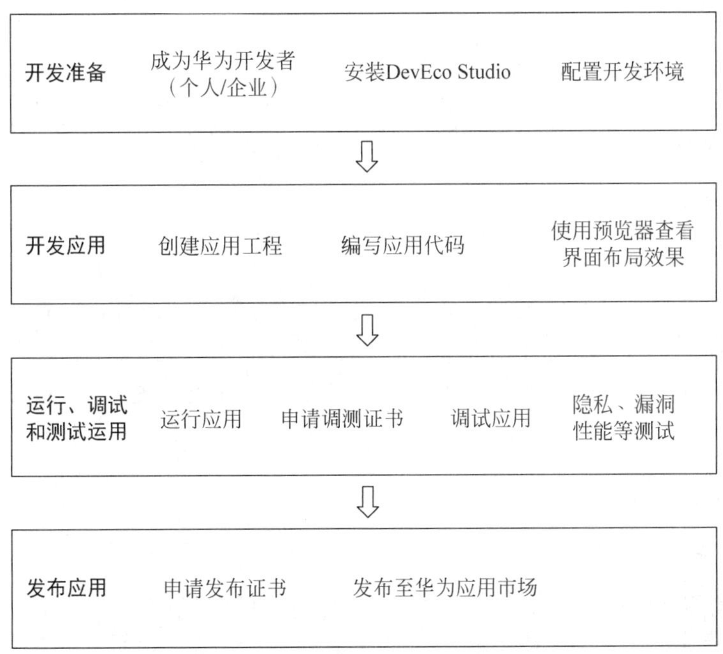

图 2-2 HarmonyOS 应用开发主要流程

2.1.3 学习计划

HarmonyOS 应用、原子化服务与服务卡片相关的开发工作，主要是以 DevEco Studio 工具为中心进行的。开发者的学习是一个对 DevEco Studio 的各项功能、特征等熟悉的过程，也是一个基于 DevEco Studio 工具不断练习的过程。

特别是 DevEco Studio 中已经自带的各项功能与模板，是开发者快速学习与入门的最好的材料。

在应用、原子化服务与服务卡片功能实现的过程中，除了 DevEco Studio 及系统自带的功能外，还需要引入华为封装好的 API 的各项能力，需要调用各种符合认证测试标准的第三方组件，实现生态发展和应用的丰富化。

我们通过 DevEco Studio 工具，分别引入 HarmonyOS、OpenHarmony 不同的 SDK 就可以开发基于两者的应用、原子化服务与服务卡片。当然，这两者在各方面都有些差异，特别是基于 OpenHarmony 的原子化服务与服务卡片类似的应用，在笔者创作本书时，还处于一个非常初级的阶段，但如前所述，整体的发展路径和 HarmonyOS 相似。

本书开发者应用开发学习的主体结构部分是围绕着上述思路开展的，具体见表 2-1。

表 2-1 HarmonyOS 的应用开发思路

<table>
<tr><td>API 功能引用</td><td rowspan="2">DevEco Studio
自带功能模板</td><td>HarmonyOS SDK</td><td>HarmonyOS 原子化服务与服务卡片</td></tr>
<tr><td>第三方组件引用</td><td>OpenHarmony SDK</td><td>OpenHarmony 应用</td></tr>
</table>

2.2 华为开发者联盟账号

本节主要阐述华为开发者联盟账号注册材料的准备、注册流程与认证流程相关事项，是开发者进行原子化服务与服务卡片开发的前提。

2.2.1 材料准备

个人注册后实名认证所需的主要资料为电子邮箱、手机号、身份证、银行卡。企业注册后实名认证所需主要资料为电子邮箱、手机号、公司营业执照、公司对公账号、法人身份证。两者整体注册认证的流程相似。我们将以个人开发者注册后进行实名认证的流程进行说明。

2.2.2 注册流程

1. 注册网址

登录注册网址 https://id1.cloud.huawei.com/进行注册。

2. 注册

根据实际情况选择“手机号注册”或者“邮箱地址注册”，如图 2-3 所示。

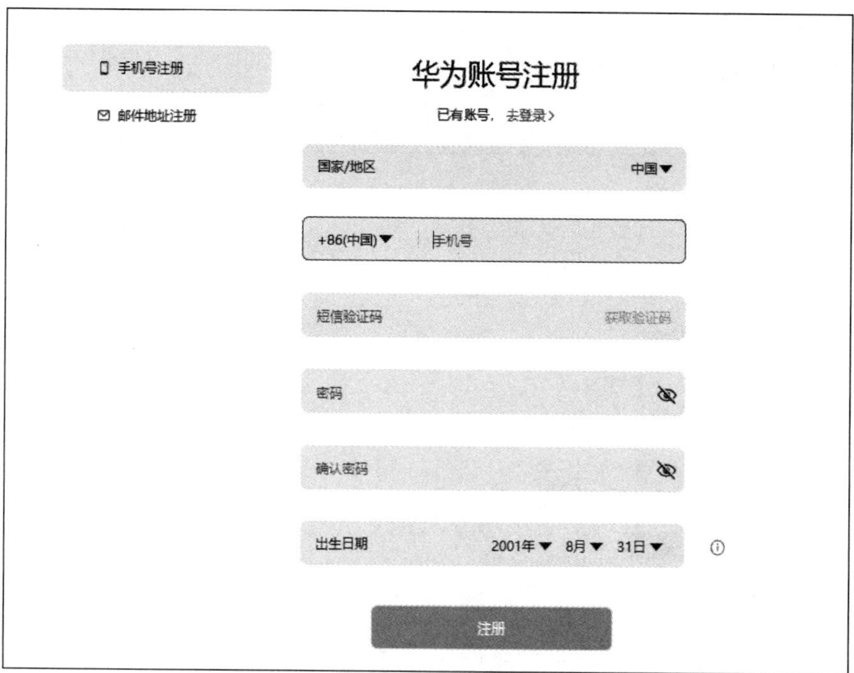

图 2-3　华为账号注册

2.2.3　认证流程

1. 实名认证

进行开发者实名认证，如图 2-4 所示。

图 2-4　开始华为账号实名认证

2. 选择个人实名认证

可根据情况选择“个人开发者”或“企业开发者”，然后单击“下一步”按钮进行认证，如图 2-5 所示。

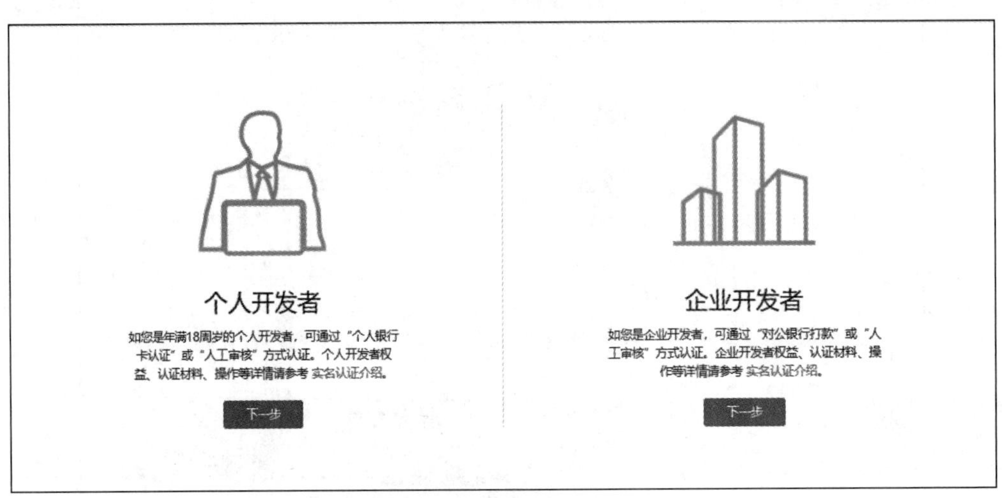

图 2-5　选择个人开发者实名认证

3. 相关选择

单击“下一步”按钮进行相关选择，如图 2-6 所示。

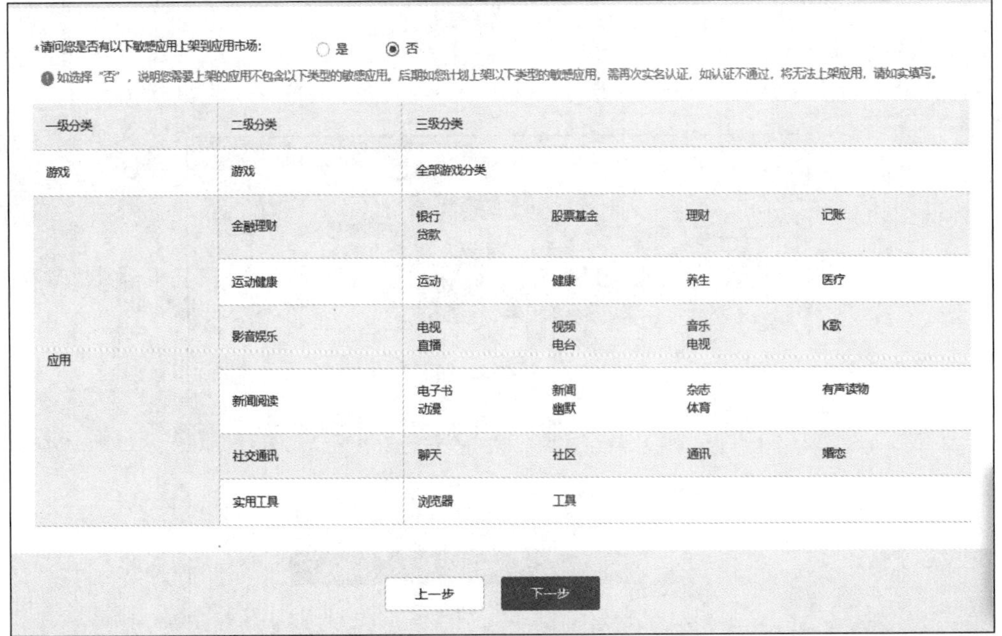

*请问您是否有以下敏感应用上架到应用市场：　○是　◉否

如选择“否”，说明您需要上架的应用不包含以下类型的敏感应用。后期如您计划上架以下类型的敏感应用，需再次实名认证，如认证不通过，将无法上架应用，请如实填写。

一级分类	二级分类	三级分类			
游戏	游戏	全部游戏分类			
应用	金融理财	银行 贷款	股票基金	理财	记账
	运动健康	运动	健康	养生	医疗
	影音娱乐	电视 直播	视频 电台	音乐 电视	K歌
	新闻阅读	电子书 动漫	新闻 幽默	杂志 体育	有声读物
	社交通讯	聊天	社区	通讯	婚恋
	实用工具	浏览器	工具		

上一步　下一步

图 2-6　认证相关选择

4. 选择认证方式

继续单击“下一步”按钮，根据实际情况选择认证的方式，一般推荐按个人银行卡认证，如图 2-7 所示。

个人银行卡认证 (3分钟)
推荐
银行卡信息验证
补充资料信息
完成认证
前往认证
身份证人工审核认证 (1~2个工作日)
录入个人资料信息
人工审核
完成认证
前往认证
上一步

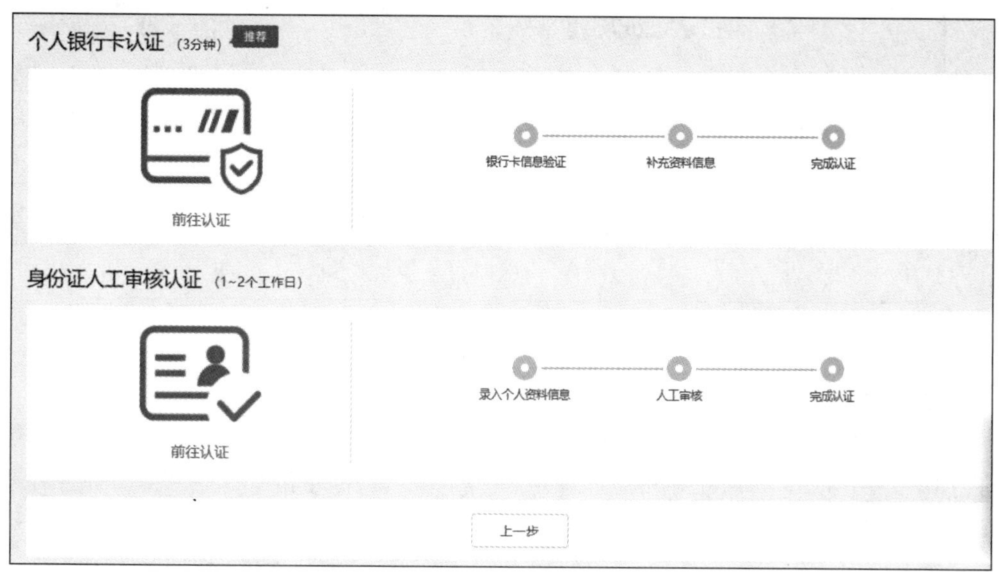

图 2-7　个人银行卡认证

5. 输入信息完成认证

单击个人银行卡认证的前往认证，输入相关的信息，单击“下一步”按钮完成实名认证，如图 2-8、图 2-9 所示。

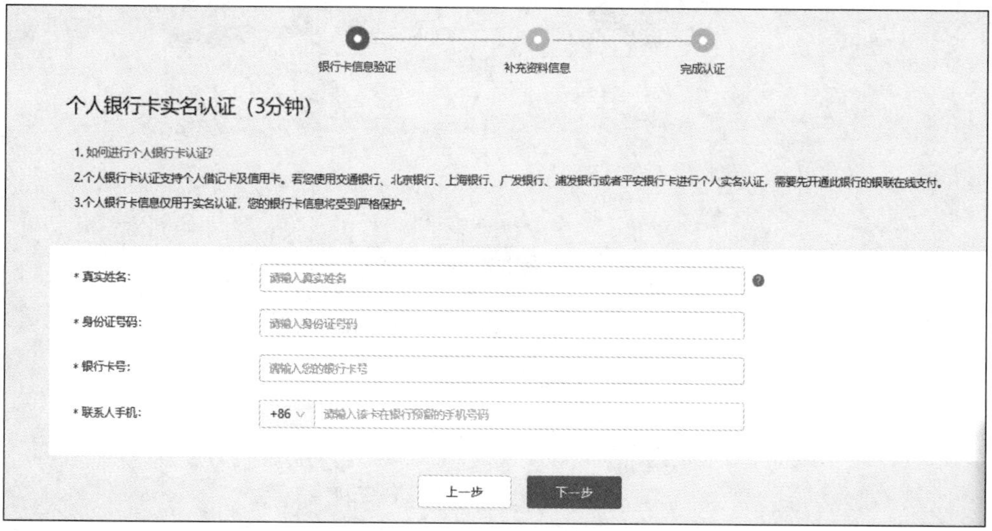

银行卡信息验证
补充资料信息
完成认证
个人银行卡实名认证 (3分钟)
1. 如何进行个人银行卡认证?
2.个人银行卡认证支持个人借记卡及信用卡。若您使用交通银行、北京银行、上海银行、广发银行、浦发银行或者平安银行卡进行个人实名认证，需要先开通此银行的银联在线支付。
3.个人银行卡信息仅用于实名认证，您的银行卡信息将受到严格保护。
* 真实姓名:
请输入真实姓名
* 身份证号码:
请输入身份证号码
* 银行卡号:
请输入您的银行卡号
* 联系人手机:
+86
请输入该卡在银行预留的手机号码
上一步
下一步

图 2-8　个人银行卡开始认证

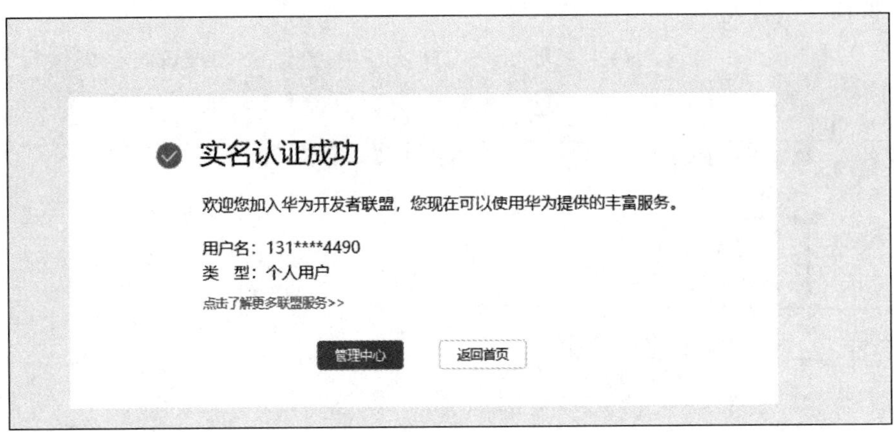

图 2-9　完成实名认证

6. 人工审核

如果采用个人银行卡实名认证不成功，则可以补充资料，使用身份证人工审核进行实名认证，如图 2-10(a)所示，填写好相关资料并上传相关的证件，单击"下一步"提交资料后进行人工审核，人工审核一般在 1～2 个工作日内完成，如图 2-10(b)所示。

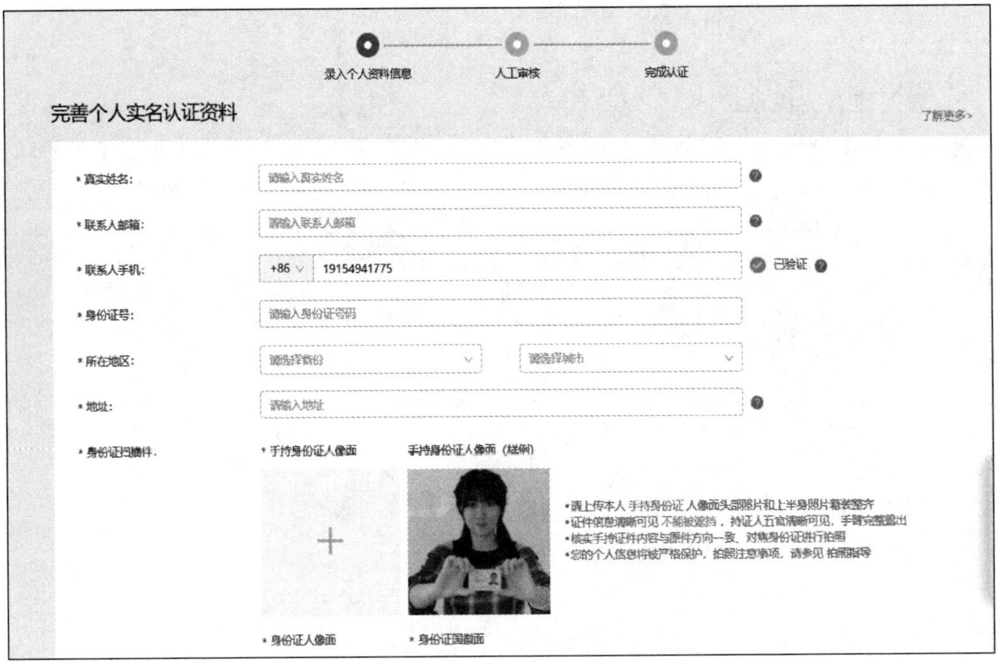

(a)

图 2-10　完善个人实名认证资料

(b)

图 2-10　（续）

2.3　DevEco Studio 快速入门

本节主要阐述 HarmonyOS 应用、原子化服务与服务卡片开发的工具 DevEco Studio 的环境搭建与配置过程，是开发者需要学习的基础知识。

2.3.1　环境搭建流程

DevEco Studio 不断迭代更新，逐步支持 Windows 系统、macOS 系统、Linux 系统等，在开发 HarmonyOS 应用前，需要准备 HarmonyOS 应用的开发环境。DevEco Studio 也提供 SDK Manager 统一管理 SDK 及工具链，在下载各种编程语言的 SDK 包时，SDK Manager 会自动下载该 SDK 包依赖的工具链，需按照提示下载和更新。下面以 Windows 系统、macOS 系统环境搭建流程进行说明，如图 2-11 所示。

2.3.2　下载与安装软件

1. Windows 环境运行

1）基本配置要求

为了保证 DevEco Studio 可以正常运行，建议计算机配置满足基本要求。操作系统为

Windows 10 64 位；内存 8GB 及以上；硬盘 100GB 及以上；分辨率为 1280×800 像素及以上。

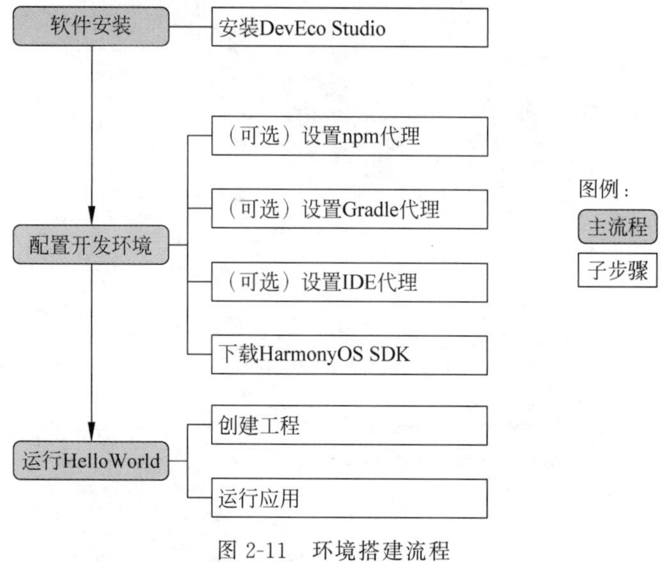

图 2-11　环境搭建流程

2）下载和安装 DevEco Studio

（1）登录下载网址 https://developer.harmonyos.com/cn/develop/deveco-studio#download 进行下载。

（2）选择版本，然后单击下载列表后的 Download 按钮，下载 DevEco Studio。如果下载 DevEco Studio Beta 版本，则需要注册并登录华为开发者账号，如图 2-12、图 2-13 所示。

DevEco Studio 2.1 Release

Platform	DevEco Studio Package	Size	SHA-256 checksum	Download
Windows(64-bit)	devecostudio-windows-tool-2.1.0.501.zip	890M	a22807ae2ef2d6f4afe5aa6d57b2714d66db0b2cb6674580e7aa6a26be68d051	⭳
Mac	devecostudio-mac-tool-2.1.0.501.zip	1040M	70b99e1f8874ec9cd38c6c286589061f0f22a227b5f97e04f7823620890a94f3	⭳

Release版本提供更稳定的功能特性，点击查看版本说明。

图 2-12　DevEco Studio Release 版本

（3）下载完成后，双击下载的 deveco-studio-xxxx.exe 文件，进入 DevEco Studio 安装向导，在安装选项界面勾选 64-bit launcher 后，单击 Next 按钮，直至单击 Finish 按钮完成安装。

DevEco Studio 2.2 Beta1

platform	DevEco Studio Package	Size	SHA-256 checksum	Download
Windows(64-bit)	devecostudio-windows-tool-2.2.0.200.zip	885M	a12f9a57c67f028e62b9526ebffec223737085b5702ce2733636497dcb5fe2a2	⭳
Mac	devecostudio-mac-tool-2.2.0.200.zip	1030M	d94f60169e118aeac15722b87bd0ee041ecaf136d9969e63e1923d122434aa5b	⭳

Beta版本提供更新的功能特性，点击查看版本说明。

图 2-13　DevEco Studio Beta 版本

① 开始安装，单击 Next 按钮，如图 2-14 所示。

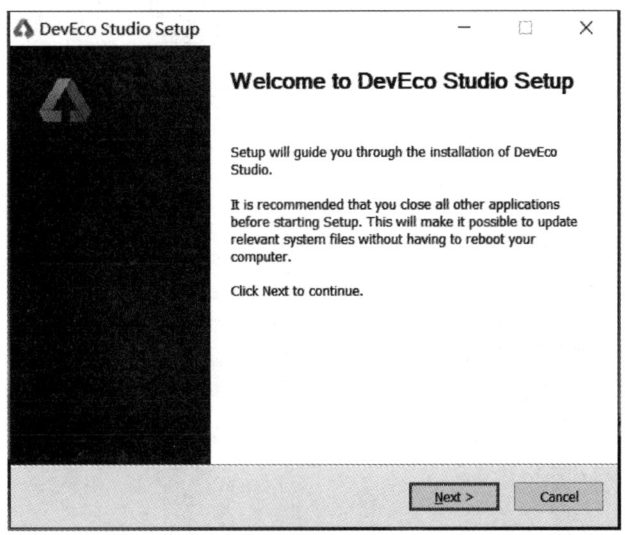

图 2-14　开始安装

② 选择安装路径，如图 2-15 所示，然后单击 Next 按钮进行下一步。

③ 勾选第 1 个，将快捷方式创建到桌面上，如图 2-16 所示，单击 Next 按钮进行下一步。

④ 单击 Install 按钮进行安装，如图 2-17 所示。

⑤ 最后单击 Finish 按钮完成安装，如图 2-18 所示。

2. macOS 环境运行

1）基本配置要求

为了保证 DevEco Studio 可以正常运行，建议计算机配置满足以下基本要求。操作系统为

macOS 10.14/10.15/11.2.2；内存 8GB 及以上；硬盘 100GB 及以上；分辨率为 1280×800 像素及以上。

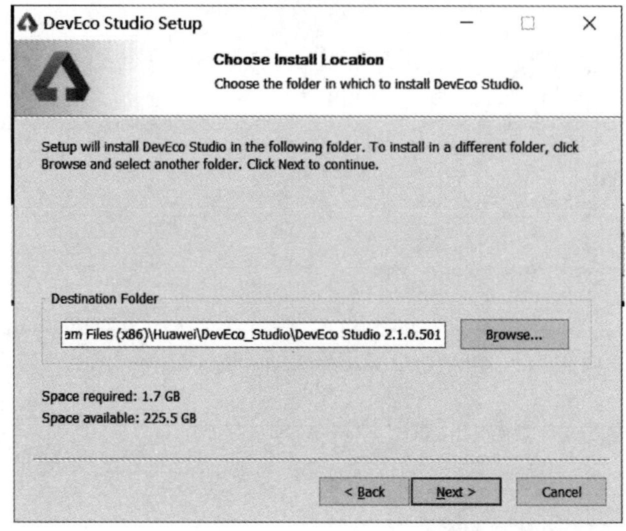

图 2-15　选择安装路径

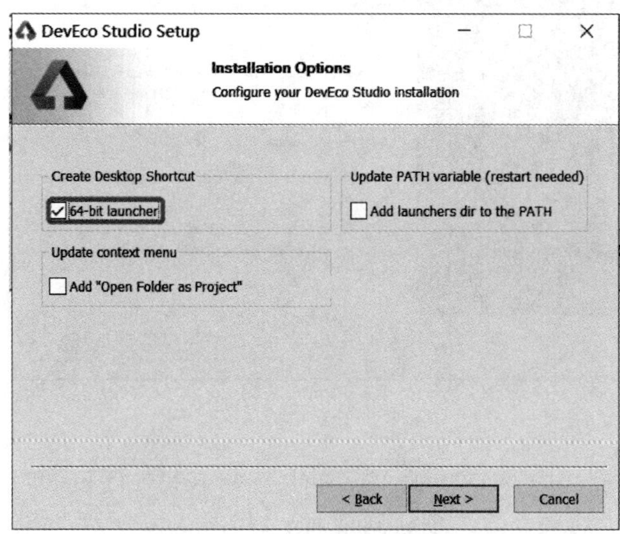

图 2-16　创建快捷方式

2）下载和安装 DevEco Studio

（1）登录网址 https://developer.harmonyos.com/cn/develop/deveco-studio#download 进行下载。

（2）选择版本，然后单击下载列表后的 Download 按钮，下载 DevEco Studio。如果下载

DevEco Studio Beta 版本,则需要注册并登录华为开发者账号。

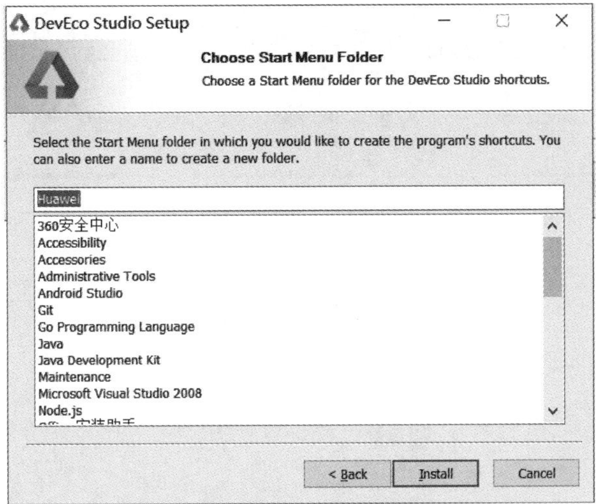

图 2-17 单击 Install 按钮

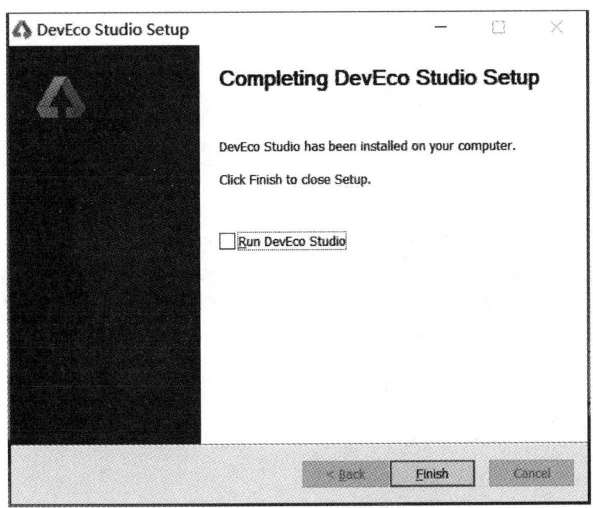

图 2-18 单击 Finish 按钮完成安装

(3) 下载完成后,找到下载的 DevEco-Studio. app 文件,双击此文件进行安装,将安装界面拖曳到 Applications 中,等待安装完成即可,如图 2-19 所示。

2.3.3 开发环境配置

1. 下载 HarmonyOS SDK

第一次使用 DevEco Studio 时需要下载 HarmonyOS SDK 及对应工具链。

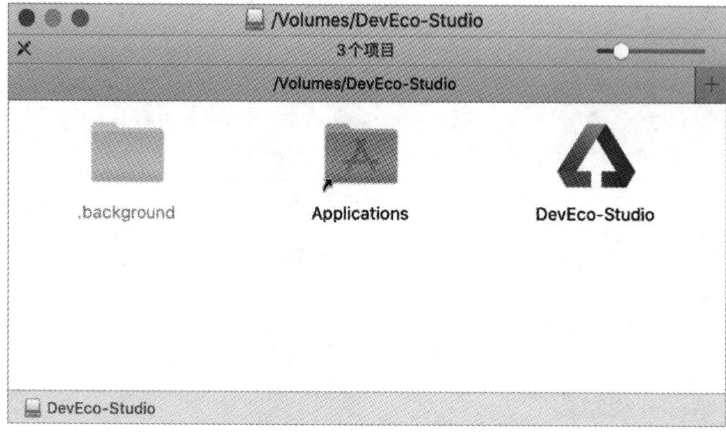

图 2-19　安装 DevEco Studio

1）运行

运行已安装的 DevEco Studio，首次使用时可选择 Do not import settings，单击 OK 按钮。

2）配置

进入配置向导页面，设置 npm registry，此处 DevEco Studio 已预置对应的 npm registry，直接单击 Start using DevEco Studio 按钮进入下一步，如图 2-20 所示。

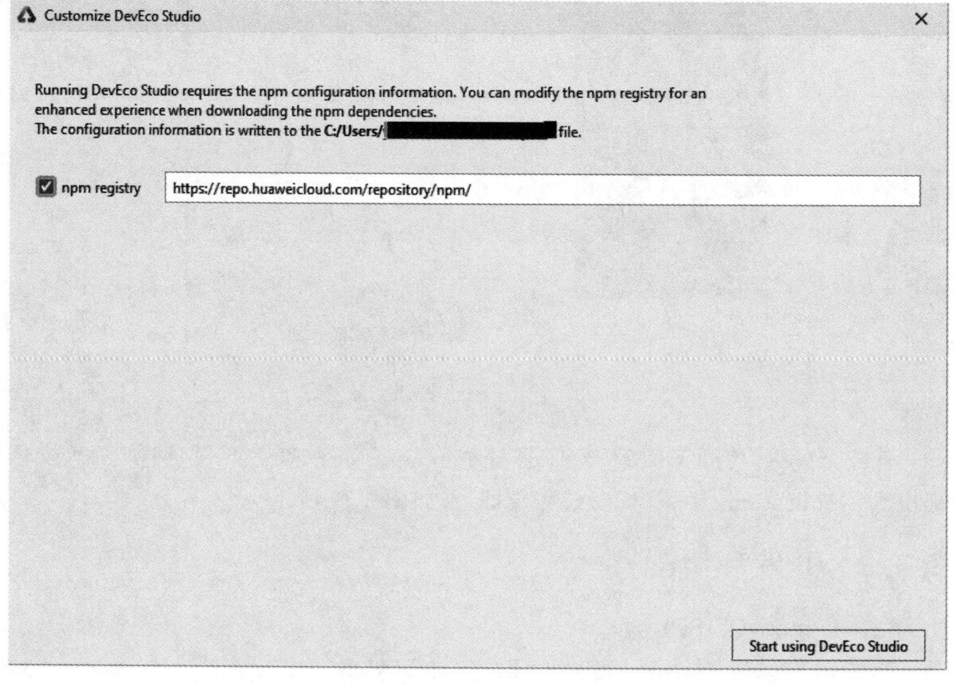

图 2-20　单击 Start using DevEco Studio 按钮

3）存储路径

通过 DevEco Studio 向导指引开发者下载 HarmonyOS SDK，默认情况下，SDK 会被下载到 Users 目录下，也可以指定对应的存储路径，SDK 存储路径不支持中文，选定存储路径后单击 Next 按钮，如图 2-21 所示。

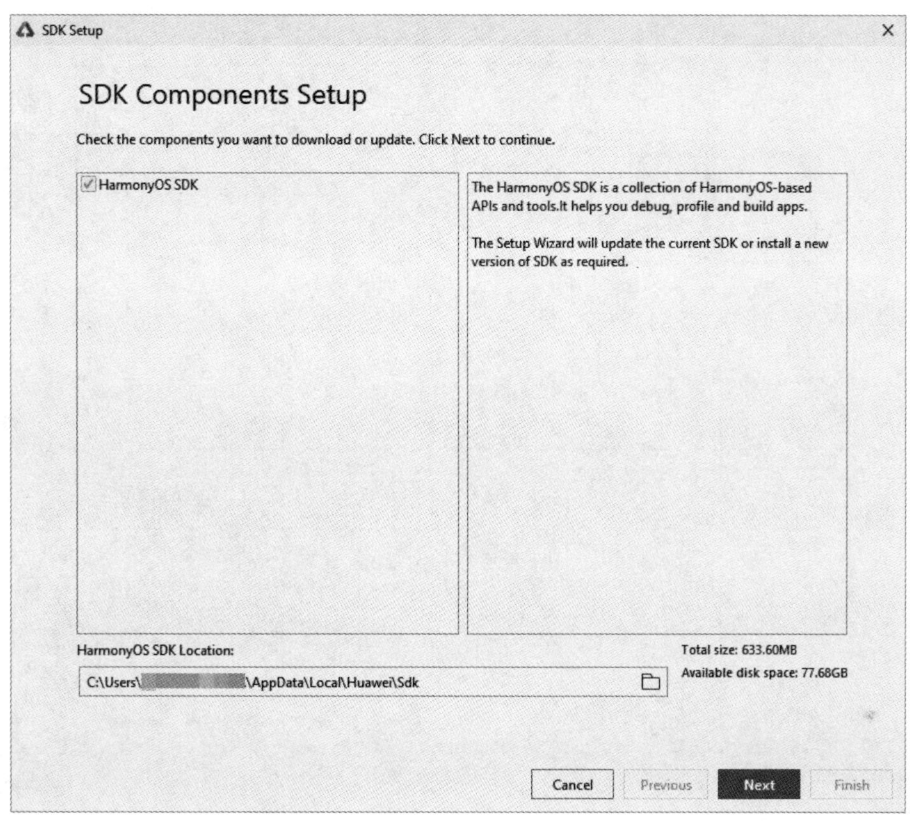

图 2-21 下载 HarmonyOS SDK 引导

4）下载 SDK

默认会下载最新版本的 Java SDK、JS SDK、Previewer 和 Toolchains。在弹出的 License Agreement 窗口，单击 Accept 按钮便开始下载 SDK，如图 2-22 所示。

5）进入欢迎页

等待 HarmonyOS SDK 及相关工具下载完成，单击 Finish 按钮，便可进入 DevEco Studio 欢迎页，如图 2-23 所示。

6）其他组件

SDK 默认只会下载最新版本的 Java SDK、JS SDK、Previewer 和 Toolchains，单击图 2-23 所示欢迎页中的 Configure→Settings，进入 HarmonyOS SDK 页面，在此页面可以下载其他组件，只需勾选对应的组件包，单击 Apply 按钮，如图 2-24 所示。

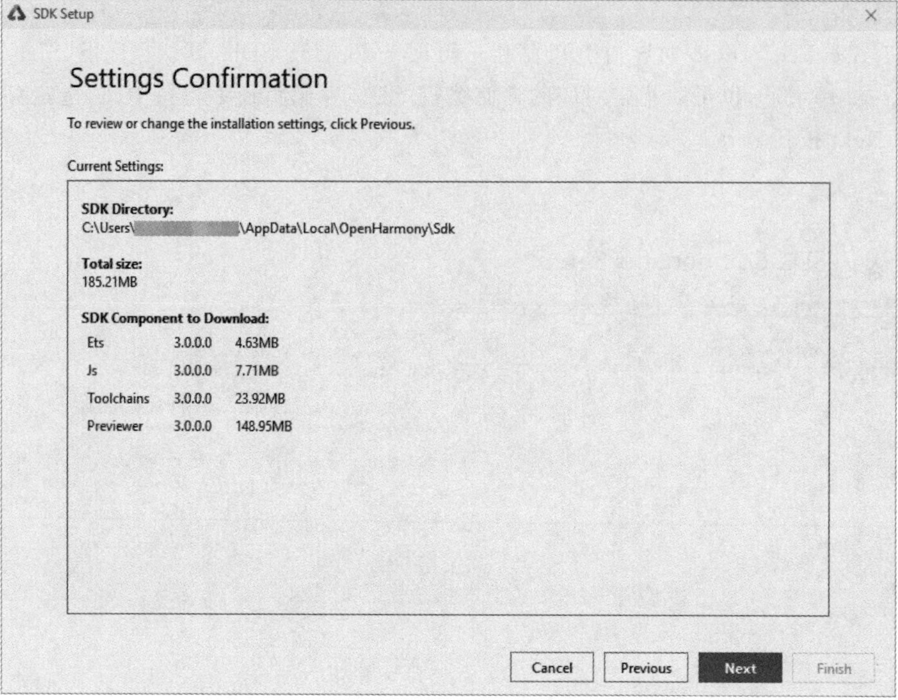

图 2-22　下载 SDK

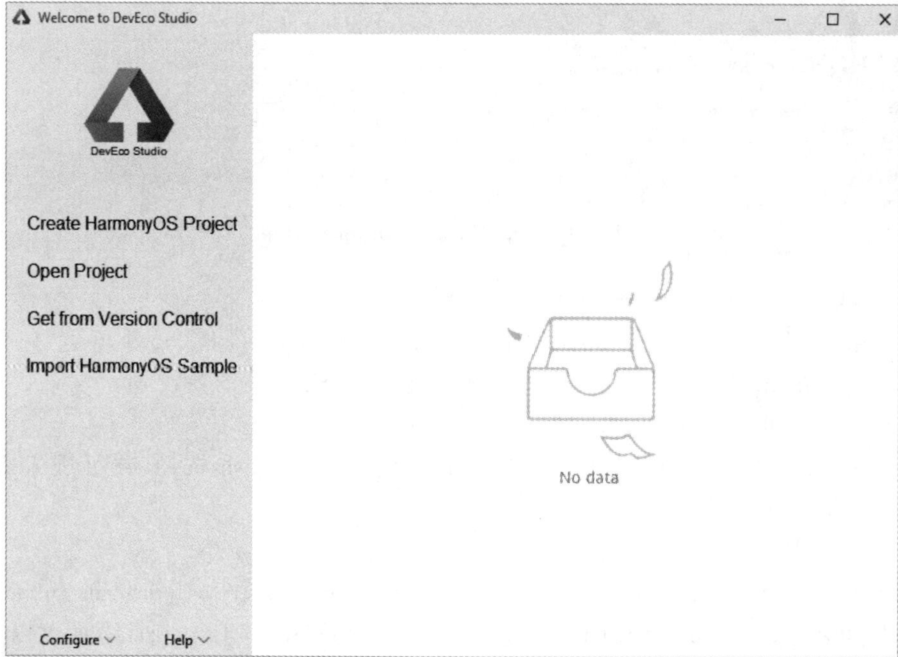

图 2-23　DevEco Studio 欢迎页

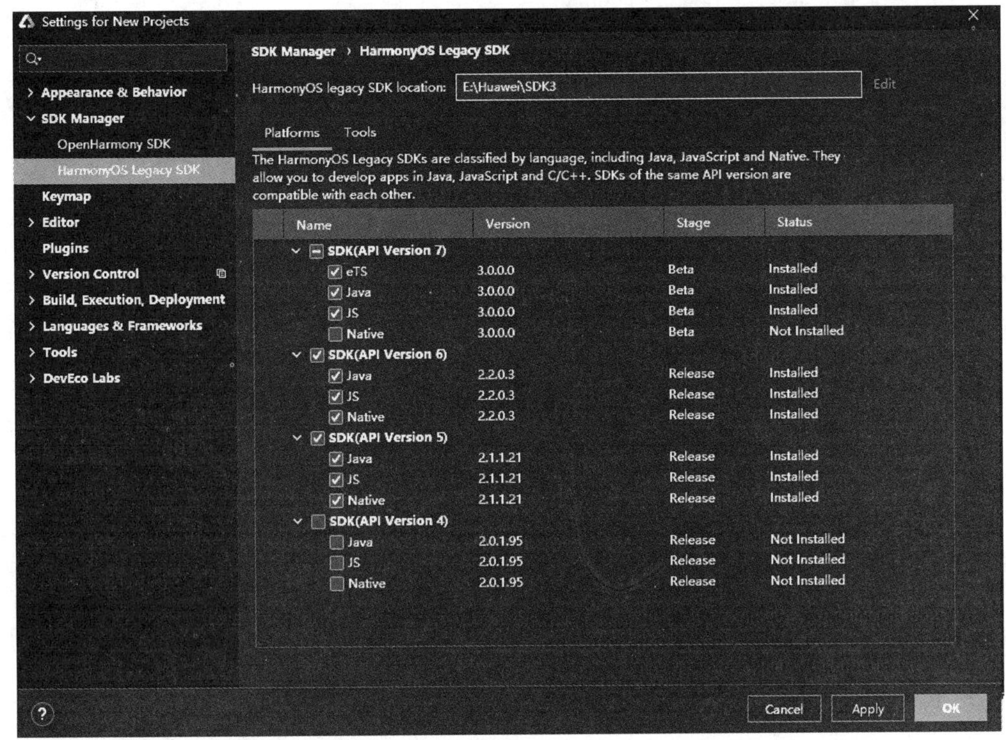

图 2-24　HarmonyOS SDK 页面

2. 更新 HarmonyOS SDK

如果已经下载过 HarmonyOS SDK，当存在新版本的 SDK 时，则可以通过 SDK Manager 来更新对应的 SDK。进入 SDK Manager 有以下两种方法：

(1) 在 DevEco Studio 欢迎页，单击 Configure→Settings→HarmonyOS SDK 进入 SDK Manager 界面(macOS 系统为 Configure→Preferences→HarmonyOS SDK)。

(2) 在 DevEco Studio 打开工程的情况下，单击 Tools→SDK Manager 界面进入；或者单击 Files→Settings→HarmonyOS SDK 进入(macOS 系统为 DevEco Studio→Preferences→HarmonyOS SDK)。

在 SDK Manager 中，勾选需要更新的 SDK，单击 Apply 按钮，在弹出的确认更新窗口，单击 OK 按钮即可开始更新，如图 2-25 所示。

3. 配置 HDC 工具环境变量

HDC 是为开发者提供的 HarmonyOS 应用的调试工具，为了方便使用 HDC 工具，应为 HDC 工具的端口号设置环境变量。

1) Windows 环境变量设置方法

在计算机→属性→高级系统设置→高级→环境变量中，添加 HDC 端口变量。变量名为 HDC_SERVER_PORT，将变量值设置为 7035，如图 2-26 所示。

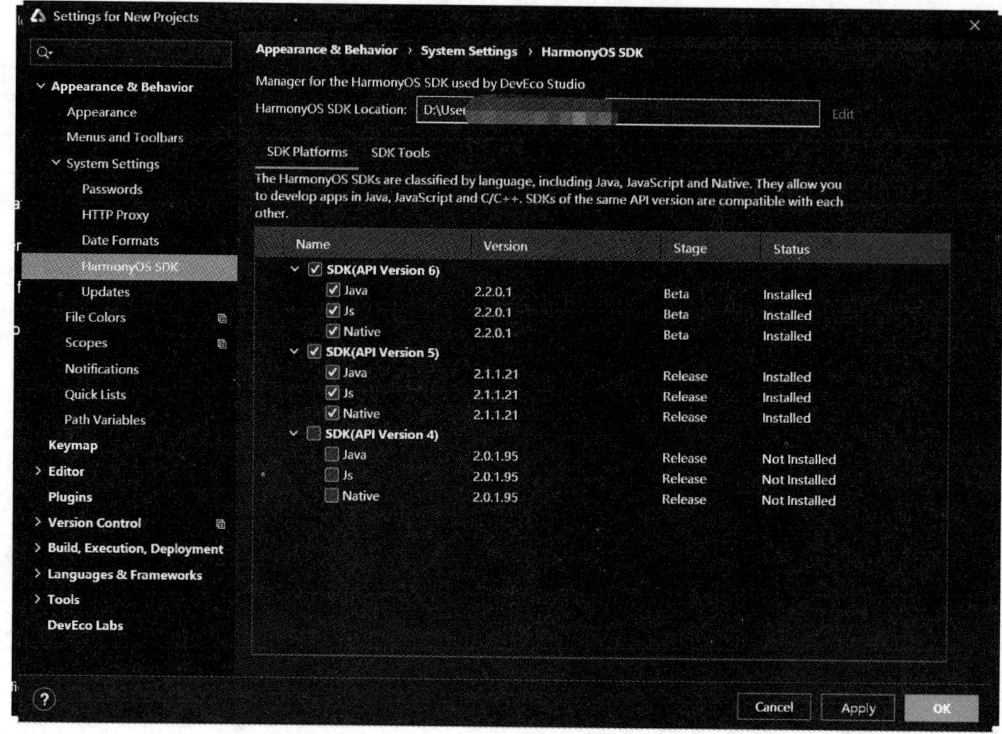

图 2-25 HarmonyOS SDK 更新

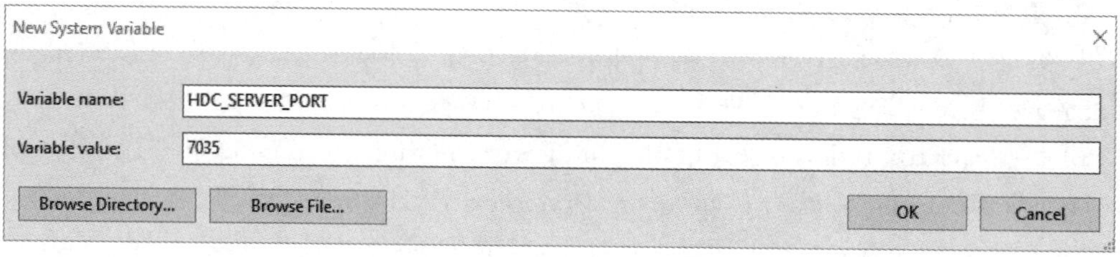

图 2-26 Windows 环境变量设置

环境变量配置完成后，关闭并重启 DevEco Studio。

2）macOS 环境变量设置方法

打开终端工具，执行的命令如下：

```
vi ./.bash_profile
```

单击字母 i，进入 Insert 模式。

添加 HDC_SERVER_PORT 环境变量信息，代码如下：

```
HDC_SERVER_PORT = 7035
launchctl setenv HDC_SERVER_PORT $ HDC_SERVER_PORT
export HDC_SERVER_PORT
```

编辑完成后，按 Esc 键，退出编辑模式，然后输入：wq，按 Enter 键保存。

使配置的环境变量生效，命令如下：

```
source .bash_profile
```

环境变量配置完成后，关闭并重启 DevEco Studio。

4. 网络受限情况处理

DevEco Studio 开发环境需要依赖于网络环境，连接上网络才能确保工具的正常使用。第一次打开 DevEco Studio 时，如果配置向导界面出现设置 Set up HTTP proxy 界面，则说明网络受限，此时可以通过配置代理的方式来解决。需要配置 DevEco Studio 代理、NPM 代理和 Gradle 代理，如图 2-27 所示。

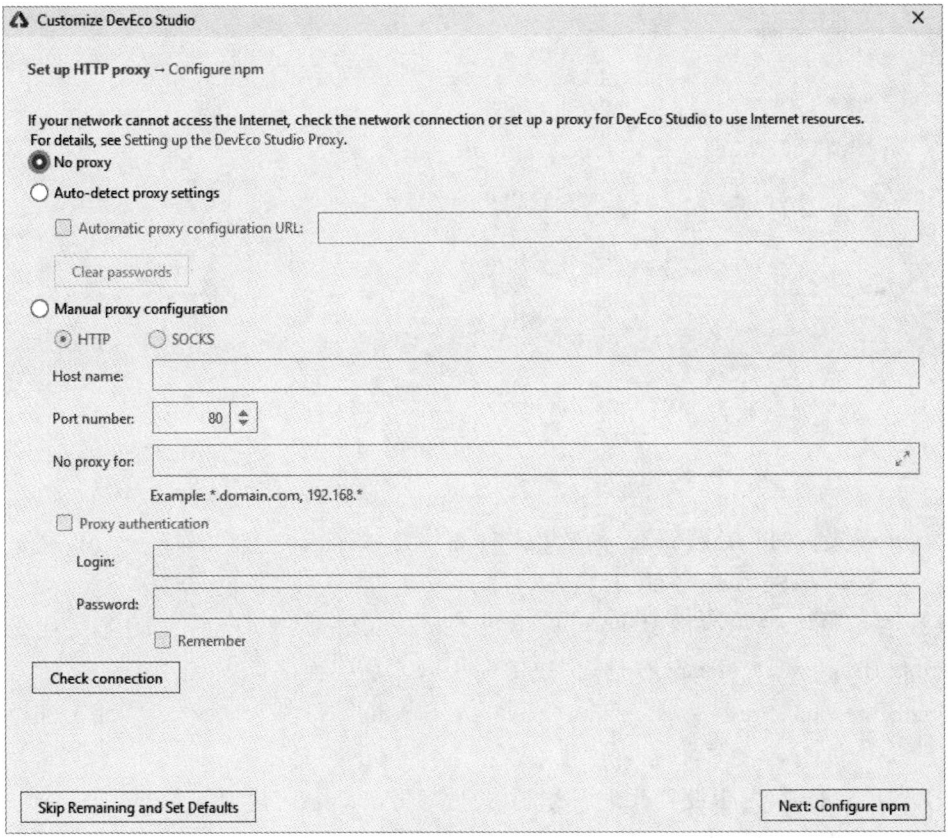

Customize DevEco Studio

Set up HTTP proxy → Configure npm

If your network cannot access the Internet, check the network connection or set up a proxy for DevEco Studio to use Internet resources.
For details, see Setting up the DevEco Studio Proxy.

- (●) No proxy
- ( ) Auto-detect proxy settings
  - [ ] Automatic proxy configuration URL:
  - Clear passwords
- ( ) Manual proxy configuration
  - (●) HTTP ( ) SOCKS
  - Host name:
  - Port number: 80
  - No proxy for:
  - Example: *.domain.com, 192.168.*
  - [ ] Proxy authentication
  - Login:
  - Password:
  - [ ] Remember

Check connection

Skip Remaining and Set Defaults　　Next: Configure npm

图 2-27　Set up HTTP proxy 界面

1）配置 DevEco Studio 代理

启动 DevEco Studio，配置向导进入 Set up HTTP proxy 界面，勾选 Manual proxy configuration，设置 DevEco Studio 的 HTTP proxy，如图 2-28 所示。

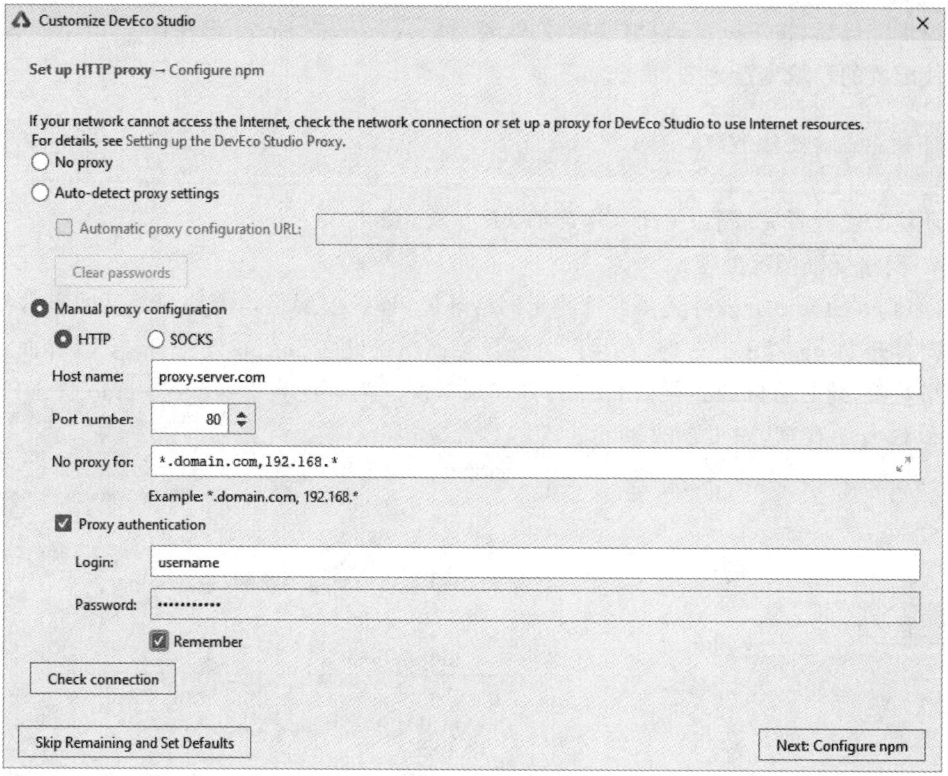

图 2-28 HTTP 配置项

说明：如果非首次设置向导进入 HTTP proxy，可以通过以下方式进入 HTTP proxy 配置界面。

（1）在欢迎页单击 Configure→Settings→Appearance & Behavior→System Settings→HTTP proxy 进入 HTTP proxy 设置界面（Mac 系统为 Configure→Preferences→Appearance & Behavior→System Settings→HTTP proxy）。

（2）在打开了工程的情况下，可以单击 File→Settings→Appearance & Behavior→System Settings→HTTP proxy 进入 HTTP proxy 设置界面（Mac 系统为 DevEco Studio→Preferences→Appearance & Behavior→System Settings→HTTP proxy）。相关配置的说明如下。

HTTP 配置项，用于设置代理服务器信息。Host name：代理服务器主机名或 IP 地址。Port number：代理服务器对应的端口号。No proxy for：不需要通过代理服务器访问的 URL 或者 IP 地址（地址之间用英文逗号分隔）。Proxy authentication 配置项，如果代理服务器需要通过认证鉴权才能访问，则需要设置。否则，可跳过该配置项。Login：访问代理服务器的用户名。Password：访问代理服务器的密码。Remember：勾选，记住密码。

(3) 配置完成后，单击 Check connection 按钮，输入网络地址(如 https://developer.harmonyos.com)，检查网络连通性。如果提示 Connection successful，则表示代理设置成功。

(4) 单击 Next：Configure npm 按钮继续设置 NPM 代理信息。

2) 配置 NPM 代理

通过 DevEco Studio 的设置向导设置 NPM 代理信息，代理信息将写入用户 users/用户名/目录下的.npmrc 文件。(说明：该向导只有第一次安装 DevEco Studio 时才会出现。如果未出现该向导，则可以直接在 users/用户名/目录下的.npmrc 文件中，添加代理配置信息。)

npm registry：设置 npm registry 的地址信息，建议勾选。

HTTP proxy：代理服务器信息，默认与 DevEco Studio 的 HTTP proxy 设置项保持一致。

Enable HTTPS proxy：同步设置 HTTPS proxy 配置信息，建议勾选，如图 2-29 所示。

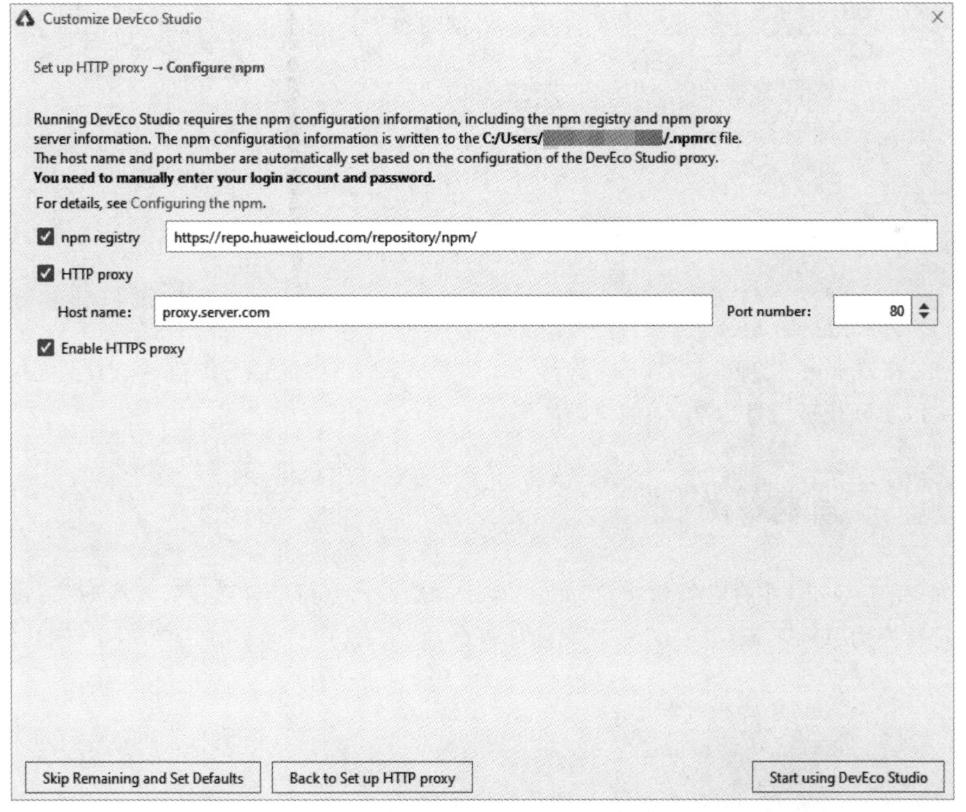

图 2-29　配置 NPM 代理(1)

单击 Start using DevEco Studio 按钮继续下一步操作。如果代理服务器需要认证(需要用户名和密码),则应先根据如下指导配置代理服务器的用户名和密码,然后下载 HarmonyOS SDK;否则,可跳过该操作,如图 2-30 所示。

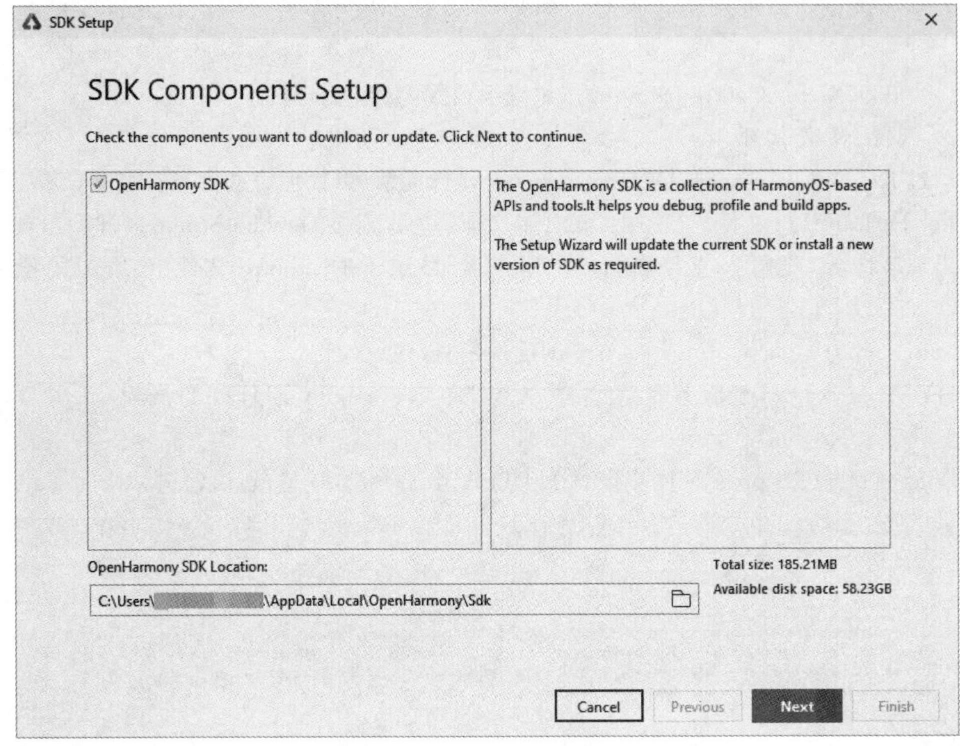

图 2-30　配置 NPM 代理(2)

(1) 进入用户的 users 目录,打开. npmrc 文件。

(2) 修改 npm 代理信息,在 proxy 和 https-proxy 中,增加 user 和 password 字段,具体取值应以实际代理信息为准,示例代码如下:

```
proxy = http://user:password@proxy.server.com:80
https - proxy = http://user:password@proxy.server.com:80
```

如果 password 中存在特殊字符,如@、#、* 等符号,则可能导致配置不生效,建议将特殊字符替换为 ASCII 码,并在 ASCII 码前加百分号%。常用符号替换为 ASCII 码的对照表如下:

```
!: %21
@: %40
#: %23
```

```
¥ : %24
&: %26
* : %2A
```

(3) 代理设置完成后，打开命令行工具，验证网络是否正常，命令如下：

```
npm info express
```

如果执行结果如图 2-31 所示，则说明代理设置成功。

```
C:\Users\      >npm info express

express@4.17.1 | MIT | deps: 30 | versions: 264
Fast, unopinionated, minimalist web framework
http://expressjs.com/

keywords: express, framework, sinatra, web, rest, restful, router, app, api

dist
.tarball: https://registry.npmjs.org/express/-/express-4.17.1.tgz
.shasum: 4491fc38605cf51f8629d39c2b5d026f98a4c134
.integrity: sha512-mHJ9O79RqluphRrcw2X/GTh3k9tVv8YcoyY4Kkh4WDMUYKRZUq0hloOw2rrrxBqM7VoeUVqgb27xlEMXTnYt4g==
.unpackedSize: 208.1 kB

dependencies:
accepts: ~1.3.7            cookie: 0.4.0          finalhandler: ~1.1.2        path-to-regexp: 0.1.7
array-flatten: 1.1.1       debug: 2.6.9           fresh: 0.5.2                proxy-addr: ~2.0.5
body-parser: 1.19.0        depd: ~1.1.2           merge-descriptors: 1.0.1    qs: 6.7.0
content-disposition: 0.5.3 encodeurl: ~1.0.2      methods: ~1.1.2             range-parser: ~1.2.1
content-type: ~1.0.4       escape-html: ~1.0.3    on-finished: ~2.3.0         safe-buffer: 5.1.2
cookie-signature: 1.0.6    etag: ~1.8.1           parseurl: ~1.3.3            send: 0.17.1
(...and 6 more.)
```

图 2-31　代理设置成功

(4) 网络设置完成后，再下载 HarmonyOS SDK。

3) 设置 Gradle 代理

(1) 打开“此计算机”，在文件夹网址栏中输入%userprofile%(Mac 系统可单击前往>个人)，进入个人用户文件夹，如图 2-32 所示。

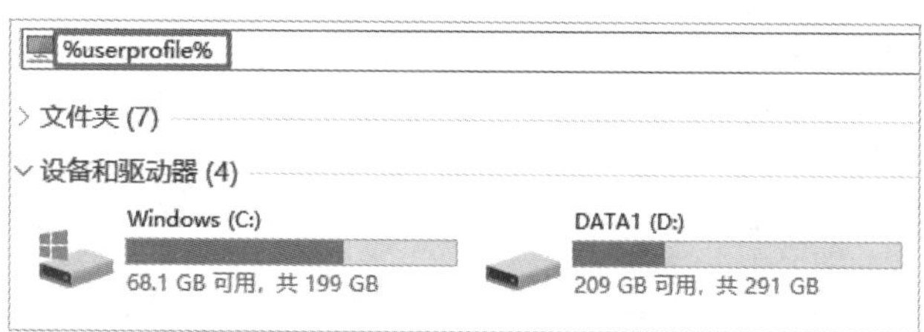

图 2-32　设置 Gradle 代理

(2) 创建一个文件夹，命名为.gradle。如果已有.gradle 文件夹，则可跳过此操作。(说明：macOS 系统在创建.gradle 文件夹前，应将系统设置为“显示隐藏文件”。)

(3) 进入.gradle 文件夹，新建一个文本文档，命名为 gradle，并将后缀修改为.properties。

（4）打开 gradle.properties 文件，添加如下脚本，然后保存。其中代理服务器、端口、用户名、密码和不使用代理的域名需要根据实际代理情况进行修改。其中不使用代理的 nonProxyHosts 的配置间隔符是"|"，代码如下：

```
/* 第 2 章/设置 Gradle 代理/文件不使用代理的 nonProxyHosts 的配置 */
systemProp.http.proxyHost = proxy.server.com
systemProp.http.proxyPort = 8080
systemProp.http.nonProxyHosts = *.company.com|10.*|100.*
systemProp.http.proxyUser = userId
systemProp.http.proxyPassword = password
systemProp.https.proxyHost = proxy.server.com
systemProp.https.proxyPort = 8080
systemProp.https.nonProxyHosts = *.company.com|10.*|100.*
systemProp.https.proxyUser = userId
systemProp.https.proxyPassword = password
```

2.4 第 1 个工程项目与多设备练习

本节主要阐述基于 DevEco Studio 的第 1 个工程项目的详细创建过程。基于 HarmonyOS 多设备、分布式的特征，本节是一个基于手机、平板、手表、智慧屏等多设备的练习案例，让开发者可以仿照具体案例快速入手与获得直观的开发体验。

2.4.1 创建第 1 个工程项目

1. 创建

打开 DevEco Studio，在欢迎页单击 Create HarmonyOS Project，创建一个新工程，如图 2-33 所示。

2. 选择模板

根据工程创建向导，选择需要的 Ability 工程模板，然后单击 Next 按钮，如图 2-34 所示。

3. 相关配置

填写工程相关配置信息，选择 Service 模式，Language 选择 JS，Device Type 勾选 Phone，勾选 Show in Service Center，其他保持默认值即可，最后单击 Finish 按钮，如图 2-35 所示。

4. 成功创建

工程创建完成后，DevEco Studio 会自动进行工程的同步，同步成功后如图 2-36 所示。

5. 编译

打开 js 目录下的 page 文件夹，对 page 文件夹中的 index 文件进行编译，代码如下：

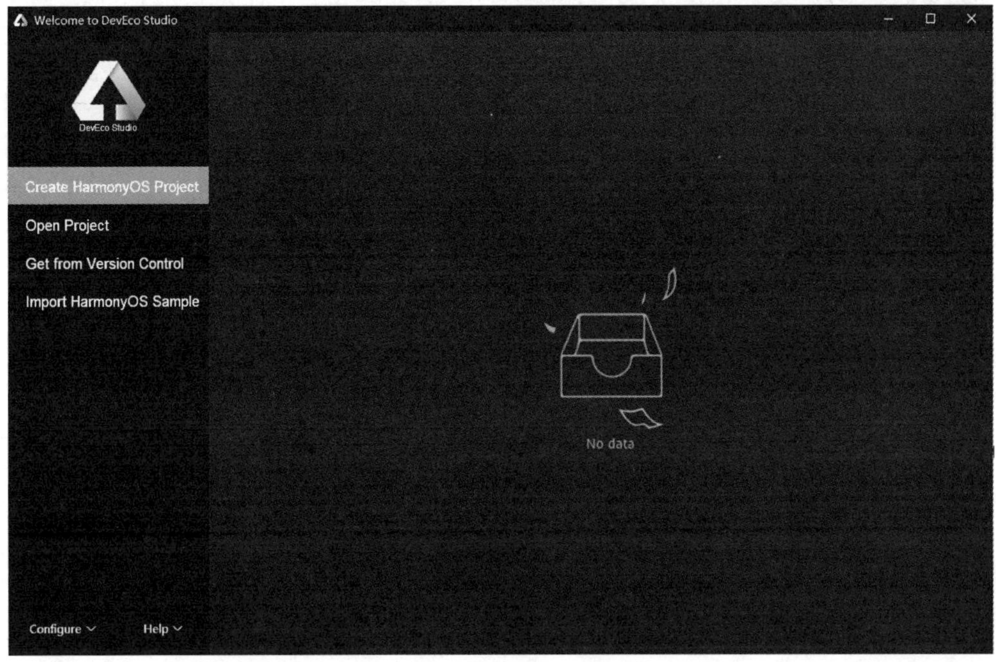

图 2-33　单击 Create HarmonyOS Project

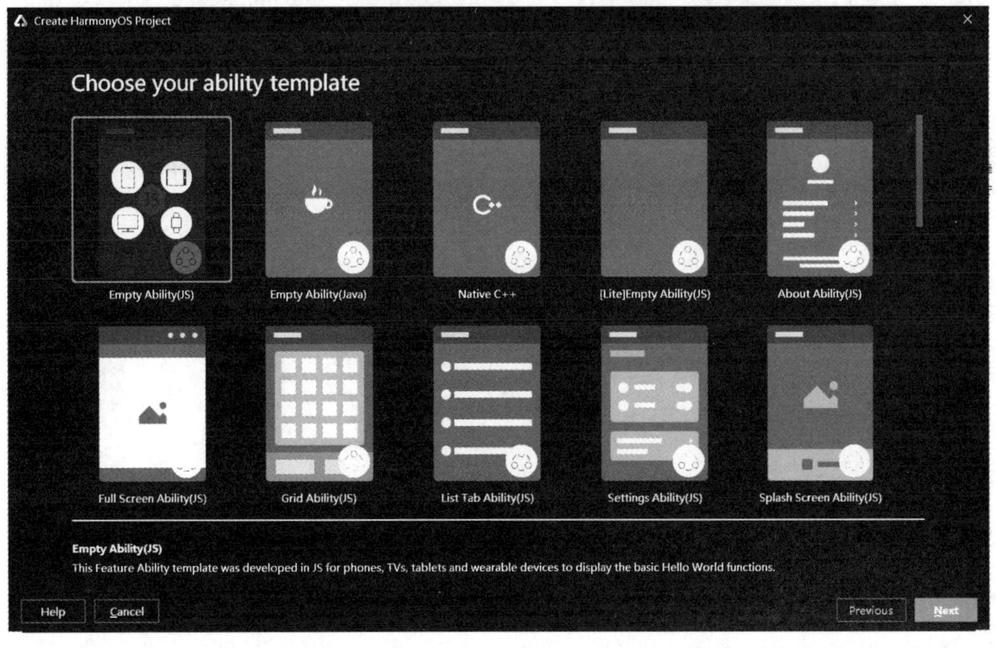

图 2-34　选择需要的 Ability 工程模板

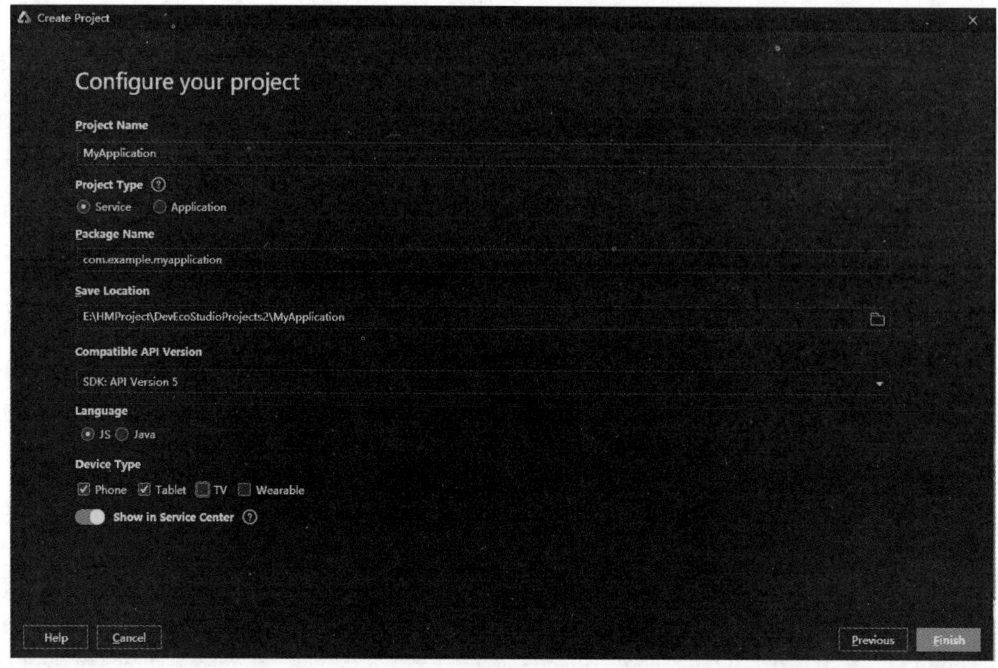

图 2-35　配置信息

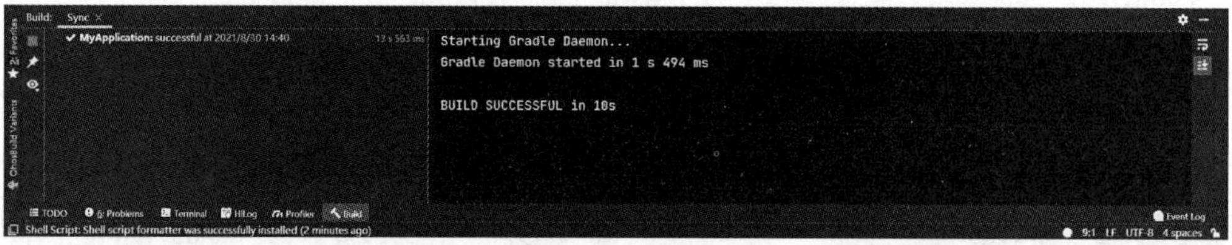

Starting Gradle Daemon...
Gradle Daemon started in 1 s 494 ms

BUILD SUCCESSFUL in 18s

图 2-36　自动同步工程

```
/*第 2 章/第 1 个工程项目的 index.hml 文件 */
<div class = "container">
    <text class = "title">世界,你好!</text>
    <text class = "title">欢迎来到 HarmonyOS </text>
    <text class = "title">原子化服务卡片新世界!</text>
</div>
```

```
/*第 2 章/第 1 个工程项目的 index.css 文件 */
.container {
    flex-direction: column;
    justify-content: center;
    align-items: center;
    width: 100%;
    height: 100%;
```

```
}

.title {
    font - size: 30px;
    color: #000000;
    opacity: 0.9;
}
```

2.4.2　运行 Hello World

1. Tools 的使用

在 DevEco Studio 菜单栏，右击 Tools→Device Manage，如图 2-37 所示。

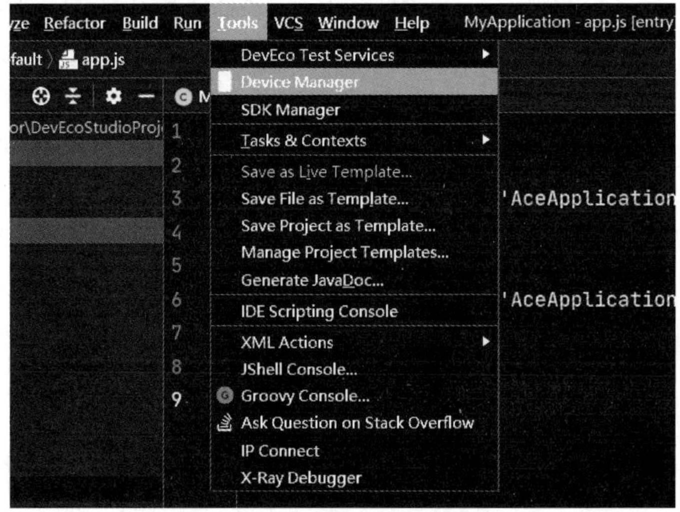

图 2-37　单击 Device Manager

2. 登录账号

在 Remote Emulator 页签中单击 Login 按钮，如图 2-38(a)所示，在浏览器中会弹出华为开发者联盟账号登录界面，输入已实名认证的华为开发者联盟账号的用户名和密码进行登录，如图 2-38(b)所示。

3. 授权

登录后，单击界面中的"允许"按钮进行授权，如图 2-39 所示。

4. 选择设备

在设备列表中，选择 Phone 设备 P40，并单击 ▶ 按钮，运行模拟器，如图 2-40 所示。

5. 运行工程

单击 DevEco Studio 工具栏中的 ▶ 按钮运行工程，或使用默认快捷键 Shift+F10(Mac 系统为 Ctrl+R)运行工程，如图 2-41 所示。

(a)

(b)

图 2-38　账号登录

图 2-39　账号授权

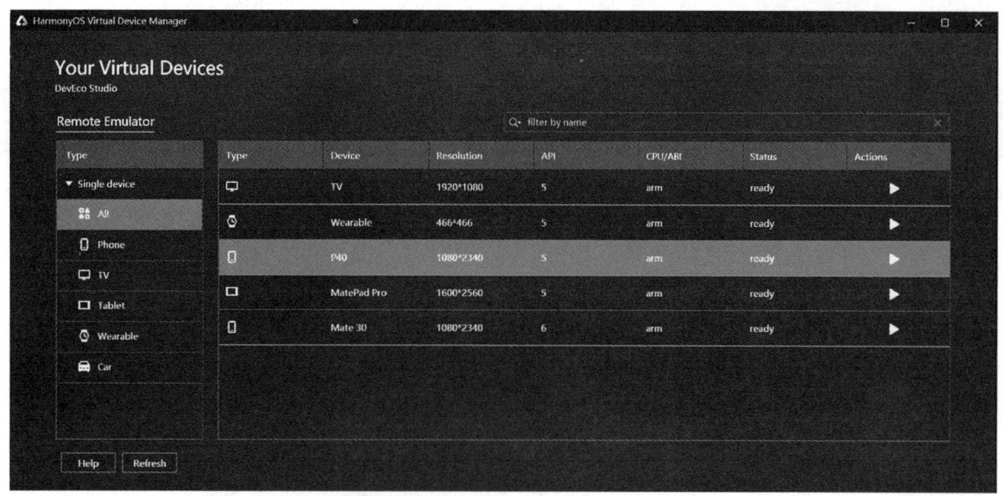

图 2-40　运行模拟器

图 2-41　运行工程

6. 效果展示

DevEco Studio 会启动应用的编译构建，完成后即可运行在模拟器上，如图 2-42 所示。

图 2-42　成功运行

2.4.3 多设备练习

以下我们提供了手机(Phone)、平板(Tablet)、智能穿戴(Wearable)、智慧屏(TV)多设备的Java或者JS快速入门开发练习案例。案例主要包括项目规划、内容策划、模板选择、工程创建、页面布局、跳转事件、模拟器预览等。初步学习的开发者,前期可以完全仿照我们的案例进行实战练习,有助于快速上手与获得成就感。

1. Phone设备

通过构建一个简单的具有页面跳转功能的应用,效果如图2-43(a)、图2-43(b)所示,以便熟悉HarmonyOS应用开发的流程。

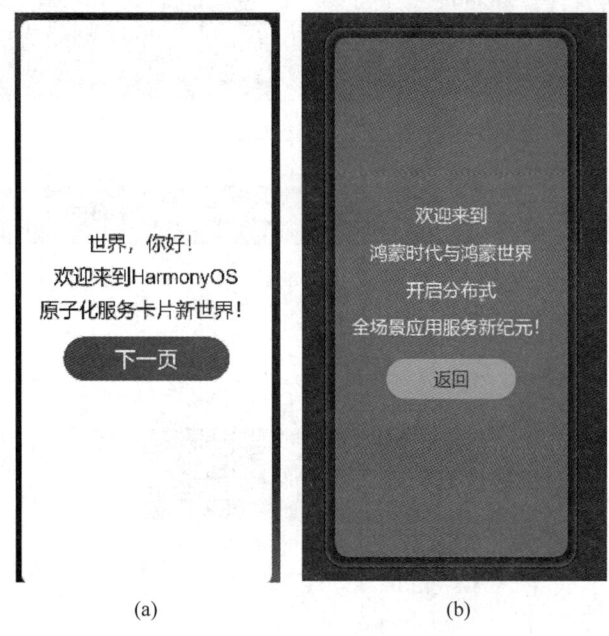

图2-43 Phone效果呈现

1) 创建工程并编写第1个页面

选择模板Empty Ability(JS)模板,Device Type选择Phone,如图2-44和图2-45所示。

(1) 第1个页面内有一个文本和一个按钮,通过text和button组件实现。在Project窗口,选择entry→src→main→js→default→pages.index,打开index.hml文件,添加一个文本和一个按钮,代码如下:

```
/*第2章/多设备练习-Phone设备案例 index.hml代码部分*/
<div class="container">
<!-- 添加一个文本 -->
    <text class="title">世界,你好!</text>
    <text class="title">欢迎来到 HarmonyOS</text>
```

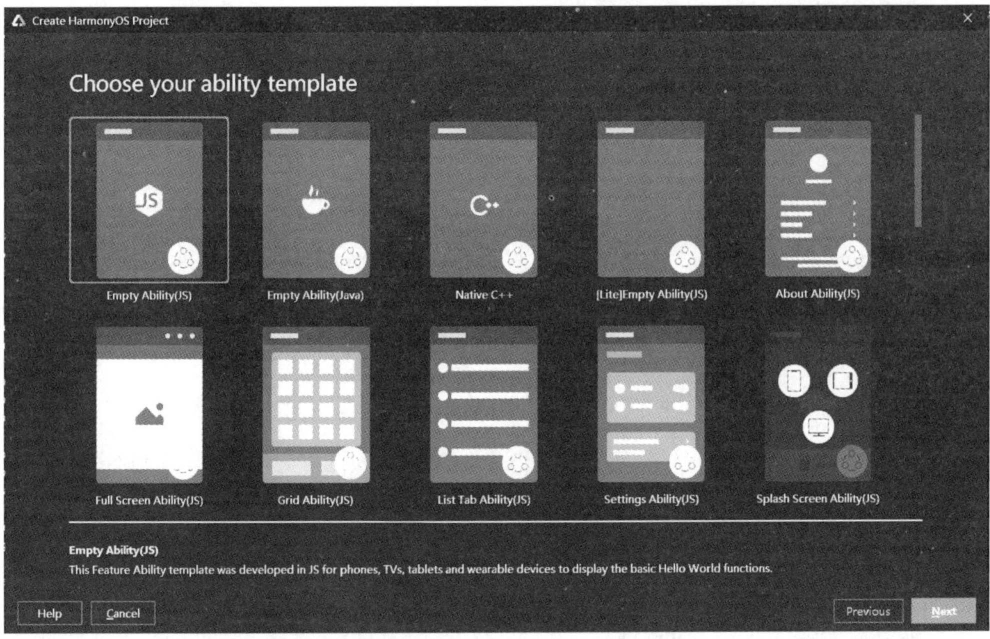

图 2-44　选择模板 Empty Ability(JS)模板

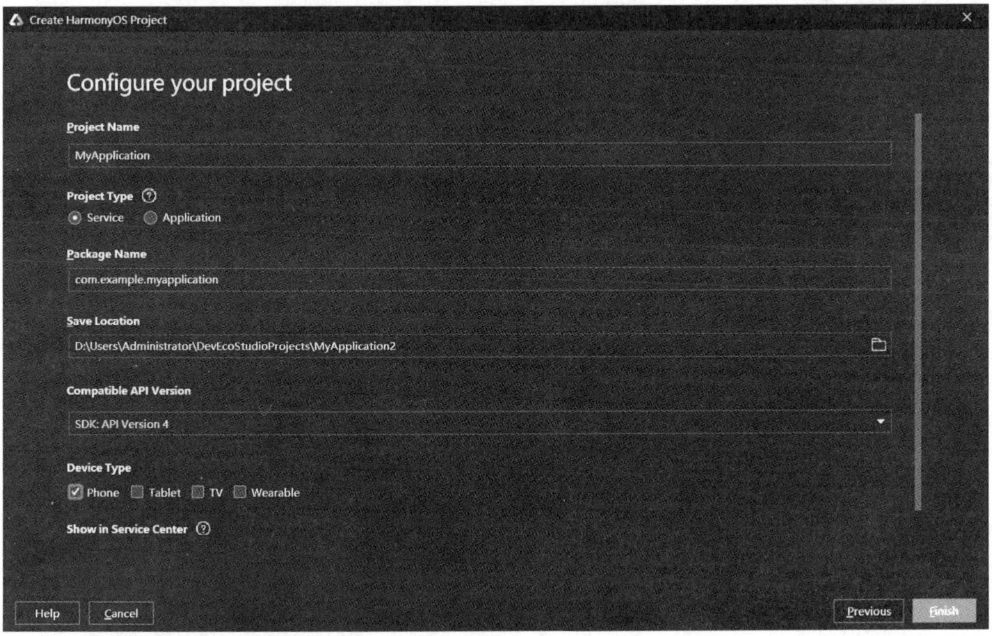

图 2-45　Device Type 选择 Phone

```
    <text class="title">原子化服务卡片新世界!</text>
<!-- 添加一个按钮,按钮样式设置为胶囊型,文本显示为 Next,绑定 launch 事件 -->
    <button class="btn" type="capsule" value="下一页" onclick="next"></button>
</div>
```

```
//第 2 章/多设备练习-Phone 设备案例 index.css 代码部分
.container {
    flex-direction: column;            /* 将容器内的项目设置为纵向排列 */
    justify-content: center;           /* 项目位于容器主轴的中心 */
    align-items: center;               /* 项目在交叉轴居中 */
    width: 100%;
    height: 100%;
}
/* 对 class="text"组件设置样式 */
.title{
    font-size: 28px;
    margin-top: 10px;
}
/* 对 class="button"组件设置样式 */
.btn{
    width: 240px;
    height: 60px;
    background-color: #007dff;
    font-size: 30px;
    text-color: white;
    margin-top: 20px;
}
```

(2) 使用预览器或模拟器运行项目,这里使用预览器,效果如图 2-46 所示。

2) 创建另一个页面

(1) 在 Project 窗口,打开 entry→src→main→js→default,右击 pages.index 文件夹,选择 New→JS Page,命名为 late,按 Enter 键。创建完成后,可以看到 pages.index 文件夹下的文件目录结构,如图 2-47 所示。

图 2-46 预览效果

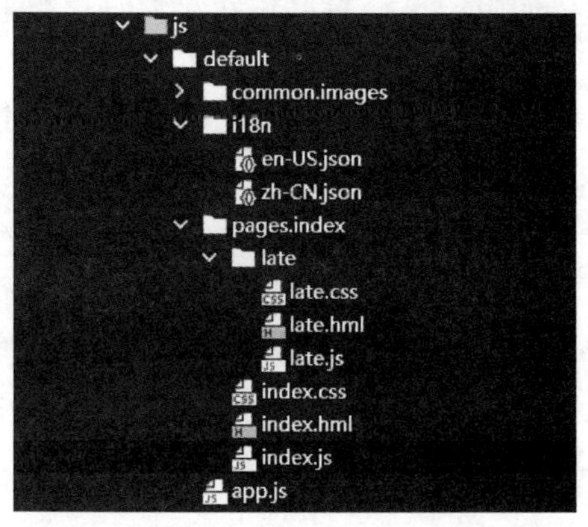

图 2-47 文件目录结构

(2) 打开 late.hml 文件，编译代码如下：

```
/* 第 2 章/多设备练习 - Phone 设备案例 late.hml 代码部分 */
<stack class = "container">
    <div class = "container1">
        <text class = "title">
            欢迎来到
        </text>
        <text class = "title">
            鸿蒙时代与鸿蒙世界
        </text>
        <text class = "title">
            开启分布式
        </text>
        <text class = "title">
            全场景应用服务新纪元!
        </text>
        <button class = "button" type = "capsule" onclick = "last">
            返回
        </button>
    </div>
</stack>
```

(3) 打开 late.css 文件，添加内容样式，代码如下：

```
//第 2 章/多设备练习 - Phone 设备案例 late.css 代码部分
.container {
    flex - direction: column;                /* 将容器内的项目设置为纵向排列 */
    justify - content: flex - start;         /* 项目位于容器主轴的中心 */
    align - items: center;                   /* 项目在交叉轴居中 */
    background - color: cornflowerblue;      /* 背景颜色 */
    width: 100 %;
    height: 100 %;
}
.container1 {
    flex - direction: column;
    justify - content: center;
    align - items: center;
}
/* 对 class = "title"组件设置样式 */
.title {
    margin: 10px 0;
    font - size: 28px;
    color: white;
    text - align: center;
}
```

```
/* 对 class = "button"组件设置样式 */
.button{
    width: 200px;
    height: 60px;
    background-color: aquamarine;
    font-size: 28px;
    text-color: #333;
    margin-top: 20px;
}
```

(4) 使用预览器或模拟器运行项目，这里使用预览器，效果如图 2-48 所示。

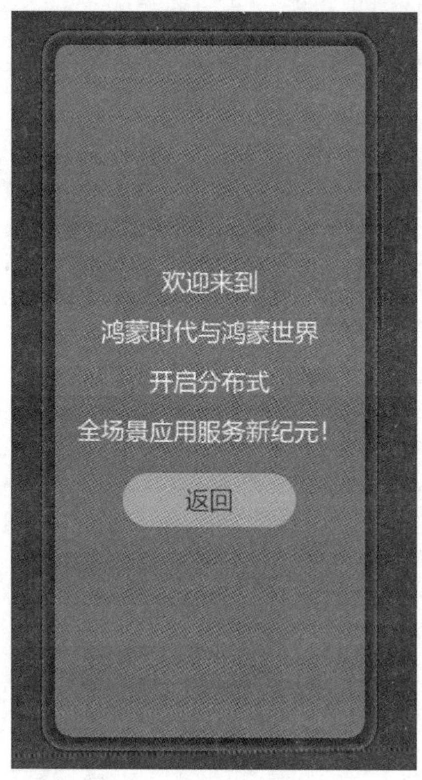

图 2-48 效果呈现

3) 实现页面跳转

(1) 打开第 1 个页面的 index.js 文件，导入 router 模块，页面路由 router 根据页面的 uri 找到目标页面，从而实现跳转，代码如下：

```
//第 2 章/多设备练习-Phone 设备案例 index.js 代码部分
import router from '@system.router';      //导入 router 模块
```

```
export default {
    next() {
        router.push ({
            uri:'pages/index/late/late',      //指定要跳转的页面
        })
    }
}
```

(2) 再次使用预览器或模拟器运行项目，单击“下一页”按钮，即可跳转至第 2 个页面。

(3) 打开第 2 个页面的 late.js 文件，导入 router 模块，页面路由 router 根据页面的 uri 找到目标页面，从而实现跳转，代码如下：

```
第 2 章/多设备练习 - Phone 设备案例 late.js 代码部分
import router from '@system.router';          //导入 router 模块

export default {
    last() {
        router.push ({
            uri:'pages/index/index',          //指定要跳转的页面
        })
    }
}
```

(4) 单击“返回”按钮，即可返回上一页面。

2. Tablet 设备

运行完第 1 个 Phone 设备项目后，相信读者已经熟悉了该如何开发项目，接来下让我们试试 Tablet 设备。

1) 打开 config 文件

在刚刚完成的项目工程中，打开 main 目录下的 config.json 文件，如图 2-49 所示。

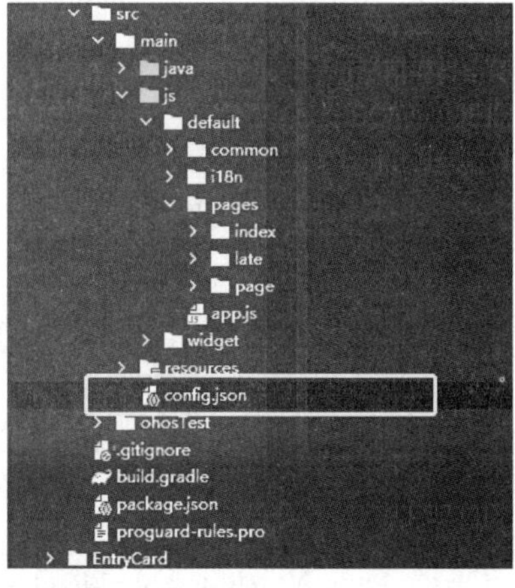

图 2-49 config.json 文件

2）添加 Tablet 设备

在 config.json 文件中找到 module 模块下的 deviceType 数组，添加上 tablet 字段，如图 2-50 所示。

```
"module": {
  "package": "com.example.myapplication",
  "name": ".MyApplication",
  "mainAbility": "com.example.myapplication.MainAbility",
  "deviceType": [
    "phone",
    "tablet"
  ],
```

图 2-50　添加 tablet 字段

3）修改样式

修改 index.css 样式和 late.css 样式，来适配 Tablet 设备，代码如下：

```
/*第 2 章/多设备练习 - 适配 Tablet 设备 index.css 代码部分 */
@media (device-type: tablet){                  /* 适配 Tablet 设备样式 */
    .container {
        flex-direction: column;                /* 将容器内的项目设置为纵向排列 */
        justify-content: center;               /* 项目位于容器主轴的中心 */
        align-items: center;                   /* 项目在交叉轴居中 */
        width: 100%;
        height: 100%;
    }
    /* 对 class = "text"组件设置样式 */
    .title{
        font-size: 28px;
        margin-top: 10px;
    }
    /* 对 class = "button"组件设置样式 */
    .btn{
        width: 240px;
        height: 60px;
        background-color: #007dff;
        font-size: 30px;
        text-color: white;
        margin-top: 20px;
    }
}
```

```
//第 2 章/多设备练习 - 适配 Tablet 设备 late.css 代码部分
@media(device-type: tablet){                   /* 适配 Tablet 设备样式 */
    .container {
        flex-direction: column;                /* 将容器内的项目设置为纵向排列 */
```

```
        justify - content: center;                /* 项目位于容器主轴的中心 */
        align - items: center;                    /* 项目在交叉轴居中 */
        background - color: cornflowerblue;       /* 背景颜色 */
        width: 100 % ;
        height: 100 % ;
    }
    .container1 {
        flex - direction: column;
        justify - content: center;
        align - items: center;
    }
    /* 对 class = "title"组件设置样式 */
    .title {
        margin: 10px 0;
        font - size: 28px;
        color: white;
        text - align: center;
    }

    /* 对 class = "button"组件设置样式 */
    .button{
        width: 200px;
        height: 60px;
        background - color: aquamarine;
        font - size: 28px;
        text - color: #333;
        margin - top: 20px;
    }
}
```

4）效果

运行程序后的效果如图 2-51(a)所示，单击“下一页”按钮后的效果如图 2-51(b)所示。

3. Wearable 设备

Wearable 设备练习。

1）添加 Wearable 设备

在 config.json 文件中找到 module 模块下的 deviceType 数组，然后添加 wearable 字段，如图 2-52 所示。

2）修改样式

修改 index.css 样式和 late.css 样式，来适配 Wearable 设备，代码如下：

```
//第 2 章/多设备练习 - 适配 Wearable 设备 index.css 代码部分

@media (device - type: wearable){                /* 适配 Wearable 设备样式 */
```

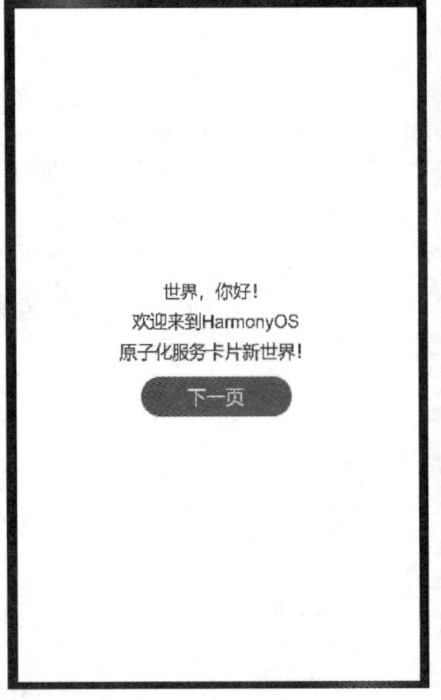

(a) 运行程序后的效果

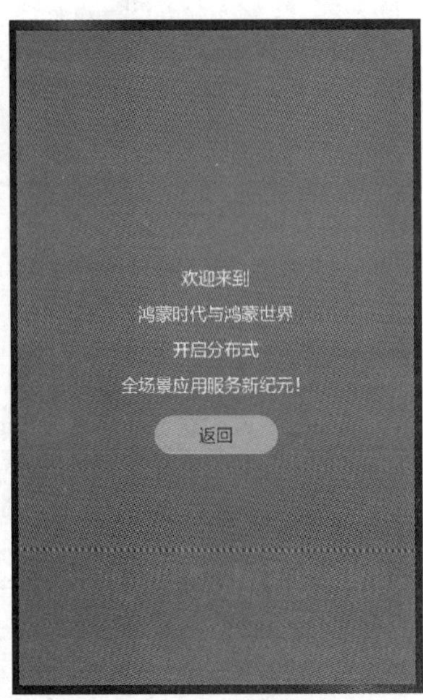

(b) 单击“下一页”按钮后的效果

图 2-51　Tablet 效果呈现

```
"module": {
  "package": "com.example.myapplication",
  "name": ".MyApplication",
  "mainAbility": "com.example.myapplication.MainAbility",
  "deviceType": [
    "phone",
    "tablet",
    "wearable"
  ],
```

图 2-52　添加 wearable 字段

```
.container {
    flex-direction: column;              /* 将容器内的项目设置为纵向排列 */
    justify-content: center;             /* 项目位于容器主轴的中心 */
    align-items: center;                 /* 项目在交叉轴居中 */
    width: 100%;
    height: 100%;
}
/* 对 class = "text"组件设置样式 */
.title{
    font-size: 20px;
    margin-top: 10px;
}
```

```
    /* 对 class = "button"组件设置样式 */
    .btn{
        width: 120px;
        height: 40px;
        background-color: #007dff;
        font-size: 16px;
        text-color: white;
        margin-top: 20px;
    }
}
```

```
//第 2 章/多设备练习 - 适配 Wearable 设备 late.css 代码部分
@media(device-type: wearable){                    /* 适配 Wearable 设备样式 */
    .container {
        flex-direction: column;                   /* 将容器内的项目设置为纵向排列 */
        justify-content: center;                  /* 项目位于容器主轴的中心 */
        align-items: center;                      /* 项目在交叉轴居中 */
        background-color: cornflowerblue;         /* 背景颜色 */
        width: 100%;
        height: 100%;
    }
    .container1 {
        flex-direction: column;
        justify-content: center;
        align-items: center;
    }
    /* 对 class = "title"组件设置样式 */
    .title {
        font-size: 18px;
        color: white;
    /* text-align: center; */
    }

    /* 对 class = "button"组件设置样式 */
    .button{
        width: 80px;
        height: 30px;
        background-color: aquamarine;
        font-size: 16px;
        text-color: #333;
    }
}
```

3）效果

运行程序后的效果如图 2-53(a)所示，单击“下一页”按钮后的效果如图 2-53(b)所示。

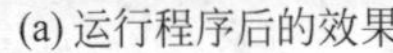
(a) 运行程序后的效果

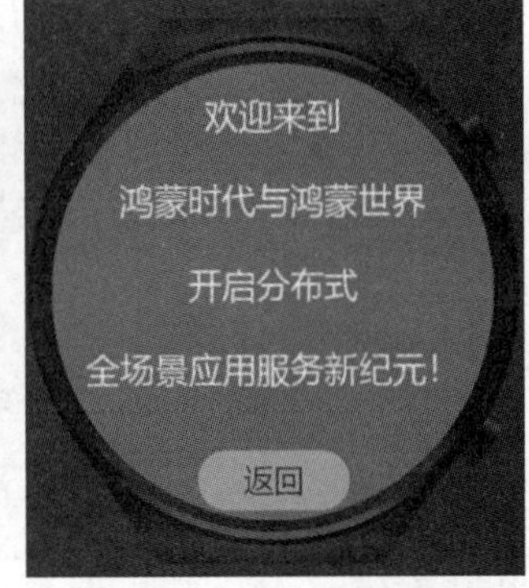

(b) 单击“下一页”按钮后的效果

图 2-53 Wearable 效果呈现

4. TV 设备

TV 设备练习。

1）添加 TV 设备

在 config.json 文件中找到 module 模块下的 deviceType 数组，然后添加 tv 字段，如图 2-54 所示。

```
"module": {
  "package": "com.example.myapplication",
  "name": ".MyApplication",
  "mainAbility": "com.example.myapplication.MainAbility",
  "deviceType": [
    "phone",
    "tablet",
    "wearable",
    "tv"
  ],
```

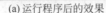

图 2-54 添加 tv 字段

2）修改样式

修改 index.css 样式和 late.css 样式，来适配 TV 设备，代码如下：

```
//第 2 章/多设备练习 - 适配 TV 设备 index.css 代码部分
@media (device-type: tv){                    /* 适配 TV 设备样式 */
    .container {
        flex-direction: column;              /* 将容器内的项目设置为纵向排列 */
        justify-content: center;             /* 项目位于容器主轴的中心 */
        align-items: center;                 /* 项目在交叉轴居中 */
        width: 100%;
        height: 100%;
    }
```

```
    /* 对 class = "text"组件设置样式 */
    .title{
        font-size: 40px;
        color: #fff;
        margin-top: 10px;
    }
    /* 对 class = "button"组件设置样式 */
    .btn{
        width: 180px;
        height: 60px;
        background-color: #007dff;
        font-size: 20px;
        text-color: white;
        margin-top: 20px;
    }
}
//第 2 章/多设备练习-适配 TV 设备 late.css 代码部分
@media(device-type: tv){                          /* 适配 TV 设备样式 */
    .container {
        flex-direction: column;                    /* 将容器内的项目设置为纵向排列 */
        justify-content: center;                   /* 项目位于容器主轴的中心 */
        align-items: center;                       /* 项目在交叉轴居中 */
        background-color: cornflowerblue;          /* 背景颜色 */
        width: 100%;
        height: 100%;
    }
    .container1 {
        flex-direction: column;
        justify-content: center;
        align-items: center;
    }
    /* 对 class = "title"组件设置样式 */
    .title {
        font-size: 40px;
        color: white;
    /* text-align: center; */
    }

    /* 对 class = "button"组件设置样式 */
    .button{
        width: 160px;
        height: 60px;
        background-color: aquamarine;
        font-size: 30px;
        text-color: #333;
    }
}
```

3）效果

运行程序后的效果如图 2-55(a)所示，单击“下一页”按钮后的效果如图 2-55(b)所示。

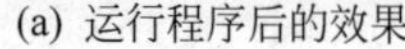
(a) 运行程序后的效果

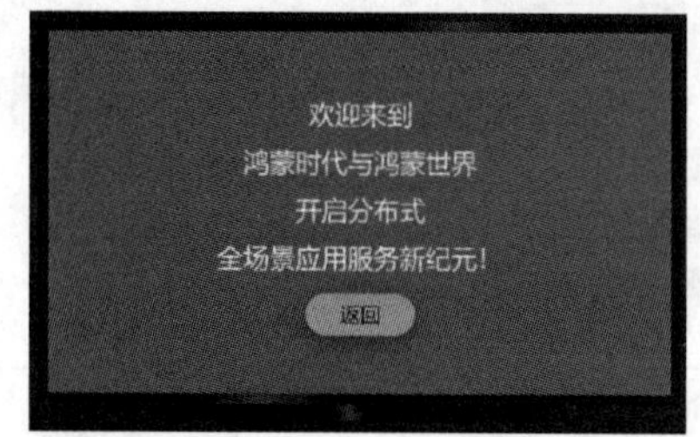

(b) 单击“下一页”按钮后的效果

图 2-55　TV 效果呈现

2.5　低代码开发

本节阐述更为简单的开发方式，即低代码开发。包括低代码开发流程、多语言支持与实现、低代码屏幕适配等内容。

2.5.1　低代码开发介绍

HarmonyOS 低代码开发方式具有丰富的 UI 界面编辑功能，遵循 HarmonyOS JS 开发规范，通过可视化界面开发方式可快速构建及布局，可有效降低用户的时间成本和提升用户构建 UI 界面的效率。

1. 开发界面

低代码开发界面如图 2-56 所示。

2. 低代码界面开发内容

1）UI Control

UI 控件栏，可以将相应的组件选中并拖动到画布(Canvas)中，实现控件的添加。

2）Component Tree

组件树，在低代码开发界面中，可以方便开发者直观地看到组件的层级结构、摘要信息及错误提示。开发者可以通过选中组件树中的组件(画布中对应的组件被同步选中)，实现画布内组件的快速定位；单击组件后的或图标，可以隐藏/显示相应的组件。

(1) Panel 功能面板，包括常用的画布缩小、放大、撤销、显示/隐藏组件虚拟边框、设备切换、模式切换、可视化布局界面一键转换为 HML 和 CSS 文件等。

(2) Canvas 是画布，开发者可在此区域对组件进行拖曳、拉伸等可视化操作，构建 UI 界面布局效果。

(3) Attributes & Styles 是属性样式栏，选中画布中的相应组件后，在右侧属性样式栏可以对该组件的属性样式进行配置。包括：

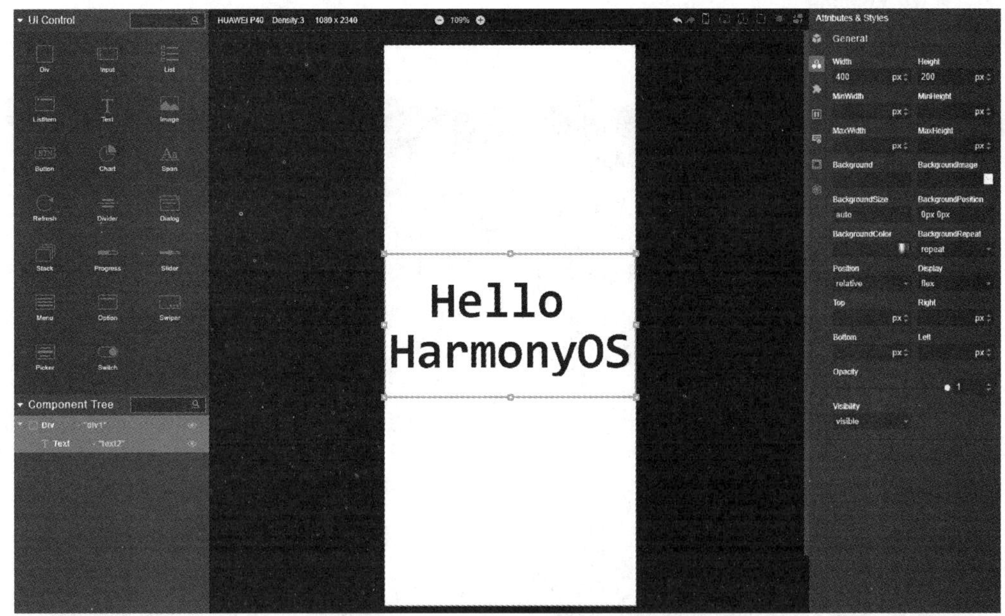

图 2-56　低代码开发界面

① Properties 对应图标，用于设置组件的基本标识和外观显示特征的属性，如组件的 ID、If 等属性。

② General 对应图标，用于设置 Width、Height、Background、Position、Display 等常规样式。

③ Feature 对应图标，用于设置组件的特有样式，如描述 Text 组件文字大小的 FontSize 样式等。

④ Flex 对应图标，用于设置 Flex 布局相关样式。

⑤ Events 对应图标，为组件绑定相关事件，并设置绑定事件的回调函数。

⑥ Dimension 对应图标，用于设置 Padding、Border、Margin 等与盒式模型相关的样式。

⑦ Grid 对应图标，用于设置 Grid 网格布局相关样式，该图标只有在 Div 组件的 Display 样式被设置为 grid 时才会出现。

⑧ Atom 对应图标，用于设置原子布局相关样式。

2.5.2　低代码开发流程

1. 创建新工程

打开 DevEco Studio，创建一个新工程，模板选择支持 Phone 的模板，如 Empty Ability 模板，如图 2-57 所示。

2. 配置工程

在工程配置向导中，选择 Service，Compatible AIP Version 选择 SDK：API Version 6，

Device Type 勾选 Phone,其他参数根据实际需要设置即可,然后单击 Finish 按钮等待工程同步完成,如图 2-58 所示。

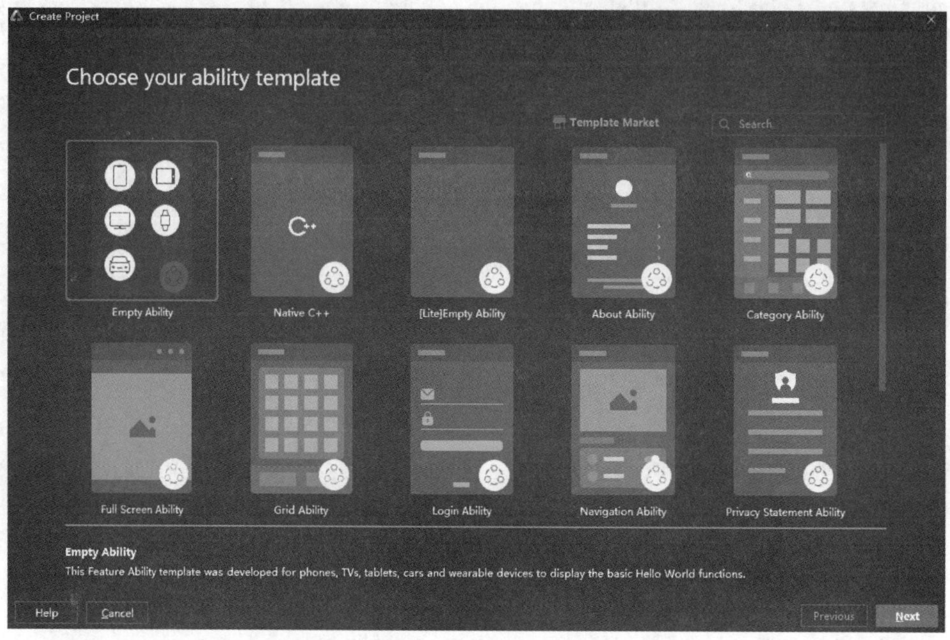

图 2-57 选择创建 Empty Ability 模板

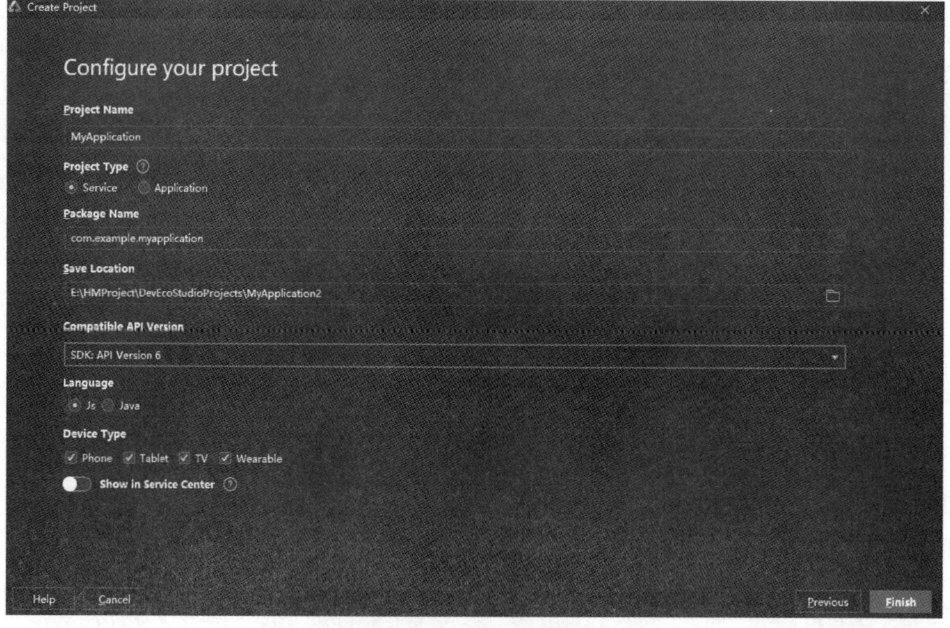

图 2-58 配置工程

3. 选择创建 JS Visual

选中 js 模块的 pages 文件夹，右击 pages 后可显露出选项目录，选择 New→JS Visual，如图 2-59 所示。

图 2-59 选择创建 JS Visual

4. 命名

在弹出的对话框中，输入名称，单击 Finish 按钮，如图 2-60 所示。

创建 JS Visual 后，会在工程中自动生成低代码的目录结构，如图 2-61 所示。

1) pages→page→page.js

低代码页面的逻辑描述文件，定义了页面里所用到的所有的逻辑关系，例如数据、事件等。如果创建了多个低代码页面，则 pages 目录下会生成多个页面文件夹及对应的 JS 文件。需要特别说明的是，使用低代码页面开发时，其关联 JS 文件的同级目录中不能包含 HML 和 CSS 页面，例如图 2-59 中的 js→default→pages→page 目录下不能包含 HML 与 CSS 文件，否则会出现编译报错。

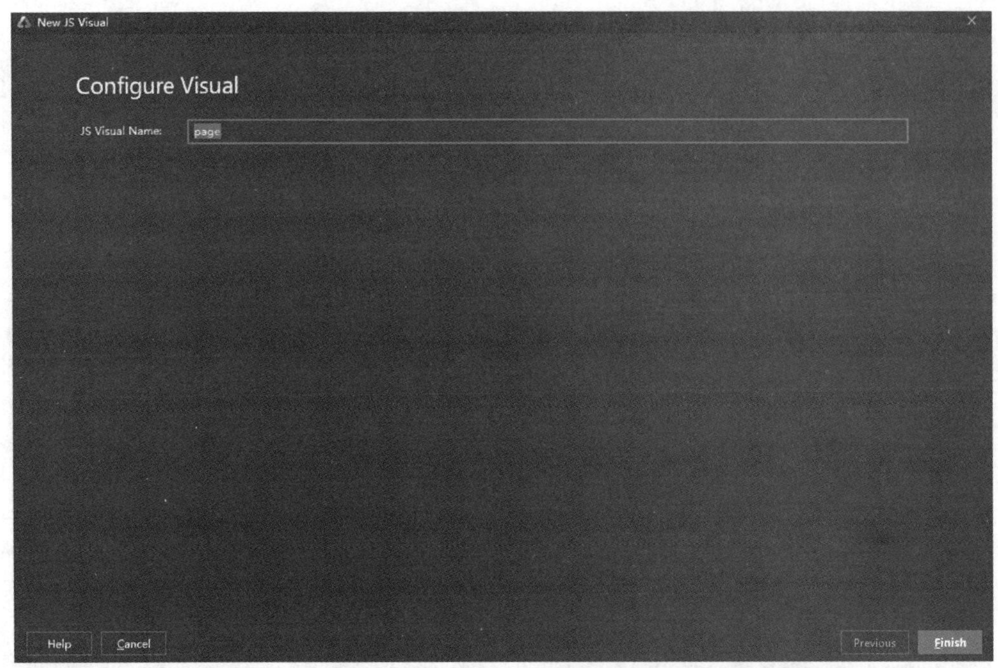

图 2-60　命名

2）pages→page→page. visual

visual 文件用于存储低代码页面的数据模型，双击该文件即可打开低代码页面，进行可视化开发设计。如果创建了多个低代码页面，则 pages 目录下会生成多个页面文件夹及对应的 visual 文件。需要特别说明的是，DevEco Studio 预置了 JS Visual 模板，该模板对应的 SDK 版本为 API 7，因此，在创建 JS Visual 文件时，如果模块的 compileSdkVersion 低于 7，则会对新建的 JS Visual 文件对应的 SDK 版本进行降级处理，使其与模块对应的 SDK 版本保持一致。不建议通过文本编辑的方式更改 visual 文件，否则，可能导致不能正常使用低代码功能。

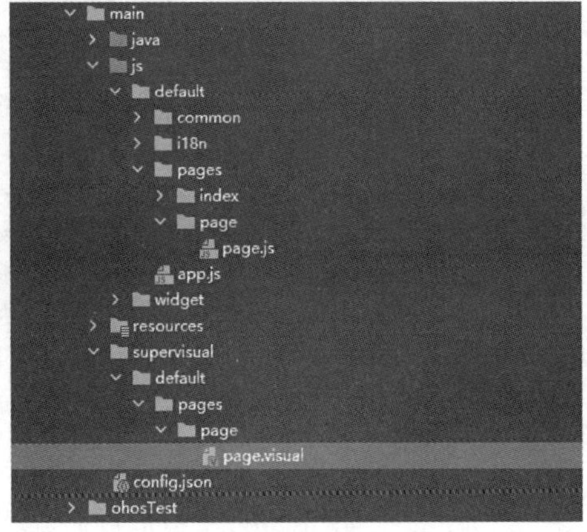

图 2-61　低代码目录结构

3）page. visual 文件

打开 page. visual 文件，即可进行页面的可视化布局设计与开发。需要特别说明的是，在使用低代码开发界面的过程中，如果界面需要使用其他暂不支持可视化布局的控件，则可以在低代码界面开发完成后，单击按钮，将低代码界面转换为 HML 和 CSS 代码。注意，代码转换操作会删除 visual 文件及其父目录，并且为不可逆过程，代码转换后不能通过

HML/CSS 文件反向生成 visual 文件。多设备开发的场景，可以单击界面画布右上角的设备/模式切换按钮，进行设备切换或模式切换。

2.5.3 多语言支持与开发

低代码页面支持多语言能力，让应用开发者无须开发多个不同语言的版本。开发者可以通过定义资源文件和引用资源两个步骤以便使用多语言能力。

1. 创建

在指定的 i18n 文件夹内创建多语言资源文件及对应的字符串信息，如图 2-62 所示。

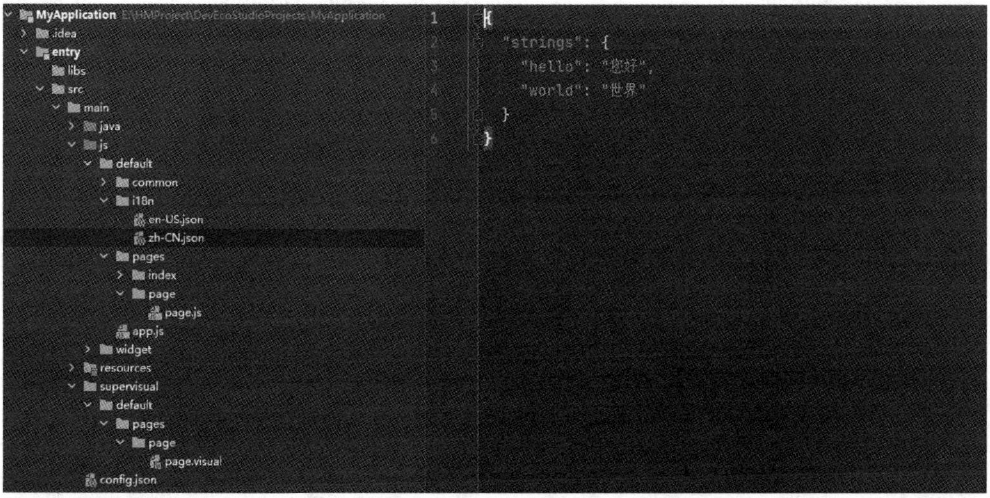

图 2-62　i18n 文件夹

2. 引用字符串资源

在低代码页面的属性样式栏中使用 $t 方法引用资源，系统将根据当前语言环境和指定的资源路径(通过 $t 的 path 参数设置)，显示对应语言的资源文件中的内容，如图 2-63 所示，在属性栏中引用了字符串资源后，打开预览器即可预览展示效果。引用资源后，暂不支持在低代码页面内显示多语言的内容，开发者可通过 previewer、模拟器及真机查看引用资源后的具体效果。

2.5.4 低代码屏幕适配

对于屏幕适配问题，低代码页面支持以下两种配置方法，如图 2-64 所示。

(1) 将 designWidth 指定为 720px。designWidth 为屏幕逻辑宽度，所有与大小相关的样式(例如 Width、FontSize)均以 designWidth 和实际屏幕宽度的比例进行缩放。例如将 Width 设置为 100px 时，在实际宽度为 1440 物理像素的屏幕上，Width 的实际渲染像素为 200 物理像素。

(2) 将 autoDesignWidth 设置为 true，此时 designWidth 字段将会被忽略，渲染组件和

布局时按屏幕密度进行缩放。低代码页面仅支持分辨率 1080×2340(P40),屏幕密度为 3 的场景,此场景下 1px 相当于渲染出 3 个物理像素。例如将 Width 设置为 100px 时,Width 的实际渲染像素为 300 物理像素。

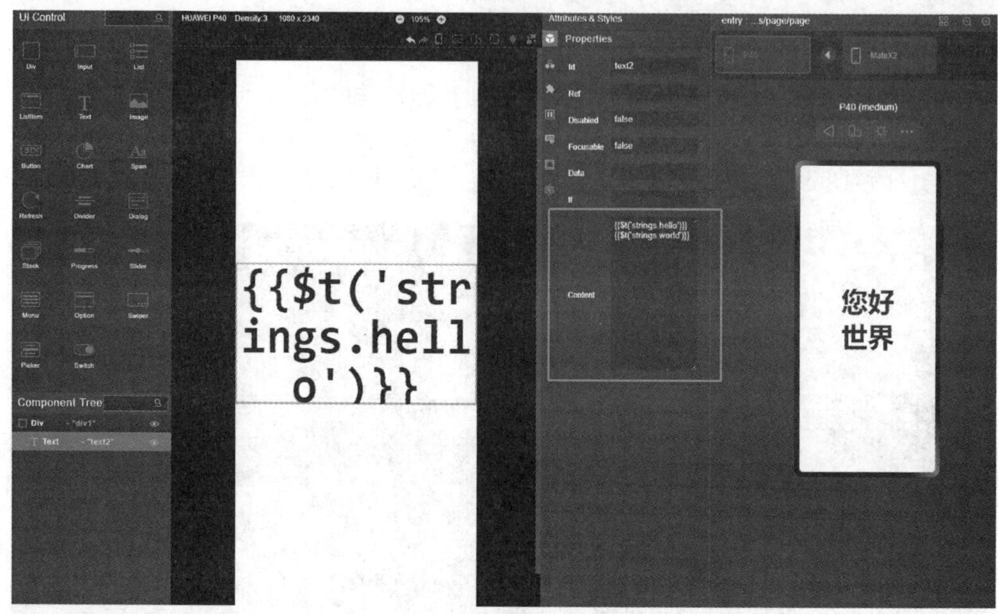

图 2-63 引用字符串资源

```
src
  main
    java
    js
      default
        common
        i18n
          en-US.json
          zh-CN.json
        pages
          index
          page
            page.js
        app.js
      widget
    resources
    supervisual
      default
        pages
          page
            page.visual
    config.json
  ohosTest
  .gitignore
  build.gradle
  package.json
  proguard-rules.pro
EntryCard
gradle
.gitignore
build.gradle
```

```
"js": [
  {
    "pages": [
      "pages/index/index",
      "pages/page/page"
    ],
    "name": "default",
    "window": {
      "designWidth": 720,
      "autoDesignWidth": true
    }
  },
  {
    "pages": [
      "pages/index/index"
    ],
    "name": "widget",
    "window": {
      "designWidth": 720,
      "autoDesignWidth": true
    },
    "type": "form"
  }
]
```

图 2-64 屏幕适配

2.6 使用 eTS 语言开发

本节主要说明基于 ArkUI 的 eTS 语言进行原子化服务与服务卡片开发的相关内容，笔者及团队创作本书时，由本开发方式开发的原子化服务与服务卡片还没有支持正式上架流程，学习本项内容需要使用 DevEco Studio V3.0.0.601 Beta1 及更高版本。使用模拟器运行时应选择 API 7 及以上的设备。

2.6.1 创建 eTS 工程

1. 创建工程，选择模板

打开 DevEco Studio，创建一个新工程，选择 Empty Ability 模板，如图 2-65 所示。

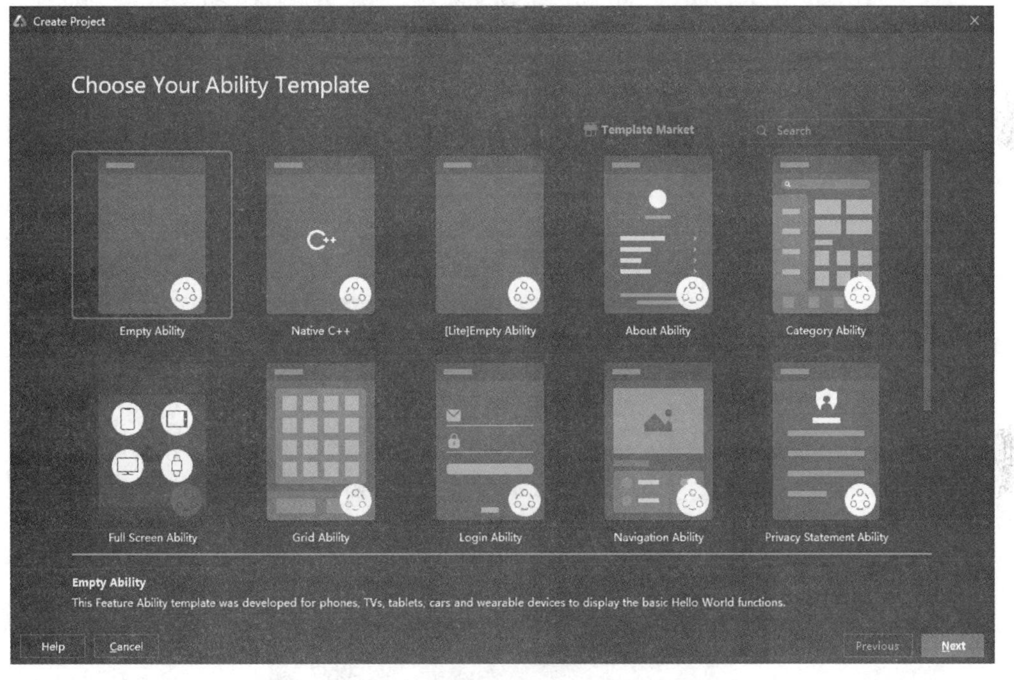

图 2-65　选择 Empty Ability 模板

2. 工程配置

进入配置工程界面，Project type 选项选择 Atomic Service，Language 选项选择 eTS，其他参数根据实际需要设置即可，如图 2-66 所示。

3. 成功创建工程项目

工程创建完成后，在 Project 窗口，单击 entry→src→main→ets→default→pages，会发现生成了一个 index.ets 文件，说明工程创建成功，如图 2-67 所示。

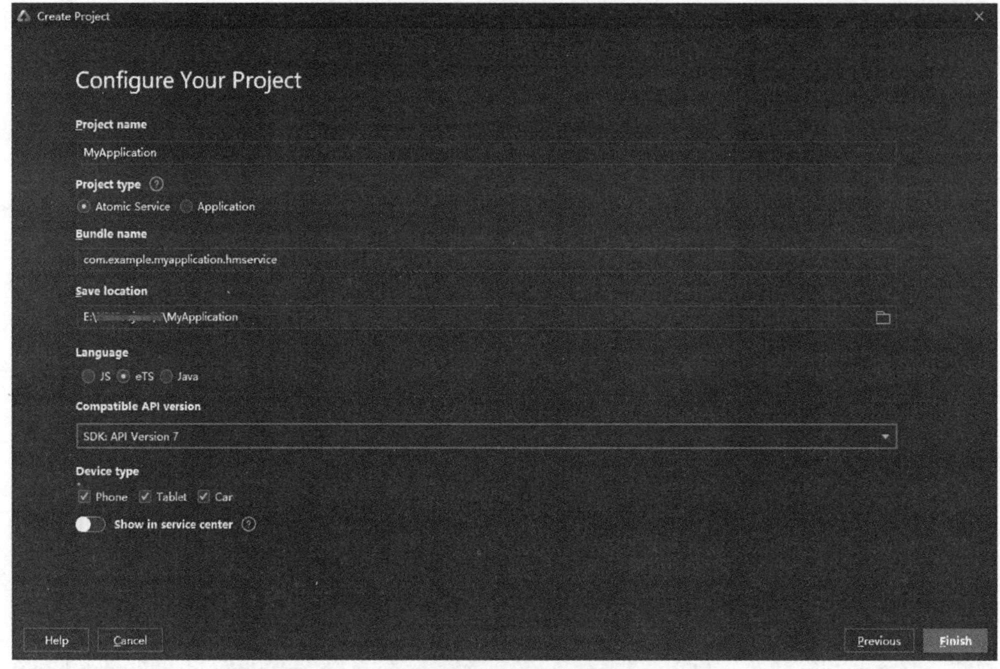

图 2-66 配置工程

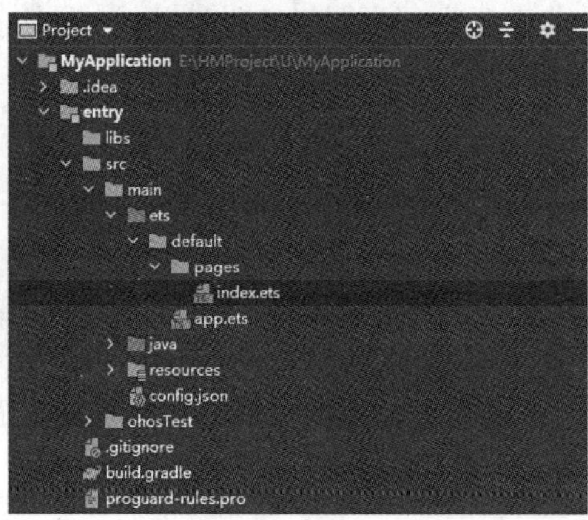

图 2-67 打开 index. ets 文件

2.6.2 工程案例练习

1. 编写第 1 个页面

第 1 个页面由 Flex 容器组件、Text 组件和 Button 组件构成。在 index. ets 文件中编写并设置页面组件的属性和样式，并且写入跳转事件，代码如下：

```
//第 2 章/工程案例练习 - 第 1 个页面 index.ets 代码
//index.ets 代码部分
import router from '@system.router';
@Entry
@Component
struct Index {
  build() {
     //Flex 组件
    Flex({ direction: FlexDirection.Column, alignItems: ItemAlign.Center, justifyContent:
FlexAlign.Center }) {
     //Text 组件
     Text('世界,你好!\n 欢迎来到 HarmonyOS\n 原子化服务卡片新世界!')
       .fontSize(28)
       .fontWeight(FontWeight.Bold)
       .textAlign(TextAlign.Center)
       .lineHeight(46)
     //Button 组件
      Button('Next')
        .fontSize(30)
        .fontWeight(500)
        .width(200)
        .height(60)
        .margin({top:20,left:0,right:0,bottom:0})
     //跳转事件
       .onClick(() =>{
         router.push({
           uri:'pages/next'
         })
       })
    }
    .width('100%')
    .height('100%')
.backgroundColor(0xffffff)
  }
}
```

2. 编写第 2 个页面

在 Project 窗口中打开 entry→src→main→ets→default,右击 pages 文件夹,选择 New→eTS Page,命名为 next,单击 Finish 按钮,如图 2-68、图 2-69 所示。

创建完成后,可以看到 pages 文件夹下已经生成了 next.ets 文件,如图 2-70 所示。

第 2 个页面由 Flex 容器组件、Text 组件和 Button 组件构成。在 next.ets 中编写并设置页面组件的属性和样式,并设置返回跳转,代码如下:

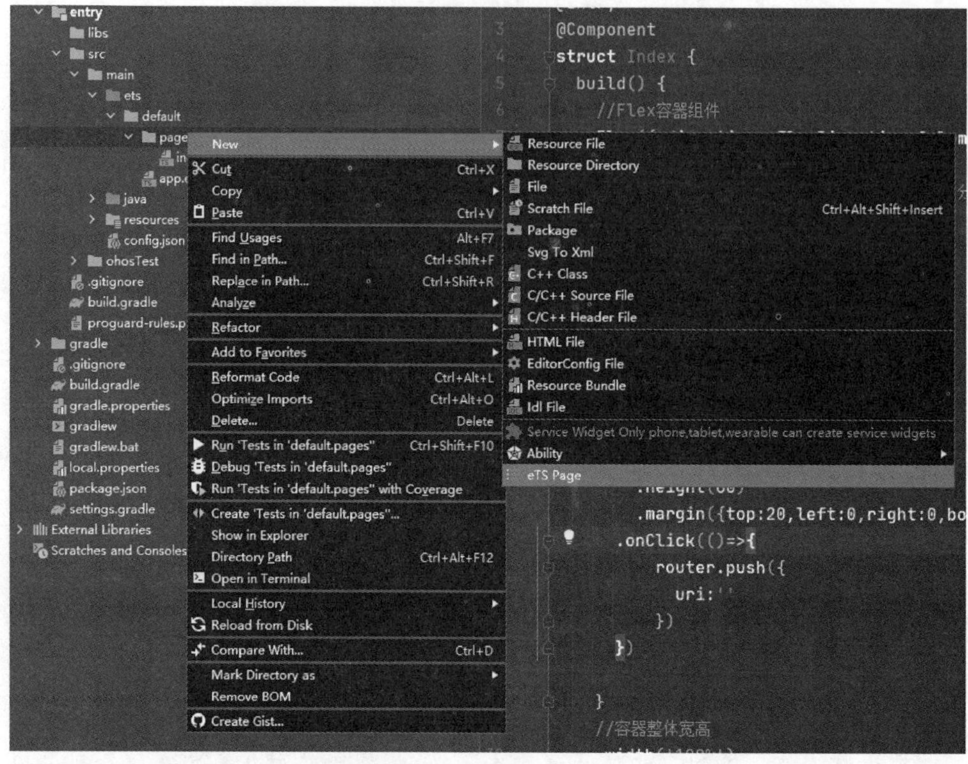

图 2-68　创建页面

图 2-69　命名为 next

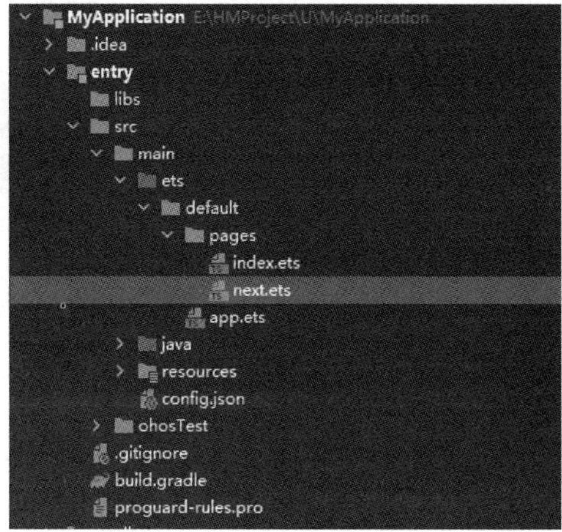

图 2-70 创建成功

```
//第 2 章/工程案例练习 - 第 2 个页面 next.ets 代码部分
import router from '@system.router';
@Entry
@Component
struct Next{
  build() {
    //Flex 容器组件
    Flex({ direction: FlexDirection.Column, alignItems: ItemAlign.Center, justifyContent:
FlexAlign.Center }) {
      //Text 组件
      Text('欢迎来到\n 鸿蒙时代与鸿蒙世界\n 开启分布式\n 全场景应用服务新纪元!')
        .fontSize(28)
        .fontColor(0xffffff)
        .fontWeight(500)
        .textAlign(TextAlign.Center)
        .lineHeight(50)
      //Button 组件
      Button('Next')
        .fontSize(30)
        .fontWeight(500)
        .width(200)
        .height(60)
        .margin({top:20,left:0,right:0,bottom:0})
    //跳转
      .onClick(() =>{
          router.push({
            uri:''
```

```
            })
        })
      }
      //容器的整体宽和高
      .width('100%')
      .height('100%')
      .backgroundColor(0x31c5eb)
    }
}
```

3. 效果展示

运行程序后的效果如图 2-71(a)所示，单击 Next 按钮后的效果如图 2-71(b)所示。

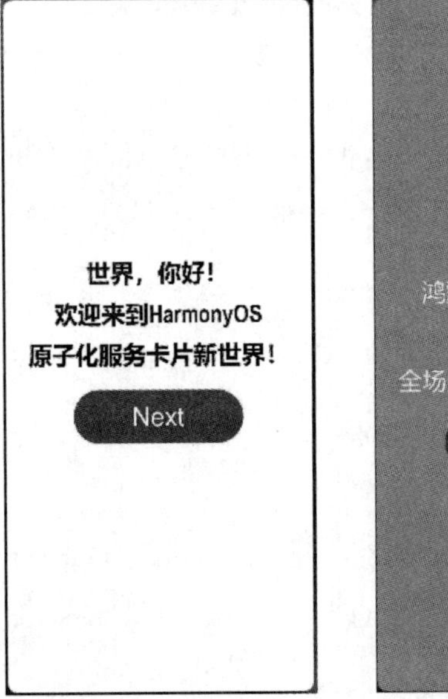

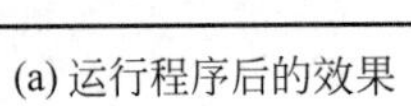

(a) 运行程序后的效果

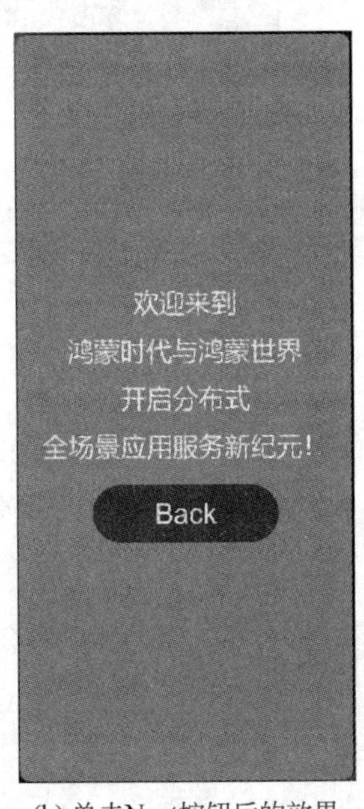

(b) 单击Next按钮后的效果

图 2-71　效果展示

2.6.3　多设备样式展示

1. 注册多设备

打开 entry→src→main→config，在 config 文件中找到 module 模板下的 deviceType 属性，注册多设备，如图 2-72 所示。

2. Previewer 预览器

在编辑器的左上角找到 View，右击并选择 Tool Windows 下的 Previewer 预览器，如图 2-73 所示。

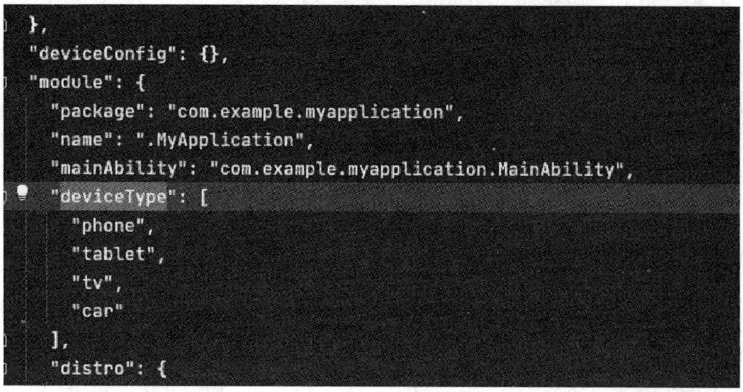

```
},
"deviceConfig": {},
"module": {
  "package": "com.example.myapplication",
  "name": ".MyApplication",
  "mainAbility": "com.example.myapplication.MainAbility",
  "deviceType": [
    "phone",
    "tablet",
    "tv",
    "car"
  ],
  "distro": {
```

图 2-72　注册多设备

图 2-73　Previewer 预览器

3. 效果图

打开右侧预览器即可看见注册设备的效果图，如图 2-74 所示。

4. 展示预览效果

1) Tablet 设备

运行程序后的效果如图 2-75(a)所示，单击 Next 按钮后的效果如图 2-75(b)所示。

2) TV 设备

运行程序后的效果如图 2-76(a)所示，单击 Next 按钮后的效果如图 2-76(b)所示。

3) Car 设备

运行程序后的效果如图 2-77(a)所示，单击 Next 按钮后的效果如图 2-77(b)所示。

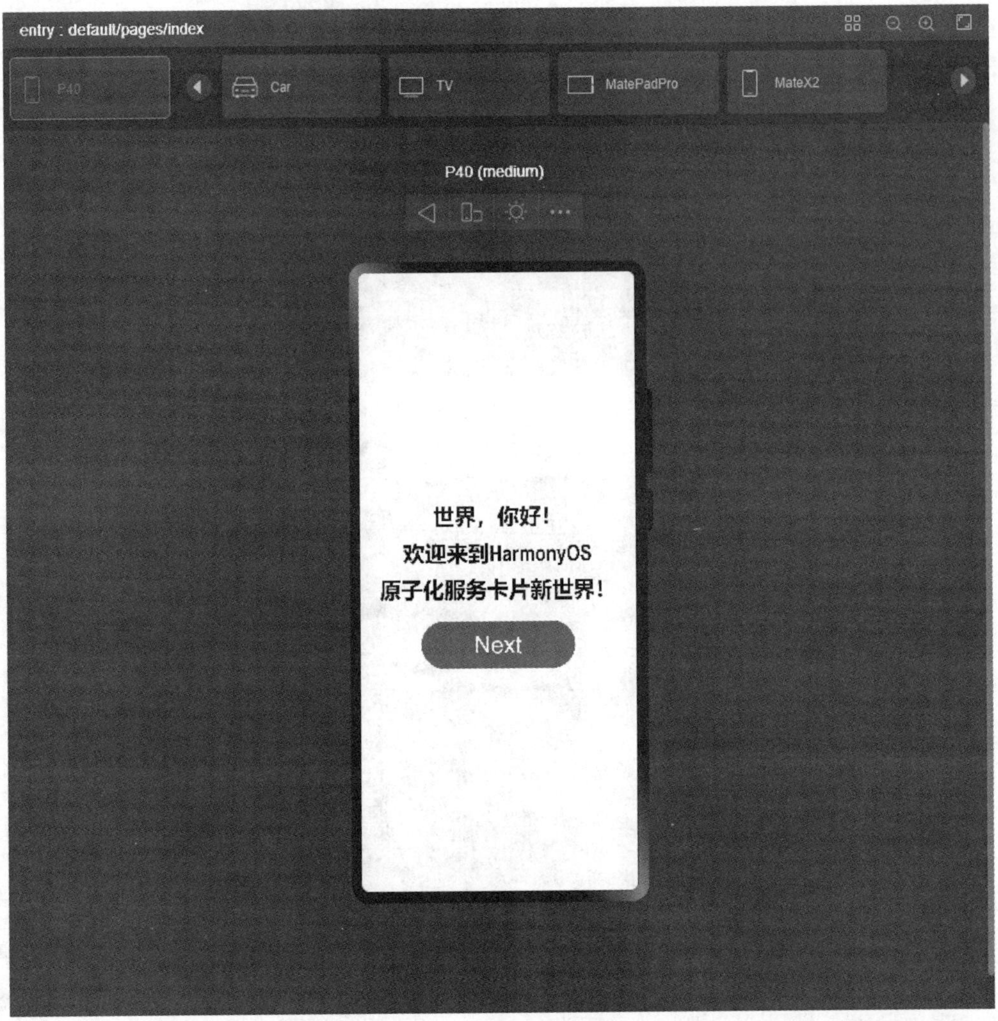

图 2-74　预览效果

(a) 运行程序后的效果

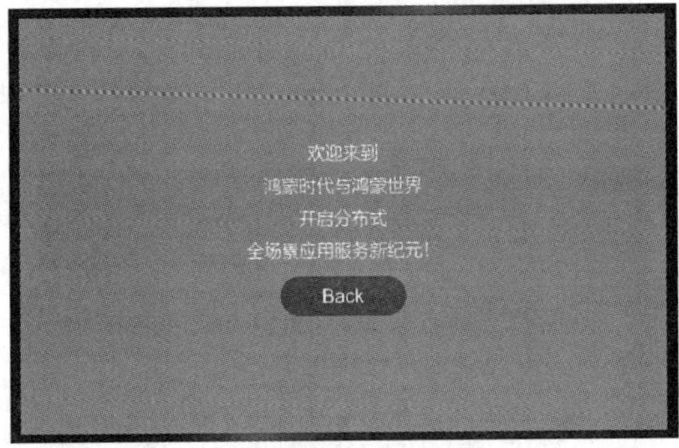

(b) 单击Next按钮后的效果

图 2-75　Tablet 效果展示

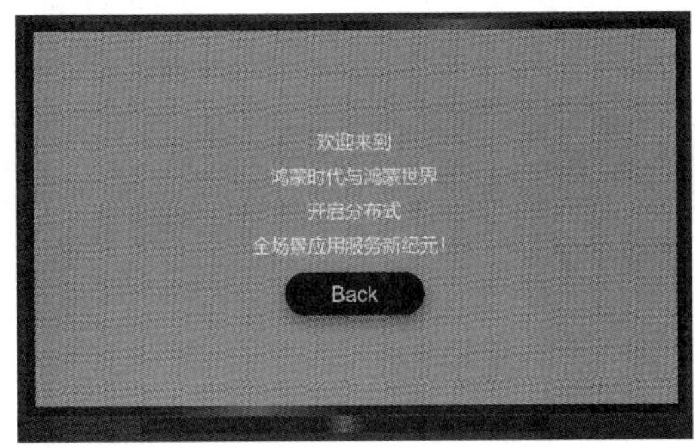

(a) 运行程序后的效果

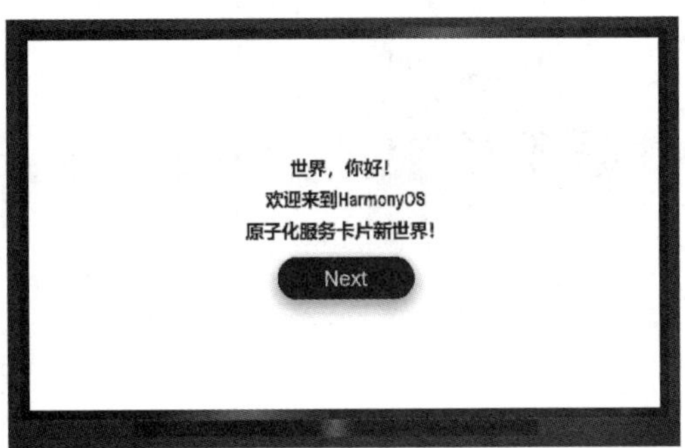

(b) 单击Next按钮后的效果

图 2-76　TV 效果展示

(a) 运行程序后的效果

(b) 单击Next按钮后的效果

图 2-77　Car 效果展示

第3章 HarmonyOS应用开发基础与原理

本章属于HarmonyOS应用开发的基础知识与原理学习，无论是传统的需要安装的App开发，还是原子化服务与服务卡片开发，这些基本概念、基本设置、配置、基本知识与基本技能，开发者需要了解和掌握。同时本章将对原子化服务与服务卡片开发的总体与基础知识部分进行详细的阐述。

3.1 HarmonyOS应用开发综述

本节主要阐述HarmonyOS应用开发的基本概念，包括应用配置文件、资源文件、应用数据管理、应用安全管理、应用隐私保护与第三方应用调用管控机制等基本概念、各部分的详细构成与开发相关的基本知识。

3.1.1 综述与基本概念

1. 综述

关于HarmonyOS应用的明确定义与分类，我们在第1章中已进行了阐述。在HarmonyOS开发者门户2021年8月13日更新的文档材料中，把HarmonyOS应用分为传统方式的需要安装的应用和提供特定功能但免安装的应用，即原子化服务。

HarmonyOS的用户应用程序包以App Pack(Application Package)形式发布，它是由一个或多个HAP(HarmonyOS Ability Package)及描述每个HAP属性的pack.info组成。HAP是Ability的部署包，HarmonyOS应用代码围绕Ability组件展开。

其中原子化服务的HAP包需要满足免安装的要求，而传统应用形式无须满足免安装的要求。

一个HAP是由代码、资源、第三方库及应用配置文件组成的模块包，可分为entry和feature两种模块类型，如图3-1所示。

entry是应用的主模块。在一个App中，对于同一设备类型必须有且只有一个entry类型的HAP，可独立安装并运行。

feature是应用的动态特性模块。一个App可以包含一个或多个feature类型的HAP，也可以不含。只有包含 Ability 的 HAP 才能独立运行。

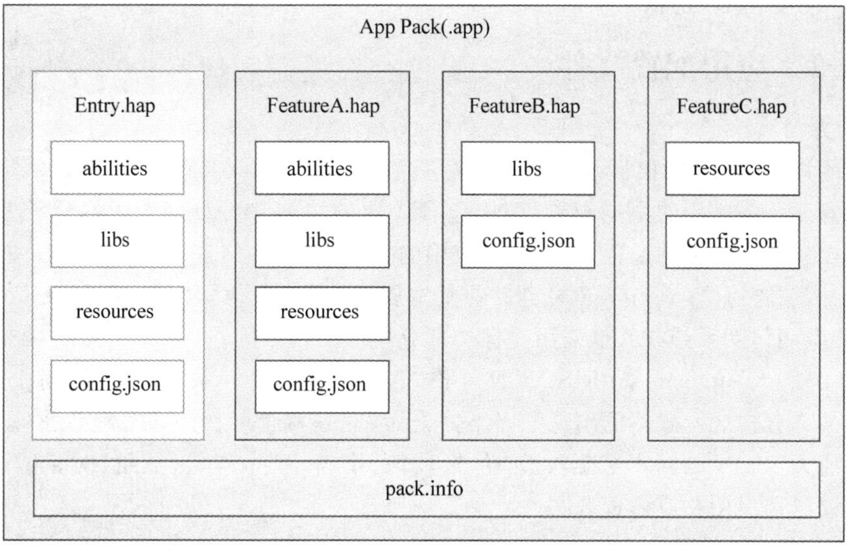

App Pack(.app)

Entry.hap	FeatureA.hap	FeatureB.hap	FeatureC.hap
abilities	abilities	libs	resources
libs	libs	config.json	config.json
resources	resources		
config.json	config.json		

pack.info

图 3-1 HarmonyOS App 逻辑视图

2. 基本概念

以下先对 HarmonyOS 应用开发涉及的一些基本概念进行汇总阐述，这些概念在后续的学习中会进一步详细阐述与实际使用，具体包括 Ability、库文件、资源文件、配置文件、pack. info、HAP、HAR 等。

Ability 是应用所具备的能力的抽象，一个应用可以包含一个或多个 Ability。Ability 分为两种类型，一种是 FA(Feature Ability)，另一种是 PA(Particle Ability)。FA、PA 是应用的基本组成单元，能够实现特定的业务功能。FA 有 UI 界面，而 PA 无 UI 界面。

库文件是应用依赖的第三方代码，例如 so、jar、bin、har 等二进制文件，存放在 libs 目录。

应用的资源文件如字符串、图片、声频等存放于 resources 目录下，便于开发者使用和维护。

配置文件是应用的 Ability 信息，用于声明应用的 Ability，以及应用所需权限等信息，文件为 config. json。

pack. info 用于描述应用软件包中每个 HAP 的属性，由 DevEco Studio 编译生成，应用市场根据该文件进行拆包和 HAP 的分类存储。

HAP(HarmonyOS Ability Package)的 3 个属性：一是 delivery-with-install，表示该 HAP 是否支持随应用安装，true 表示支持随应用安装，false 表示不支持随应用安装。二是 Name，表示 HAP 文件名。三是 module-type，表示模块类型，entry 或 feature。四是 device-type，表示支持该 HAP 运行的设备类型。

HAR(HarmonyOS Ability Resources)可以提供构建应用所需的所有内容，包括源代码、资源文件和 config.json 文件。HAR 不同于 HAP，HAR 不能独立安装并运行在设备上，只能作为应用模块的依赖项被引用。

3.1.2 应用配置文件

1. 简介

应用的每个 HAP 的根目录下都存放着一个 config.json 配置文件，该文件主要涵盖 3 方面的内容。一是应用的全局配置信息，包含应用的包名、生产厂商、版本号等基本信息。二是应用在具体设备上的配置信息，包含应用的备份恢复、网络安全等能力。三是 HAP 包的配置信息，包含每个 Ability 必须定义的基本属性(如包名、类名、类型及 Ability)提供的能力，以及应用访问系统或其他应用受保护部分所需的权限等。

配置文件 config.json 采用 JSON 文件格式，其中包含了一系列配置项，每个配置项由属性和值两部分构成。属性的出现顺序不分先后，并且每个属性最多只允许出现一次。每个属性的值为 JSON 的基本数据类型，包括数值、字符串、布尔值、数组、对象或者 null 类型。属性值可以引用相应的资源文件。

2. 配置文件的元素

DevEco Studio 提供了两种编辑配置文件 config.json 的方式。在 config.json 的编辑窗口中，可在右上角切换代码编辑视图或可视化编辑视图，如图 3-2 所示。

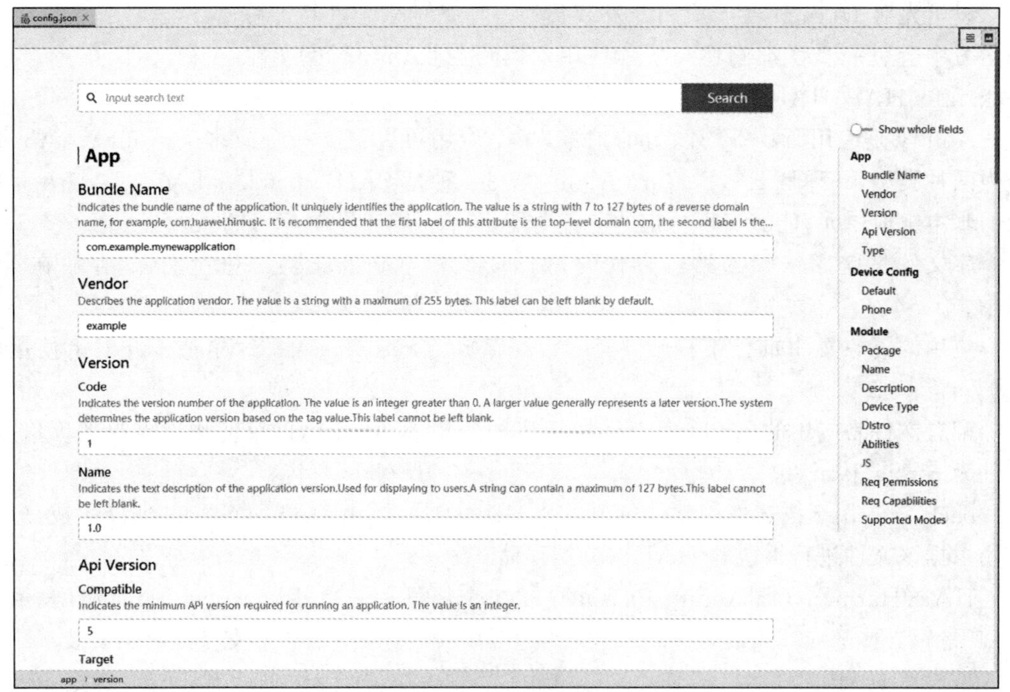

图 3-2 config.json 文件的可视化编辑视图

config.json 配置文件的内部结构由 app、deviceConfig 和 module 共 3 部分组成，缺一不可。config.json 配置文件的每个组成部分及下级组成部分称为属性，后续的内容，我们将根据属性名称、属性含义、数据类型、是否可缺省、是否有子属性、子属性的详细情况进行阐述。

app 表示应用的全局配置信息。同一个应用的不同 HAP 包的 app 配置必须保持一致。deviceConfig 表示应用在具体设备上的配置信息。module 表示 HAP 包的配置信息。该标签下的配置只对当前 HAP 包生效。这 3 部分的数据类型都为对象，都不可以缺省。下面分别阐述这 3 部分的详细内容。

1）app 对象的内部结构

app 对象包含应用的全局配置信息，相关属性说明如下。

（1）属性 bundleName，无子属性。表示应用的包名，用于标识应用的唯一性。包名是由字母、数字、下画线(_)和点号(.)组成的字符串，必须以字母开头。支持的字符串长度为 7～127 字节。包名通常采用反域名形式表示；例如，cn.jltfcloud.daodejing。建议第一级为域名后缀 com，第二级为厂商/个人名，第三级为应用名，也可以采用多级。数量类型为字符串型。不能缺省。

（2）属性 vendor，表示对应用开发厂商的描述。字符串长度不超过 255 字节。数据类型为字符串。可缺省，缺省值为空。

（3）属性 version，无子属性，表示应用的版本信息。数据类型为对象型。不能缺省。其子属性包括 name、code、minCompatibleVersionCode。三者分别说明如下。

Name，表示应用的版本号，用于向应用的终用户端呈现。取值可以自定义，长度不超过 127 字节。Name 数据类型为字符串型，不可缺省。自定义规则如下：

API 5 及更早版本，推荐使用三段式数字版本号，也兼容两段式版本号，如 A.B.C 也兼容 A.B，其中 A、B、C 取值为 0～999 的整数。除此之外不支持其他格式。A 段，一般表示主版本号(Major)。B 段，一般表示次版本号(Minor)。C 段，一般表示修订版本号(Patch)。

从 API 6 版本起，推荐采用四段式数字版本号，如 A.B.C.D，其中 A、B、C 取值为 0～99 的整数，D 取值为 0～999 的整数。A 段，一般表示主版本号(Major)。B 段，一般表示次版本号(Minor)。C 段，一般表示特性版本号(Feature)。D 段，一般表示修订版本号(Patch)。

Code 表示应用的版本号，仅用于 HarmonyOS 管理该应用，不对应用的终用户端呈现。Code 的数据类型为数值型，不可缺省。取值规则如下。

API 5 及更早版本：二进制 32 位以内的非负整数，需要从 version.name 的值转换得到。转换规则为 code 值＝A×1,000,000＋B×1,000＋C。例如，version.name 字段取值为 2.2.1，则 code 的值为 2002001。

从 API 6 版本起：code 的取值不与 version.name 字段的取值关联，开发者可自定义 code 的取值，取值范围为小于 2^{31} 的非负整数，但是每次应用的版本更新，均需更新 code 字段的值，新版本 code 取值必须大于旧版本 code 的值。

minCompatibleVersionCode 表示应用可兼容的最低版本号，用于在跨设备场景下，判断其他设备上该应用的版本是否兼容。格式与 version. code 字段的格式要求相同。数据类型为数值型，可缺省，缺省值为 code 标签值。

(4) 属性 multiFrameworkBundle，无子属性，表示应用是否为混合打包的 HarmonyOS 应用。混合打包场景应配置为 true，非混合打包场景应配置为 false。该标签值由 IDE 自动配置。数据类型为布尔型。可缺省，缺省值为 false。

(5) 属性 smartWindowsize，无子属性，该标签用于在悬浮窗场景下表示应用的模拟窗口的尺寸。配置格式为“正整数 * 正整数”，单位为 vp。正整数取值范围为[200,2000]。数据类型为字符串型。可缺省，缺省值为空。

(6) 属性 smartWindowDeviceType，无子属性，表示应用可以在哪些设备上使用模拟窗口打开。取值方式为智能手机(phone)；平板(tablet)；智慧屏(tv)。数据类型为字符串数组型。可缺省，缺省值为空。

(7) 属性 targetBundleList，无子属性，表示允许以免安装方式拉起的其他 HarmonyOS 应用，列表取值为每个 HarmonyOS 应用的 bundleName，多个 bundleName 之间用英文“,”区分，最多配置 10 个 bundleName。如果被拉起的应用不支持免安装方式，则拉起失败。数据类型为字符串型。可缺省，缺省值为空。

(8) app 对象内部结构示例，代码如下：

```
"//":"第 3 章/app 对象内部结构示例"
"app": {
   "bundleName": "cn.jltfcloud.daodejing.example",
   "vendor": "jltfcloud",
   "version": {
       "code": 2,
       "name": "2.0"
   },
   "apiVersion": {
       "compatible": 3,
       "target": 3,
       "releaseType": "Beta1"
   }
}
```

2) deviceConfig 对象的内部结构

deviceConfig 包含在具体设备上的应用配置信息，可以包含 default、phone、tablet、tv、car、wearable、liteWearable 和 smartVision 等属性。default 标签内的配置适用于所有设备，如果其他设备类型有特殊的需求，则需要在该设备类型的标签下进行配置。其内部结构说明如下。

属性 phone、tablet、tv、car、wearable、liteWearable、smartVision 分别表示手机、平板、智

慧屏、车机、智能穿戴、轻量级智能穿戴、智能摄像头特有的应用配置信息。以上属性的数据类型都为对象，除属性 default 不可缺省外，其他属性都可缺省，缺省值为空。

default、phone、tablet、tv、car、wearable、liteWearable 和 smartVision 等对象不同设备的内部结构说明如下。

(1) 属性 jointUserId 表示应用的共享 userid。通常情况下，不同的应用运行在不同的进程中，应用的资源无法共享。如果开发者的多个应用之间需要共享资源，则可以通过相同的 jointUserId 值实现，前提是这些应用的签名相同。

该标签仅对系统应用生效，并且仅适用于手机、平板、智慧屏、车机、智能穿戴。该字段在 API Version 3 及更高版本不再支持配置。数据类型为字符串型。可缺省，缺省值为空。

(2) 属性 process 表示应用或者 Ability 的进程名。如果在 deviceConfig 标签下配置了 process 标签，则该应用的所有 Ability 都运行在这个进程中。如果在 abilities 标签下也为某个 Ability 配置了 process 标签，则该 Ability 运行在这个进程中。该标签仅适用于手机、平板、智慧屏、车机、智能穿戴。数据类型为字符串型。可缺省，缺省值为应用的软件包名。

(3) 属性 supportBackup 表示应用是否支持备份和恢复。如果配置为 false，则不支持为该应用执行备份或恢复操作。该标签仅适用于手机、平板、智慧屏、车机、智能穿戴。数据类型为布尔型。可缺省，缺省值为 false。

(4) 属性 compressNativeLibs 表示 libs 库是否以压缩存储的方式打包到 HAP 包。如果配置为 false，则 libs 库以不压缩的方式存储，HAP 包在安装时无须解压 libs，运行时会直接从 HAP 内加载 libs 库。该标签仅适用于手机、平板、智慧屏、车机、智能穿戴。数据类型为布尔型。可缺省，缺省值为 true。

(5) 属性 network 表示网络安全性配置。该标签允许应用通过配置文件的安全声明来自定义网络安全，无须修改应用代码。数据类型为对象型。可缺省，缺省值为空。network 对象的内部结构进一步说明如下。

(6) 属性 cleartextTraffic 表示是否允许应用使用明文网络流量，例如，明文 HTTP。true 表示允许应用使用明文流量的请求。false 表示拒绝应用使用明文流量的请求。数据类型为布尔型。可缺省，缺省值为 false。

(7) 属性 securityConfig 表示应用的网络安全配置信息。数据类型为对象型。可缺省，缺省值为空。securityConfig 对象的内部结构进一步说明如下。

(8) 属性 domainSettings 表示自定义的网域范围的安全配置，支持多层嵌套，即一个 domainSettings 对象中允许嵌套更小网域范围的 domainSettings 对象。数据类型为对象型。可缺省，缺省值为空。

子属性 cleartextPermitted 表示自定义的网域范围内是否允许明文流量传输。当 cleartextTraffic 和 securityConfig 同时存在时，自定义网域是否允许明文流量传输以 cleartextPermitted 的取值为准。true 表示允许明文流量传输。false 表示拒绝明文流量传输。数据类型为布尔型。不可缺省。

子属性 domains 表示域名配置信息，包含两个参数 subdomains 和 name。subdomains

(布尔型)：表示是否包含子域名。如果值为 true,则此网域规则将与相应网域及所有子网域(包括子网域的子网域)匹配。否则,该规则仅适用于精确匹配项。name(字符串型)表示域名名称。数据类型为对象数组型,不可缺省。

(9) deviceConfig 对象的内部结构示例,代码如下：

```
"//":"第 3 章/deviceConfig 对象内部结构示例"
"deviceConfig": {
  "default": {
     "process": "cn.jltfcloud.daodejing.example",
     "supportBackup": false,
     "network": {
        "cleartextTraffic": true,
        "securityConfig": {
           "domainSettings": {
              "cleartextPermitted": true,
              "domains": [
                 {
                    "subdomains": true,
                    "name": "example.ohos.com"
                 }
              ]
           }
        }
     }
  }
}
```

3) module 对象的内部结构

module 对象包含 HAP 包的配置信息,内部结构说明如下：

(1) 属性 mainAbility 表示 HAP 包的入口 ability 名称。该标签的值应配置为 module > abilities 中存在的 Page 类型 ability 的名称。该标签仅适用于手机、平板、智慧屏、车机、智能穿戴。数据类型为字符串型。如果存在 page 类型的 ability,则该字段不可缺省。

(2) 属性 package 表示 HAP 的包结构名称,在应用内应保证唯一性。采用反向域名格式,建议与 HAP 的工程目录保持一致。字符串长度不超过 127 字节。该标签仅适用于手机、平板、智慧屏、车机、智能穿戴。数据类型为字符串型,不可缺省。

(3) 属性 name 表示 HAP 的类名。采用反向域名方式表示,前缀需要与同级的 package 标签指定的包名一致,也可采用“.”开头的命名方式。字符串长度不超过 255 字节。该标签仅适用于手机、平板、智慧屏、车机、智能穿戴。数据类型为字符串型。不可缺省。

(4) 属性 description 表示 HAP 的描述信息。字符串长度不超过 255 字节。如果字符串超出最大长度或者需要支持多语言,则可以采用资源索引的方式添加描述内容。该标签仅适用于手机、平板、智慧屏、车机、智能穿戴。数据类型为字符串型。可缺省,缺省值为空。

(5) 属性 supportedModes 表示应用支持的运行模式。当前只定义了驾驶模式(drive)。该标签仅适用于车机。数据类型为字符串数组型。可缺省,缺省值为空。

(6) 属性 deviceType 表示允许 Ability 运行的设备类型。系统预定义的设备类型包括 phone(手机)、tablet(平板)、tv(智慧屏)、car(车机)、wearable(智能穿戴)、liteWearable(轻量级智能穿戴)等。数据类型为字符串数组型。不可缺省。

(7) 属性 distro 表示 HAP 发布的具体描述。该标签仅适用于手机、平板、智慧屏、车机、智能穿戴。数据类型为对象型。不可缺省。

(8) 属性 metaData 表示 HAP 的元信息。数据类型为对象型。可缺省,缺省值为空。

(9) 属性 abilities 表示当前模块内的所有 Ability。采用对象数组格式,其中每个元素表示一个 Ability 对象。数据类型为对象数组型。可缺省,缺省值为空。

(10) 属性 js,表示基于 JS UI 框架开发的 JS 模块集合,其中每个元素代表一个 JS 模块信息。数据类型为对象数组型。可缺省,缺省值为空。

(11) 属性 shortcuts 表示应用的快捷方式信息。采用对象数组格式,其中每个元素表示一个快捷方式对象。数据类型对象数组。可缺省,缺省值为空。

(12) 属性 defPermissions 表示应用定义的权限。应用调用者必须申请这些权限才能正常调用该应用。属性类型为对象数组。可缺省,缺省值为空。

(13) 属性 reqPermissions 表示应用运行时向系统申请的权限。数据类型为对象数组型。可缺省,缺省值为空。

(14) 属性 colorMode 表示应用自身的颜色模式。其中,dark 表示按照深色模式选取资源。light 表示按照浅色模式选取资源。auto 表示跟随系统的颜色模式值选取资源。该标签仅适用于手机、平板、智慧屏、车机、智能穿戴。数据类型为字符串型。可缺省,缺省值为 auto。

(15) 属性 resizeable 表示应用是否支持多窗口特性。该标签仅适用于手机、平板、智慧屏、车机、智能穿戴。数据类型为布尔类型。可缺省,缺省值为 true。

(16) module 对象内部结构示例,代码如下:

```
"//":"第 3 章/module 对象内部结构示例"
"module": {
    "mainAbility": "MainAbility",
    "package": "com.example.myapplication.entry",
    "name": ".MyOHOSAbilityPackage",
    "description": "$string:description_application",
    "supportedModes": [
        "drive"
    ],
    "deviceType": [
        "car"
    ],
```

```
    "distro": {
        "deliveryWithInstall": true,
        "moduleName": "ohos_entry",
        "moduleType": "entry"
    },
    "abilities": [
        ...
    ],
    "shortcuts": [
        ...
    ],
    "js": [
        ...
    ],
    "reqPermissions": [
        ...
    ],
    "defPermissions": [
        ...
    ],
    "colorMode": "light"
}
```

（17）distro 对象的内部结构说明如下。

① 属性 deliveryWithInstall 表示当前 HAP 是否支持随应用安装。true 表示支持随应用安装。false 表示不支持随应用安装。说明，建议将该属性设置为 true。设置为 false 可能导致最终应用上架应用市场时出现异常。数据类型为布尔型。不可缺省。

② 属性 moduleName 表示当前 HAP 的名称。数据类型为字符串型。不可缺省。

③ 属性 moduleType 表示当前 HAP 的类型，包括两种类型，即 entry 和 feature。数据类型为字符串型。不可缺省。

④ 属性 installationFree 表示当前该 FA 是否支持免安装特性。true 表示支持免安装特性，并且符合免安装约束。false 表示不支持免安装特性。数据类型为布尔型。

（18）distro 对象内部结构示例，代码如下：

```
"//":"第 3 章/distro 对象内部结构示例"
"distro": {
    "deliveryWithInstall": true,
    "moduleName": "ohos_entry",
    "moduleType": "entry",
    "installationFree": true
}
```

（19）metaData 对象的内部结构说明。

① 属性 parameters 表示调用 Ability 时所有调用参数的元信息。每个调用参数的元信息由 3 个标签组成，即 description、name、type。数据类型为对象型。可缺省，缺省值为空。

标签 description 表示对调用参数的描述，可以是表示描述内容的字符串，也可以是对描述内容的资源索引，以便支持多语言。数据类型为字符串型。可缺省，缺省值为空。

标签 name 表示调用参数的名称。数据类型为字符串型。可缺省，缺省值为空。

标签 type 表示调用参数的类型，如 Integer。数据类型为字符串。不可缺省。

② 属性 results 表示 Ability 返回值的元信息。每个返回值的元信息由 3 个标签组成，即 description、name、type。数据类型为对象型。可缺省，缺省值为空。

description 表示对返回值的描述，可以是表示描述内容的字符串，也可以是对描述内容的资源索引，以便支持多语言。数据类型为字符串型。可缺省，缺省值为空。

name 表示返回值的名字。数据类型为字符串型。可缺省，缺省值为空。

type 表示返回值的类型，如 Integer。数据类型为字符串型。不可缺省。

③ 属性 customizeData，表示父级组件的自定义元信息，parameters 和 results 在 module 中不可配。数据类型为对象型。可缺省，缺省值为空。

其子属性包括 3 个。name 表示数据项的键名称，字符串类型（最大长度为 255 字节）。数据类型为字符串型，可缺省，缺省值为空。value 表示数据项的值，字符串类型（最大长度为 255 字节）。数据类型为字符串型。可缺省，缺省值为空。extra 表示用户自定义数据格式，标签值为标识该数据的资源的索引值。数据类型为字符串型。可缺省，缺省值为空。

（20）metaData 对象内部结构示例，代码如下：

```
"//":"第 3 章/metaData 对象内部结构示例"
"metaData": {
    "parameters" : [{
        "name" : "string",
        "type" : "Float",
        "description" : " $ string:parameters_description"
    }],
    "results" : [{
        "name" : "string",
        "type" : "Float",
        "description" : " $ string:results_description"
    }],
    "customizeData" : [{
        "name" : "string",
        "value" : "string",
        "extra" : " $ string:customizeData_description"
    }]
}
```

(21) abilities 对象的内部结构说明。

属性 name 表示 Ability 名称。取值可采用反向域名方式表示，由包名和类名组成，如 com. example. myapplication. MainAbility；也可采用"."开头的类名方式表示，如 . MainAbility。该标签仅适用于手机、平板、智慧屏、车机、智能穿戴。在使用 DevEco Studio 新建项目时，默认生成首个 Ability 的配置，包括生成 MainAbility. java 文件，以及 config. json 文件中 MainAbility 的配置。如使用其他 IDE 工具，则可自定义名称。数据类型为字符串型。不可缺省。

属性 description 表示对 Ability 的描述。取值可以是描述性内容，也可以是对描述性内容的资源索引，以便支持多语言。数据类型为字符串型。可缺省，缺省值为空。

属性 icon 表示 Ability 图标资源文件的索引。取值示例：$media:ability_icon。如果在该 Ability 的 skills 属性中，actions 的取值包含 action. system. home，entities 取值包含 entity. system. home，则该 Ability 的 icon 将同时作为应用的 icon。如果存在多个符合条件的 Ability，则取位置靠前的 Ability 的 icon 作为应用的 icon。数据类型为字符串型。可缺省，缺省值为空。

属性 label 表示 Ability 对用户显示的名称。取值可以是 Ability 名称，也可以是对该名称的资源索引，以便支持多语言。如果在该 Ability 的 skills 属性中，actions 的取值包含 action. system. home，entities 取值包含 entity. system. home，则该 Ability 的 label 将同时作为应用的 label。如果存在多个符合条件的 Ability，则取位置靠前的 Ability 的 label 作为应用的 label。应用的 icon 和 label 是用户可感知的配置项，需要区别于当前所有已有的应用 icon 或 label(至少有一个不同)。数据类型为字符串型。可缺省，缺省值为空。

属性 uri 表示 Ability 的统一资源标识符。

格式为[scheme:][//authority][path][? query][# fragment]。数据类型为字符串型。可缺省，对于 data 类型的 Ability 不可缺省。

属性 launchType 表示 Ability 的启动模式，支持 standard、singleMission 和 singleton 3 种模式。standard 表示该 Ability 可以有多个实例。standard 模式适用于大多数应用场景。singleMission 表示此 Ability 在每个任务栈中只能有一个实例。singleton 表示该 Ability 在所有任务栈中仅可以有一个实例。例如，具有全局唯一性的呼叫来电界面可采用 singleton 模式。该标签仅适用于手机、平板、智慧屏、车机、智能穿戴。数据类型为字符串型。可缺省，缺省值为 standard。

属性 visible 表示 Ability 是否可以被其他应用调用。true 表示可以被其他应用调用。false 表示不能被其他应用调用。数据类型为布尔型。可缺省，缺省值为 false。

属性 permissions 表示其他应用的 Ability 调用此 Ability 时需要申请的权限。通常采用反向域名格式，取值可以是系统预定义的权限，也可以是开发者自定义的权限。如果是自定义权限，则取值必须与 defPermissions 标签中定义的某个权限的 name 标签值一致。数据类型为字符串数组型。可缺省，缺省值为空。

属性 skills 表示 Ability 能够接收的 Intent 的特征。数据类型为对象数组型。可缺省，缺省值为空。

属性 deviceCapability 表示 Ability 运行时要求设备具有的能力，采用字符串数组的格式表示。数据类型为字符串数组型。可缺省，缺省值为空。

属性 metaData 表示 Ability 的元信息。调用 Ability 时调用参数的元信息，例如参数个数和类型。Ability 执行完毕后返回值的元信息，例如：返回值的个数和类型。该标签仅适用于智慧屏、智能穿戴、车机。数据类型为对象型。可缺省，缺省值为空。

属性 type 表示 Ability 的类型。取值范围：page 表示基于 Page 模板开发的 FA，用于提供与用户交互的能力；service 表示基于 Service 模板开发的 PA，用于提供后台运行任务的能力；data 表示基于 Data 模板开发的 PA，用于对外部提供统一的数据访问抽象；CA 表示支持其他应用以窗口方式调起该 Ability。属性类型为字符串。不可缺省。

属性 orientation 表示该 Ability 的显示模式。该标签仅适用于 page 类型的 Ability。取值范围：unspecified 表示由系统自动判断显示方向。landscape 表示横屏模式。portrait 表示竖屏模式。followRecent 表示跟随栈中最近的应用。数据类型为字符串，可缺省，缺省值为 unspecified。

属性 backgroundModes 表示后台服务的类型，可以为一个服务配置多个后台服务类型。该标签仅适用于 service 类型的 Ability。取值范围：dataTransfer 表示通过网络/对端设备进行数据下载、备份、分享、传输等业务；audioPlayback 表示声频输出业务；audioRecording 表示声频输入业务；pictureInPicture 表示画中画、小窗口播放视频业务；voip 表示音视频电话、VOIP 业务；location 表示定位、导航业务；bluetoothInteraction 表示蓝牙扫描、连接、传输业务；WiFiInteractionWLAN 表示扫描、连接、传输业务；screenFetch 表示录屏、截屏业务；multiDeviceConnection 表示多设备互联业务。数据类型为字符串数组型。可缺省，缺省值为空。

属性 readPermission 表示读取 Ability 的数据所需的权限。该标签仅适用于 data 类型的 Ability，取值为长度不超过 255 字节的字符串。该标签仅适用于手机、平板、智慧屏、车机、智能穿戴。数据类型为字符串型。可缺省，缺省值为空。

属性 writePermission 表示向 Ability 写数据所需的权限。该标签仅适用于 data 类型的 Ability，取值为长度不超过 255 字节的字符串。该标签仅适用于手机、平板、智慧屏、车机、智能穿戴。数据类型为字符串型。可缺省，缺省值为空。

属性 configChanges 表示 Ability 关注的系统配置集合。当已关注的配置发生变更后，Ability 会收到 onConfigurationUpdated 回调。取值范围：locale 表示语言区域发生变更；layout 表示屏幕布局发生变更；fontSize 表示字号发生变更；orientation 表示屏幕方向发生变更；density 表示显示密度发生变更；数据类型为字符串数组型，可缺省，缺省值为空。

属性 mission 表示 Ability 指定的任务栈。该标签仅适用于 page 类型的 Ability。默认情况下应用中所有 Ability 同属一个任务栈。该标签仅适用于手机、平板、智慧屏、车机、智能穿戴。数据类型为字符串型。可缺省，缺省值为应用的包名。

属性 targetAbility 表示当前 Ability 重用的目标 Ability。该标签仅适用于 page 类型的 Ability。如果配置了 targetAbility 属性，则当前 Ability（别名 Ability）的属性中仅 name、icon、label、visible、permissions、skills 生效，其他属性均沿用 targetAbility 中的属性值。目标 Ability 必须与别名 Ability 在同一应用中，并且在配置文件中目标 Ability 必须在别名之前进行声明。该标签仅适用于手机、平板、智慧屏、车机、智能穿戴。数据类型为字符串型。可缺省，缺省值为空。表示当前 Ability 不是一个别名 Ability。

属性 multiUserShared 表示 Ability 是否支持多用户状态进行共享，该标签仅适用于 data 类型的 Ability。当配置为 true 时，表示在多用户下只有一份存储数据。需要注意的是，该属性会使 visible 属性失效。该标签仅适用于手机、平板、智慧屏、车机、智能穿戴。数据类型为布尔类型。可缺省，缺省值为 false。

属性 supportPipMode 表示 Ability 是否支持用户进入 PIP 模式（用于在页面的最上层悬浮小窗口，俗称"画中画"，常见于视频播放等场景）。该标签仅适用于 page 类型的 Ability。该标签仅适用于手机、平板、智慧屏、车机、智能穿戴。数据类型为布尔类型。可缺省，缺省值为 false。

属性 formsEnabled 表示 Ability 是否支持卡片（forms）功能。该标签仅适用于 page 类型的 Ability。true 表示支持卡片能力。false 表示不支持卡片能力。数据类型为布尔类型。可缺省，缺省值为 false。

属性 forms 表示服务卡片的属性。该标签仅当 formsEnabled 为 true 时才能生效。数据类型为对象数组型。可缺省，缺省值为空。

属性 resizeable 表示 Ability 是否支持多窗口特性。该标签仅适用于手机、平板、智慧屏、车机、智能穿戴。数据类型为布尔型。可缺省，缺省值为 true。

（22）abilities 对象内部结构示例，代码如下：

```
"//":"第 3 章/abilities 对象内部结构示例"
"abilities": [
    {
        "name": ".MainAbility",
        "description": "himusic main ability",
        "icon": "$media:ic_launcher",
        "label": "HiMusic",
        "launchType": "standard",
        "orientation": "unspecified",
        "permissions": [
        ],
        "visible": true,
        "skills": [
            {
                "actions": [
                    "action.system.home"
```

```
                ],
                "entities": [
                    "entity.system.home"
                ]
            }
        ],
        "configChanges": [
            "locale",
            "layout",
            "fontSize",
            "orientation"
        ],
        "type": "page"
    },
    {
        "name": ".PlayService",
        "description": "himusic play ability",
        "icon": "$media:ic_launcher",
        "label": "HiMusic",
        "launchType": "standard",
        "orientation": "unspecified",
        "visible": false,
        "skills": [
            {
                "actions": [
                    "action.play.music",
                    "action.stop.music"
                ],
                "entities": [
                    "entity.audio"
                ]
            }
        ],
        "type": "service",
        "backgroundModes": [
            "audioPlayback"
        ]
    },
    {
        "name": ".UserADataAbility",
        "type": "data",
        "uri":
"dataability://com.huawei.hiworld.himusic.UserADataAbility",
        "visible": true
    }
]
```

(23) skills 对象的内部结构说明。

属性 actions 表示能够接收的 Intent 的 action 值,可以包含一个或多个 action。取值通常为系统预定义的 action 值。数据类型为字符串数组型。可缺省,缺省值为空。

属性 entities 表示能够接收的 Intent 的 Ability 的类别(如视频、桌面应用等),可以包含一个或多个 entity。数据类型为字符串数组型。可缺省,缺省值为空。

属性 uris 表示能够接收的 Intent 的 uri,可以包含一个或者多个 uri。数据类型为对象数组型。可缺省,缺省值为空。其子属性的数据类型都为字符串型。除了 scheme 不可缺省外,其他都可以缺省,缺省值为空。scheme 表示 uri 的 scheme 值。host 表示 uri 的 host 值。port 表示 uri 的 port 值。path 表示 uri 的 path 值。type 表示 uri 的 type 值。

(24) skills 对象内部结构示例,代码如下:

```
"//":"第 3 章/skills 对象内部结构示例"
"skills": [
    {
        "actions": [
            "action.system.home"
        ],
          "entities": [
            "entity.system.home"
        ],
        "uris": [
            {
                "scheme": "http",
                "host": "www.xxx.com",
                "port": "8080",
                "path": "query/student/name",
                "type": "text/ * "
            }
        ]
    }
]
```

(25) JS 对象的内部结构说明。

属性 name 表示 JS Component 的名字。该标签不可缺省,默认值为 default。数据类型为字符串型。

属性 Pages 表示 JS Component 的页面用于列举 JS Component 中每个页面的路由信息[页面路径+页面名称]。该标签不可缺省,取值为数组,数组的第 1 个元素代表 JS FA 首页。数据类型为数组型,不可缺省。

属性 window 用于定义与显示窗口相关的配置。该标签仅适用于手机、平板、智慧屏、车机、智能穿戴。数据类型为对象型。可缺省。

其子属性 designWidth 表示页面设计的基准宽度。以此为基准,根据实际设备宽度来缩放元素大小。数据类型为数值型。可缺省，缺省值为750px。

其子属性autoDesignWidth表示页面设计的基准宽度是否自动计算。当配置为true时，designWidth将会被忽略，设计基准宽度由设备宽度与屏幕密度计算得出。数据类型为布尔型。可缺省，缺省值为false。

属性type表示JS应用的类型。取值范围：normal用于将该JS Component标识为应用实例；form用于将该JS Component标识为卡片实例。数据类型为字符串型。可缺省，缺省值为normal。

(26) JS对象内部结构示例，代码如下：

```
"//":"第3章/JS对象内部结构示例"
"js": [
    {
        "name": "default",
        "pages": [
            "pages/index/index",
            "pages/detail/detail"
        ],
        "window": {
            "designWidth": 750,
            "autoDesignWidth": false
        },
        "type": "form"
    }
]
```

(27) shortcuts对象的内部结构说明。

属性shortcutId表示快捷方式的ID。字符串的最大长度为63字节。数据类型为字符串型。不可缺省。

属性label表示快捷方式的标签信息，即快捷方式对外显示的文字描述信息。取值可以是描述性内容，也可以是标识label的资源索引。字符串的最大长度为63字节。数据类型为字符串型。可缺省，缺省值为空。

属性intents表示快捷方式内定义的目标intent信息集合，每个intent可配置两个子标签，即targetClass和targetBundle。数据类型为对象数组型。可缺省，缺省值为空。targetClass表示快捷方式目标类名。数据类型为字符串型。可缺省，缺省值为空。targetBundle表示快捷方式目标Ability所在应用的包名。数据类型为字符串型。可缺省，缺省值为空。

(28) shortcuts对象内部结构示例，代码如下：

```
"//":"第3章/shortcuts对象内部结构示例"
"shortcuts": [
    {
```

```
            "shortcutId": "id",
            "label": "$string:shortcut",
            "intents": [
                {
                    "targetBundle": "com.huawei.hiworld.himusic",
                    "targetClass": "com.huawei.hiworld.himusic.entry.MainAbility"
                }
            ]
        }
    ]
```

（29）forms 对象的内部结构说明。

属性 name 表示卡片的类名。字符串的最大长度为 127 字节。数据类型为字符串型。不可缺省。

属性 description 表示卡片的描述。取值可以是描述性内容，也可以是对描述性内容的资源索引，以支持多语言。字符串的最大长度为 255 字节。数据类型为字符串型。可缺省，缺省值为空。

属性 isDefault 表示该卡片是否为默认卡片，每个 Ability 有且只有一个默认卡片。true 表示默认卡片。false 表示非默认卡片。数据类型为布尔型。不可缺省。

属性 type 表示卡片的类型。取值范围：Java 表示 Java 卡片；JS 表示 JS 卡片。数据类型为字符串型。不可缺省。

属性 colorMode 表示卡片的主题样式，取值范围：auto 表示自适应；dark 表示深色主题；light 表示浅色主题。数据类型为字符串型。可缺省，缺省值为 auto。

属性 supportDimensions 表示卡片支持的外观规格，取值范围：1 * 2：表示 1 行 2 列的二宫格；2 * 2：表示 2 行 2 列的四宫格；2 * 4：表示 2 行 4 列的八宫格；4 * 4：表示 4 行 4 列的十六宫格。数据类型为字符串数组型。不可缺省。

属性 defaultDimension 表示卡片的默认外观规格，取值必须在该卡片 supportDimensions 配置的列表中。数据类型为字符串型。不可缺省。

属性 landscapeLayouts 表示卡片外观规格对应的横向布局文件，与 supportDimensions 中的规格一一对应。仅当卡片类型为 Java 卡片时，需要配置该标签。数据类型为字符串数组型。不可缺省。

属性 portraitLayouts 表示卡片外观规格对应的竖向布局文件，与 supportDimensions 中的规格一一对应。仅当卡片类型为 Java 卡片时，需要配置该标签。数据类型为字符串数组型。不可缺省。

属性 updateEnabled 表示卡片是否支持周期性刷新，取值范围：true 表示支持周期性刷新，可以在定时刷新（updateDuration）和定点刷新（scheduledUpdateTime）两种方式中任选其一，优先选择定时刷新；false 表示不支持周期性刷新。数据类型为布尔型。不可缺省。

属性 scheduledUpdateTime 表示卡片的定点刷新的时刻，采用 24h 制，精确到分钟。数据类型为字符串型。可缺省，缺省值为“0:0”。

属性 updateDuration 表示卡片定时刷新的更新周期，单位为 30min，取值为自然数。

当取值为 0 时，表示该参数不生效。当取值为正整数 N 时，表示刷新周期为 $30\times N$ 分钟。数据类型为数值型。可缺省，缺省值为“0”。

属性 formConfigAbility 表示卡片的配置跳转链接，采用 URI 格式。数据类型为字符串型。可缺省，缺省值为空。

属性 jsComponentName 表示 JS 卡片的 Component 名称。字符串的最大长度为 127 字节。仅当卡片类型为 JS 卡片时，需要配置该标签。数据类型为字符串型。不可缺省。

属性 metaData 表示卡片的自定义信息，包含 customizeData 数组标签。数据类型为对象型。可缺省，缺省值为空。

属性 customizeData 表示自定义的卡片信息。数据类型为对象数组型。可缺省，缺省值为空。其子属性 name 表示数据项的键名称。字符串的最大长度为 255 字节。数据类型为字符串型。可缺省，缺省值为空。其子属性 value 表示数据项的值。字符串的最大长度为 255 字节。数据类型为字符串型。可缺省，缺省值为空。

(30) forms 对象内部结构示例，代码如下：

```
"//":"第 3 章/forms 对象内部结构示例"
"forms": [
    {
        "name": "Form_Js",
        "description": "It's Js Form",
        "type": "JS",
        "jsComponentName": "card",
        "colorMode": "auto",
        "isDefault": true,
        "updateEnabled": true,
        "scheduledUpdateTime": "11:00",
        "updateDuration": 1,
        "defaultDimension": "2 * 2",
        "supportDimensions": [
            "2 * 2",
            "2 * 4",
            "4 * 4"
        ]
    },
    {
        "name": "Form_Java",
        "description": "It's Java Form",
        "type": "Java",
```

```
            "colorMode": "auto",
            "isDefault": false,
            "updateEnabled": true,
            "scheduledUpdateTime": "21:05",
            "updateDuration": 1,
            "defaultDimension": "1 * 2",
            "supportDimensions": [
                "1 * 2"
            ],
            "landscapeLayouts": [
                "$layout:ability_form"
            ],
            "portraitLayouts": [
              "$layout:ability_form"
            ],
            "formConfigAbility": "ability://com.example.myapplication.fa/.MainAbility",
            "metaData": {
                "customizeData": [
                    {
                        "name": "originWidgetName",
                        "value": "com.huawei.weather.testWidget"
                    }
                ]
            }
        }
    ]
```

4）HAP 与 HAR 的配置文件的合并

（1）合并规则如下：

如果在应用模块中调用了 HAR，在编译构建 HAP 时，则需要将 HAP 的 config.json 文件与一个或多个 HAR 的 config.json 文件合并为一个 config.json 文件。在合并过程中，不同文件的同一个标签的取值可能发生冲突，此时需要通过配置 mergeRule 来解决冲突。

配置文件合并规则。HAP 与 HAR 的 config.json 文件在合并时，需要将 HAR 的配置信息全部合并到 HAP 的配置文件中。合并规则参见表 3-1。

表 3-1　合并规则

HAP	HAR	合并结果
无标签值	无标签值	无标签值
有标签值，取值为 A	无标签值	有标签值，取值为 A
无标签值	有标签值，取值为 B	有标签值，取值为 B
有标签值，取值为 A	有标签值，取值为 A	有标签值，取值为 A
有标签值，取值为 A	有标签值，取值为 B	冲突，需要添加 mergeRule，详见 mergeRule 对象的使用

HAP 的优先级总是高于 HAR。当 HAP 依赖于多个 HAR 时，先加载的 HAR 的优先级高于后加载的 HAR，按照 HAR 的加载顺序依次合并到 HAP 文件中。两者合并规则见表 3-1。

(2) mergeRule 对象的使用。

mergeRule 通常在 HAP 的 config.json 文件中使用，可以在 abilities、defPermissions、reqPermissions、js 等属性中添加。不同属性的合并策略将会详细说明。其中 HAR 配置文件中不能包含 action.system.home 和 entity.system.home 配置项，否则会导致编译报错。abilities 对象中 name 字段的取值必须为完整的类名，否则会导致合并出错。

不同属性的合并策略，我们会根据属性名称，一级、二级、三级属性及分别的合并规则进行说明。

一级属性 app 合并时只保留 HAP 的 config.json 文件中的 app 对象。一级属性 deviceConfig 合并时只保留 HAP 的 config.json 文件中的 deviceConfig 对象。

一级属性 module 的二级属性 package、name、description、supportedModes、deviceType、distro、shortcuts 合并时只保留 HAP 的 config.json 文件中的取值。

一级属性 module 的二级属性 defPermissions、reqPermissions、js、abilities 合并时，当 module 中的 name 取值不同时，取值为 HAP 与 HAR 的 config.json 文件的并集。当 module 中的 name 取值相同时，需要在 HAP 的 config.json 文件中的相应属性下添加 mergeRule 字段，以解决合并冲突。

一级属性 module 的二级属性 abilities 的三级属性 permissions、skills、backgroundModes、configChanges 合并时取值为 HAP 与 HAR 的 config.json 文件中相应属性值的并集。

一级属性 module 的二级属性 abilities 的三级属性 targetAbility 合并时，如果 targetAbility 与 abilities 中的 name 冲突，则会导致编译报错。

一级属性 module 的二级属性 abilities 的三级属性其他，合并时 abilities 中的其他属性如果发生合并冲突，则需要添加 mergeRule 字段。

(3) mergeRule 对象的内部结构说明。

属性 remove 表示 HAP 与 HAR 的 config.json 文件合并时需要移除的标签。数据类型为字符串数组型。可缺省。属性 replace 表示 HAP 与 HAR 的 config.json 文件合并冲突时需要替换的标签，始终保留高优先级的值。数据类型为字符串数组型。可缺省。

(4) mergeRule 的使用示例。

在下面的示例中，HAP 与 HAR 中的 Ability 的 name 取值相同，需要对两者 config.json 文件中的 Ability 进行合并。由于两个文件中的部分字段(例如 launchType)存在冲突，所以需要在 HAP 的 abilities 标签下添加 mergeRule。

第一步，合并前 HAP 的 config.json 文件，其中，remove 表示合并后需要移除的子标签，replace 表示合并后需要替换的子标签(HAP 替换 HAR)，代码如下：

```
"//":"第 3 章/mergeRule 使用示例第一步"
"abilities": [
    {
        "mergeRule": {
            "remove": ["orientation"],
            "replace": ["launchType"]
        }
        "name": "com.harmony.myapplication.entry.MainAbility",
        "type": "page",
        "launchType": "standard",
        "visible": false
    }
]
```

第二步，合并前 HAR 的 config.json 文件，代码如下：

```
"//":"第 3 章/mergeRule 使用示例第二步"
"abilities": [
    {
        "name": "com.harmony.myapplication.entry.MainAbility",
        "type": "page",
        "launchType": "singleton",
        "orientation": "portrait",
        "visible": false
    }
],
```

第三步，将上述两个 config.json 文件按照 mergeRule 进行合并，处理完成后 mergeRule 字段也会被移除。合并后的结果文件，代码如下：

```
"//":"第 3 章/mergeRule 使用示例第三步"
"abilities": [
    {
        "name": "com.harmony.myapplication.entry.MainAbility",
        "type": "page",
        "launchType": "standard",
        "visible": false
    }
],
```

(5) bundleName 占位符的使用。

HAR 的 config.json 文件中多处需要使用包名，例如自定义权限、自定义 action 等场景，但是包名只有当 HAR 编译到 HAP 时才能确定下来。在编译之前，HAR 中的包名可以采用占位符来表示，采用{bundleName}形式。支持 bundleName 占位符的标签有

actions、entities、permissions、readPermission、writePermission、defPermissions. name、uri。

使用示例如下：

第一步，在 HAR 中自定义 action 时，使用{bundleName}来代替包名，代码如下：

```
"//":"第 3 章/bundleName 使用示例第一步"
"skills": [
    {
        "actions": [
            "{bundleName}.ACTION_PLAY"
        ],
        "entities": [
            "{bundleName}.ENTITY_PLAY"
        ],
    }
],
```

第二步，将 HAR 编译到 bundleName 为 com. huawei. hiworld 的 HAP 包后，原来的{bundleName}将被替换为 HAP 的实际包名。替换后的结果如下：

```
"//":"第 3 章/bundleName 使用示例第二步"
"app": {
  "bundleName": "com.huawei.hiworld",
    ...
},
"module": {
    "abilities": [
        {
            "skills": [
                {
                    "actions": [
                        "com.huawei.hiworld.ACTION_PLAY"
                    ],
                    "entities": [
                        "com.huawei.hiworld.ENTITY_PLAY"
                    ],
                }
            ],
```

3. 配置文件示例

该示例的应用被声明为 3 个 Ability，代码如下：

```
"//":"第 3 章/配置文件示例"
{
    "app": {
```

```
        "bundleName": "com.huawei.hiworld.himusic",
        "vendor": "huawei",
        "version": {
            "code": 2,
            "name": "2.0"
        },
        "apiVersion": {
            "compatible": 3,
            "target": 3,
            "releaseType": "Beta1"
        }
    },
    "deviceConfig": {
        "default": {
        }
    },
    "module": {
        "mainAbility": "MainAbility",
        "package": "com.huawei.hiworld.himusic.entry",
        "name": ".MainApplication",
        "supportedModes": [
            "drive"
        ],
        "distro": {
            "moduleType": "entry",
            "deliveryWithInstall": true,
            "moduleName": "hap-car"
        },
        "deviceType": [
            "car"
        ],
        "abilities": [
            {
                "name": ".MainAbility",
                "description": "himusic main ability",
                "icon": "$media:ic_launcher",
                "label": "$string:HiMusic",
                "launchType": "standard",
                "orientation": "unspecified",
                "visible": true,
                "skills": [
                    {
                        "actions": [
                            "action.system.home"
                        ],
                        "entities": [
```

```
                    "entity.system.home"
                ]
            }
        ],
        "type": "page",
        "formsEnabled": false
    },
    {
        "name": ".PlayService",
        "description": "himusic play ability",
        "icon": "$media:ic_launcher",
        "label": "$string:HiMusic",
        "launchType": "standard",
        "orientation": "unspecified",
        "visible": false,
        "skills": [
            {
                "actions": [
                    "action.play.music",
                    "action.stop.music"
                ],
                "entities": [
                    "entity.audio"
                ]
            }
        ],
        "type": "service",
        "backgroundModes": [
            "audioPlayback"
        ]
    },
    {
        "name": ".UserADataAbility",
        "type": "data",
        "uri": "dataability://com.huawei.hiworld.himusic.UserADataAbility",
        "visible": true
    }
],
"reqPermissions": [
    {
        "name": "ohos.permission.DISTRIBUTED_DATASYNC",
        "reason": "",
        "usedScene": {
            "ability": [
                "com.huawei.hiworld.himusic.entry.MainAbility",
```

```
                        "com.huawei.hiworld.himusic.entry.PlayService"
                    ],
                    "when": "inuse"
                }
            }
        ]
    }
}
```

3.1.3 资源文件

1. 资源文件的分类

resources 目录，应用的资源文件（如字符串、图片、声频等）统一存放于 resources 目录下，便于开发者使用和维护。resources 目录包括两大类目录，一类为 base 目录与限定词目录，另一类为 rawfile 目录。资源目录示例，代码如下：

```
//第 3 章/资源文件的分类 - resources 目录
resources
|---base                              //默认存在的目录
|    |--- element
|    |     |--- string.json
|    |--- media
|    |     |--- icon.png
|---en_GB - vertical - car - mdpi     //限定词目录示例，需要开发者自行创建
|    |--- element
|    |     |--- string.json
|    |--- media
|    |     |--- icon.png
|---rawfile                           //默认存在的目录
```

1）base 目录与限定词目录分类

按照两级目录的形式来组织，目录命名必须符合规范，以便根据设备状态去匹配相应目录下的资源文件。

一级子目录为 base 目录和限定词目录。base 目录是默认存在的目录。当应用的 resources 资源目录中没有与设备状态匹配的限定词目录时，会自动引用该目录中的资源文件。限定词目录需要开发者自行创建。目录名称由一个或多个表征应用场景或设备特征的限定词组合而成。官方提供了限定词目录表。

二级子目录为资源目录，用于存放字符串、颜色、布尔值等基础元素，以及媒体、动画、布局等资源文件，具体要求参见官方提供的资源组目录。

目录中的资源文件会被编译成二进制文件，并赋予资源文件 ID。通过指定资源类型（type）和资源名称（name）来引用。

2) rawfile 目录分类

支持创建多层子目录,目录名称可以自定义,文件夹内可以自由放置各类资源文件。rawfile 目录的文件不会根据设备状态去匹配不同的资源。目录中的资源文件会被直接打包进应用,不经过编译,也不会被赋予资源文件 ID。通过指定文件路径和文件名来引用。

3) 限定词目录详细说明

限定词目录可以由一个或多个表征应用场景或设备特征的限定词组合而成,包括移动国家码和移动网络码、语言、文字、国家或地区、横竖屏、设备类型、颜色模式和屏幕密度等维度,限定词之间通过下画线(_)或者中画线(-)连接。开发者在创建限定词目录时,需要掌握限定词目录的命名要求,以及限定词目录与设备状态的匹配规则。

(1) 限定词目录的命名要求。

限定词的组合顺序:移动国家码_移动网络码-语言_文字_国家或地区-横竖屏-设备类型-颜色模式-屏幕密度。开发者可以根据应用的使用场景和设备特征,选择其中的一类或几类限定词组成目录名称。

限定词的连接方式:语言、文字、国家或地区之间采用下画线(_)连接,移动国家码和移动网络码之间也采用下画线(_)连接,除此之外的其他限定词之间均采用中画线(-)连接。例如:zh_Hant_CN、zh_CN-car-ldpi。

限定词的取值范围:每类限定词的取值必须符合取值的具体要求,否则,将无法匹配目录中的资源文件。

(2) 限定词取值的具体要求如下,包括限定词类型、含义与取值说明。

移动国家码和移动网络码,移动国家码(MCC)和移动网络码(MNC)的值取自设备注册的网络。MCC 后面可以跟随 MNC,使用下画线(_)连接,也可以单独使用。例如:mcc460 表示中国,mcc460_mnc00 表示中国_中国移动。详细取值范围需要查阅 ITU-T E.212(国际电联相关标准)。

语言表示设备使用的语言类型,由 2~3 个小写字母组成。例如:zh 表示中文,en 表示英语,mai 表示迈蒂利语。详细取值范围需要查阅 ISO 639(ISO 制定的语言编码标准)。

文字表示设备使用的文字类型,由 1 个大写字母(首字母)和 3 个小写字母组成。例如:Hans 表示简体中文,Hant 表示繁体中文。详细取值范围需要查阅 ISO 15924(ISO 制定的文字编码标准)。

国家或地区,表示用户所在的国家或地区,由 2~3 个大写字母或者 3 个数字组成。例如:CN 表示中国,GB 表示英国。详细取值范围需要查阅 ISO 3166-1(ISO 制定的国家和地区编码标准)。

横竖屏,表示设备的屏幕方向,取值范围:vertical 为竖屏,horizontal 为横屏。

设备类型,表示设备的类型,取值范围:phone 为手机,tablet 为平板,car 为车机,tv 为智慧屏,wearable 为智能穿戴。

颜色模式,表示设备的颜色模式,取值范围:dark 为深色模式,light 为浅色模式。

屏幕密度,表示设备的屏幕密度(单位为 dpi),取值如下。sdpi 表示小规模的屏幕密度

(Small-scale Dots Per Inch)，适用于 dpi 取值为(0，120]的设备。mdpi 表示中规模的屏幕密度(Medium-scale Dots Per Inch)，适用于 dpi 取值为(120，160]的设备。ldpi 表示大规模的屏幕密度(Large-scale Dots Per Inch)，适用于 dpi 取值为(160，240]的设备。xldpi 表示特大规模的屏幕密度(Extra Large-scale Dots Per Inch)，适用于 dpi 取值为(240，320]的设备。xxldpi 表示超大规模的屏幕密度(Extra Extra Large-scale Dots Per Inch)，适用于 dpi 取值为(320，480]的设备。xxxldpi 表示超特大规模的屏幕密度(Extra Extra Extra Large-scale Dots Per Inch)，适用于 dpi 取值为(480，640]的设备。

(3) 限定词目录与设备状态的匹配规则。

在为设备匹配对应的资源文件时，限定词目录匹配的优先级从高到低依次为移动国家码和移动网络码→区域(可选组合：语言、语言_文字、语言_国家或地区、语言_文字_国家或地区)→横竖屏→设备类型→颜色模式→屏幕密度。

如果限定词目录中包含移动国家码和移动网络码、语言、文字、横竖屏、设备类型、颜色模式限定词，则对应限定词的取值必须与当前的设备状态完全一致，只有这样该目录才能参与设备的资源匹配。例如，限定词目录 zh_CN-car-ldpi 不能参与 en_US 设备的资源匹配。

资源组目录 base 目录与限定词目录下面可以创建资源组目录，包括 element、media、animation、layout、graphic、profile，用于存放特定类型的资源文件。详细的资源组目录说明如下：

element 表示元素资源，以下每一类数据都采用相应的 JSON 文件来表征。boolean 为布尔型；color 为颜色；float 为浮点型；intarray 为整型数组；integer 为整型；pattern 为样式；plural 为复数形式；strarray 为字符串型数组；string 为字符串。element 目录中的文件名称建议与下面的文件名保持一致；每个文件中只能包含同一类型的数据；这些文件名称分别是 boolean. json、color. json、float. json、intarray. json、integer. json、pattern. json、plural. json、strarray. json、string. json。

Media 表示媒体资源，包括图片、声频、视频等非文本格式的文件。文件名可自定义，例如 icon. png。

animation 表示动画资源，采用 XML 文件格式。文件名可自定义，例如：zoom_in. xml。

layout 表示布局资源，采用 XML 文件格式。文件名可自定义，例如：home_layout. xml。

graphic 表示可绘制资源，采用 XML 文件格式。文件名可自定义，例如：notifications dark. xml。

profile 表示其他类型文件，以原始文件形式保存。文件名可自定义。

4) 创建资源文件

在 resources 目录下，可按照限定词目录和资源组目录的说明创建子目录和目录内的文件。同时，DevEco Studio 也提供了创建资源目录和资源文件的界面。

创建资源目录及资源文件。在 resources 目录右击菜单选择 New→Harmony Resource File，此时可同时创建目录和文件。文件默认创建在 base 目录的对应资源组下。如果选择了限定词，则会按照命名规范自动生成限定词+资源组目录，并将文件创建在目录中。目录名自动生成，格式固定为“限定词.资源组”，例如创建一个限定词为横竖屏类别下的竖屏，资源组为绘制资源的目录，自动生成的目录名称为 vertical.graphic。

创建资源目录，在 resources 目录右击菜单选择 New→Harmony Resource Directory，此时可创建资源目录，具体如图 3-3 所示。

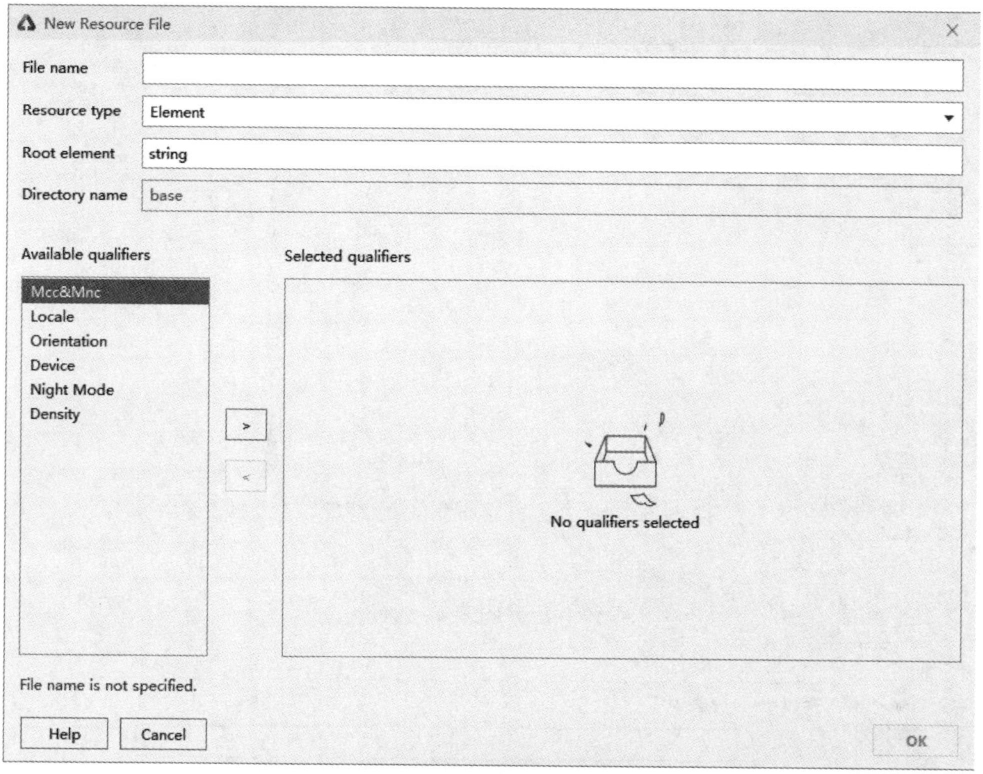

图 3-3　创建资源文件

选择资源组类型，设置限定词，创建后可自动生成目录名称。目录名称格式固定为“限定词.资源组”，例如创建一个限定词为横竖屏类别下的竖屏，资源组为绘制资源的目录，自动生成的目录名称为 vertical.graphic，如图 3-4 所示。

创建资源文件，在资源目录右击菜单并选择 New→XXX Resource File，即可创建对应资源组目录的资源文件。例如，在 element 目录下可新建 Element Resource File，如图 3-5 所示。

2. 资源文件的使用

1）资源文件的引用方法

base 目录与限定词目录中的资源文件可通过指定资源类型(type)和资源名称(name)来引用。

Java 文件引用资源文件的格式为 ResourceTable.type_name。特别地，如果引用的是系统资源，则采用 ohos. global. systemres. ResourceTable. type_name。

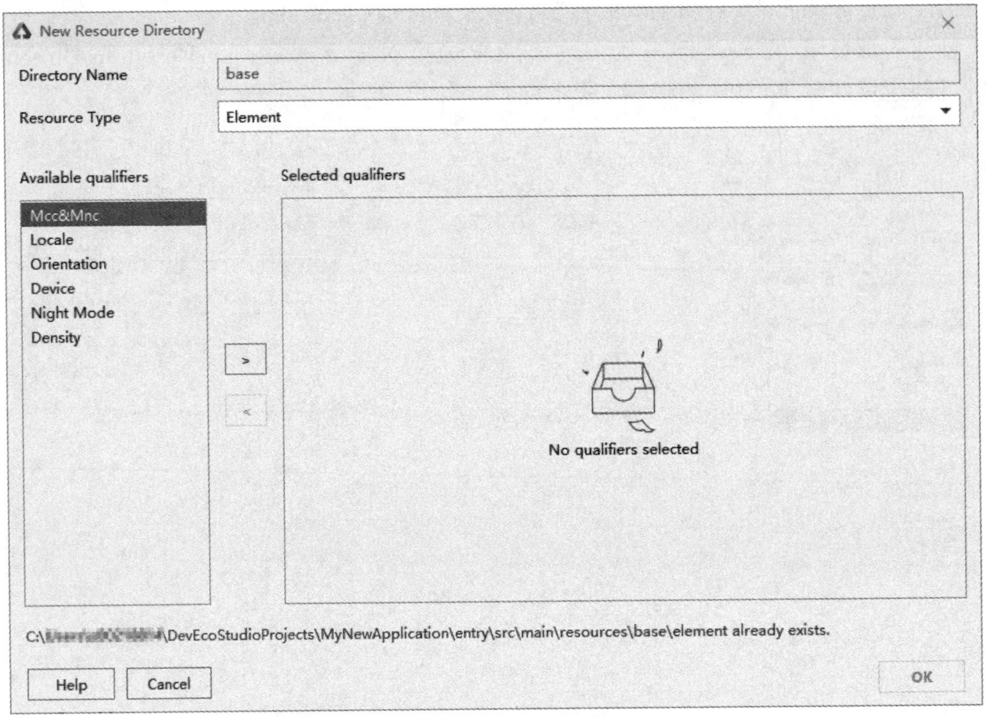

图 3-4　创建资源文件

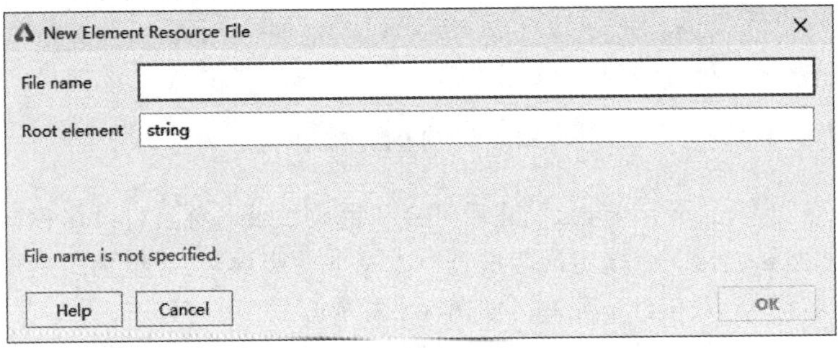

图 3-5　创建资源文件

示例一：在 Java 文件中，引用 string. json 文件中类型为 String、名称为 app_name 的资源，代码如下：

```
//第 3 章/引用 app_name 资源文件
ohos.global.resource.ResourceManager resManager = this.getResourceManager();
String result = resManager.getElement(ResourceTable.String_app_name).getString();
```

示例二：在 Java 文件中，引用 color. json 文件中类型为 Color、名称为 red 的资源，代码如下：

```
ohos.global.resource.ResourceManager resManager = this.getResourceManager();
int color = resManager.getElement(ResourceTable.Color_red).getColor();
```

XML 文件引用资源文件的格式为 $type:name。特别地，如果引用的是系统资源，则采用 $ohos:type:name。

在 XML 文件中，引用 string.json 文件中类型为 String，名称为 app_name 的资源，代码如下：

```
//第 3 章/XML 文件引用资源文件
<?xml version = "1.0" encoding = "utf - 8"?>
< DirectionalLayout xmlns:ohos = "http://schemas.huawei.com/res/ohos"
    ohos:width = "match_parent"
    ohos:height = "match_parent"
    ohos:orientation = "vertical">
    < Text ohos:text = " $ string:app_name"/>      //引用资源文件
</DirectionalLayout >
```

rawfile 目录中的资源文件可通过指定文件路径和文件名称来引用。在 Java 文件中，引用一个路径为 resources/rawfile/、名称为 example.js 的资源文件，代码如下：

```
//第 3 章/引用 example.js 资源文件
ohos.global.resource.ResourceManager resManager = this.getResourceManager();
ohos.global.resource.RawFileEntry rawFileEntry = resManager.getRawFileEntry("resources/
rawfile/example.js");
```

2）系统资源文件

目前支持的部分系统资源文件如下。具体描述方式包括系统资源名称、含义与类型。

ic_app 表示 HarmonyOS 应用的默认图标，文件类型为媒体。

request_location_reminder_title 表示“请求使用设备定位功能”的提示标题，文件类型为字符串型。

request_location_reminder_content 表示“请求使用设备定位功能”的提示内容，即在下拉快捷栏打开“位置信息”开关，文件类型为字符串型。

3）颜色模式的定义

应用可以在 config.json 文件的 module 字段下定义 colorMode 字段，colorMode 字段用来定义应用自身的颜色模式，值可以是 dark、light、auto(默认值)，示例代码如下：

```
"colorMode": "light"
```

当应用的颜色模式值是 dark 时，无论系统当前的颜色模式是什么，应用始终会按照深色模式选取资源；同理，当应用的颜色模式值是 light 时，无论系统当前的颜色模式是什么，应用始终会按照浅色模式选取资源；当应用的颜色模式值是 auto 时，应用会跟随系统的颜色模式值选取资源。应用可以在代码中获取应用当前的颜色模式，具体获取方式如下：

```
int colorMode = Configuration.colorMode;
```

4）为 Element 资源文件添加注释或特殊标识

Element 目录下的不同种类元素的资源均采用 JSON 文件表示，资源的名称 name 和取值 value 是每一条资源的必备字段。如果需要为某条资源备注信息，以便于资源的理解和使用，则可以通过 comment 字段添加注释。如果 value 字段中的部分文本不需要被翻译人员处理，也不会被显示在应用界面上，则可以通过特殊结构来标识无须翻译的内容。

5）通过 comment 字段添加注释

通过 comment 字段，可以为 JSON 文件的资源添加注释，示例代码如下：

```
"//":"第 3 章/通过 comment 字段添加注释"
{
    "string":[
        {
            "name":"message_arrive",
            "value":"We will arrive at %s",
            "comment":"Transfer Arrival Time. %s is time,like 5:00 am"
        }
    ]
}
```

6）通过特殊结构来标识无须翻译的内容

在 string、strarray、plural 这三类资源中，可以通过特殊标识来处理无须被翻译的内容。例如，一个字符串资源的 Value 取值为 We will arrive at %s，其中的变量%s 在翻译过程中希望保持不变。有以下两种处理方式。

方式一：在 value 字段中添加{}，示例代码如下：

```
"//":"第 3 章/通过特殊结构来标识无须翻译的内容 - 方法一"
{
    "string":[
        {
            "name":"message_arrive",
            "value":["We will arrive at",{
                "id":"time",
                "example":"5:00 am",
                "value":"%s"
            }
```

```
            ]
        }
    ]
}
```

方式二：添加< xliff:g ></xliff:g >标记对，示例代码如下：

```
"//":"第 3 章/通过特殊结构来标识无须翻译的内容 - 方法二"
{
    "string":[
        {
            "name":"message_arrive",
            "value":"We will arrive at <xliff:g id = 'time' example = '5:00 am'> % s </xliff:g>"
        }
    ]
}
```

7）系统资源文件各项示例

（1）boolean.json 示例，代码如下：

```
"//":"第 3 章/系统资源文件各项示例 - boolean.json 示例"
{
    "boolean":[
        {
            "name":"boolean_1",
            "value":true
        },
        {
            "name":"boolean_ref",
            "value":" $ boolean:boolean_1"
        }
    ]
}
```

（2）color.json 示例，代码如下：

```
"//":"第 3 章/系统资源文件各项示例 - color.json 示例"
{
    "color":[
        {
            "name":"red",
            "value":" # ff0000"
        },
        {
            "name":"red_ref",
```

```
            "value":"$color:red"
        }
    ]
}
```

(3) float.json 示例，代码如下：

```
"//":"第 3 章/系统资源文件各项示例 - float.json 示例"
{
    "float":[
        {
            "name":"float_1",
            "value":"30.6"
        },
        {
            "name":"float_ref",
            "value":"$float:float_1"
        },
        {
            "name":"float_px",
            "value":"100px"
        }
    ]
}
```

(4) intarray.json 示例，代码如下：

```
"//":"第 3 章/系统资源文件各项示例 - intarray.json 示例"
{
    "intarray":[
        {
            "name":"intarray_1",
            "value":[
                100,
                200,
                "$integer:integer_1"
            ]
        }
    ]
}
```

(5) integer.json 示例，代码如下：

```
"//":"第 3 章/系统资源文件各项示例 - integer.json 示例"
{
```

```
    "integer":[
        {
            "name":"integer_1",
            "value":100
        },
        {
            "name":"integer_ref",
            "value":"$integer:integer_1"
        }
    ]
}
```

(6) pattern.json示例,代码如下:

```
"//":"第3章/系统资源文件各项示例-pattern.json示例"
{
    "pattern":[
        {
            "name":"base",
            "value":[
                {
                    "name":"width",
                    "value":"100vp"
                },
                {
                    "name":"height",
                    "value":"100vp"
                },
                {
                    "name":"size",
                    "value":"25px"
                }
            ]
        },
        {
            "name":"child",
            "parent":"base",
            "value":[
                {
                    "name":"noTitle",
                    "value":"Yes"
                }
            ]
        }
    ]
}
```

（7）plural.json 示例，代码如下：

```
"//":"第 3 章/系统资源文件各项示例 - plural.json 示例"
{
    "plural":[
        {
            "name":"eat_apple",
            "value":[
                {
                    "quantity":"one",
                    "value":" % d apple"
                },
                {
                    "quantity":"other",
                     "value":" % d apples"
                }
            ]
        }
    ]
}
```

（8）strarray.json 示例，代码如下：

```
"//":"第 3 章/系统资源文件各项示例 - strarray.json 示例"
{
    "strarray":[
        {
            "name":"size",
            "value":[
                {
                    "value":"small"
                },
                {
                    "value":" $ string:hello"
                },
                {
                    "value":"large"
                },
                {
                    "value":"extra large"
                }
            ]
        }
    ]
}
```

(9) string.json 示例,代码如下:

```
"//":"第 3 章/系统资源文件各项示例 - string.json 示例"
{
   "string":[
       {
           "name":"hello",
           "value":"hello base"
       },
       {
           "name":"app_name",
           "value":"my application"
       },
       {
           "name":"app_name_ref",
           "value":" $ string:app_name"
       },
       {
           "name":"app_sys_ref",
           "value":" $ ohos:string:request_location_reminder_title"
       }
   ]
}
```

3. 国际化能力的支持

时间日期国际化,不同的区域具有不同的时间日期显示习惯。例如,英语(美国)区域 short 时间格式为"9:31 AM";简体中文(中国)区域 short 时间格式为"上午 9:31";芬兰语(芬兰)区域 short 时间格式为"9.31"。

因此为开发者提供了获取不同区域的时间日期规格的能力。界面时间日期字串和时间类控件显示,应当遵循当地习惯的规则。当需要展示时间或日期时,建议获取当前地区的时间日期规格,并对显示的字串根据获取的规格进行格式化后再使用。

获取不同区域的时间日期规划能力,示例 1,代码如下:

```
Locale locale = new Locale("de", "CH");
String skeleton = "MMMMd";
String bestPattern = DateFormatUtil.getBestPattern(skeleton, locale); //返回值为"d. MMMM"
```

获取不同区域的时间日期规划能力,示例 2,代码如下:

```
String languageTag = "zh";
String out = DateFormatUtil.format("EEEEdMMMMy", languageTag, "Asia/Shanghai", 0, 3600 *
1000);   //返回值为"1970 年 1 月 1 日星期四"
```

电话号码国际化。不同区域的电话号码有不同的格式化效果，当需要展示本地电话号码时，应遵循当地电话号码的格式化原则，因此为开发者提供了对不同地区电话号码格式化的能力，以便于在显示电话号码时正确地格式化，并提供了获取电话号码归属地的能力，开发者可以使用相关接口获取电话号码的归属地信息。

使用相关接口获取电话号码的归属地信息，示例1，代码如下：

```
//第3章/获取电话号码的归属地信息示,示例1
InputFormatter formatter = InputFormatter.getInstance("CN");
formatter.inputNumberAndRememberPosition('1');          //返回值为"1"
formatter.inputNumber('5');                              //返回值为"15"
formatter.inputNumber('6');                              //返回值为"156"
formatter.inputNumberAndRememberPosition('1');          //返回值为"156 1"
```

使用相关接口获取电话号码的归属地信息，示例2，代码如下：

```
//第3章/获取电话号码的归属地信息,示例2
Locale.Builder builder = new Locale.Builder();
builder.setLanguage("zh");
builder.setRegion("CN");
builder.setScript("Hant");
Locale locale = builder.build();
String displayName = PhoneNumberAttribution.getAttribute(" + 8615611xxxxxx", "CN", locale);
                                                            //x为任意数字,返回值为"北京市"
```

文本识别。提供了对地址、时间日期与电话号码的文本识别能力，可以调用相关接口识别一段文本中包含的地址、时间日期与电话号码，示例代码如下：

```
//当Locale.getDefault().getLanguage()为"en"时
String source = "it is 123 main St";
int[] re = TextRecognitionUtils.getAddress(source);
if (re[0] == 1) {
    result = source.substring(re[1], re[2] + 1);  //返回值为"123 main St"
}
```

度量衡格式化。提供了对度量衡国际化能力的支持，可支持度量衡体系和维度之间的转换，与不同国家度量衡体系的自动转换。在开发包含度量衡的功能时，可以调用此能力满足多语言和不同国家用户的需求，示例1，代码如下：

```
//第3章/度量衡格式化,示例1
Locale zhCN = Locale.CHINA;
MeasureFormatter mes = MeasureFormatter.getInstance(zhCN);
mes.format(MeasureOptions.Unit.AREA_UK_ACRE,
        10000,
        MeasureOptions.Usage.AREA_LAND_AGRICULT,
```

```
        MeasureOptions.FormatStyle.WIDE,
        MeasureOptions.Style.AUTO_STYLE_ON);   //返回值为"4,046.856 公顷"
```

示例 2 代码如下：

```
//第 3 章/度量衡格式化,示例 2

Locale enUS = Locale.US;
MeasureFormatter mes = MeasureFormatter.getInstance(enUS);
mes.format(MeasureOptions.Unit.VOLUME_US_CUP,
        1000,
        MeasureOptions.Unit.VOLUME_SI_LITER,
        MeasureOptions.FormatStyle.WIDE);   //返回值为"236.588 liters"
```

敏感禁忌。提供对政治敏感地区、城市及语言的获取能力，以及对地区名称更正的能力，示例代码如下：

```
Locale locale = Locale.getDefault();
ArrayList<String> result = LocaleHelperUtils.getBlockedRegions(context, locale);
    //返回值包含"EH"与"XK"(西撒哈拉与科索沃),这两个地区为有政治争议的地区需谨慎使用
```

3.1.4 应用数据管理

HarmonyOS 应用数据管理支持单设备的各种结构化数据的持久化，以及跨设备之间数据的同步、共享及搜索功能。开发者通过应用数据管理，能够方便地完成应用程序数据在不同终端设备间的无缝衔接，满足用户跨设备使用数据的一致性体验。

1. 本地应用数据管理

提供单设备上结构化数据的存储和访问能力。使用 SQLite 作为持久化存储引擎，提供了多种类型的本地数据库，分别是关系型数据库(Relational Database)、对象关系映射数据库(Object Relational Mapping Database)、轻量级偏好数据库(Light Weight Preference Database)等，用以满足开发人员使用不同数据模型对应用数据进行持久化和访问的需求。

2. 分布式数据服务

分布式数据库支持用户数据跨设备相互同步，为用户提供在多种终端设备上一致的数据访问体验。通过调用分布式数据接口，应用可以将数据保存到分布式数据库中。通过结合账号、应用唯一标识和数据库三元组，分布式数据库对属于不同应用的数据进行隔离。

3. 分布式文件服务

在多个终端设备间为单个设备上由应用程序创建的文件提供多终端的分布式共享能力。每台设备上都存储一份全量的文件元数据，应用程序通过文件元数据的路径，可以实现同一应用文件的跨设备访问。

4. 数据搜索服务

在单个设备上，为应用程序提供搜索引擎级的全文索引管理、建立索引和搜索功能。

5. 数据存储管理

为应用开发者提供系统存储路径、存储设备列表，存储设备属性的查询和管理功能。

3.1.5 应用安全管理

1. 应用开发准备阶段

依据国家《移动互联网应用程序信息服务管理规定》，同时为了促进生态健康有序发展，保护应用开发者和用户的合法权益，需要每位 HarmonyOS 开发者注册账号，并建议同步进行实名认证。实名认证包括个人开发者实名认证和企业开发者实名认证，没有完成实名认证的开发者，无法进行应用上架发布。

在发布 HarmonyOS 应用前，可以在本地对应用进行调试。HarmonyOS 通过数字证书和 Profile 文件对应用进行管控，只有经过签名的 HAP 才允许安装到设备上运行。

2. 应用开发调试阶段

1）编码安全

避免不对外交互的 Ability 被其他应用直接访问。避免带有敏感功能的公共事件被其他应用直接访问。避免通过隐式方式对组件进行调用，防止组件劫持。避免通过隐式方式发送公共事件，防止公共事件携带的数据被劫持。

应用作为数据使用方需校验数据提供方的身份，防止被仿冒后进行攻击。对跨信任边界传入的 Intent 须进行合法性判断，防止应用异常崩溃。避免在配置文件中开启应用备份和恢复开关。避免将敏感数据存放到剪贴板中。避免将敏感数据写入公共数据库、存储区中。避免直接使用不可信数据来拼接 SQL 语句。避免向可执行函数传递不可信数据。避免使用 Socket 方式进行本地通信，如需使用，localhost 端口号应随机生成，并对端口连接对象进行身份认证和鉴权。

建议使用 Https 代替 Http 进行通信，并对 Https 证书进行严格校验。建议使用校验机制保证 WebView 在加载网站服务时 URL 网址的合法性。对于涉及支付及高保密数据的应用，建议进行手机 root 环境监测。建议开启安全编译选项，增加应用分析逆向难度。禁止应用执行热更新操作，应用更新可以通过应用市场上架来完成。建议应用在开发阶段进行自测试，具体参考应用安全测试。

2）权限使用

应用申请的权限，都必须有明确、合理的使用场景和功能说明，确保用户能够清晰明了地知道申请权限的目的、场景、用途；禁止诱导、误导用户授权；应用使用权限必须与申请所述一致。

应用权限申请遵循最小化原则，只申请业务功能所必要的权限，禁止申请不必要的权限。

应用在首次启动时，避免频繁弹窗申请多个敏感权限；敏感权限须在用户使用对应业务功能时动态申请。

当用户拒绝授予某个权限时，与此权限无关的其他业务功能应能正常使用，不能影响应用的正常注册或登录。

业务功能所需要的权限被用户拒绝且禁止后不再提示，当用户主动触发使用此业务功能或为实现业务功能所必须时，应用程序可通过界面内文字引导，让用户主动到"系统设置"中授权。

非系统应用自定义权限名，禁止使用系统权限名前缀，如以 ohos 开头为系统权限，建议以应用包名或公司反域名为前缀，防止与系统或其他应用定义的权限重名。

有关于应用动态申请敏感权限的详细信息，在动态申请权限中会阐述。

3. 应用发布分发阶段

应用发布，应用调试完毕后，可以进行打包 HarmonyOS 应用，在 AGC 提交上架申请。为了确保 HarmonyOS 应用的完整性，确保提交应用的开发者身份合法，HarmonyOS 通过数字证书和 Profile 文件对应用进行管控。上架到华为应用市场的 App 必须通过签名才允许上架，因此，为了保证应用能够顺利发布，需要提前申请相应的发布证书与发布 Profile。

提交发布申请后，应用市场将对应用进行安全审核，包括权限、隐私、安全等，如果审核不通过，则不能上架；应用发布成功后，华为应用市场会对上架应用进行重签名，原有的应用签名将被替换为新签名。

3.1.6 应用隐私保护

应用开发者在产品设计阶段就需要考虑用户隐私的保护，从而提高应用的安全性。HarmonyOS 应用开发需要遵从隐私保护规则，在应用上架应用市场时，应用市场会根据规则进行校验，如不满足条件则无法上架。

1. 数据收集及使用应公开透明

当应用采集个人数据时，应清晰、明确地告知用户，并确保告知用户的个人信息将被如何使用。

当应用申请操作系统敏感权限时，需要明确告知用户权限申请的目的和用途，并获得用户的同意。

开发者应制定并遵从适当的隐私政策，在收集、使用、留存和第三方分享用户数据时需要符合所有适用法律、政策和规定。如在收集个人数据前，需充分告知用户处理个人数据的种类、目的、处理方式、保留期限等，满足数据主体权利等要求。

应用向第三方披露任何个人信息须在隐私政策中说明披露内容、目的和披露对象。

对个人数据应当基于具体、明确、合法的目的收集，不应以与此目的不相符的方式作进一步处理。对于收集目的变更和用户撤销同意后再次使用的场景都需要用户重新同意。

应用需要提供用户查看隐私声明的入口。

应用的隐私声明应覆盖本应用所有收集的个人数据。在后台持续读取位置信息场景时，应申请 ohos.permission.LOCATION_IN_BACKGROUND 权限；当应用存在调用第三方的原子化服务场景时，需要在应用的隐私声明中明确第三方责任，如涉及个人数据收集，则需要告知用户第三方的名称及收集的个人数据类型、目的和方式，以及申请的敏感权限、申请目的等。

2. 数据收集及使用最小化

应用个人数据收集应与数据处理目的相关，并且是适当、必要的。开发者应尽可能对个人数据进行匿名化或假名化处理，降低数据主体的风险。仅可收集和处理与特定目的相关且必需的个人数据，不能对数据做出与特定目的不相关的处理。

在对敏感权限申请的时候要满足权限最小化的要求，在进行权限申请时，只申请获取必需的信息或资源所需要的权限。如应用不需要相机权限就能够实现其功能时，则不应该向用户申请相机权限。

应用针对数据的收集要满足最小化要求，不收集与应用提供服务无关联的数据。如通信社交类应用，不应收集用户的网页浏览记录等。

数据使用的功能要求能够使用户受益，收集的数据不能用于与用户正常使用无关的功能。如应用不得将“生物特征”“健康数据”等敏感个人数据用于服务改进、投放广告或营销等非业务核心功能。

系统禁止应用在后台访问相机和话筒的数据。

应用在使用第三方支付交易过程中，如非适用法律要求或为提供第三方支付服务所必需的，不得记录用户交易类鉴权信息，或向第三方披露与用户特定交易无关的用户个人信息。

应用不得仅出于广告投放或数据分析的目的而请求位置权限。

禁止在日志中打印敏感个人数据，如需要打印个人数据时，应对个人数据进行匿名化或假名化处理；避免使用 IMEI 和序列号等永久性的标识符，尽量使用可以重置的标识符，如系统提供了 NetworkID 和 DVID 作为分布式场景下的设备标识符，广告业务场景下则建议使用 OAID，基于应用的分析则建议使用 ODID 和 AAID，其他需要唯一标识符的场景可以使用 UUID 接口生成；不再使用的数据需要及时清除，降低数据泄露的风险。如分布式业务场景下设备断开分布式网络，临时缓存的数据需要及时删除。

3. 数据处理的选择和控制

对个人数据处理必须征得用户的同意或遵守适用的法律法规，用户对其个人数据要有充分的控制权。

系统对于用户的敏感数据和系统关键资源的获取设置了对应的权限，应用访问这些数据时需要申请对应的权限。

应用申请使用敏感权限要提供应用弹窗提醒，向用户呈现应用需要获取的权限和权限使用目的、应用需要收集的数据和使用目的等，通过用户单击“允许”或“仅使用期间允许”或“允许本次使用”的方式完成用户授权，让用户对应用权限的授予和个人数据的使用做到透明、可知、可控。

用户可以修改、取消授予应用的权限：当用户不同意某一权限或者数据收集时，应当允许用户使用与这部分权限和数据收集不相关的功能。如通信社交类应用，用户可以拒绝授予相机权限，不应该影响与相机无关的功能操作，如语音通话。

在进入应用的主界面之前不建议直接弹窗申请敏感权限，仅在用户使用功能时才请求对应的权限。如通信社交类应用，在没有启用位置相关的功能时，不建议在启动应用时就申请位置权限。

应用若使用个人数据用于个性化广告和精准营销，则需提供独立的关闭选项。

需要向用户提供对个人数据的控制能力，如在云服务上存储了个人数据，需要提供删除数据的方法。

当应用同时支持单设备和跨设备场景时，用户能够单独关闭跨设备应用场景。

4. 数据安全

从技术上保证数据处理活动的安全性，包括个人数据的加密存储、安全传输等安全机制，应默认开启或采取安全保护措施。

数据存储，应用产生的密钥及用户的敏感个人数据需要存储在应用的私有目录下。应用可以调用系统提供的本地数据库 RdbStore 的加密接口对敏感个人数据进行加密存储。应用产生的分布式数据可以调用系统的分布式数据库进行存储，对于敏感个人数据需要采用分布式数据库提供的加密接口进行加密。

安全传输需要分别针对本地传输和远程传输采取不同的安全保护措施。

本地传输是应用通过 intent 跨应用传输数据时避免包含敏感个人数据，防止隐式调用导致 intent 劫持，从而导致个人数据泄露。应用内组件调用应采用安全方式，避免通过隐式方式进行调用组件，防止组件劫持。避免使用 socket 方式进行本地通信，如需使用，localhost 端口号应随机生成，并对端口连接对象进行身份认证和鉴权。本地 IPC 通信安全：作为服务提供方需要校验服务使用方的身份和访问权限，防止服务使用方进行身份仿冒或者权限绕过。

远程传输时应使用 https 代替 http 进行通信，并对 https 证书进行严格校验。避免进行远程端口通信，如需使用，需要对端口连接对象进行身份认证和鉴权。应用进行跨设备通信时，需要校验被访问设备和应用的身份信息，防止对被访问方的设备和应用进行身份仿冒。应用进行跨设备通信时，作为服务提供方需要校验服务使用方的身份和权限，防止服务使用方进行身份仿冒或者权限绕过。

5. 本地化处理

应用开发的数据优先在本地进行处理，对于本地无法处理的数据上传云服务时要满足最小化的原则，不能默认选择上传云服务。

6. 未成年人数据保护要求

如果应用是为未成年人设计的，或者应用通过收集的用户年龄数据识别出用户是未成年人，开发者应该结合目标市场国家的相关法律，专门分析未成年人个人数据保护的问题。收集未成年人数据前需要征得监护人的同意。专为未成年人设计的应用不建议请求获取位置权限。

3.1.7 第三方应用调用管控机制

1. 为什么要进行调用管控

后台进程启动过多，会消耗系统的内存、CPU等资源，造成用户设备耗电快、卡顿等现象，因此，为了保证用户体验，系统会对第三方用户应用程序之间的PA调用进行管控，减少不必要的关联拉起。其中需要说明的是第三方应用的概念，第三方应用是相对于系统应用(不可卸载或者appId＜10000的应用)而言的，由第三方开发的用户应用程序。

2. 相关概念

前台，如果用户应用程序有可见的FA正在显示，则认为用户应用程序在前台。用户应用程序内调用指同一用户应用程序内的FA、PA之间的访问。

调用管控的总体思路。第一、用户应用程序内调用不管控。第二、第三方用户应用程序间调用严格管控，禁止第三方用户应用程序在后台调用其他第三方应用的PA；严格管控第三方用户应用程序在前台调用其他用户应用程序的PA。

3. 管控规则

用户应用程序内调用不管控。第三方用户应用程序间调用需要管控。第三方应用程序A调用第三方应用程序B的PA，具体限制为禁止A在后台调用B的PA。当B有进程存活时，允许A在前台调用B的PA；当B无进程存活时，禁止A的调用。

3.2 原子化服务总体开发要求

本节主要阐释原子化服务总体开发的各项基本要求与原理，具体包括便捷服务基础信息开发要求、原子化服务与服务卡片的相关运行原理、服务卡片多种语言开发的对比、JS服务卡片开发与语法阐述。

3.2.1 综述

原子化服务相对于传统方式的需要安装的应用更加轻量，同时提供更丰富的入口、更精准的分发，需要满足一些开发规则及要求。

第一条规则是原子化服务内所有HAP包，包括Entry HAP和Feature HAP均需满足免安装要求。原子化服务由一个或多个HAP包组成，1个HAP包对应1个FA或1个PA。

免安装的HAP包不能超过10MB，以提供秒开体验。超过此大小的HAP包不符合免安装要求，也无法在服务中心提供服务。

通过DevEco Studio工程向导创建原子化服务，Project Type字段选择Service。

对于原子化服务升级场景，版本更新时要保持免安装属性。如果新版本不支持免安装，则将不允许新版本上架发布。

支持免安装HAP包的设备类型如下。手机、平板、智能穿戴、智慧屏支持免安装HAP

包，支持的版本为 HarmonyOS 2.0 及以上。轻智能穿戴、车机、音箱、计算机、耳机、眼镜在本书创作期间，还在规划中。

第二条规则是如果某便捷服务的入口需要在服务中心提供服务，则该服务对应的 HAP 包必须包含 FA，并且 FA 中必须指定一个唯一的 mainAbility，定位为用户操作入口，mainAbility 必须为 Page Ability。同时，mainAbility 中至少配置 2×2（小尺寸）规格的默认服务卡片，也可以同时提供其他规格的卡片及该便捷服务对应的基础信息，包括图标、名称、描述、快照。

通过 DevEco Studio 工程向导创建工程时，Project Type 字段选择 Service，同时勾选 Show in Service Center。这样，工程中将自动指定 mainAbility，并添加默认服务卡片信息，开发者根据实际业务继续开发即可。

3.2.2 便捷服务基础信息开发指导

1. 基本概念

原子化服务中的每个便捷服务应有独立的图标、名称、描述、快照，这些称为便捷服务基础信息。基础信息应能够准确反映便捷服务提供方的特征及便捷服务的核心体验。便捷服务基础信息将展示在服务中心、搜索等界面。基础信息具有详细设计规范，我们在设计相关章节中会详细阐述。笔者创作本书时支持配置基础信息的设备类型包括手机、平板、智能穿戴和智慧屏。

2. 开发步骤

配置便捷服务的图标、名称、描述信息。在作为该便捷服务入口的 HAP 包的 config.json 配置文件中，为 mainAbility 配置图标（icon）、名称（label）、描述（description）。其中，mainAbility 的 label 标签是便捷服务对用户显示的名称，必须配置，并且应以资源索引的方式配置，以支持多语言。不同 HAP 包的 mainAbility 的 label 要唯一，以免造成用户看到多个同名服务而无法区分。此外，label 的命名应与服务内容强关联，能够通过显而易见的语义看出服务的关键内容。便捷信息在以下示例代码中关于图标、名称、描述的说明如下：

(1) label 在 entry\src\main\resources\base\element\string.json 文件中，用于定义便捷服务对用户显示的名称，然后在 config.json 文件中以索引方式引用"label"。

(2) icon 表示开发者将便捷服务的图标 png 文件放至 entry\src\main\resources\base\media 目录下，然后在 config.json 文件中以索引方式引用"icon"。

(3) description 在 entry\src\main\resources\base\element\string.json 文件中，用于定义便捷服务的简要描述，然后在 config.json 文件中以索引方式引用"description"。

便捷信息，示例代码如下：

```
"//": "第 3 章/配置便捷服务信息"
{
  …
  "abilities": [
```

```
    {
      "skills": [
        {
          "entities": [
            "entity.system.home"
          ],
          "actions": [
            "action.system.home"
          ]
        }
      ],
      "name": "com.example.xxx.MainAbility",
      "icon": "$media:icon",
      "description": "$string:mainability_description",
      "label": "$string:mainability_label",
      "type": "page",
      "launchType": "standard"
    }
  ],
  ...
}
```

配置便捷服务的快照。如前文所述，mainAbility 中至少配置 2×2(小尺寸)规格的默认服务卡片，该卡片对应的快照图，需要配置为便捷服务的快照入口，用于在服务中心显示。

配置方式为通过 DevEco Studio 工程向导创建 Project Type 为 Service 的新工程或在已有 Project Type 为 Service 的工程中添加新模块时，勾选 Show in Service Center，则会同步创建一个 2×2 的默认服务卡片模板，同时还会创建该卡片对应的快照图，如图 3-6 所示。

工程创建完成后，会在工程目录下生成快照(EntryCard)目录，如图 3-7 所示。

在该目录下，每个拥有快照(EntryCard)的模块，都会生成一个和模块名相同的文件夹，同时还会默认生成一张 2×2(小尺寸)的快照，即一张 png 格式的图片。开发者可以将其替换为事先设计好的 2×2 快照，样式上应与对应的服务卡片保持一致，将新的快照复制到图 3-7 所示目录下，删除默认图片，新图片命名遵循格式"服务卡片名-2×2.png"。其中"服务卡片名"可以查看 config.json 文件的 forms 数组中的 name 字段。

3.2.3 服务卡片概述

1. 综述

(1) 服务卡片(以下简称"卡片")是 FA 的一种界面展示形式，将 FA 的重要信息或操作前置到卡片，以达到服务直达，减少体验层级的目的。

(2) 卡片常用于嵌入其他应用(笔者创作本书期间只支持系统应用)中，作为其界面的一部分显示，并支持拉起页面、发送消息等基础交互功能。卡片使用方负责显示卡片。

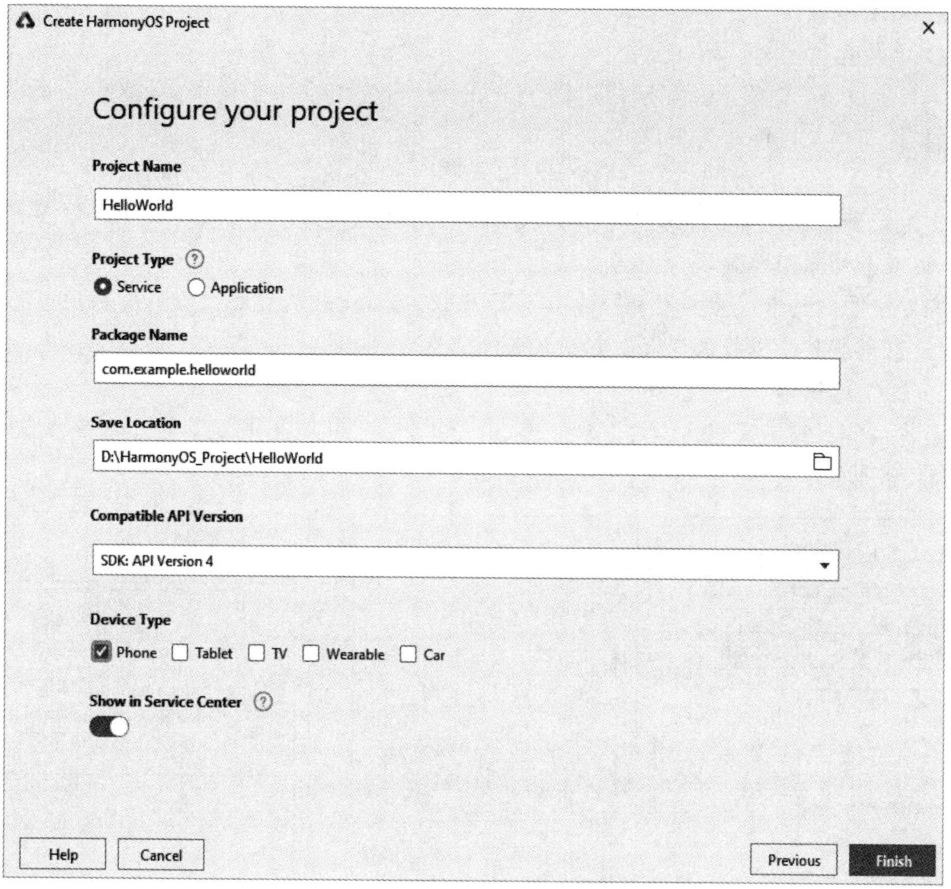

Create HarmonyOS Project
Configure your project
Project Name
HelloWorld
Project Type
Service
Application
Package Name
com.example.helloworld
Save Location
D:\HarmonyOS_Project\HelloWorld
Compatible API Version
SDK: API Version 4
Device Type
Phone
Tablet
TV
Wearable
Car
Show in Service Center
Help
Cancel
Previous
Finish

图 3-6 创建工程

Project
entry
build
libs
src
.gitignore
build.gradle
package.json
proguard-rules.pro
EntryCard
entry
base
snapshot
widget-2x2.png

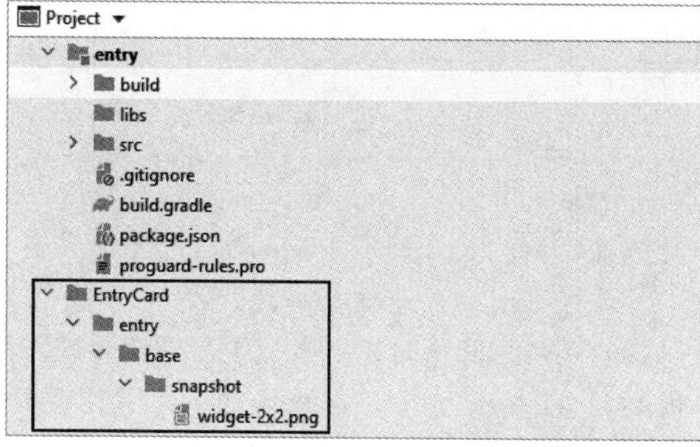

图 3-7 目录结构

2. 基本概念

1）卡片角色

卡片提供方：提供卡片显示内容的 HarmonyOS 应用或原子化服务，控制卡片的显示内容、控件布局及控件单击事件。

卡片使用方：显示卡片内容的宿主应用，控制卡片在宿主中展示的位置。

卡片管理服务：用于管理系统中所添加卡片的常驻代理服务，包括卡片对象的管理与使用，以及卡片周期性刷新等。

需要说明的是卡片使用方和提供方不要求常驻运行，在需要添加/删除/请求更新卡片时，卡片管理服务会拉起卡片提供方获取卡片信息。

2）运作机制

卡片运作机制主要包括卡片管理服务、卡片提供方、卡片使用方 3 部分的运转协同，具体如图 3-8 所示。

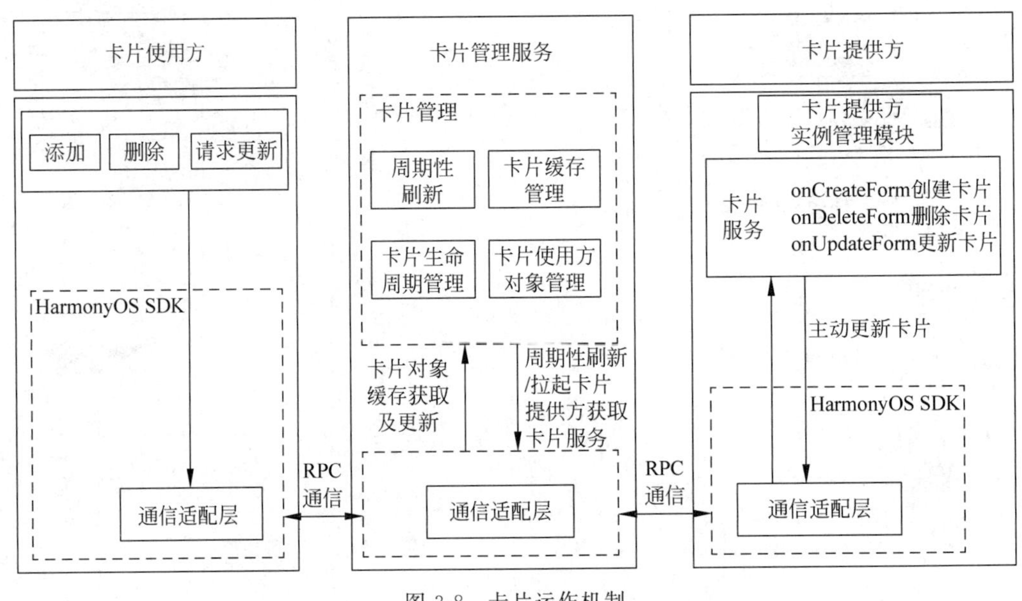

图 3-8 卡片运作机制

卡片管理服务包含以下模块：

周期性刷新，在卡片添加后，根据卡片的刷新策略启动定时任务周期性触发卡片的刷新。卡片缓存管理，在卡片添加到卡片管理服务后，对卡片的视图信息进行缓存，以便下次获取卡片时可以直接返回缓存数据，降低时延。卡片生命周期管理，对于卡片切换到后台或者被遮挡时，暂停卡片的刷新，及卡片的升级/卸载场景下对卡片数据的更新和清理。卡片使用方对象管理，对卡片使用方的 RPC 对象进行管理，用于使用方请求进行校验及对卡片更新后的回调处理。通信适配层，负责与卡片使用方和提供方进行 RPC 通信。

卡片提供方包含以下模块：

卡片服务，由卡片提供方开发者实现，开发者实现 onCreateForm（创建卡片）、onUpdateForm（更新卡片）和 onDeleteForm（删除卡片）等请求，提供相应的卡片服务。卡片提供方实例管理模块，由卡片提供方开发者实现，负责对卡片管理服务分配的卡片实例进行持久化管理。通信适配层，由 HarmonyOS SDK 提供，负责与卡片管理服务通信，用于将卡片的更新数据主动推送到卡片管理服务。

卡片使用方主要包括请求更新、删除、添加及通过 HarmonyOS SDK 与卡片管理服务进行的各项通信适配功能。

3. 服务卡片开发简介

具体的开发场景：开发者仅需作为卡片提供方进行服务卡片内容的开发，卡片使用方和卡片代理服务由系统自动处理。卡片提供方控制卡片实际显示的内容、控件布局及控件单击事件。开发者可以通过集成以下接口来提供卡片服务。

接口说明，HarmonyOS 中的服务卡片为卡片提供方开发者提供以下接口功能，见表 3-2。

表 3-2 卡片提供的接口功能

类名	接口名	描述
Ability	ProviderFormInfo onCreateForm(Intent intent)	卡片提供方接收创建卡片通知接口
	void onUpdateForm(long formId)	卡片提供方接收更新卡片通知接口
	void onDeleteForm(long formId)	卡片提供方接收删除卡片通知接口
	void onTriggerFormEvent (long formId, String message)	卡片提供方处理卡片事件接口(JS 卡片使用)
	Boolean updateForm(long formId, ComponentProvider component)	卡片提供方主动更新卡片(Java 卡片使用)
	boolean updateForm(long formId, FormBindingData formBindingData)	卡片提供方主动更新卡片(JS 卡片使用)，仅更新 formBindingData 中携带的信息，卡片中其余信息保持不变
	void onCastTempForm(long formId)	卡片提供方接收临时卡片转常态卡片通知
	void onEventNotify(Map < Long, Integer > formEvents)	卡片提供方收到事件通知，其中 Ability.FORM_VISIBLE 表示卡片可见通知，Ability.FORM_INVISIBLE 表示卡片不可见通知
	FormState onAcquireFormState(Intent intent)	卡片提供方接收查询卡片状态通知接口。默认返回卡片初始状态
ProviderFormInfo	ProviderFormInfo(int resId, Context context)	Java 卡片返回对象构造函数
	ProviderFormInfo()	JS 卡片返回对象构造函数
	void mergeActions(ComponentProvider componentProviderActions)	在提供方侧调用该接口，将开发者在 ComponentProvider 中设置的 actions 配置数据合并到当前对象中
	void setJsBindingData(FormBindingData data)	设置 JS 卡片的内容信息(JS 卡片使用)

其中，onEventNotify 仅系统应用才会回调，其他接口的回调机制如图 3-9 所示。

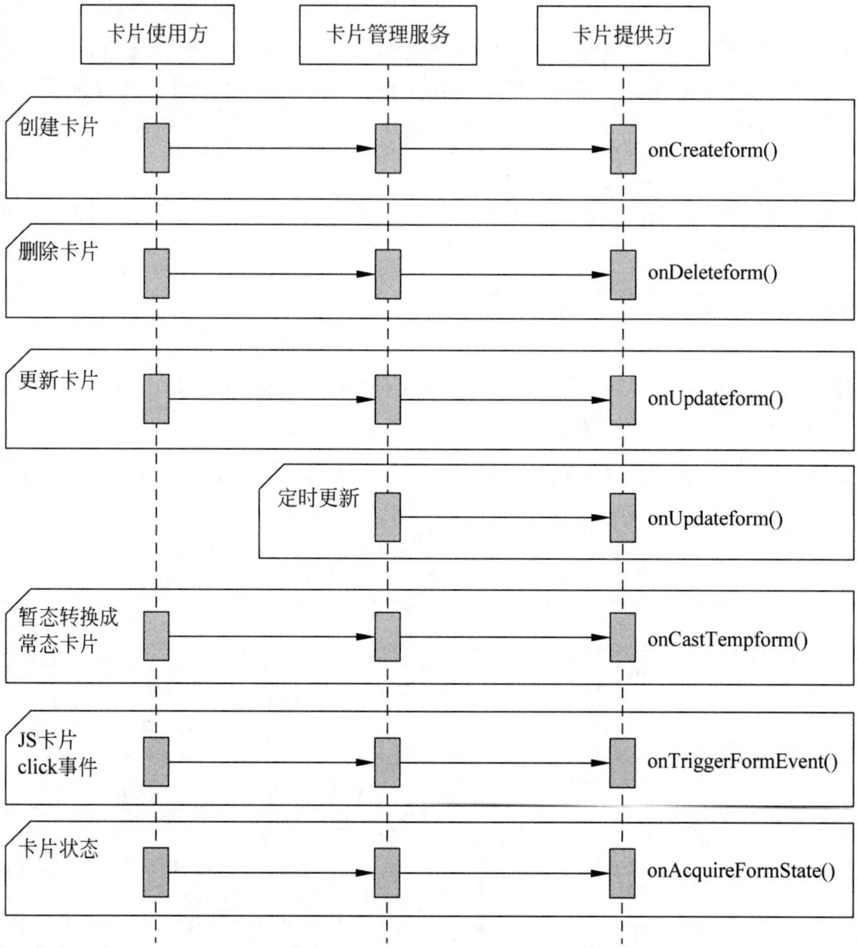

图 3-9 回调机制

需要说明的是卡片管理服务不负责保持卡片的活跃状态，设置了定时更新的除外，当使用方做出相应的请求时，管理服务会拉起提供方并回调相应接口。

4. Java 卡片与 JS 卡片的选型指导

Java 卡片与 JS 卡片的场景差异见表 3-3。支持版本 HarmonyOS 2.0 及以上。

表 3-3 Java 卡片与 JS 卡片的场景差异对比

场 景	Java 卡片	JS 卡片
实时刷新(类似时钟)	Java 使用 ComponentProvider 做实时刷新代价比较大	JS 可以做到端侧刷新，但是需要定制化组件
开发方式	Java UI 在卡片提供方需要同时对数据和组件进行处理，生成 ComponentProvider 远端渲染	JS 卡片在使用方加载渲染，提供方只要处理数据、组件和逻辑分离

续表

场　景	Java 卡片	JS 卡片
组件支持	Text、Image、DirectionalLayout、PositionLayout、DependentLayout	div、list、list-item、swiper、stack、image、text、span、progress、button（定制：chart、clock、calendar）
卡片内动效	不支持	暂不开放
阴影模糊　动态适应布局 自定义卡片跳转页面	不支持	不支持

综上所述，JS 卡片比 Java 卡片支持的控件和能力都更丰富。Java 卡片适合作为一个直达入口，没有复杂的页面和事件。JS 卡片适合有复杂界面的卡片。对于同一个 Page ability，在 config.json 文件中最多支持配置 16 张卡片。

3.2.4 JS 服务卡片开发与语法

1. 框架说明

1）文件组织

（1）目录结构：JS 服务卡片（entry/src/main/js/Component）的典型开发目录结构如图 3-10 所示。

目录结构中文件分类包括 3 个类别。.hml 结尾的 HML 模板文件，这个文件用来描述卡片页面的模板布局结构。.css 结尾的 CSS 样式文件，这个文件用于描述页面样式。.json 结尾的 JSON 文件，这个文件用于配置卡片中使用的变量 action 事件。

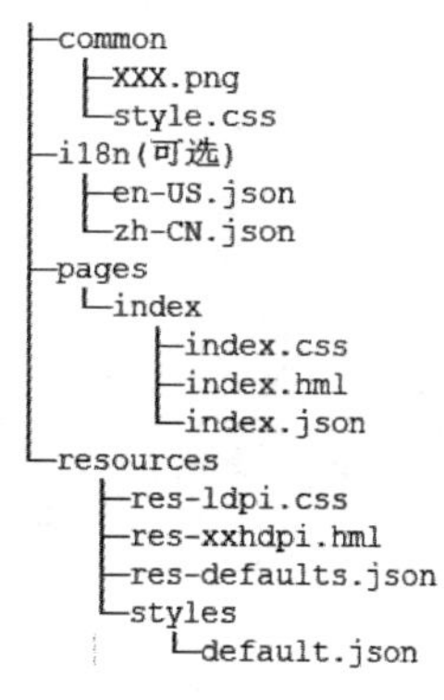

```
├common
│ ├XXX.png
│ └style.css
├i18n(可选)
│ ├en-US.json
│ └zh-CN.json
├pages
│ └index
│    ├index.css
│    ├index.hml
│    └index.json
└resources
   ├res-ldpi.css
   ├res-xxhdpi.hml
   ├res-defaults.json
   └styles
      └default.json
```

图 3-10　目录结构

各个文件夹的作用：pages 目录用于存放卡片模板页面。common 目录用于存放公共资源文件，例如图片资源。resources 目录用于存放资源配置文件，例如多分辨率加载配置文件。i18n 目录用于配置不同语言场景资源内容，例如应用文本词条、图片路径等资源。需要说明的是 i18n 和 resources 是开发时保留的文件夹，不可重命名，resources/styles/default.json 可以配置主题样式。JS 服务卡片不同于 JS 应用，JS 应用使用 JS 文件处理数据逻辑，而卡片则通过卡片提供方应用处理数据并传递给卡片进行显示，卡片和卡片提供方应用间通过 JSON 配置文件约定相应的数据和事件交互接口，所以不包含 JS 应用的 JS 文件。

（2）文件访问规则：应用资源可通过绝对路径或相对路径的方式进行访问，本开发框架中绝对路径以"/"开头，相对路径以"./"或"../"开头。引用代码文件时需使用相对路径，例如：../common/style.css。引用资源文件时推荐使用绝对路径，例如：/common/xxx.png。公共代码文件和资源文件推荐放在 common 下，通过前述规则进行访问。CSS 样式文件中通过 url()函数创建< url >数据类型，如：url(/common/xxx.png)。需要说明的是当代码文件 A 需要引用代码文件 B 时，如果代码文件 A 和文件 B 位于同一目录，则代码文件B引用资源文件时可使用相对路径，也可使用绝对路径；如果代码文件A和文件B位于不同目录，则代码文件B引用资源文件时必须使用绝对路径，因为Webpack打包时，代码文件B的目录会发生变化。在JSON文件中定义的数据为资源文件路径时，需使用绝对路径。

2）配置文件

JS标签中包含的信息见表3-4。

表 3-4 JS 标签

标签	类型	默认值	必填	描　　述
name	String	default	是	标识JS实例的名字
pages	Array	—	是	路由信息，详见后续说明
window	Object	—	否	窗口信息，详见后续说明
type	String	normal	否	form卡片，normal应用

需要说明的是name、pages、window、type等标签配置需要在配置文件中的JS标签中完成设置。

pages用于定义卡片页面信息，由卡片页面路径和卡片页面名组成，卡片仅包含一个页面，示例代码如下：

```
"//":"第3章/定义卡片页面信息":
{
  ...
  "pages": [
    "pages/index/index"     //卡片仅包含一个页面
  ]
  ...
}
```

pages列表中仅包含一个页面。页面文件名不能使用组件名称，例如：text.hml、button.hml等。

window用于定义与显示窗口相关的配置。对于卡片尺寸适配问题，有两种配置方法，建议用autoDesignWidth。

指定卡片designWidth 150px(2×2)，所有与大小相关的样式（例如width、font-size）均以designWidth和实际卡片宽度的比例进行缩放，例如当designWidth为150时，如果将width设置为100px，则在卡片实际宽度为300物理像素时，width实际渲染像素为200物理像素。将autoDesignWidth设置为true，此时designWidth字段将会被忽略，渲染组件和布局时按屏幕密度进行缩放。屏幕逻辑宽度由设备宽度和屏幕密度自动计算得出，在不同设备上可能不同，应使用相对布局来适配多种设备。例如：在466×466分辨率，320dpi的设备上，屏幕密度为2（以160dpi为基准），1px等于渲染出2物理像素。

组件样式中< length >类型的默认值，按屏幕密度进行计算和绘制，如在屏幕密度为2（以160dpi为基准）的设备上，默认< length >为1px时，设备上实际渲染出2物理像素。autoDesignWidth、designWidth的设置不影响默认值的计算方式和绘制结果，见表3-5。

表 3-5 autoDesignWidth、designWidth 的说明

属性	类型	必填	默认值	描述
designWidth	number	否	150px	页面显示设计时的参考值，实际显示效果基于设备宽度与参考值之间的比例进行缩放
autoDesignWidth	boolean	否	false	页面设计基准宽度是否自动计算，当设为true时，designWidth将会被忽略，设计基准宽度由设备宽度与屏幕密度计算得出

JS服务卡片配置文件示例一，代码如下：

```
"//": "第 3 章/JS 服务卡片配置文件实例一"
  ...
  "window": {
    "autoDesignWidth": true
  }
  ...
}
```

JS服务卡片配置文件实例二，代码如下：

```
"//": "第 3 章/JS 服务卡片配置文件实例二"
{
  "app": {
    "bundleName": "com.demo.player",
    "version": {
        "code": 1,
        "name": "1.0"
    },
    "vendor": "example"
  }
  "module": {
    ...
    "js": [
      {
        "name": "myJsForm",
        "pages": [
          "pages/index/index"
        ],
        "window": {
          "autoDesignWidth": true
```

```
      },
      "type": "form"  //可选[normal(默认缺省), form],使能 form 类型
    }
  ],
  "abilities": [
    {
      ...
      "forms": [
        {
          "name": "$string: form_name",          //卡片名称,用于标识区分卡片
          "isDefault": true,                       //是否为默认卡片,每个 ability 有且只能有
                                                   //一个默认卡片
          "description": "$string: form_description",   //卡片功能简介,不超过 256 个字符
          "colorMode": "auto",                     //String 类型,取值为 auto、dark、light,标识
                                                   //支持的色调主题
          "supportDimensions":["1 * 2","2 * 2","2 * 4","4 * 4"],
                                                   //卡片外观规格,一个卡片可以有多个规格
          "defaultDimension": "2 * 2",             //缺省展现外观,不可缺省,取值必须在
                                                   //supportDimensions 配置的列表中
          "updateEnabled": true,                   //是否允许定时刷新
          "scheduledUpdateTime": "10:30",          //定点更新,采用 24h 计数,精确到分钟
          "updateDuration": 1,                     //更新频率; 单位为 30min 的倍数
          "type": "JS",                            //Form 类型可选 [Java, JS]
          "JsComponentName": "myJsForm"            //仅选 JS 卡片时需要指定,需要和声明的 JS
                                                   //Component 名字对应

        }
      ],
      "formsEnabled": true
    }
  ]
 }
}
```

2. 语法

1) HML 语法参考

HML(HarmonyOS Markup Language)是一套类 HTML 的标记语言,通过组件和事件构建出页面的内容。页面具备数据绑定、事件绑定、条件渲染和逻辑控制等高级能力。相关页面功能的实现举例说明如下。

(1) HML 语法页面结构,代码如下:

```
<!-- 第 3 章/HML 语法参考 - 页面结构 xxx.hml 代码 -->
<div class = "item - container">
  <text class = "item - title"> Image Show </text>
  <div class = "item - content">
```

```
        <image src="/common/xxx.png" class="image"></image>
    </div>
</div>
```

(2) HML 语法数据绑定及相关说明，代码如下：

```
<!-- 第 3 章/HML 语法参考 - 数据绑定 xxx.hml 代码 -->
<div class="item-container">
  <text>{{content}} </text>                <!-- 输出: Hello World!-->
  <text>{{key1}} {{key2}}</text>           <!-- 输出: Hello World6 +-->
  <text>key1 {{key1}}</text>               <!-- 输出: key1 Hello 6 +-->
  <text>{{flag1 && flag2}}</text>          <!-- 输出: false 6 +-->
  <text>{{flag1 || flag2}}</text>          <!-- 输出: true 6 +-->
  <text>{{!flag1}}</text>                  <!-- 输出: false 6 +-->
</div>
```

HML 语法中 xxx.json 配置文件说明，代码如下：

```
"//": "第 3 章/HML 语法参考 - 配置文件说明 xxx.json 代码"
{
  "data": {
    "content": "Hello World!",
    "key1": "Hello",
    "key2": "World",
    "flag1": true,
    "flag2": false
  }
}
```

需要说明是 key 值支持对象操作符和数组操作符，如{{key.value}}、{{key[0]}}。从 API Version 6 开始支持字符串拼接、逻辑运算和三元表达式。

HML 语法字符串拼接说明，伪代码如下：

```
//第 3 章/HML 字符串拼接
支持变量跟变量: {{key1}}{{key2}}等
支持常量跟变量: "my name is {{name}}, i am from {{city}}." "key1 {{key1}}"
逻辑运算:
与: {{flag1 && flag2}}(仅支持两个 boolean 变量间的与运算)
或: {{flag1 || flag2}} (仅支持两个 boolean 变量间的或运算)
非: {{!flag1}} (仅支持 boolean 变量的非运算)
三元表达式
{{flag ?key1 : key2}}(flag 为 boolean 变量,key1 和 key2 可以是变量,也可以是常量)
```

注意，当非 boolean 类型值进行 bool 运算时默认值为 false，以上所有变量解析与运算解析均不支持嵌套。

(3) 事件绑定：卡片仅支持 click 通用事件，事件的定义只能采用直接命令式，事件定义必须包含 action 字段，用以说明事件类型。卡片支持两种事件类型，即跳转事件(router)和消息事件(message)。跳转事件可以跳转到卡片提供方的 Z 侧应用；消息事件可以将开发者自定义信息传递给卡片提供方。事件参数支持变量，变量以"{{}}"修饰。

跳转事件中若定义了 params 字段，则在被拉起应用的 onStart 的 intent 中，可用 params 作为 key 将跳转事件定义的 params 字段的值取为(deprecated)7+，见表 3-6 和表 3-7。

表 3-6 跳转事件格式

选择器	样例	默认值	样例描述
action	string	router	表示事件类型
abilityName(deprecated)7+	string	—	跳转 ability 名
params(deprecated)7+	Object	—	跳转应用携带的额外参数
want7+	Object	—	跳转目标应用的信息，参考[want 格式表]

表 3-7 want 格式 7+

选择器	样例	默认值	样例描述
bundleName7+	string	—	跳转 bundle 名
abilityName7+	string	—	跳转 Ability 名
action7+	string	—	动作，用于指定 Intent 的操作行为
uri7+	string	—	用于指定动作要操纵的数据路径
type7+	string	—	数据类型，用于指定 Data 类型的定义
flag7+	number	—	标志位，用于指定 Intent 的运行模式(启动标志)
entities7+	Array	—	类别，用于指定 Intent 的操作类别
parameters7+	Object	—	自定义参数，其中内容将会以键-值对的形式传递到目标应用的 onStart 的 intent 中

HML 语法事件绑定，xxx.json 配置文件说明，代码如下：

```
"//": "第 3 章/HML 语法参考 - 事件绑定 xxx.json 配置文件说明代码"
{
  "data": {
    "mainAbility": "xxx.xxx.xxx"
  },
  "actions": {
    "routerEventName1": {
      "action": "router",
      "want": {
       "bundleName": "com.example.myapplication",
```

```
          "abilityName": "com.example.myapplication.MainAbility"
        }
      },
      "routerEventName2": {
        "action": "router",
        "want": {
          "action": "xxx.intent.action.DIAL",
          "uri": "tel:12345678"
        }
      }
    }
  }
```

(4) 消息事件格式,见表 3-8。

表 3-8 消息事件格式

选择器	样例	默认值	样例描述
action	string	message	表示事件类型
params	Object	-	跳转应用携带的额外参数

HML 语法消息事件格式,xxx.json 配置文件说明,代码如下:

```
"//": "第 3 章/HML 语法消息事件格式":
{
  "actions": {
    "activeEvent": {
      "action": "message",
      "params": {}
    }
  }
}
```

HML 语法绑定路由事件和消息事件,代码如下:

```
<!-- 第 3 章/HML 语法参考 - 绑定路由事件和消息事件 xxx.hml 代码 -->
<div>
   <!-- 正常格式 -->
   <div onclick = "activeEvent"></div>
   <!-- 缩写 -->
   <div @click = "activeEvent"></div>
</div>
```

(5) HML 语法列表渲染说明,代码如下:

```
<!-- 第 3 章/HML 语法参考 - 列表渲染说明 xxx.hml 代码 -->
<div class = "array - container">
```

```
    <!-- div 列表渲染 -->
    <!-- 默认 $ item 代表数组中的元素, $ idx 代表数组中的元素索引 -->
    <div for = "{{array}}" tid = "id">
      <text>{{ $ item.name}}</text>
    </div>
    <!-- 自定义元素变量名称 -->
    <div for = "{{value in array}}" tid = "id">
      <text>{{value.name}}</text>
    </div>
    <!-- 自定义元素变量、索引名称 -->
    <div for = "{{(index, value) in array}}" tid = "id">
      <text>{{value.name}}</text>
    </div>
</div>
xxx.json:
{
  "data": {
    "array": [
      {"id": 1, "name": "jack", "age": 18},
      {"id": 2, "name": "tony", "age": 18}
    ]
  }
}
```

tid 属性主要用来加速 for 循环的重渲染，旨在列表中的数据有变更时，提高重新渲染的效率。tid 属性还用来指定数组中每个元素的唯一标识，如果未指定，则数组中每个元素的索引为该元素的唯一 id。例如上述 tid=id 表示数组中的每个元素的 id 属性为该元素的唯一标识。for 循环支持的写法，伪代码如下：

```
for = "array": 其中 array 为数组对象,array 的元素变量默认为 $ item
for = "v in array": 其中 v 为自定义的元素变量,元素索引默认为 $ idx
for = "(i, v) in array": 其中元素索引为 i,元素变量为 v,遍历数组对象 array
```

需说明的是数组中的每个元素必须存在 tid 指定的数据属性，否则运行时可能会导致异常。数组中被 tid 指定的属性要保证唯一性，如果不是，则会造成性能损耗。例如，示例中只有 id 和 name 可以作为 tid 字段，因为它们属于唯一字段。tid 不支持表达式。不支持 for 嵌套使用。

for 对应的变量数组，当前要求数组中的 object 是相同类型，不支持多种 object 类型混合写在一个数组中。

(6) 条件渲染：条件渲染分为两种，即 if/elif/else 和 show。

当使用 if/elif/else 写法时，节点必须是兄弟节点，否则编译无法通过。示例代码如下：

```
<!-- 第 3 章/HML 语法参考 - 条件渲染(if/elif/else)xxx.hml 代码 -->
<div>
  <text if = "{{show}}"> Hello - TV </text>
  <text elif = "{{display}}"> Hello - Wearable </text>
  <text else> Hello - World </text>
</div>
xxx.json:
{
  "data": {
    "show": false,
    "display": true
  }
}
```

当 show 为真时，节点正常渲染；当 show 为假时，节点不渲染，效果等同 display 样式为 none，示例代码如下：

```
<!-- 第 3 章/HML 语法参考 - 条件渲染(show)xxx.hml 代码 -->
<text show = "{{visible}}"> Hello World </text>
xxx.json:
{
  "data": {
    "visible": false
  }
}
```

(7) 逻辑控制块：<block>控制块使循环渲染和条件渲染变得更加灵活。block 在构建时不会被当作真实的节点编译。

需说明的是 block 标签只支持 if 属性，示例代码如下：

```
<!-- 第 3 章/HML 语法参考 - 逻辑控制块 xxx.hml 代码 -->
<div>
  <block if = "{{show}}">
    <text> Hello </text>
    <text> World </text>
  </block>
</div>
xxx.json:
{
  "data": {
    "show": true
  }
}
```

2）CSS语法参考

CSS是描述HML页面结构的样式语言。所有组件均有系统默认样式，也可在页面CSS样式文件中对组件、页面自定义不同的样式。

（1）尺寸单位：逻辑像素px，书中以< length >表示。默认卡片具有的逻辑宽度为150px，实际显示时会将页面布局缩放至屏幕的实际宽度，如100px在宽度为300的卡片上，实际渲染为200物理像素（从150px向300物理像素渲染，所有尺寸放大2倍）。

额外将autoDesignWidth配置为true时，逻辑像素px将按照屏幕密度进行缩放，如100px在屏幕密度为3的设备上，实际渲染为300物理像素。当应用需要适配多种设备时，建议采用此方法。

百分比，书中以< percentage >表示，表示该组件占父组件尺寸的百分比，如将组件的width设置为50%，代表其宽度为父组件的50%。

（2）样式导入：为了模块化管理和代码复用，CSS样式文件支持用@import语句导入CSS文件。

（3）声明样式：每个页面目录下存在一个与布局HML文件同名的CSS文件，用来描述该HML页面中组件的样式，决定组件应该如何显示。

第一，内部样式，支持使用style、class属性来控制组件的样式，示例代码如下：

```
<!-- 第3章/CSS语法参考 - 内部样式 xxx.HML代码 -->
<div class = "container">
  <text style = "color: red"> Hello World </text >
</div>
/* index.css */
.container {
  justify-content: center;
}
```

第二，文件导入，合并外部样式文件。例如，在common目录中定义样式文件style.css，并在index.css文件中进行导入，代码如下：

```
/* 第3章/CSS语法参考 - 外部定义样式 style.css文件代码 */
.title {
  font-size: 50px;
}
/* 第3章/CSS语法参考 - 导入外部定义样式 index.css文件代码 */
@import '../../common/style.css';  //导入外部样式
.container {
  justify-content: center;
}
```

(4) 选择器：CSS 选择器用于选择需要添加样式的元素，支持的选择器见表 3-9。

表 3-9 CSS 选择器的样式元素

选择器	样例	样例描述
.class	.container	用于选择 class=container 的组件
#id	#titleId	用于选择 id=titleId 的组件

示例代码如下：

```
/* 第 3 章/CSS 语法参考 - 选择器 */
<!-- 页面布局 xxx.hml -->
<div id = "containerId" class = "container">
  <text id = "titleId" class = "title">标题</text>
  <div class = "content">
    <text id = "contentId">内容</text>
  </div>
</div>
/* 页面样式 xxx.css */
/* 对 class = "title"的组件设置样式 */
.title {
  font - size: 30px;
}
/* 对 id = "contentId"的组件设置样式 */
#contentId {
  font - size: 20px;
}
```

(5) 选择器的优先级：选择器的优先级的计算规则与 w3c 规则保持一致(只支持内联样式、id、class)，其中内联样式为在元素 style 属性中声明的样式。当多条选择器声明匹配到同一元素时，各类选择器的优先级由高到低的顺序为内联样式 > id > class。

(6) 样式预编译：预编译提供了利用特有语法生成 CSS 的程序，可以提供变量、运算等功能，令开发者更便捷地定义组件样式，目前支持 less、sass 和 scss 的预编译。当使用样式预编译时，需要将原 CSS 文件的后缀改为 less、sass 或 scss，如将 index.css 改为 index.less、index.sass 或 index.scss。

当前文件使用样式预编译，例如将原 index.css 改为 index.less，代码如下：

```
/* 第 3 章/CSS 语法参考 - 样式预编译 index.less */
/* 定义变量 */
@colorBackground: #000000;
.container {
  background - color: @colorBackground;      /* 使用当前 less 文件中定义的变量 */
}
```

引用预编译文件，例如 common 中存在 style.scss 文件，将原 index.css 改为 index.scss，并引入 style.scss，代码如下：

```
/* 第 3 章/CSS 语法参考 - 引入预编译文件 style.scss */
/* 定义变量 */
$colorBackground: #000000;
在 index.scss 中引用:
/* index.scss */
/* 引入外部 SCSS 文件 */
@import '../../common/style.scss';
.container {
 background-color: $colorBackground;      /* 使用 style.scss 中定义的变量 */
}
```

需说明的是引用的预编译文件建议放在 common 目录进行管理。

3）配置数据和事件

卡片使用 JSON 文件配置所用的变量和事件，变量的声明在 data 字段下，事件的声明在 actions 字段下，示例代码如下：

```
"//":"第 3 章/卡片配置数据和事件"
{
    "data": {
        "temperature": "35°C",
        "city": "hangzhou"
    },
    "actions": {
        "routerEventName": {
            "action": "router",
            "abilityName": "com.example.myapplication.FormAbility",
            "params": {
                "message": "weather",
                "temperature": "{{temperature}}"
            }
        },
        "messageEventName": {
            "action": "message",
            "params": {
                "message": "weather update"
            }
        }
    }
}
```

3. 资源访问

1）访问 JS 模块资源

卡片工程可以访问的资源包括 JS 模块的 resources 资源、应用 resources 资源 6+（所有

JS 模块共享)和系统预置资源 6+。

(1) 资源限定词：资源限定词可以由一个或多个表征应用场景或设备特征的限定词组合而成，包括深色模式、屏幕密度等维度，限定词之间通过中画线(-)连接。开发者在 resources 目录下创建限定词文件时，需要掌握限定词文件的命名要求以及限定词文件与设备状态的匹配规则。

(2) 资源限定词的命名要求：限定词的组合顺序为深色模式和屏幕密度。开发者可以根据应用的使用场景和设备特征，选择其中的一类或几类限定词组成目录名称，顺序不可颠倒。限定词之间均采用中画线(-)连接，例如 res-dark-ldpi.json。每类限定词的取值必须符合表 3-10 的条件，否则，将无法匹配目录中的资源文件，限定词对大小写敏感。resources 资源文件的资源限定词有前缀 res，例如 res-ldpi.json。resources 资源文件的默认资源限定文件为 res-defaults.json。资源限定文件中不支持使用枚举格式的颜色设置资源，具体见表 3-10。

表 3-10 资源限定词

类 型	含义与取值说明
深色模式	表示设备的深色模式，取值如 dark
屏幕密度	表示设备的屏幕密度(单位为 dpi)，取值：ldpi 表示低密度屏幕(～120dpi)(0.75 基准密度)；mdpi 表示中密度屏幕(～160dpi)(基准密度)；hdpi 表示高密度屏幕(～240dpi)(1.5 基准密度)；xhdpi 表示超高密度屏幕(～320dpi)(2.0 基准密度)；xxhdpi 表示超超高密度屏幕(～480dpi)(3.0 基准密度)；xxxhdpi 表示超超超高密度屏幕(～640dpi)(4.0 基准密度)

需要说明的是如果当前设备的 DPI 不完全匹配定义的 DPI，则将选取更接近当前设备 DPI 的资源文件。例如当前设备为 2.7×基准密度，会选择 res-xxhdpi.json 文件中定义的资源；开发者还可以定义一个 res-defaults.json 资源文件，用于当对应密度资源文件中没有对应的资源词条时，应用将尝试在 res-defaults.json 文件中匹配对应的资源词条，如果仍未查找到对应词条，则图片加载失败。

(3) 限定词与设备状态的匹配规则：在为设备匹配对应的资源文件时，限定词目录匹配的优先级从高到低依次为深色模式 > 屏幕密度。在资源限定词目录均未匹配的情况下，匹配默认资源限定文件。

如果限定词目录中包含资源限定词，则对应限定词的取值必须与当前的设备状态完全一致，这样该目录才能参与设备的资源匹配。例如资源限定文件 res-hdpi.json 与当前设备密度 xhdpi 无法匹配。

(4) 引用 JS 模块内的 resources 资源：在应用开发的 HML 和 JS 文件中使用 $r 的语法，可以对 JS 模块内的 resources 目录下的 json 资源进行格式化，获取相应的资源内容。具体见表 3-11。

表 3-11 引用 JS 模块内的 resources 资源

属性	类　型	描　述

$r	(key: string) => string	获取资源限定下具体的资源内容。例如：this. $r('strings. hello')
		参数说明：key 定义在资源限定文件中的键值，如 strings. hello
		res-defaults. json 示例：
		{
		strings: {
		hello: 'hello world'
		}
		}

引用 JS 模块内 resources 资源，示例代码如下：

```
//第 3 章/引用 JS 模块内 resources 资源
resources/res-dark.json:
{
    "image": {
        "clockFace": "common/dark_face.png"
    },
    "colors": {
    "background": "#000000"
    }
}
resources/res-defaults.json:
{
    "image": {
        "clockFace": "common/face.png"
    },
    "colors": {
    "background": "#ffffff"
    }
}
<!-- xxx.hml -->
<div style="background-color: {{ $r('colors.background') }}">
    <image src="{{ $r('image.clockFace') }}"></image>
</div>
```

需要说明的是资源限定文件中不支持颜色枚举格式。

2）访问应用资源

从 API Version 6 开始，在 HML/CSS/JSON 文件中，可以引用应用资源，包括颜色、圆角和图片类型的资源。

应用资源由开发者在 resources 目录中定义，目前仅支持使用在 color. json 文件中自定义的颜色资源、在 float. json 文件中自定义的圆角资源及在 media 目录中存放的图片资源。

resources 目录的基础结构如下所示，同一个资源，可以在 base 子目录和 dark 子目录各定义一个值。浅色模式下用 base 目录中定义的值，深色模式下用 dark 目录下定义的值。若某资源仅在 base 目录中有定义，则其在深浅色模式下的表现相同。具体示例代码如下：

```
//第 3 章/resources 目录的基础结构
├─ java
├─ js
└─ resources -> 与 java、js 目录同级的 resources 目录
    ├─ base -> 定义浅色模式下的颜色、圆角或图片
    |    ├─ element
    |    |    ├─ color.json
    |    |    └─ float.json
    |    └─ media
    |         └─ my_background_image.png
    └─ dark -> 定义深色模式下的颜色、圆角或图片(如果未定义，则深色模式下继续使用 base
目录中的相关定义)
         ├─ element
         |    ├─ color.json
         |    └─ float.json
         └─ media
              └─ my_background_image.png
```

引用 JS 模块内的 resources 资源，访问应用资源，color.json 文件的格式说明，代码如下：

```
"//": "第 3 章/访问应用资源 - color.json 文件的格式说明"
{
    "color": [
        {
            "name": "my_background_color",
            "value": "#ffff0000"
        },
        {
          "name": "my_foreground_color",
            "value": "#ff0000ff"
        }
    ]
}
```

引用 JS 模块内的 resources 资源，访问应用资源，float.json 文件的格式说明，代码如下：

```
"//": "第 3 章/访问应用资源 - float.json 文件的格式说明"
{
```

```
    "float":[
        {
            "name":"my_radius",
            "value":"28.0vp"
        },
        {
            "name":"my_radius_xs",
            "value":"4.0vp"
        }
    ]
}
```

在卡片工程的 CSS 文件中，通过@app. type. resource_id 的形式引用应用资源。根据引用资源类型的不同，type 可以取 color（颜色）、float（圆角）和 media（图片）。resource_id 代表应用资源 id，即 color. json 或 float. json 文件中的 name 字段，或者 media 目录中的图片文件的名称（不包含图片类型后缀），具体示例代码如下：

```
//第 3 章/通过@app.type.resource_id 的形式引用应用资源
.divA {
    background-color: "@app.color.my_background_color";
    border-radius: "@app.float.my_radius";
}
.divB {
    background-image: "@app.media.my_background_image";
}
```

在 HML 文件中，通过{{ $r('app. type. resource_id')}}的形式引用应用资源，各个字段的含义与 CSS 文件相同，具体示例代码如下：

```
<div style="background-color:{{ $r('app.color.my_background_color')}};"></div>
<div style="border-radius:{{ $r('app.float.my_radius')}};"></div>
<div style="background-image:{{ $r('app.media.my_background_image')}};"></div>
```

在 JSON 文件中，通过 this. $r('app. type. resource_id')的形式引用应用资源，各个字段的含义与 CSS 文件相同，具体示例代码如下：

```
//第 3 章/通过 this.$r('app.type.resource_id')的形式引用应用资源
{
    "data":{
        "myColor": "this.$r('app.color.my_background_color')",
        "myRadius": "this.$r('app.float.my_radius')",
        "myImage":"this.$r('app.media.my_background_image')"
    }
}
```

3）访问系统资源

在 HML/CSS/JSON 文件中，可以引用系统预置资源，包括颜色、圆角和图片类型的资源。说明，从 API Version 6 开始支持。在卡片工程的 CSS 文件中，通过@sys. type. resource_id 的形式引用系统资源。根据引用资源类型的不同，type 可以取 color（颜色）、float（圆角）和 media（图片）。resource_id 代表系统资源 id，系统资源预置在系统中，具体示例代码如下：

```
//第 3 章/访问系统资源 - 系统资源预置
.divA {
    background-color: "@sys.color.fa_background";
    border-radius: "@sys.float.fa_corner_radius_card";
}
.divB {
    background-image: "@sys.media.fa_card_background";
}
```

在 HML 文件中，通过{{ $r('sys. type. resource_id')}}的形式引用系统资源，各个字段的含义与 CSS 文件相同，具体示例代码如下：

```
<div style="background-color:{{ $r('sys.color.fa_background')}};"></div>
<div style="border-radius:{{ $r('sys.float.fa_corner_radius_card')}};"></div>
<div style="background-image:{{ $r('sys.media.fa_card_background')}};"></div>
```

在 JSON 文件中，通过 this. $r('sys. type. resource_id')的形式引用系统资源，各个字段的含义与 CSS 文件相同，具体示例代码如下：

```
//第 3 章/通过 this.$r('sys.type.resource_id')的形式引用系统资源
{
    "data":{
        "sysColor": "this.$r('sys.color.fa_background')",
        "sysRadius": "this.$r('sys.float.fa_corner_radius_card')",
        "sysImage":"this.$r('sys.media.fa_card_background')"
    }
}
```

4. 多语言支持

基于开发框架的应用会覆盖多个国家和地区，开发框架支持多语言能力后，应用开发者无须开发多个不同语言的版本就可以同时支持多种语言的切换，为项目维护带来便利。开发者仅需要通过定义资源文件和引用资源两个步骤，就可以使用开发框架的多语言能力。

1）定义资源文件

资源文件用于存放应用在多种语言场景下的资源内容，开发框架使用 JSON 文件保存资源。

在文件组织中指定的i18n文件夹内放置每个语言地区下的资源定义文件即可，资源文件命名为“语言-地区.json”格式，例如英文（美国）的资源文件命名为en-US.json。当开发框架无法在应用中找到系统语言的资源文件时，默认使用en-US.json文件中的资源内容。

由于不同语言针对单复数有不同的匹配规则，在资源文件中可使用zero、one、two、few、many、other定义不同单复数场景下的词条内容。例如，中文不区分单复数，仅存在other场景；英文存在one、other场景；阿拉伯语存在上述6种场景。

以en-US.json和ar-AE.json为例，演示资源文件的格式，代码如下：

```
"//":"第3章/定义资源文件示例"
{
    "strings": {
        "hello": "Hello world!",
        "symbol": "@#$%^&*()_+-={}[]\\|:;\"'<>,./?",
        "plurals": {
            "one": "one person",
            "other": "other people"
        }
    },

    "files": {
        "image": "image/en_picture.PNG"
    }
}
{
    "strings": {
        "plurals": {
            "zero": "لا أحد",
            "one": "وحده",
            "two": "اثنان",
            "few": "ستة اشخاص",
            "many": "خمسون شخص",
            "other": "مائة شخص"
        }
    }
}
```

2）引用资源

在应用开发的页面中使用多语言的语法，包含简单格式化和单复数格式化两种，这两种方法都可以在HML或JS中使用。

（1）简单格式化方法。

在应用中使用$t方法引用资源，$t既可以在HML中使用，也可以在JS中使用。系统将根据当前语言环境和指定的资源路径（通过$t的path参数设置），显示对应语言的资源文件中的内容，具体见表3-12和表3-13。

表 3-12 简单格式化

属性	类型	参数	必填	描述
$t	Function	参见表 3-13	是	根据系统语言完成简单的替换：this. $t('strings. hello')

表 3-13 $t 参数说明

参数	类型	必填	描述
path	string	是	资源路径

多语言支持-引用资源-简单格式化，示例代码如下：

```
<!-- xxx.hml -->
<div>
  <text>{{ $t('strings.hello') }}</text>
  <image src="{{ $t('files.image') }}" class="image"></image>
</div>
```

（2）单复数格式化方法，具体见表 3-14 和表 3-15。

表 3-14 单复数格式化

属性	类型	参数	必填	描述
$t	Function	参见表 3-15	是	根据系统语言完成单复数替换：this. $tc('strings. plurals') 说明：定义资源的内容，通过 JSON 格式的 key 区分，key 为 zero、one、two、few、many、other

表 3-15 $tc 参数说明

参数	类型	必填	描述
path	string	是	资源路径
count	number	是	要表达的值

多语言支持-引用资源-单复数格式化，示例代码如下：

```
<!--第 3 章/引用资源 - 单复数格式化方法 xxx.hml 代码 -->
<div>
  <!-- 传递数值为 0 时: "0 people" 阿拉伯语中此处匹配 key 为 zero 的词条 -->
  <text>{{ $tc('strings.plurals', 0) }}</text>
  <!-- 传递数值为 1 时: "one person" 阿拉伯语中此处匹配 key 为 one 的词条 -->
  <text>{{ $tc('strings.plurals', 1) }}</text>
  <!-- 传递数值为 2 时: "2 people" 阿拉伯语中此处匹配 key 为 two 的词条 -->
  <text>{{ $tc('strings.plurals', 2) }}</text>
```

```
    <!-- 传递数值为 6 时: "6 people" 阿拉伯语中此处匹配 key 为 few 的词条 -->
    <text>{{ $tc('strings.plurals', 6) }}</text>
    <!-- 传递数值为 50 时: "50 people" 阿拉伯语中此处匹配 key 为 many 的词条 -->
    <text>{{ $tc('strings.plurals', 50) }}</text>
    <!-- 传递数值为 100 时: "100 people" 阿拉伯语中此处匹配 key 为 other 的词条 -->
    <text>{{ $tc('strings.plurals', 100) }}</text>
</div>
```

5. 低版本兼容

卡片特性不断增加，使用了新特性的卡片，在不支持这些新特性的旧系统上可能显示异常。可以在卡片工程中指定最小 SDK 版本，防止使用新特性的卡片被推送后安装在旧系统上。也可以参考本章节的内容，在卡片开发阶段做前向兼容适配。

说明；低版本兼容能力从 API Version 6 开始支持。

开发者可以通过 JSON 配置文件配置前向兼容能力。该文件提供了 apiVersion 属性，用于兼容版本，该字段和卡片配置文件的数据字段 data、事件字段 actions 同级。在 apiVersion 标签下定义的内容会基于当前运行版本信息，覆盖原始的 data 标签内容。

示例说明，假设 JS 服务卡片框架从 API Version 6 开始支持引用系统内置资源颜色，从 API Version 7 开始支持 slider 组件（仅用于举例，不代表实际情况），则可以按照以下方式，做前向兼容，代码如下：

```
<!-- 第 3 章/引用资源 - 低版本兼容 xxx.hml 代码 -->
<div style="background-color: {{myBackgroundColor}}">
    <text>hello world</text>
    <slider if="{{canUseSlider}}" min="0" max="100"></slider>
</div>
xxx.json 配置文件:
{
  "data": {
    "myBackgroundColor": "#87ceeb",
    "canUseSlider": "false"
  },
  "apiVersion": {
    "6": {
      "myBackgroundColor": "@sys.color.fa_background"
    },
    "7": {
      "canUseSlider": "true"
    }
  }
}
```

JS 服务卡片开发框架会根据应用中的配置及当前系统运行版本，选取最合适的数据。假设系统运行版本在 5 及以下，则实际解析的 myBackgroundColor 值为 # 87ceeb，canUseSlider 值为 false；假设系统运行版本为 6，则实际解析的 myBackgroundColor 值为 @sys. color. fa_background，canUseSlider 值为 false；假设系统运行版本为 7 及以上，则实际解析的 myBackgroundColor 值为@sys. color. fa_background，canUseSlider 值为 true。

6. 设置主题样式

卡片支持修改自定义主题字段。用 app_background 设置卡片背景颜色。

如将相关卡片背景色设置为透明，代码如下：

```
{
  "styles": {
    "app_background": "#00000000"
  }
}
```

3.3 Ability 框架

本节主要阐述 HarmonyOS 应用、原子化服务与服务卡片开发所具备的抽象能力 Ability，包括三大分类：运行原理、基本开发逻辑及它们之间的信息传递方式。

3.3.1 Ability 概述

Ability 是应用所具备能力的抽象，也是应用程序的重要组成部分。一个应用可以具备多种能力，即可包含多个 Ability，HarmonyOS 支持应用以 Ability 为单位进行部署。

Ability 可以分为 FA(Feature Ability)和 PA(Particle Ability)两种类型，每种类型为开发者提供了不同的模板，以便实现不同的业务功能。

FA 支持 Page Ability，Page 模板是 FA 唯一支持的模板，用于提供与用户交互的能力。一个 Page 实例可以包含一组相关页面，每个页面用一个 AbilitySlice 实例表示。

PA 支持 Service Ability 和 Data Ability。

Service 模板，用于提供后台运行任务的能力。Data 模板，用于对外部提供统一的数据访问抽象。

在配置文件(config. json)中注册 Ability 时，可以通过配置 Ability 元素中的 type 属性来指定 Ability 模板类型。其中 type 的取值可以为 page、service 或 data，分别代表 Page 模板、Service 模板、Data 模板。为了便于表述，后文中将基于 Page 模板、Service 模板、Data 模板实现的 Ability 分别简称为 Page、Service、Data。

Ability 配置示例代码如下：

```
"//":"第 3 章/Ability 类型设置"
{
    "module": {
        ...
        "abilities": [
            {
                ...
                "type": "page"
                ...
            }
        ]
        ...
    }
    ...
}
```

3.3.2 Page Ability 基本概念

1. Page 与 AbilitySlice

Page 模板(以下简称 Page)是 FA 唯一支持的模板,用于提供与用户交互的能力。一个 Page 可以由一个或多个 AbilitySlice 构成,AbilitySlice 是指应用的单个页面及其控制逻辑的总和。当一个 Page 由多个 AbilitySlice 共同构成时,这些 AbilitySlice 页面提供的业务能力具有高度相关性。例如,邮件功能可以通过一个 Page 实现,其中包含两个 AbilitySlice。一个 AbilitySlice 用于展示邮件列表,另一个 AbilitySlice 用于展示邮件详情。Page 和 AbilitySlice 的关系如图 3-11 所示。

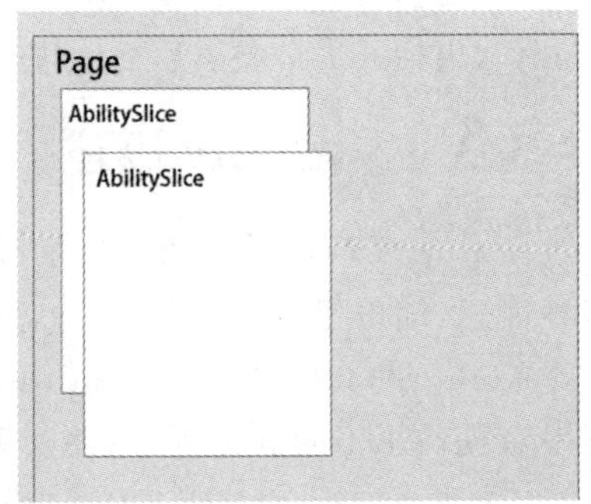

图 3-11 Page 与 AbilitySlice

相比于桌面场景,移动场景下应用之间的交互更为频繁。通常,单个应用专注于某个方面的能力开发,当它需要其他能力辅助时,会调用其他应用提供的能力。例如,打车应用提供了联系司机的业务功能入口,当用户在使用该功能时,会跳转到通话应用的拨号页面。与此类似,HarmonyOS 支持不同 Page 之间的跳转,并可以指定跳转到目标 Page 中某个具体的 AbilitySlice。

AbilitySlice 路由可配置。虽然一个 Page 可以包含多个 AbilitySlice,但是 Page 进入前台时界面默认只展示一个 AbilitySlice。默认展示的 AbilitySlice 是通过 setMainRoute()方法来指定的。如果需要更改默认展示的 AbilitySlice,则可以通过 addActionRoute()方法为此 AbilitySlice 配置一条路由规则。此时,当其他 Page 实例期望导航到此 AbilitySlice 时,可以在 Intent 中指定 Action,同 Page 间导航方法不一样。

setMainRoute()方法与 addActionRoute()方法的使用,示例代码如下:

```
//第 3 章/Page 和 Ability - 路由配置 setMainRoute()方法与 addActionRoute()方法的使用
public class MyAbility extends Ability {
    @Override
    public void onStart(Intent intent) {
        super.onStart(intent);
        //设置主路由
        setMainRoute(MainSlice.class.getName());

        //设置操作路由
        addActionRoute("action.pay", PaySlice.class.getName());
        addActionRoute("action.scan", ScanSlice.class.getName());
    }
}
```

为在 addActionRoute()方法中使用的动作命名,需要在应用配置文件(config.json)中注册,代码如下:

```
"//": "第 3 章/注册 addActionRoute()方法中使用的动作命名"
{
    "module": {
        "abilities": [
            {
                "skills":[
                    {
                        "actions":[
                            "action.pay",
                            "action.scan"
                        ]
                    }
                ]
                ...
            }
        ]
        ...
    }
    ...
}
```

2. Page Ability 生命周期

系统管理或用户操作等行为均会引起 Page 实例在其生命周期的不同状态之间进行转换。Ability 类提供的回调机制能够让 Page 及时感知外界变化,从而正确地应对状态变化,例如释放资源，这有助于提升应用的性能和稳健性。

Page 生命周期的不同状态转换及其对应的回调如图 3-12 所示。

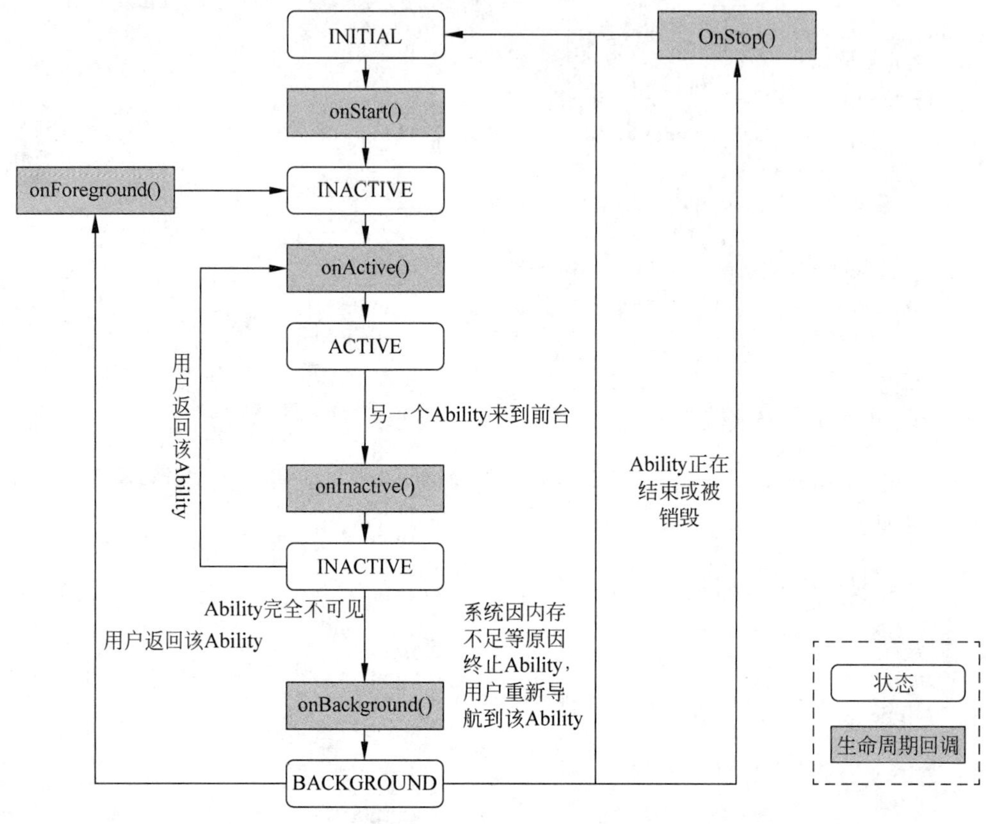

图 3-12　Page 生命周期

具体说明如下：

(1) INACTIVE 状态是一种短暂存在的状态，可理解为"激活中"。

(2) onStart()：当系统首次创建 Page 实例时，触发该回调。对于一个 Page 实例，该回调在其整个生命周期中仅触发一次，Page 在该逻辑后将进入 INACTIVE 状态。开发者必须重写该方法，并在此配置默认展示的 AbilitySlice，代码如下：

```
@Override
public void onStart(Intent intent) {
    super.onStart(intent);
    super.setMainRoute(FooSlice.class.getName());
}
```

(3) onActive()：Page 会在进入 INACTIVE 状态后来到前台，然后系统调用此回调。Page 在此之后进入 ACTIVE 状态，该状态是应用与用户交互的状态。Page 将保持在此状态，除非某类事件发生而导致Page失去焦点，例如用户单击返回键或导航到其他Page。当此类事件发生时，会触发Page回到INACTIVE状态，系统将调用onInactive()回调。此后，Page可能重新回到ACTIVE状态，系统将再次调用onActive()回调，因此，开发者通常需要成对实现onActive()和onInactive()，并在onActive()中获取在onInactive()中被释放的资源。

(4) onInactive()：当Page失去焦点时，系统将调用此回调，此后Page进入INACTIVE状态。开发者可以在此回调中实现Page失去焦点时应表现的恰当行为。

(5) onBackground()：如果Page不再对用户可见，系统将调用此回调通知开发者用户进行相应的资源释放，此后Page进入BACKGROUND状态。开发者应该在此回调中释放Page不可见时无用的资源，或在此回调中执行较为耗时的状态保存操作。

(6) onForeground()：处于BACKGROUND状态的Page仍然驻留在内存中，当重新回到前台时(例如用户重新导航到此Page)，系统将先调用onForeground()回调通知开发者，而后Page的生命周期状态回到INACTIVE状态。开发者应当在此回调中重新申请在onBackground()中释放的资源，最后Page的生命周期状态进一步回到ACTIVE状态，系统将通过onActive()回调通知开发者用户。

(7) onStop()：系统将要销毁Page时，将会触发此回调函数，通知用户进行系统资源的释放。销毁Page的可能原因包括以下几方面。一是用户通过系统管理能力关闭指定Page，例如使用任务管理器关闭Page。二是用户行为触发Page的terminateAbility()方法调用，例如使用应用的退出功能。三是配置变更导致系统暂时销毁Page并重建。四是系统出于资源管理的目的，自动触发对处于BACKGROUND状态Page的销毁。

3. AbilitySlice生命周期

AbilitySlice作为Page的组成单元，其生命周期依托于其所属Page的生命周期。AbilitySlice和Page具有相同的生命周期状态和同名的回调，当Page生命周期发生变化时，它的AbilitySlice也会发生相同的生命周期变化。此外，AbilitySlice还具有独立于Page的生命周期变化，这发生在同一Page中的不同AbilitySlice之间进行导航时，此时Page的生命周期状态不会改变。

AbilitySlice生命周期回调与Page的相应回调类似，因此不再赘述。由于AbilitySlice承载具体的页面，开发者必须重写AbilitySlice的onStart()回调，并在此方法中通过setUIContent()方法设置页面，示例代码如下：

```
//第3章/重写AbilitySlice的onStart()回调,setUIContent()方法的使用
@Override
protected void onStart(Intent intent) {
    super.onStart(intent);

    setUIContent(ResourceTable.Layout_main_layout);
}
```

AbilitySlice 实例的创建和管理通常由应用负责，系统仅在特定情况下会创建 AbilitySlice 实例。例如，当通过导航启动某个 AbilitySlice 时，由系统负责实例化，但是在同一个 Page 中的不同 AbilitySlice 间进行导航时则由应用负责实例化。

4. Page 与 AbilitySlice 生命周期关联

当 AbilitySlice 处于前台且具有焦点时，其生命周期状态随着所属 Page 的生命周期状态的变化而变化。当一个 Page 拥有多个 AbilitySlice 时，例如 MyAbility 下有 FooAbilitySlice 和 BarAbilitySlice，当前 FooAbilitySlice 处于前台并获得焦点，并且即将导航到 BarAbilitySlice 时，在此期间的生命周期状态变化顺序如下：

FooAbilitySlice 从 ACTIVE 状态变为 INACTIVE 状态。BarAbilitySlice 则从 INITIAL 状态首先变为 INACTIVE 状态，然后变为 ACTIVE 状态（假定此前 BarAbilitySlice 未曾启动）。FooAbilitySlice 从 INACTIVE 状态变为 BACKGROUND 状态。

对应两个 slice 的生命周期方法回调顺序，代码如下：

```
FooAbilitySlice.onInactive() --> BarAbilitySlice.onStart() --> BarAbilitySlice.onActive()
--> FooAbilitySlice.onBackground()
```

在整个流程中，MyAbility 始终处于 ACTIVE 状态，但是，当 Page 被系统销毁时，其所有已实例化的 AbilitySlice 将被联动销毁，而不仅是处于前台的 AbilitySlice。

5. AbilitySlice 间导航

1）同一 Page 内导航

当发起导航的 AbilitySlice 和导航目标的 AbilitySlice 处于同一个 Page 时，可以通过 present()方法实现导航。如下代码片段展示如何通过单击按钮导航到其他 AbilitySlice 的方法，代码如下：

```
//第 3 章/AbilitySlice 间导航案例
@Override
protected void onStart(Intent intent) {
    ...
    Button button = ...;
    button.setClickedListener(listener -> present(new TargetSlice(), new Intent()));
    ...

}
```

如果开发者希望在用户从导航目标 AbilitySlice 返回时能够获得返回结果，则应当使用 presentForResult()实现导航。用户从导航目标 AbilitySlice 返回时，系统将回调 onResult()来接收和处理返回结果，开发者需要重写该方法。返回结果由导航目标 AbilitySlice 在其生命周期内通过 setResult()进行设置，具体的代码如下：

```
//第 3 章/presentForResult()方法的使用
int requestCode = positiveInteger; //Any positive integer.

@Override
protected void onStart(Intent intent) {

    ...
    Button button = ...;
    button.setClickedListener(
      listener -> presentForResult(new TargetSlice(), new Intent(), positiveInteger));
    ...

}

@Override
protected void onResult(int requestCode, Intent resultIntent) {
    if (requestCode == positiveInteger) {
        //Process resultIntent here.
    }
}
```

系统为每个 Page 维护了一个 AbilitySlice 实例的栈，每个进入前台的 AbilitySlice 实例均会入栈。当开发者在调用 present()或 presentForResult()时，如果指定的 AbilitySlice 实例已经在栈中存在，则栈中位于此实例之上的 AbilitySlice 均会出栈并终止其生命周期。在前面的示例代码中，导航时指定的 AbilitySlice 实例均是新建的，即便重复执行此代码，此时作为导航目标的这些实例属于同一个类，所以不会导致任何 AbilitySlice 出栈。

2）不同 Page 间导航

AbilitySlice 作为 Page 的内部单元，以 Action 的形式对外暴露，因此可以通过配置 Intent 的 Action 导航到目标 AbilitySlice。Page 间的导航可以使用 startAbility()或 startAbilityForResult()方法，获得返回结果的回调为 onAbilityResult()。在 Ability 中调用 setResult()可以设置返回结果。详细用法可参考根据 Operation 的其他属性启动应用中的示例。

6. 设备迁移

设备迁移(下文简称"迁移")支持将 Page 在同一用户的不同设备间迁移，以便支持用户无缝切换的诉求。以 Page 从设备 A 迁移到设备 B 为例，迁移动作主要步骤如下：

设备 A 上的 Page 请求迁移。HarmonyOS 处理迁移任务，并回调设备 A 上 Page 的保存数据方法，用于保存迁移必需的数据。HarmonyOS 在设备 B 上启动同一个 Page，并回调其恢复数据方法。

7. 具有迁移功能的 Page 开发

第一步，实现 IAbilityContinuation 接口。

一个应用可能包含多个 Page，仅需要在支持迁移的 Page 中通过以下方法实现 IAbilityContinuation 接口。同时，此 Page 所包含的所有 AbilitySlice 也需要实现此接口。

onStartContinuation()的使用。Page 请求迁移后，系统首先回调此方法，开发者可以在此回调中决策当前是否可以执行迁移，例如，弹框让用户确认是否开始迁移。

onSaveData()的使用。如果 onStartContinuation()返回值为 true，则系统回调此方法，开发者在此回调中保存必须传递到另外设备上以便恢复 Page 状态的数据。

onRestoreData()的使用。源侧设备上 Page 完成保存数据后，系统在目标侧设备上回调此方法，开发者在此回调中接收用于恢复 Page 状态的数据。注意，在目标侧设备上的 Page 会重新启动其生命周期，无论其启动模式如何配置，系统回调此方法的时机都在 onStart()之前。

onCompleteContinuation()的使用。在目标侧设备上恢复数据一旦完成，系统就会在源侧设备上回调 Page 的此方法，以便通知应用迁移流程已结束。开发者可以在此检查迁移结果是否成功，并在此处理迁移结束的动作，例如，应用可以在迁移完成后终止自身生命周期。

onFailedContinuation()的使用。如果在迁移过程中发生异常，系统则会在发起端设备上回调 FA 的此方法，以便通知应用迁移流程发生的异常。并不是所有异常都会回调 FA 的此方法，仅局限于该接口枚举的异常。开发者可以在此检查异常信息，并在此处理迁移异常发生后的动作，例如，应用可以提醒用户此时发生的异常信息。该接口从 API Version 6 开始提供，目前为 Beta 版本。

onRemoteTerminated()的使用。如果开发者使用 continueAbilityReversibly()而不是 continueAbility()，则此后可以在源侧设备上使用 reverseContinueAbility()进行回迁。这种场景下，相当于同一个 Page(的两个实例)同时在两个设备上运行，迁移完成后，如果目标侧设备上的 Page 因某种原因而终止，则源侧 Page 可通过此回调接收终止通知。

第二步，请求迁移。

实现 IAbilityContinuation 的 Page 可以在其生命周期内调用 continueAbility()或 continueAbilityReversibly()请求迁移。两者的区别是，通过后者发起的迁移此后可以进行回迁，实现代码如下：

```
//第 3 章/设备迁移/continueAbility()回迁
try {
    continueAbility();
} catch (IllegalStateException e) {
    //Maybe another continuation in progress.
    ...
}
```

以 Page 从设备 A 迁移到设备 B 为例，详细的流程如下：

设备 A 上的 Page 请求迁移。

系统回调设备 A 上的 Page 及其 AbilitySlice 栈中所有 AbilitySlice 实例的 IAbilityContinuation. onStartContinuation()方法，以确认当前是否可以立即迁移。

如果可以立即迁移，则系统回调设备 A 上的 Page 及其 AbilitySlice 栈中所有 AbilitySlice 实例的 IAbilityContinuation. onSaveData()方法，以便保存迁移后恢复状态所需的数据。

如果保存数据成功，则系统在设备 B 上启动同一个 Page，并恢复 AbilitySlice 栈，然后回调 IAbilityContinuation. onRestoreData()方法，传递此前保存的数据，此后设备 B 上此 Page 从 onStart()开始其生命周期回调。

系统回调设备 A 上的 Page 及其 AbilitySlice 栈中所有 AbilitySlice 实例的 IAbilityContinuation. onCompleteContinuation()方法，通知数据恢复成功与否。

如果在迁移过程中发生异常，系统则回调设备 A 上的 Page 及其 AbilitySlice 栈中所有 AbilitySlice 实例的 IAbilityContinuation. onFailedContinuation()方法，通知在迁移过程中发生异常，并不是所有异常都会回调 FA 的此方法，仅局限于该接口枚举的异常。

第三步，请求回迁。

使用 continueAbilityReversibly()请求迁移并完成后，源侧设备上已迁移的 Page 可以发起回迁，以便使用户活动重新回到此设备，代码如下：

```
//第 3 章/使用 continueAbilityReversibly()请求回迁
try {
    reverseContinueAbility();
} catch (IllegalStateException e) {
    //Maybe another continuation in progress.
    ...
}
```

以 Page 从设备 A 迁移到设备 B 后并请求回迁为例，详细的流程如下：

设备 A 上的 Page 请求回迁。

系统回调设备 B 上的 Page 及其 AbilitySlice 栈中所有 AbilitySlice 实例的 IAbilityContinuation. onStartContinuation()方法，以确认当前是否可以立即迁移。

如果可以立即迁移，则系统回调设备 B 上的 Page 及其 AbilitySlice 栈中所有 AbilitySlice 实例的 IAbilityContinuation. onSaveData()方法，以便保存回迁后恢复状态所需的数据。

如果保存数据成功，则系统在设备 A 上的 Page 恢复 AbilitySlice 栈，然后回调 IAbilityContinuation. onRestoreData()方法，传递此前保存的数据。

如果数据恢复成功，则系统终止设备 B 上的 Page 的生命周期。

3.3.3 Service Ability 基本概念

1. 综述

基于 Service 模板的 Ability(以下简称 Service)主要用于后台运行任务，如执行音乐播放、文件下载等，但不提供用户交互界面。

Service 可由其他应用或 Ability 启动，即使用户切换到其他应用，Service 仍将在后台继续运行。Service 是单实例的。在一个设备上，相同的 Service 只会存在一个实例。如果多个 Ability 共用这个实例，只有当与 Service 绑定的所有 Ability 退出后，Service 才能退出。由于 Service 是在主线程里执行的，因此，如果在 Service 里面的操作时间过长，开发者则必须在 Service 里创建新的线程来处理，这里涉及线程之间的通信，防止造成主线程阻塞，从而导致应用程序无响应。

2. 创建 Service

创建 Ability 的子类，实现与 Service 相关的生命周期方法。Service 也是一种 Ability，Ability 为 Service 提供了以下生命周期方法，开发者可以重写这些方法，来添加其他 Ability 请求与 Service Ability 交互时的处理方法。

(1) onStart()的使用：该方法在创建 Service 的时候调用，用于 Service 的初始化。在 Service 的整个生命周期只会被调用一次，调用时传入的 Intent 应为空。

(2) onCommand()的使用：在 Service 创建完成之后调用，该方法在客户端每次启动该 Service 时都会被调用，开发者可以在该方法中做一些调用统计、初始化类的操作。

(3) onConnect()的使用：在 Ability 和 Service 连接时调用，该方法返回 IRemoteObject 对象，开发者可以在该回调函数中生成对应 Service 的 IPC 通信通道，以便 Ability 与 Service 交互。Ability 可以多次连接同一个 Service，系统会缓存该 Service 的 IPC 通信对象，只有当第 1 个客户端连接 Service 时，系统才会调用 Service 的 onConnect()方法来生成 IRemoteObject 对象，而后系统会将同一个 RemoteObject 对象传递至其他连接同一个 Service 的所有客户端，而无须再次调用 onConnect()方法。

(4) onDisconnect()的使用：在 Ability 与绑定的 Service 断开连接时调用。

(5) onStop()的使用：在 Service 被销毁时调用。Service 应通过实现此方法来清理所有资源，如关闭线程、注册的侦听器等。

创建 Service 的示例代码如下：

```
//第 3 章/Service Ability 的使用案例
public class ServiceAbility extends Ability {
    @Override
    public void onStart(Intent intent) {
        super.onStart(intent);
    }

    @Override
    public void onCommand(Intent intent, boolean restart, int startId) {
        super.onCommand(intent, restart, startId);
    }

    @Override
    public IRemoteObject onConnect(Intent intent) {
```

```
            return super.onConnect(intent);
        }

        @Override
        public void onDisconnect(Intent intent) {
            super.onDisconnect(intent);
        }

        @Override
        public void onStop() {
            super.onStop();
        }
    }
```

注册 Service,Service 也需要在应用配置文件中进行注册,需要将注册类型 type 设置为 service。注册 Service 的示例代码如下:

```
"//": "第 3 章注册 Service"
{
    "module": {
        "abilities": [
            {
                "name": ".ServiceAbility",
                "type": "service",
                "visible": true
                ...
            }
        ]
        ...
    }
    ...
}
```

3. 启动 Service

接下来介绍通过 startAbility()启动 Service 及对应的停止方法。

启动 Service,Ability 为开发者提供了 startAbility()方法来启动另外一个 Ability。因为 Service 也是 Ability 的一种,开发者同样可以通过将 Intent 传递给该方法来启动 Service。不仅支持启动本地 Service,还支持启动远程 Service。

开发者可以通过构造包含 DeviceId、BundleName 与 AbilityName 的 Operation 对象设置目标 Service 信息。这 3 个参数的含义包括以下内容。DeviceId 表示设备 ID。如果是本地设备,则可以直接留空;如果是远程设备,则可以通过 ohos.distributedschedule.interwork.DeviceManager 提供的 getDeviceList 获取设备列表。BundleName 表示包名称。AbilityName 表示待启动的 Ability 名称。

启动本地设备 Service 的示例代码如下：

```
//第 3 章/启动本地 Service Ability
Intent intent = new Intent();
Operation operation = new Intent.OperationBuilder()
        .withDeviceId("")
        .withBundleName("com.domainname.hiworld.himusic")
        .withAbilityName("com.domainname.hiworld.himusic.ServiceAbility")
        .build();
intent.setOperation(operation);
startAbility(intent);
```

启动远程设备 Service 的示例代码如下：

```
//第 3 章/启动远程 Service Ability
Intent intent = new Intent();
Operation operation = new Intent.OperationBuilder()
        .withDeviceId("deviceId")
        .withBundleName("com.domainname.hiworld.himusic")
        .withAbilityName("com.domainname.hiworld.himusic.ServiceAbility")
        .withFlags(Intent.FLAG_ABILITYSLICE_MULTI_DEVICE)
                                    //设置支持分布式调度系统多设备启动的标识
        .build();
intent.setOperation(operation);
startAbility(intent);
```

执行上述代码后，Ability 将通过 startAbility()方法来启动 Service。

如果 Service 尚未运行，则系统会先调用 onStart()来初始化 Service，再回调 Service 的 onCommand()方法来启动 Service。

如果 Service 正在运行，则系统会直接回调 Service 的 onCommand()方法来启动 Service。

4. 停止 Service

Servicc 一旦创建就会一直保持在后台运行，除非必须回收内存资源，否则系统不会停止或销毁 Service。开发者可以在 Service 中通过 terminateAbility()停止本 Service 或在其他 Ability 调用 stopAbility()来停止 Service。

停止 Service 同样支持停止本地设备 Service 和停止远程设备 Service，使用方法与启动 Service 一样。一旦调用停止 Service 的方法，系统便会尽快销毁 Service。

5. 连接 Service

如果 Service 需要与 Page Ability 或其他应用的 Service Ability 进行交互，则需创建用于连接的 Connection。Service 支持其他 Ability 通过 connectAbility()方法与其进行连接。

在使用 connectAbility()处理回调时，需要传入目标 Service 的 Intent 与 IAbilityConnection

的实例。IAbilityConnection 提供了两种方法供开发者实现：onAbilityConnectDone()是用来处理连接 Service 成功的回调，onAbilityDisconnectDone()是用来处理 Service 异常死亡的回调。

创建连接 Service 回调实例的示例代码如下：

```
//第 3 章/创建连接 Service 回调实例
private IAbilityConnection connection = new IAbilityConnection() {
    //连接到 Service 的回调
    @Override
    public void onAbilityConnectDone(ElementName elementName, IRemoteObject iRemoteObject,
int resultCode) {
        //Client 侧需要定义与 Service 侧相同的 IRemoteObject 实现类.开发者获取服务器端传
        //过来 IRemoteObject 对象,并从中解析出服务器端传过来的信息
    }

    //Service 异常死亡的回调
    @Override
    public void onAbilityDisconnectDone(ElementName elementName, int resultCode) {
    }
};
```

连接 Service 的示例代码如下：

```
//第 3 章/ 连接 Service
Intent intent = new Intent();
Operation operation = new Intent.OperationBuilder()
        .withDeviceId("deviceId")
        .withBundleName("com.domainname.hiworld.himusic")
        .withAbilityName("com.domainname.hiworld.himusic.ServiceAbility")
        .build();
intent.setOperation(operation);
connectAbility(intent, connection);
```

同时，Service 侧也需要在调用 onConnect()时返回 IRemoteObject，从而定义与 Service 进行通信的接口。onConnect()需要返回一个 IRemoteObject 对象，HarmonyOS 提供了 IRemoteObject 的默认实现，用户可以通过继承 LocalRemoteObject 来创建自定义的实现类。Service 侧把自身的实例返回给调用侧的示例代码如下：

```
//第 3 章/创建自定义 IRemoteObject 实现类
private class MyRemoteObject extends LocalRemoteObject {
    MyRemoteObject(){
    }
}
```

```
//把 IRemoteObject 返回客户端
@Override
protected IRemoteObject onConnect(Intent intent) {
    return new MyRemoteObject();
}
```

6. Service Ability 的生命周期

与 Page 类似，Service 也拥有生命周期，如图 3-13 所示。根据调用方法的不同，其生命周期的启动与销毁有以下两种路径。

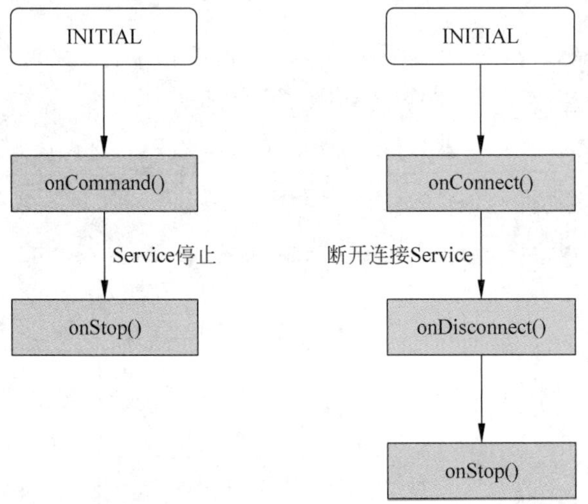

图 3-13　Service 的生命周期

一是启动 Service，该 Service 在其他 Ability 调用 startAbility()时创建，然后保持运行。其他 Ability 通过调用 stopAbility()来停止 Service，Service 停止后，系统会将其销毁。

另一种是连接 Service，该 Service 在其他 Ability 调用 connectAbility()时创建，客户端可通过调用 disconnectAbility()断开连接。多个客户端可以绑定到相同的 Service，而且当所有绑定全部取消后，系统即会销毁该 Service。

connectAbility()也可以连接通过 startAbility()创建的 Service。

7. 前台 Service

一般情况下，Service 是在后台运行的，后台 Service 的优先级都比较低，当资源不足时，系统有可能回收正在运行的后台 Service。在一些场景下(如播放音乐)，用户希望应用能够一直保持运行，此时就需要使用前台 Service。前台 Service 会始终保持正在运行的图标显示在系统状态栏上。

使用前台 Service 并不复杂，开发者只需在 Service 创建的方法里调用 keepBackgroundRunning()将 Service 与通知绑定。调用 keepBackgroundRunning()方法前需要在配置文件中声明 ohos.permission.KEEP_BACKGROUND_RUNNING 权限，同时还需要在配置文

件中添加对应的 backgroundModes 参数。在 onStop()方法中调用 cancelBackgroundRunning()方法可停止前台 Service。

使用前台 Service 的 onStart()示例代码如下：

```
//第 3 章/前台 Service 的 onStart()示例代码
//创建通知,其中 1005 为 notificationId
NotificationRequest request = new NotificationRequest(1005);
NotificationRequest.NotificationNormalContent content = new NotificationRequest.NotificationNormalContent();
content.setTitle("title").setText("text");
NotificationRequest.NotificationContent notificationContent = new NotificationRequest.NotificationContent(content);
request.setContent(notificationContent);

//绑定通知,1005 为创建通知时传入的 notificationId
keepBackgroundRunning(1005, request);
```

在配置文件中，需要在 module→abilities 字段下对当前 Service 做如下配置，代码如下：

```
"//": "第 3 章/前台 service 的配置",
{
    "name": ".ServiceAbility",
    "type": "service",
    "visible": true,
    "backgroundModes": ["dataTransfer", "location"]
}
```

3.3.4 Data Ability

1. 基本概念

使用 Data 模板的 Ability(以下简称 Data)，有助于应用管理其自身和其他应用存储数据的访问，并提供与其他应用共享数据的方法。Data 既可用于同设备不同应用的数据共享，也支持跨设备不同应用的数据共享。数据的存放形式多样，可以是数据库，也可以是磁盘上的文件。Data 对外提供对数据的增、删、改、查操作，以及打开文件等接口，这些接口的具体实现由开发者提供。Data 的提供方和使用方都通过 URI(Uniform Resource Identifier)来标识一个具体的数据，例如数据库中的某个表或磁盘上的某个文件。HarmonyOS 的 URI 仍基于 URI 通用标准，格式如图 3-14 所示。

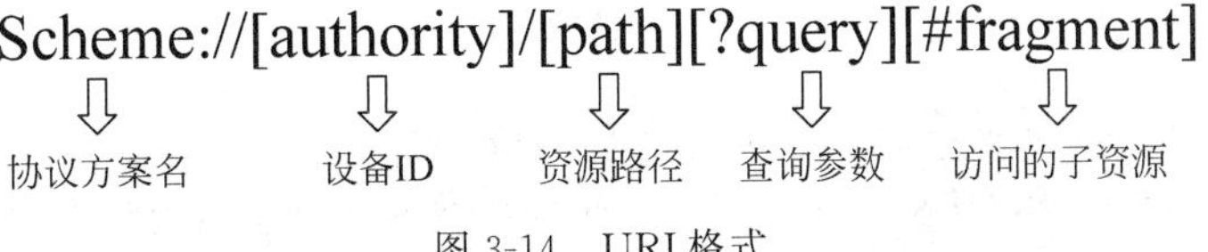

图 3-14 URI 格式

Scheme是协议方案名，固定为dataability，代表Data Ability所使用的协议类型。authority是设备ID。如果为跨设备场景，则为目标设备的ID；如果为本地设备场景，则不需要填写。path是资源的路径信息，代表特定资源的位置信息。query是查询参数。fragment可以用于指示要访问的子资源。

我们用两种场景的URI进行示例说明。

跨设备场景，代码如下：

```
dataability://device_id/com.domainname.dataability.persondata/person/10
```

本地设备，代码如下：

```
dataability:///com.domainname.dataability.persondata/person/10
```

本地设备的device_id字段为空，因此在dataability:后面有3个"/"。

2. 创建Data

使用Data模板的Ability形式仍然是Ability，因此，开发者需要为应用添加一个或多个Ability的子类，来提供程序与其他应用之间的接口。Data为结构化数据和文件提供了不同API供用户使用，因此，开发者首先需要确定使用何种类型的数据。本节主要讲述创建Data的基本步骤和需要使用的接口。Data提供方可以自定义数据的增、删、改、查操作，以及文件打开等功能，并对外提供这些接口。

确定数据的存储方式，Data支持两种数据形式：文件数据，如文本、图片、音乐等；结构化数据，如数据库等。

实现UserDataAbility。UserDataAbility用于接收其他应用发送的请求，提供外部程序访问的入口，从而实现应用间的数据访问。实现UserDataAbility，需要在Project窗口当前工程的主目录(entry→src→main→java > com.xxx.xxx)选择File→New→Ability→Empty Data Ability，设置Data Name后完成UserDataAbility的创建。

Data提供了文件存储和数据库存储两组接口供用户使用。

1) 文件存储

开发者需要在Data中重写FileDescriptor opcnFilc(Uri uri, String mode)方法来操作文件；uri为客户端传入的请求目标路径；mode为开发者对文件的操作选项，可选方式包含r(读)、w(写)、rw(读写)等。

开发者可通过MessageParcel静态方法dupFileDescriptor()复制待操作文件流的文件描述符，并将其返回，供远端应用访问文件。

根据传入的uri打开对应的文件示例，代码如下：

```
//第3章/文件存储-根据传入的uri打开对应的文件示例
private static final HiLogLabel LABEL_LOG = new HiLogLabel(HiLog.LOG_APP, 0xD00201, "Data_Log");
```

```
@Override
public FileDescriptor openFile(Uri uri, String mode) throws FileNotFoundException {
    File file = new File(uri.getDecodedPathList().get(0));
                                    //get(0)用于获取 URI 完整字段中查询参数字段
    if (mode == null || !"rw".equals(mode)) {
        file.setReadOnly();
    }
    FileInputStream fileIs = new FileInputStream(file);
    FileDescriptor fd = null;
    try {
        fd = fileIs.getFD();
    } catch (IOException e) {
        HiLog.info(LABEL_LOG, "failed to getFD");
    }

    //绑定文件描述符
    return MessageParcel.dupFileDescriptor(fd);
}
```

2）数据库存储

第一步，初始化数据库连接。系统会在应用启动时调用 onStart()方法创建 Data 实例。在此方法中，开发者应该创建数据库连接，并获取连接对象，以便后续对数据库进行操作。为了避免影响应用启动速度，开发者应当尽可能地将非必要的耗时任务推迟到使用时执行，而不是在此方法中执行所有初始化。

初始化的时候连接数据库，示例代码如下：

```
//第 3 章/数据库存储 - 连接数据库示例
private static final String DATABASE_NAME = "UserDataAbility.db";
private static final String DATABASE_NAME_ALIAS = "UserDataAbility";
private static final HiLogLabel LABEL_LOG = new HiLogLabel(HiLog.LOG_APP, 0xD00201, "Data_Log");
private OrmContext ormContext = null;

@Override
public void onStart(Intent intent) {
    super.onStart(intent);
    DatabaseHelper manager = new DatabaseHelper(this);
    ormContext = manager.getOrmContext(DATABASE_NAME_ALIAS, DATABASE_NAME, BookStore.class);
}
```

第二步，编写数据库操作方法。

Ability 定义了 6 种方法供用户对数据库表数据进行增、删、改、查处理。这 6 种方法在 Ability 中已默认实现，开发者可按需重写。具体方法如下：

方法 ResultSet query(Uri uri, String[] columns, DataAbilityPredicates predicates)用

来查询数据库。方法 int insert(Uri uri, ValuesBucket value)用来向数据库插入单条数据。方法 int batchInsert(Uri uri, ValuesBucket[] values)用来向数据库插入多条数据。方法 int delete(Uri uri, DataAbilityPredicates predicates)用来删除一条或多条数据。方法 int update(Uri uri, ValuesBucket value, DataAbilityPredicates predicates)用来更新数据库。方法 DataAbilityResult[] executeBatch(ArrayList<DataAbilityOperation> operations)用来批量操作数据库。

这些方法的具体使用说明如下：

query()方法接收 3 个参数，分别是查询的目标路径、查询的列名和查询条件。查询条件由类 DataAbilityPredicates 构建，根据传入的列名和查询条件查询用户表的示例代码如下：

```
//第 3 章/编写数据库操作方法 - 数据查询
public ResultSet query(Uri uri, String[] columns, DataAbilityPredicates predicates) {
    if (ormContext == null) {
        HiLog.error(LABEL_LOG, "failed to query, ormContext is null");
        return null;
    }

    //查询数据库
    OrmPredicates ormPredicates = DataAbilityUtils.createOrmPredicates(predicates, User.
class);
    ResultSet resultSet = ormContext.query(ormPredicates, columns);
    if (resultSet == null) {
        HiLog.info(LABEL_LOG, "resultSet is null");
    }

    //返回结果
    return resultSet;
}
```

insert()方法接收两个参数，分别是插入的目标路径和插入的数值。其中，插入的数值由 ValuesBucket 封装，服务器端可以从该参数中解析出对应的属性，然后插入数据库。此方法返回一个 int 类型的值，用于标识结果。接收到传过来的用户信息并把它保存到数据库的示例代码如下：

```
//第 3 章/编写数据库操作方法 - 添加数据
public int insert(Uri uri, ValuesBucket value) {
    //参数校验
    if (ormContext == null) {
        HiLog.error(LABEL_LOG, "failed to insert, ormContext is null");
        return -1;
    }
```

```
    //构造插入数据
    User user = new User();
    user.setUserId(value.getInteger("userId"));
    user.setFirstName(value.getString("firstName"));
    user.setLastName(value.getString("lastName"));
    user.setAge(value.getInteger("age"));
    user.setBalance(value.getDouble("balance"));

    //编写数据库操作方法 - 插入数据库
    boolean isSuccessful = ormContext.insert(user);
    if (!isSuccessful) {
        HiLog.error(LABEL_LOG, "failed to insert");
        return -1;
    }
    isSuccessful = ormContext.flush();
    if (!isSuccessful) {
        HiLog.error(LABEL_LOG, "failed to insert flush");
        return -1;
    }
    DataAbilityHelper.creator(this, uri).notifyChange(uri);
    int id = Math.toIntExact(user.getRowId());
    return id;
}
```

batchInsert()方法为批量插入方法，接收一个 ValuesBucket 数组，用于单次插入一组对象。它的作用是提高插入多条重复数据的效率。该方法系统已实现，开发者可以直接调用。

delete()方法用来执行删除操作。删除条件由类 DataAbilityPredicates 构建，服务器端在接收到该参数之后可以从中解析出要删除的数据，然后在数据库中执行。根据传入的条件删除用户表数据的示例代码如下：

```
//第 3 章/编写数据库操作方法 - 删除数据
public int delete(Uri uri, DataAbilityPredicates predicates) {
    if (ormContext == null) {
        HiLog.error(LABEL_LOG, "failed to delete, ormContext is null");
        return -1;
    }

   OrmPredicates ormPredicates = DataAbilityUtils.createOrmPredicates(predicates, User.
class);
    int value = ormContext.delete(ormPredicates);
    DataAbilityHelper.creator(this, uri).notifyChange(uri);
    return value;
}
```

update()方法用来执行更新操作。用户可以在 ValuesBucket 参数中指定要更新的数据，以及在 DataAbilityPredicates 中构建更新的条件等。更新用户表的数据的示例代码如下：

```
//第 3 章/更新用户表的数据
public int update(Uri uri, ValuesBucket value, DataAbilityPredicates predicates) {
    if (ormContext == null) {
        HiLog.error(LABEL_LOG, "failed to update, ormContext is null");
        return -1;
    }

    OrmPredicates ormPredicates = DataAbilityUtils.createOrmPredicates(predicates, User.
class);
    int index = ormContext.update(ormPredicates, value);
    HiLog.info(LABEL_LOG, "UserDataAbility update value:" + index);
    DataAbilityHelper.creator(this, uri).notifyChange(uri);
    return index;
}
```

executeBatch()方法用来批量执行操作。DataAbilityOperation 中提供了设置操作类型、数据和操作条件的方法，用户可自行设置自己要执行的数据库操作。该方法系统已实现，开发者可以直接调用。

需要说明的是在上述代码示例中，初始化了数据库类 BookStore.class，并通过实体类 User.class 对该数据库的表 User 进行增、删、改、查操作。

3）注册 UserDataAbility

和 Service 类似，开发者必须在配置文件中注册 Data。配置文件中该字段在创建 Data Ability 时会自动创建，name 与创建的 Data Ability 一致。

需要关注以下属性：type 为类型，设置为 data；uri 为对外提供的访问路径，全局唯一；permissions 为访问该 data ability 时需要申请的访问权限。

如果权限非系统权限，则需要在配置文件中进行自定义，示例代码如下：

```
"//":"第 3 章/注册 UserDataAbility-自定义 DataAbility 访问权限"
{
    "name": ".UserDataAbility",
    "type": "data",
    "visible": true,
    "uri": "dataability://com.example.myapplication5.DataAbilityTest",
    "permissions": [
        "com.example.myapplication5.DataAbility.DATA"
    ]
}
```

3. 访问 Data

开发者可以通过 DataAbilityHelper 类访问当前应用或其他应用提供的共享数据。DataAbilityHelper 作为客户端，与提供方的 Data 进行通信。Data 接收到请求后，执行相应处理，并返回结果。DataAbilityHelper 提供了一系列与 Data Ability 对应的方法。下面介绍 DataAbilityHelper 具体的使用步骤。

1）声明使用权限

如果待访问的 Data 声明了访问需要权限，则访问此 Data 时应在配置文件中声明需要此权限。声明时需要参考权限申请字段说明，示例代码如下：

```
"//":"第 3 章/声明使用权限 - 声明数据访问权限"
"reqPermissions": [
    {
        "name": "com.example.myapplication5.DataAbility.DATA"
    },
    //访问文件还需要添加访问存储读写权限
    {
        "name": "ohos.permission.READ_USER_STORAGE"
    },
    {
        "name": "ohos.permission.WRITE_USER_STORAGE"
    }
]
```

2）创建 DataAbilityHelper

DataAbilityHelper 为开发者提供了 creator()方法，以此创建 DataAbilityHelper 实例。该方法为静态方法，有多个重载。最常见的方法是通过传入一个 context 对象来创建 DataAbilityHelper 对象。获取 helper 对象，示例代码如下：

```
DataAbilityHelper helper = DataAbilityHelper.creator(this);
```

3）访问 Data Ability

DataAbilityHelper 为开发者提供了一系列接口，用于访问不同类型的数据（文件、数据库等）。

DataAbilityHelper 为开发者提供了 FileDescriptor openFile(Uri uri, String mode)方法来操作文件。此方法需要传入两个参数，其中 uri 用来确定目标资源路径，mode 用来指定打开文件的方式，可选方式包含 r（读）、w（写）、rw（读写）、wt（覆盖写）、wa（追加写）、rwt（覆盖写且可读）。该方法返回一个目标文件的 FD（文件描述符），把文件描述符封装成流，开发者就可以对文件流进行自定义处理。访问文件，示例代码如下：

```
//读取文件描述符
FileDescriptor fd = helper.openFile(uri, "r");
```

```
FileInputStream fis = new FileInputStream(fd);

//使用文件描述符封装成的文件流,进行文件操作
```

访问数据库。DataAbilityHelper 为开发者提供了增、删、改、查及批量处理等方法,以此来操作数据库。对数据库的操作主要包括以下方法。

方法 ResultSet query(Uri uri, String[] columns, DataAbilityPredicates predicates)用来查询数据库。方法 int insert(Uri uri, ValuesBucket value)用来向数据库插入单条数据。方法 int batchInsert(Uri uri, ValuesBucket[] values)用来向数据库插入多条数据。方法 int delete(Uri uri, DataAbilityPredicates predicates)用来删除一条或多条数据。方法 int update(Uri uri, ValuesBucket value, DataAbilityPredicates predicates)用来更新数据库。方法 DataAbilityResult[] executeBatch(ArrayList < DataAbilityOperation > operations)用来批量操作数据库。

这些方法的使用说明如下:

query()查询方法,其中 uri 为目标资源路径,columns 为想要查询的字段。开发者的查询条件可以通过 DataAbilityPredicates 来构建。查询用户表中 id 为 101～103 的用户,并把结果打印出来,示例代码如下:

```
//第 3 章/DataAbility 数据查询
DataAbilityHelper helper = DataAbilityHelper.creator(this);

//构造查询条件
DataAbilityPredicates predicates = new DataAbilityPredicates();
predicates.between("userId", 101, 103);

//进行查询
ResultSet resultSet = helper.query(uri, columns, predicates);

//处理结果
resultSet.goToFirstRow();
do {
    //在此处理 ResultSet 中的记录;
} while(resultSet.goToNextRow());
```

insert()新增方法,其中 uri 为目标资源路径,ValuesBucket 为要新增的对象。插入一条用户信息的示例代码如下:

```
//第 3 章/DataAbility 数据添加
DataAbilityHelper helper = DataAbilityHelper.creator(this);

//构造插入数据
```

```
ValuesBucket valuesBucket = new ValuesBucket();
valuesBucket.putString("name", "Tom");
valuesBucket.putInteger("age", 12);
helper.insert(uri, valuesBucket);
```

batchInsert()批量插入方法，和 insert()类似。批量插入用户信息的示例代码如下：

```
//第 3 章/DataAbility 数据批量添加

DataAbilityHelper helper = DataAbilityHelper.creator(this);

//构造插入数据
ValuesBucket[] values = new ValuesBucket[2];
values[0] = new ValuesBucket();
values[0].putString("name", "Tom");
values[0].putInteger("age", 12);
values[1] = new ValuesBucket();
values[1].putString("name", "Tom1");
values[1].putInteger("age", 16);
helper.batchInsert(uri, values);
```

delete()删除方法，其中删除条件可以通过 DataAbilityPredicates 来构建。删除用户表中 id 为 101～103 的用户，示例代码如下：

```
//第 3 章/DataAbility 数据删除
DataAbilityHelper helper = DataAbilityHelper.creator(this);

//构造删除条件
DataAbilityPredicates predicates = new DataAbilityPredicates();
predicates.between("userId", 101, 103);
helper.delete(uri, predicates);
```

update()更新方法，更新数据由 ValuesBucket 传入，更新条件由 DataAbilityPredicates 构建。更新 id 为 102 的用户，示例代码如下：

```
//第 3 章/DataAbility 数据删除
DataAbilityHelper helper = DataAbilityHelper.creator(this);

//构造更新条件
DataAbilityPredicates predicates = new DataAbilityPredicates();
predicates.equalTo("userId", 102);

//构造更新数据
```

```
ValuesBucket valuesBucket = new ValuesBucket();
valuesBucket.putString("name", "Tom");
valuesBucket.putInteger("age", 12);
helper.update(uri, valuesBucket, predicates);
executeBatch()
```

DataAbilityOperation 中提供了设置操作类型、数据和操作条件的方法，开发者可自行设置要执行的数据库操作。插入多条数据的示例代码如下：

```
//第 3 章/DataAbilityOperation 的使用
DataAbilityHelper helper = DataAbilityHelper.creator(abilityObj, insertUri);

//构造批量操作
ValuesBucket value1 = initSingleValue();
DataAbilityOperation opt1 = DataAbilityOperation.newInsertBuilder(insertUri).withValuesBucket
(value1).build();
ValuesBucket value2 = initSingleValue2();
DataAbilityOperation opt2 = DataAbilityOperation.newInsertBuilder(insertUri).withValuesBucket
(value2).build();
ArrayList<DataAbilityOperation> operations = new ArrayList<DataAbilityOperation>();
operations.add(opt1);
operations.add(opt2);
DataAbilityResult[] result = helper.executeBatch(insertUri, operations);
```

3.3.5 Intent

1. 基本概念

Intent 是对象之间传递信息的载体。例如，当一个 Ability 需要启动另一个 Ability 时，或者当一个 AbilitySlice 需要导航到另一个 AbilitySlice 时，可以通过 Intent 指定启动的目标，与此同时指定携带相关数据。

Intent 的构成元素包括 Operation 与 Parameters，具体描述如下。

1）属性 Operation

子属性 Action 表示动作，通常使用系统预置的 Action，应用也可以自定义 Action。例如 IntentConstants.ACTION_HOME 表示返回桌面动作。子属性 Entity 表示类别，通常使用系统预置的 Entity，应用也可以自定义 Entity。例如 Intent.ENTITY_HOME 表示在桌面显示图标。子属性 Uri 表示 Uri 描述。如果在 Intent 中指定了 Uri，则 Intent 将匹配指定的 Uri 信息，包括 scheme、schemeSpecificPart、authority 和 path 信息。子属性 Flags 表示处理 Intent 的方式。例如 Intent.FLAG_ABILITY_CONTINUATION 标记在本地的一个 Ability 是否可以迁移到远端设备继续运行。子属性 BundleName 表示包描述。如果在 Intent 中同时指定了 BundleName 和 AbilityName，则 Intent 可以直接匹配到指定的

Ability。子属性 AbilityName 表示待启动的 Ability 名称。如果在 Intent 中同时指定了 BundleName 和 AbilityName，则 Intent 可以直接匹配到指定的 Ability。子属性 DeviceId 表示运行指定 Ability 的设备 ID。

2）Parameters

Parameters 是一种支持自定义的数据结构，开发者可以通过 Parameters 传递某些请求所需的额外信息。

2. 两种类型

当 Intent 用于发起请求时，根据指定元素的不同，可分为以下两种类型：

如果同时指定了 BundleName 与 AbilityName，则根据 Ability 的全称（例如 com.demoapp.FooAbility）来直接启动应用。

如果未同时指定 BundleName 和 AbilityName，则根据 Operation 中的其他属性来启动应用。

Intent 设置属性时，必须先使用 Operation 设置属性。如果需要新增或修改属性，则必须在设置 Operation 后再执行操作。关于 Intent 最简单的使用方法，可参见快速入门的示例代码。其中“实现页面跳转”重点描述了使用 Intent 实现两个页面跳转关系的操作。

1）根据 Ability 的全称启动应用

通过构造包含 BundleName 与 AbilityName 的 Operation 对象，可以启动一个 Ability 并导航到该 Ability，示例代码如下：

```
//第 3 章/DataAbilityOperation 的使用
Intent intent = new Intent();

//通过 Intent 中的 OperationBuilder 类构造 operation 对象，指定设备标识(空串表示当前设备)、
//应用包名、Ability 名称
Operation operation = new Intent.OperationBuilder()
        .withDeviceId("")
        .withBundleName("com.demoapp")
        .withAbilityName("com.demoapp.FooAbility")
        .build();

//把 operation 设置到 intent 中
intent.setOperation(operation);
startAbility(intent);
```

作为处理请求的对象，会在相应的回调方法中接收请求方传递的 Intent 对象。以导航到另一个 Ability 为例，导航的目标 Ability 可以在其 onStart()回调的参数中获得 Intent 对象。

2）根据 Operation 的其他属性启动应用

有些场景下，开发者需要在应用中使用其他应用提供的某种能力，而不感知提供该能力的应用具体是哪一个应用。例如如果开发者需要通过浏览器打开一个链接，而不关心用户

最终选择哪一个浏览器应用，则可以通过 Operation 的其他属性（除 BundleName 与 AbilityName 之外的属性）描述需要的能力。如果设备上存在多个应用提供同种能力，系统则弹出候选列表，由用户选择由哪个应用处理请求。以下示例展示如何使用 Intent 跨 Ability 查询天气信息。

请求方在 Ability 中构造 Intent 及包含 Action 的 Operation 对象，并调用 startAbilityForResult()方法发起请求，然后重写 onAbilityResult()回调方法，对请求结果进行处理，示例代码如下：

```
//第3章/重写 onAbilityResult()回调方法
private void queryWeather() {
    Intent intent = new Intent();
    Operation operation = new Intent.OperationBuilder()
            .withAction(Intent.ACTION_QUERY_WEATHER)
            .build();
    intent.setOperation(operation);
    startAbilityForResult(intent, REQ_CODE_QUERY_WEATHER);
}

@Override
protected void onAbilityResult(int requestCode, int resultCode, Intent resultData) {
    switch (requestCode) {
        case REQ_CODE_QUERY_WEATHER:
            //Do something with result.
            ...
            return;
        default:
            ...
    }
}
```

处理方作为处理请求的对象，首先需要在配置文件中声明对外提供的能力，以便系统据此找到此能力并作为候选的请求处理者，示例代码如下：

```
"//":"第3章/声明对外提供的能力"
{
    "module": {
        ...
        "abilities": [
            {
                ...
                "skills":[
                    {
                        "actions":[
```

```
                                "ability.intent.QUERY_WEATHER"
                            ]
                        }
                    ]
                    ...
                }
            ]
            ...
        }
        ...
}
```

在 Ability 中配置路由以便支持以此 action 导航到对应的 AbilitySlice，示例代码如下：

```
//第 3 章/action 导航到对应的 AbilitySlice
@Override
protected void onStart(Intent intent) {
    ...
    addActionRoute(Intent.ACTION_QUERY_WEATHER, DemoSlice.class.getName());
    ...
}
```

在 Ability 中处理请求，并调用 setResult()方法暂存返回结果，示例代码如下：

```
//第 3 章/请求结果处理
@Override
protected void onActive() {
    ...
    Intent resultIntent = new Intent();
    setResult(0, resultIntent);      //0 为当前 Ability 销毁后返回的 resultCode
    ...
}
```

第二篇　成长提高篇

本篇包括第 4～6 章，分别是常用模板开发练习、常用组件布局开发、业务功能与数据管理开发。

第 4 章主要基于 HUAWEI DevEco Studio 中自带的模板汇总和基于模板进行开发实战练习。通过直接使用 DevEco Studio 中现有模板或者在模板的基础上根据开发者需要的场景进行创新与二次开发，是笔者认为最为快速和便捷的应用开发方式。本章会通过多个实际的案例进行演示，其他模板使用的基本流程与此相同。

第 5 章内容主要对 HarmonyOS 原子化服务与服务卡片开发过程中可以使用的各项组件与布局进行汇总与练习。通过组件引用和组合的方式，可以快速实现我们想要的各项样式与功能；通过组件的练习方式，可以快速地让开发者上手练习与看到成效。我们创作了部分组件案例练习，读者可以直接引用，其他组件的使用思路和流程与此相同。

第 6 章内容主要介绍原子化服务与服务卡片的功能开发过程，包括卡片的流转开发、华为分享接入和平行视界的开发等。HarmonyOS 拥有许多强大的功能，为应用开发者提供了完整的开发接口，笔者认为随着原子化服务与服务卡片开发运营体系的不断完善，各项 API 都可以在该应用服务形态下进行引用，所以，本章对 HarmonyOS 应用的各项 API 进行了汇总，并挑选了部分功能（例如安全、数据管理等开发）进行介绍与简要演示。HarmonyOS 应用、原子化服务与服务卡片的开发运行，除系统本身自带的功能、模板、组件外，也需要引用第三方组件，本章对这部分也进行简要阐述。HarmonyOS 与 OpenHarmony 既有统一性也有差异性，在应用开发，特别是原子化服务与服务卡片开发运行上，HarmonyOS 是相对成熟和完善的，但是基于 OpenHarmony 的应用、原子化服务与服务卡片开发，发展潜力也很大，所以本章对 OpenHarmony 的应用开发也进行简要阐述。

第 4 章 常用模板开发练习

本章主要基于 DevEco Studio 中自带的模板汇总和基于模板进行开发实战练习。通过直接使用 DevEco Studio 中现有模板或者在模板的基础上根据开发者需要的场景进行创新与二次开发，是笔者认为最为快速和便捷的应用开发方式。本章会通过多个实际案例进行说明。

4.1 常用模板练习

本节笔者汇总了创作本书期间 DevEco Studio 中已经自带的主要模板、支持的设备、支持的开发语言、使用的场景说明等，供读者参考。

4.1.1 工程项目模板汇总

笔者创作本书期间 DevEco Studio 中自带的主要工程项目模板及开发所涉及的相关因素汇总见表 4-1。

表 4-1 工程项目模板汇总

<table>
<tr><th>模板名称</th><th>支持设备</th><th>开发语言</th><th>模板说明</th></tr>
<tr><td rowspan="3">Empty Ability</td><td>Phone、Tablet TV、Wearable</td><td>JS</td><td rowspan="2">用于 Phone、TV、Tablet 、Wearable、Car 设备（Car 设备只支持 Java）的 Feature Ability 模板，展示了基础的 Hello World 功能</td></tr>
<tr><td>Phone、Tablet、TV、Wearable、Car</td><td>Java</td></tr>
<tr><td>Phone、Tablet、TV</td><td>eTS</td><td>用于 Phone、TV、Tablet 设备的 Feature Ability 模板，展示了基础的 Hello World 功能</td></tr>
<tr><td>Native C++</td><td>Phone、Car</td><td>C++</td><td>用于 Phone、Car 设备的 Feature Ability 模板，作为 HarmonyOS 应用调用 C++代码的示例工程，界面显示“Hello from JNI C++ codes”</td></tr>
<tr><td>[Lite] Empty Ability</td><td>Lite、Wearable、Smart、Vision</td><td>JS</td><td>用于 Lite Wearable、Smart Vision 设备的 Feature Ability 模板，包含一个简单的 Hello World 文本。该模板包含两个组件：div 和 text，同时演示了数据绑定的使用方式</td></tr>
</table>

续表

模板名称	支持设备	开发语言	模板说明
About Ability	Phone	Java	用于 Phone 设备的 Feature Ability 模板。展示了一个应用关于页模板，提供了应用关于信息的实现方式
	Phone	eTS	
	Phone、Tablet TV、Wearable	JS	用于 Phone、Tablet、TV、Wearable、Phone 设备的 Feature Ability 模板。展示了一个应用关于页模板，提供了应用关于信息的实现方式
Category Ability	Phone	Java	用于 Phone 设备的 Feature Ability 模板，使用 XML 来写布局，显示分类页效果
	Phone	eTS	
	Phone Tablet	JS	用于 Phone、Tablet 设备的 Feature Ability 模板。展示了一个应用分类页模板，提供了页面跳转、页面切换等功能
Full Screen Ability	Phone	Java	用于 Phone 设备的 FeatureAbility 模板，使用 XML 布局。为开发者提供全屏页的示例工程，使用了 Image 组件，并实现了横竖屏切换保持全屏显示
	Phone	eTS	
	Phone、TV、Tablet、Wearable	JS	用于 Phone、TV、Tablet、Wearable 设备的 Feature Ability 模板。用于在全屏模式下沉浸式展示图片等内容，支持开发者在此模板的基础上进行二次开发，支持手机和平板横竖屏切换显示
Grid Ability	Phone	Java	用于 Phone 设备的 Feature Ability 模板，使用 XML 来写布局，显示内容为两部分网格表，网格每行显示 4 个项目，网格内元素可进行拖动排序
	Phone	eTS	
	Phone、Tablet、TV	JS	用于 Phone、Tablet、TV 设备的 Feature Ability 模板。展示了一个网格页模板，用于网格应用和状态栏的展示
Login Ability	Phone	Java	用于 Phone 设备的 Feature Ability 模板，使用 XML 来写布局，显示登录页效果
	Phone、Tablet、TV	JS	用于 Phone、Tablet、TV 设备的 Feature Ability 模板。展示了一个应用登录页模板，提供了页面跳转、账号及密码输入等功能
Navigation Ability	Phone	Java	用于 Phone、Table 设备的 Feature Ability 模板。展示了一个帮助引导页模板，一般落地的场景：①App 首次启动帮助导航页，覆盖面广，为基础模板；②App 首页滚动页播放
	Phone、Tablet	JS	
Privacy Statement Ability	Phone	Java	用于 Phone 设备的 Feature Ability 模板，用来呈现多样式的隐私协议文本及详情跳转
	Phone	eTS	
	Phone、Tablet、TV	JS	用于 Phone、Tablet、TV 设备的 Feature Ability 模板。展示了一个应用隐私页模板，提供了隐私声明界面的实现
Settings Ability	Phone	Java	用于 Phone 设备的 Feature Ability 模板，使用 XML 来写布局，由标题栏和一个列表组成。列表部分可设置单行和双行，并分别提供对应的 XML 布局文件。单行列表由左侧文本和右侧文本组成。双行列表由左侧图标及双行描述文本和右侧开关组成，并提供开关状态持久化示例
	Phone、TV、Tablet、Wearable	JS	用于 Phone、Tablet、TV、Wearable 设备的 Feature Ability 模板。展示了一个设置页模板，一般用于 App 设置页面的实现

续表

模板名称	支持设备	开发语言	模板说明
Splash Screen Ability	Phone	Java	用于手机设备的 Feature Ability 模板，使用 XML 布局。展示了一个应用启动页模板，提供了页面跳转的实现
	Phone、Tablet TV	JS	用于 Phone、Tablet、TV 设备的 Feature Ability 模板。展示了一个应用启动页模板，提供了页面跳转及倒计时器的实现
List Ability	Phone	eTS	用于 Phone 设备的 Feature Ability 模板，展示了一个多页签的列表页，支持在列表中插入对应的文本和图片信息
[Lite] Empty Particle Ability	Router	JS	用于 Router 设备的 Feature Ability 模板，展示了基础的 Hello World 功能
[Standard] Empty Ability	Phone	JS	用于 Phone 设备的 Feature Ability 模板。该模板构建了两个页面，并实现了从一个页面到另一个页面的跳转
	Phone	eTS	

4.1.2 卡片模板的使用说明

笔者创作本书期间 DevEco Studio 中自带的主要卡片模板及开发所涉及的相关因素汇总见表 4-2。

表 4-2 卡片模板的说明

模板名称	模板说明
Grid Pattern(宫格卡片模板)	宫格卡片模板在大尺寸的卡片上的特征较为明显，能够有规律地进行布局排列。例如展示多排应用图标，每个热区独立可单击，或展示影视海报等信息，以凸显图片为主，描述文本为辅
Image With Infomation(图文卡片模板)	图文卡片模板主要用于展现图片和一定数量文本的搭配，在这种布局下，图片和文本属于同等重要的信息。在不同尺寸下，图片大小和文本数量会发生一定变化，用于凸显关键信息
Immersive Pattern(沉浸布局卡片模板)	图片内容是更能够吸引用户的展现形式，因此，沉浸式的布局能够拥有更好的代入感和展现形式。与图文和宫格类相比，这种布局在造型上的制约会更小，设计形式上的发挥空间更大，但在不同设备下的适配需要注意展示效果
List Pattern(列表卡片模板)	列表卡片模板是展示信息时的常用界面组件，通常会在列表的左侧或右侧带有图片或点缀元素。这类布局的优势在于可以集中地展示较多信息，并遵循有序地排列。常用于新闻类、搜索类应用，方便用户获取关键的文本信息
Circular Data(环形数据模板)	环形数据卡片模板主要用于展示自定义内容数据，卡片主体由环形数据图和文本描述组成，用于凸显关键数据的所占比例
Immersive Data(沉浸式数据模板)	此类型卡片是在沉浸式图片上呈现数据信息，可以使用不同的图标搭配信息进行呈现，强调使用场景与数据之间的关系，开发者可以发挥图文搭配的优势，创造出独特风格的卡片样式

续表

模板名称	模板说明
Immersive Information（沉浸式图文模板）	沉浸式卡片的装饰性较强，能够较好地提升卡片品质感并起到装饰桌面的作用，合理地布局信息与背景图片之间的空间比例，可以提升用户的个性化使用体验
Multiple Contacts（多个联系人模板）	将多个联系人信息融合在一张卡片中，用户能够快捷地找到最近通话的联系人。也可以通过赋予卡片编辑能力，为用户提供动态可自定义的联系人卡片
Multiple Functions（多功能模板）	开发者可以定义此卡片不同热区位置的单击事件，可以执行某一指令或者不同功能界面的跳转。权衡多个功能之间的重要程度，将较大的空间位置留给主要的信息，搭配图片使用，使卡片内容看起来更加丰富
Music Player（音乐播放器卡片模板）	音乐播放器卡片模板主要用于在桌面展示一个音乐播放的控制界面，通过单击卡片上的对应功能按钮，能够实现对音乐播放的控制
Schedule（行程卡片模板）	行程卡片模板布局主要用于在卡片上展示行程关键信息，并带有功能图标，可通过单击功能图标查看详细行程信息
Shortcuts（捷径卡片模板）	捷径卡片模板布局主要用于在桌面展示多个快捷功能图标，在这种布局下，每个热区独立可单击，可快速进入相关功能，但应提供对用户有价值、有服务场景的功能，不要滥用卡片的入口位置
Social Call（通话卡片模板）	通话卡片模板主要用于在桌面显示自定义的联系人图片和通话按钮，在这种场景下，可以直接单击卡片上的通话按钮进行快速呼叫
Standard Image（标准图文模板）	标准图片类型的卡片使用场景较广，图片和文字信息类型展示基本可以使用此卡片，但仍然以呈现图片为主，例如展示二维码信息、乘车路线图、卡片信息预览等
Standard List（标准列表模板）	此卡片的优势在于强调标题信息，并且有序排列，可以明确地呈现主副信息内容。列表类型的卡片需要有克制地使用，避免整张卡片全是文字信息
Timer Progress（标准时间进度模板）	此卡片主要突出时间数据，配合标题及正文对数据信息进行解释。可以使用不同的色彩来强调信息的重要性，突出核心的内容

4.2 常用 JS 卡片模板练习

如 4.1 节所汇总，用于服务卡片开发的模板有很多，本节挑选几种常用于 JS 语言的基础模板进行实战练习。

4.2.1 Empty Ability 工程模板

Empty Ability 工程模板是原生模板，笔者创作本书期间，可以搭配 16 种任意类型的卡片模板，是所有模板中开发者可创造性最强大的模板。下面列举一些 Empty Ability 工程模板可搭配的几种常用类型卡片模板。

1. Empty Ability 工程模板＋Grid Pattern 卡片模板

1）创建工程模板

(1) 打开 DevEco Studio 编辑器，进行工程项目的创建，如图 4-1 所示。

(2) 进行该项目工程的工程配置，如图 4-2 所示。

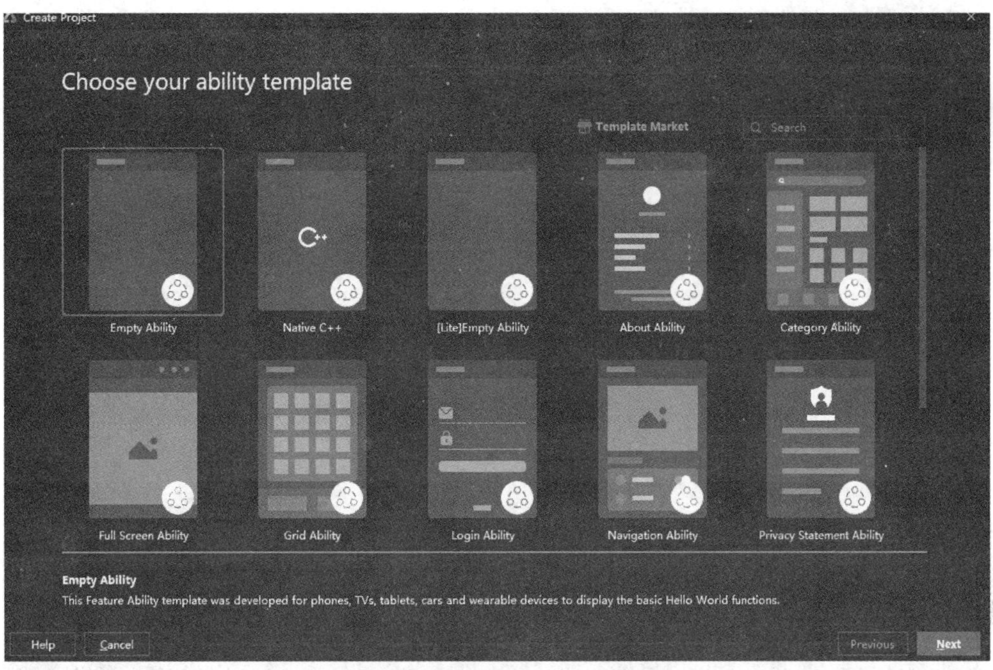

图 4-1 选择 Empty Ability 模板

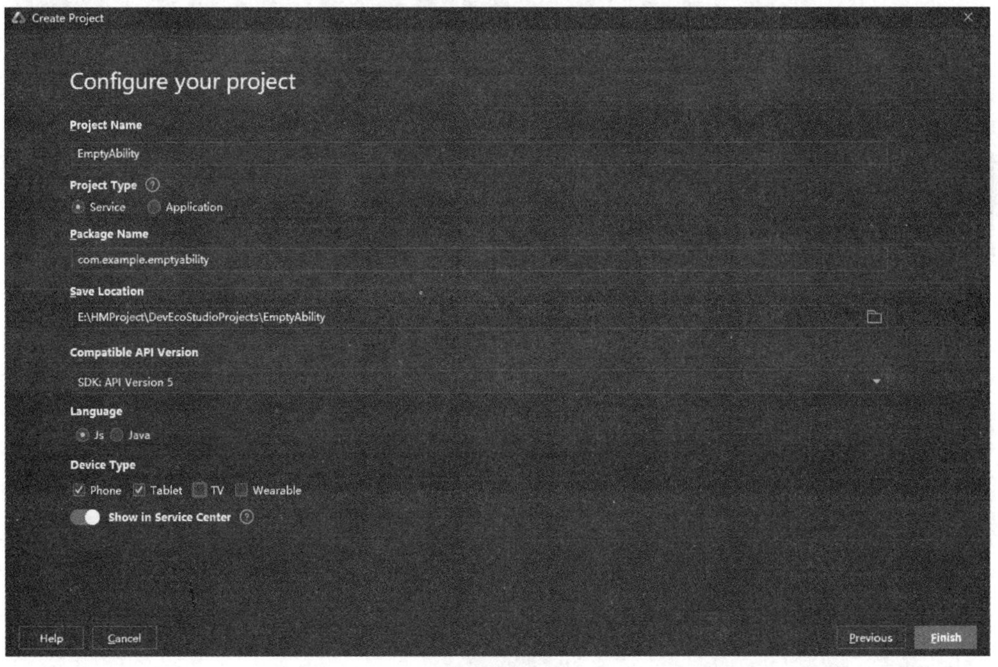

图 4-2 配置工程

（3）创建成功，如图 4-3 所示。

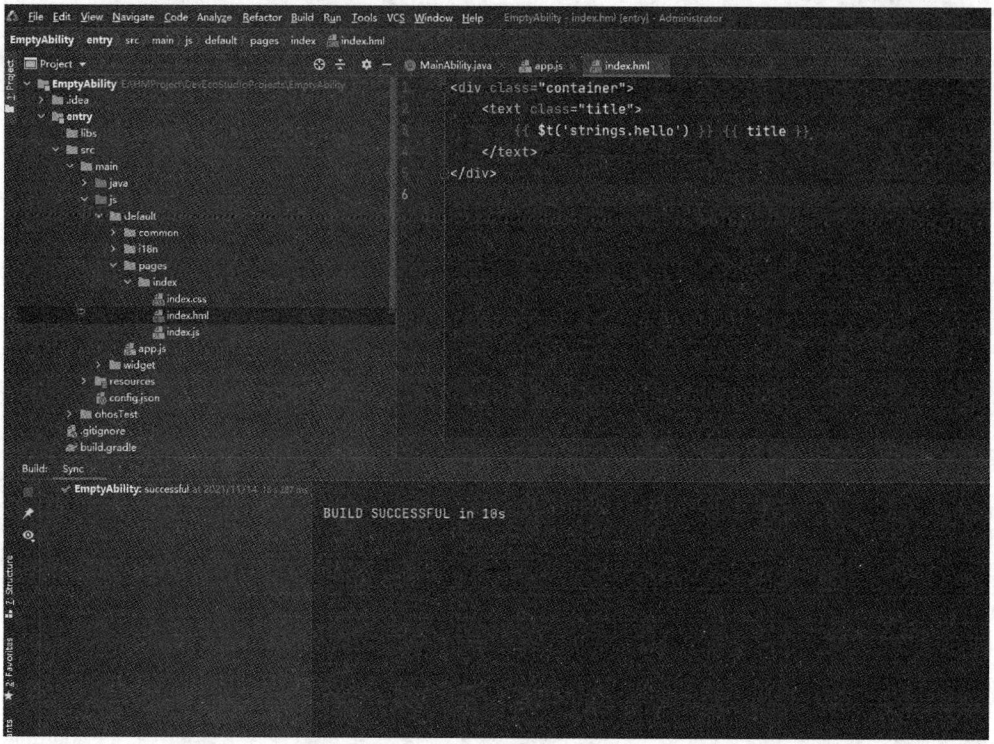

图 4-3 成功创建

2）创建卡片模板

（1）选择 js 目录，右击并选择 New 下的 Service Widget 选项，如图 4-4 所示。

（2）进入选项，选择 Grid Pattern 卡片模板，如图 4-5 所示。

（3）单击 Next 按钮，进入模板配置页，然后单击 Finish 按钮完成创建，如图 4-6 所示。

（4）创建成功后，在 js 目录下会生成一个 widget1 的文件夹，如图 4-7 所示。

3）进行开发练习

（1）进行开发练习，首先使用卡片模板，将准备好的资源图片放入 widget1 文件夹下的 common 文件夹中，如图 4-8 所示。

卡片模板的内容部分的实现方式如下。

index. hml 文件的代码如下：

```
<!-- 第 4 章/案例一 Grid Pattern 卡片模板 index.hml 代码部分 -->
<div class = "grid_pattern_layout">
    <div if = "{{ mini }}" class = "mini_container">
        <image src = "/common/image_1.png" class = "mini_image"></image>
        <text class = "mini_text">{{ miniTitle }}</text>
```

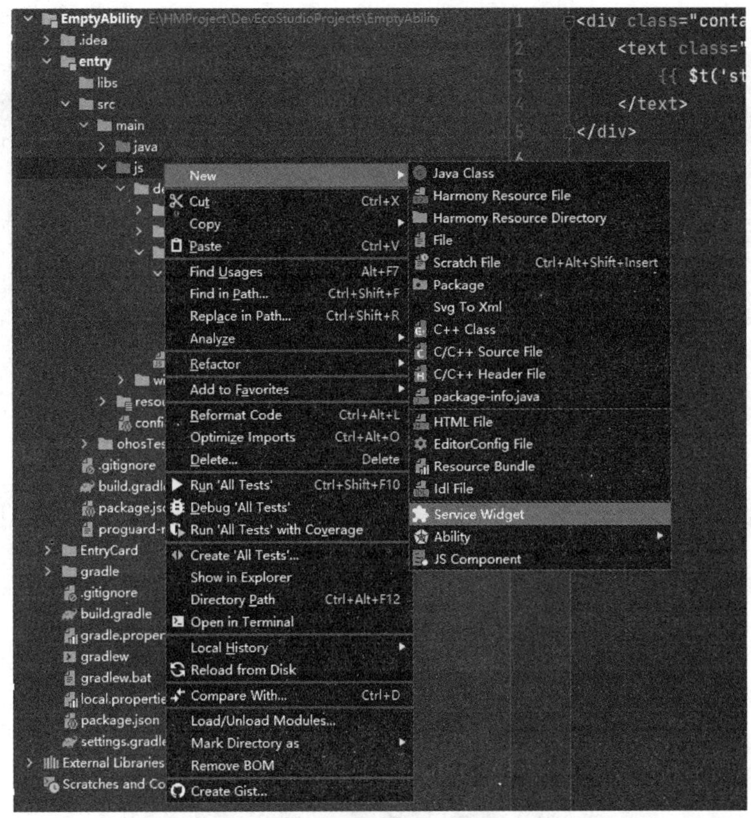

图 4-4　选择 Service Widget

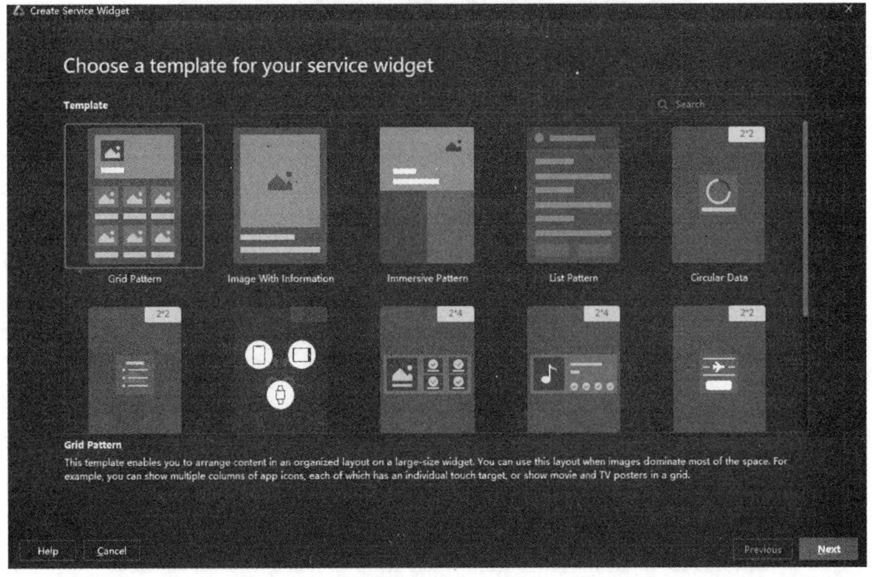

图 4-5　选择 Grid Pattern 卡片模板

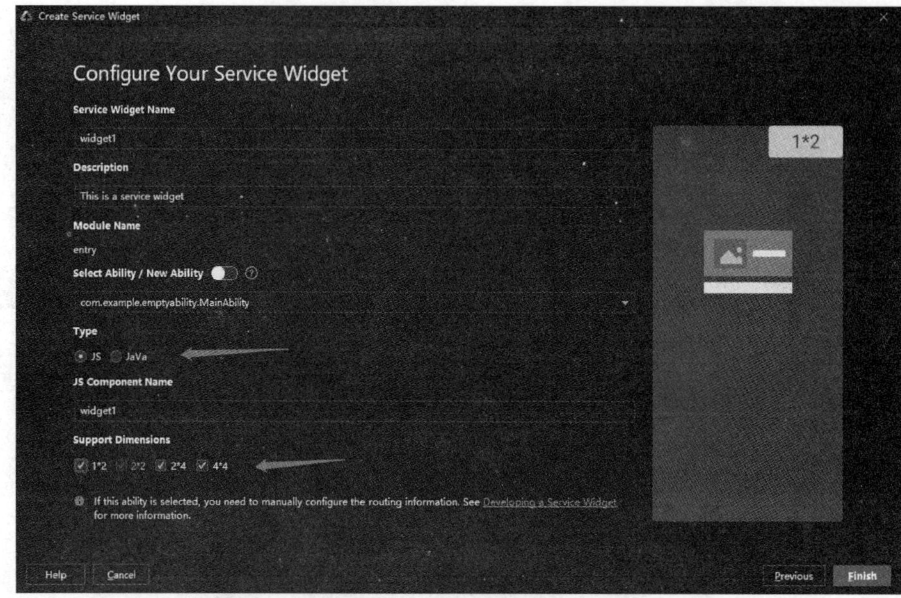

图 4-6　配置模板

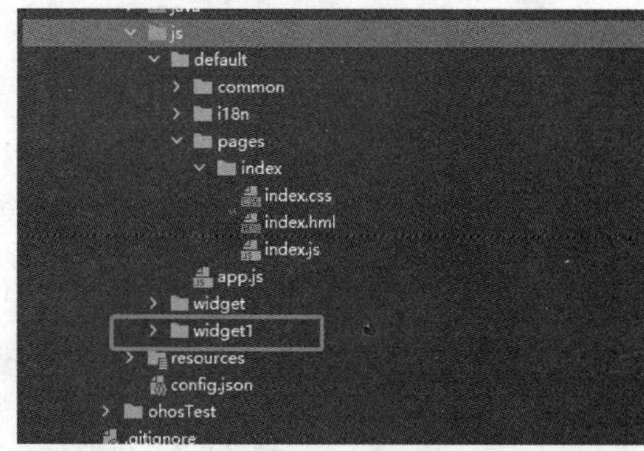

图 4-7　成功创建

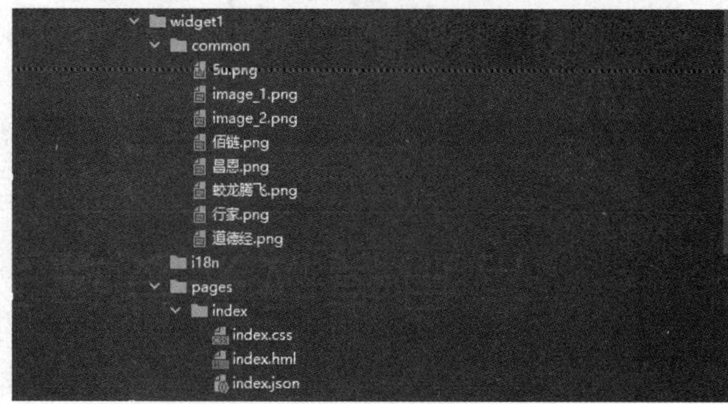

图 4-8　common 文件夹

```
      </div>
      <div class = "normal_container">
          <div class = "title_container">
              <div class = "pic_title_container">
                      < image src = "/common/蛟龙腾飞.png" class = "title_img" onclick =
"routerEvent"></image>
                  <div style = "flex - direction : column;">
                      <text class = "title">{{ title }}</text>
                      <text class = "content">{{ content }}</text>
                  </div>
              </div>
              <div if = "{{ dim2X4 }}" class = "preview_container">
                  <div class = "preview_sub_container" style = "align - items : flex - start;">
                      <image src = "/common/道德经.png" class = "preview_img"></image>
                      <image src = "/common/蛟龙腾飞.png" class = "preview_img"></image>
                  </div>
                  <div class = "preview_sub_container" style = "align - items : flex - end;">
                      <image src = "/common/行家.png" class = "preview_img"></image>
                      <image src = "/common/佰链.png" class = "preview_img"></image>
                  </div>
              </div>
          </div>
          <div class = "detail_container">
              <div class = "sub_detail_container">
                  <div class = "detail_unit">
                      <image src = "/common/道德经.png" class = "detail_image"></image>
                      <text class = "detail_title">道德经</text>
                  </div>
                  <div class = "detail_unit" onclick = "routerEvent">
                      <image src = "/common/蛟龙腾飞.png" class = "detail_image"></image>
                      <text class = "detail_title">蛟龙腾飞</text>
                  </div>
                  <div class = "detail_unit">
                      <image src = "/common/行家.png" class = "detail_image"></image>
                      <text class = "detail_title">行家</text>
                  </div>
              </div>
              <div class = "sub_detail_container">
                  <div class = "detail_unit">
                      <image src = "/common/佰链.png" class = "detail_image"></image>
                      <text class = "detail_title">佰链</text>
                  </div>
                  <div class = "detail_unit">
                      <image src = "/common/5u.png" class = "detail_image"></image>
                      <text class = "detail_title">5u</text>
```

```
                </div>
                <div class = "detail_unit">
                    < image src = "/common/昌恩.png" class = "detail_image"></image>
                    < text class = "detail_title">昌恩</text>
                </div>
            </div>
        </div>
    </div>
</div>
```

index.css 文件的代码如下：

```
//第 4 章/案例一 Grid Pattern 卡片模板 index.css 代码部分
.grid_pattern_layout {
    flex-direction: column;
    align-items: flex-start;
    width: 100%;
    height: 100%;
}

.mini_container {/* show in 1X2 */
    display-index: 2;
    align-items: center;
    width: 100%;
    height: 100%;
    background-color: #FF007DFB;
}

.mini_image {
    width: 30px;
    height: 30px;
    border-radius: 10px;
    margin-start: 12px;
    margin-end: 8px;
}

.mini_text {
    font-size: 14px;
    color: #e5ffffff;
}

.normal_container {
    display-index: 1;
    flex-direction: column;
}
```

```
.title_container {/* show in 2X2,2X4,4X4 */
    display-index: 2;
    align-items: center;
    flex-weight: 150;
    min-height: 120px;
}

.pic_title_container {
    background-color: #FF007DFB;
    flex-direction: column;
    height: 100%;
    padding-top: 12px;
    padding-start: 12px;
    padding-bottom: 12px;
    justify-content: space-between;
}

.title_img {
    height: 45%;
    aspect-ratio: 1;
    border-radius: 14px;
}

.title {
    font-size: 16px;
    color: #e5ffffff;
    margin-bottom: 2px;
}

.content {
    font-size: 12px;
    color: #99ffffff;
    text-overflow: ellipsis;
    max-lines: 1;
}

.preview_container {
    position: relative;
    width: 100%;
    height: 100%;
    background-color: #fdfefe;
    padding: 8% 10%;
    justify-content: space-between;
}

.preview_sub_container {
```

```
    flex-direction: column;
    justify-content: space-between;
}

.preview_img {
    height: 45%;
    aspect-ratio: 1;
    border-radius: 14px;
}
.detail_container {/* show in 4X4 */
    display-index: 1;
    flex-direction: column;
    padding: 4% 6%;
    flex-weight: 194;
    min-height: 155.2px;
}

.sub_detail_container {
    height: 49%;
    justify-content: space-between;
    align-items: center;
}

.detail_unit {
    flex-direction: column;
    align-items: center;
    justify-content: center;
}

.detail_image {
    height: 64%;
    aspect-ratio: 1;
    border-radius: 15px;
}

.detail_title {
    margin-top: 2px;
    font-size: 12px;
    color: #e5000000;
}
```

index.json 文件的代码如下：

```
"//":"第 4 章/案例一 Grid Pattern 卡片模板 index.json 代码部分"
{
```

```
    "data": {
      "mini": false,
      "dim2X4": false,
      "miniTitle": "Title",
      "title": "蛟龙腾飞",
      "content": "原子化卡片"
    },
    "actions": {
      "routerEvent": {
        "action": "router",
        "bundleName": "com.example.emptyability",
        "abilityName": "com.example.emptyability.MainAbility",
        "params": {
          "message": "add detail"
        }
      }
    }
}
```

(2) 修改服务页面模板，找到 js 目录下的 default 目录，打开 default 目录下的 pages 文件夹，修改其中 index 文件夹中相关文件的代码，服务页面的代码内容如下。

index.hml 文件的代码如下：

```
/* 第 4 章/案例一 Empty Ability 工程模板 index.hml 代码部分 */
<div class = "container">
    <text class = "title">这里是蛟龙腾飞</text>
    <text class = "title">{{ title }}</text>
</div>
```

index.css 文件的代码如下：

```
//第 4 章/案例一 Empty Ability 工程模板 index.css 代码部分
/* index.css 代码部分 */
.container {
    flex - direction: column;
    justify - content: center;
    align - items: center;
}

.title {
    margin - top: 10px;
    font - size: 36px;
    color: #000000;
    opacity: 0.9;
}
```

```
@media screen and (device-type: tablet) and (orientation: landscape) {
    .title {
        font-size: 100px;
    }
}

@media screen and (device-type: wearable) {
    .title {
        font-size: 28px;
        color: #FFFFFF;
    }
}

@media screen and (device-type: tv) {
    .container {
        background-image: url("/common/images/Wallpaper.png");
        background-size: cover;
        background-repeat: no-repeat;
        background-position: center;
    }

    .title {
        font-size: 100px;
        color: #FFFFFF;
    }
}

@media screen and (device-type: phone) and (orientation: landscape) {
    .title {
        font-size: 50px;
    }
}
```

index.js 文件的代码如下：

```
//第 4 章/案例一 Empty Ability 工程模板 index.js 代码部分
/* index.js 代码部分 */
export default {
    data: {
        title: "欢迎来到蛟龙腾飞"
    },
    onInit() {}
}
```

(3) 实现跳转效果,需要在 Java 目录中的 MainAbility 文件中添加如图 4-9 所示的部分代码。

```
@Override
public void onStart(Intent intent) {
    setInstanceName("default");
    setPageParams( url: "pages/index/index", params: null);
    super.onStart(intent);
}

@Override
public void onStop() { super.onStop(); }
```

图 4-9　MainAbility 文件

(4) 修改 config.json 文件中 forms 下的 isDefault 的布尔值,如图 4-10 所示。

```
"forms": [
  {
    "jsComponentName": "widget",
    "isDefault": false,
    "scheduledUpdateTime": "10:30",
    "defaultDimension": "2*2",
    "name": "widget",
    "description": "This is a service widget",
    "colorMode": "auto",
    "type": "JS",
    "supportDimensions": [
      "2*2"
    ],
    "updateEnabled": true,
    "updateDuration": 1
  },
  {
    "jsComponentName": "widget1",
    "isDefault": true,
    "scheduledUpdateTime": "10:30",
    "defaultDimension": "2*2",
    "name": "widget1",
    "description": "This is a service widget",
    "colorMode": "auto",
    "type": "JS",
    "supportDimensions": [
      "1*2",
      "2*2",
      "2*4"
```

图 4-10　修改 isDefault 的布尔值

4) 最后效果呈现

单击卡片中的图片进入服务页面,如图 4-11 和图 4-12 所示。

图 4-11　原子化卡片

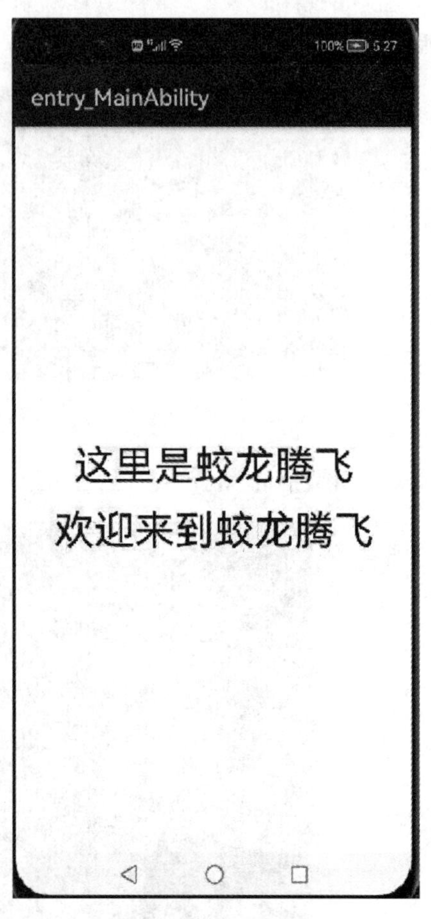

图 4-12　服务页面

2. Empty Ability 工程模板＋Image With Infomation 卡片模板

1）创建卡片模板

（1）选择 js 目录，右击并选择 New 下的 Service Widget 选项，如图 4-13 所示。

（2）进入选项，选择 Image With Infomation 卡片模板，如图 4-14 所示。

（3）单击 Next 按钮，进入模板配置页，然后单击 Finish 按钮完成创建，如图 4-15 所示。

2）进行开发练习

（1）将准备好的资源图片放入 widget2 文件夹下的 common 文件夹中，如图 4-16 所示。

卡片模板的实现方式如下。

图 4-13　Service Widget

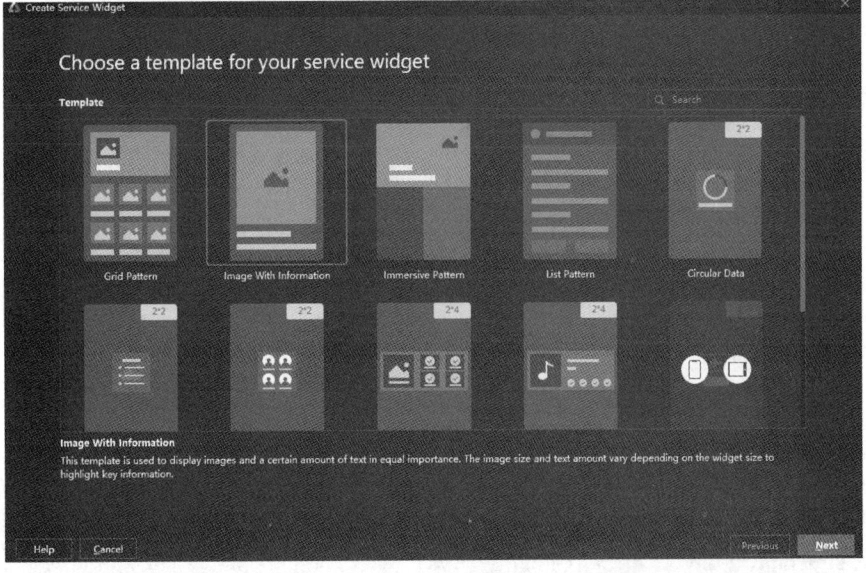

图 4-14　选择 Image With Infomation 卡片模板

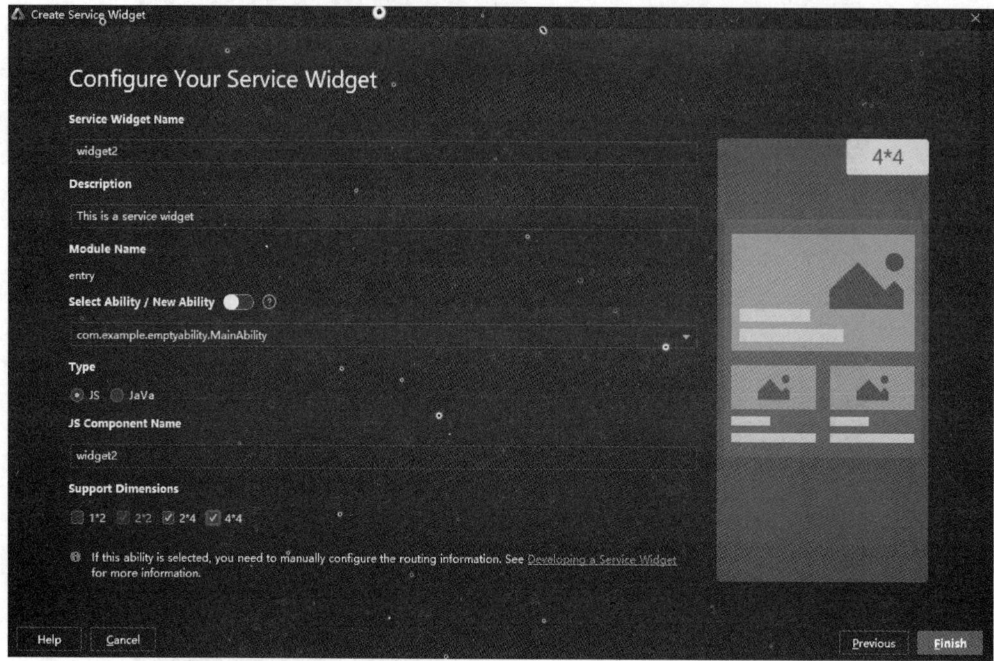

图 4-15　配置模板

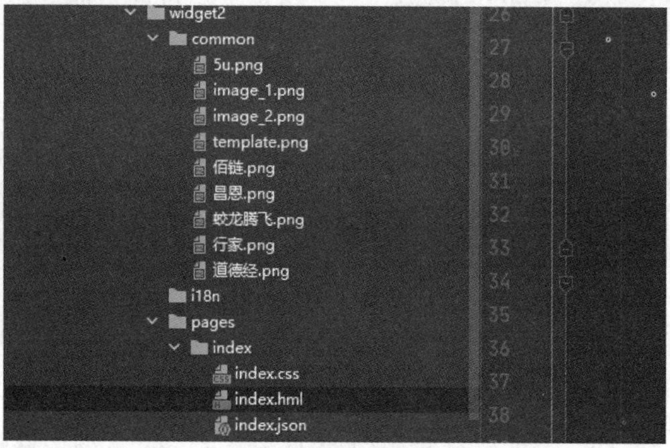

图 4-16　添加资源

index.hml 文件的代码如下：

```
<!-- 第 4 章/案例二 Image With Infomation 卡片模板 index.hml 代码部分 -->
<div class = "image_with_info_layout">
    <div if = "{{ mini }}" class = "mini_container">
        <text class = "mini_title">{{ miniTitle }}</text>
```

```
    </div>
    <div class = "normal_container">
        <div class = "title_container" onclick = "routerEvent">
            <div class = "title_sub_container">
                <text class = "title">{{ title }}</text>
                <text class = "content">{{ content }}</text>
            </div>
        </div>
        <div class = "items_container" style = "margin - top : {{ imagePaddingTop }}">
            < div class = " item _ container" style = " display - index : 4;" onclick =
"routerEvent">
                <image src = "/common/道德经.png" class = "item_image"></image>
                <div class = "item_space"></div>
                <text class = "item_title">道德经(标题)</text>
                <div class = "item_small_space"></div>
                <text class = "item_content">道德经(介绍)</text>
            </div>
            <div class = "item_container" style = "display - index : 3;">
                <image src = "/common/蛟龙腾飞.png" class = "item_image"></image>
                <div class = "item_space"></div>
                <text class = "item_title">蛟龙腾飞(标题)</text>
                <div class = "item_small_space"></div>
                <text class = "item_content">蛟龙腾飞(介绍)</text>
            </div>
            <div class = "item_container" style = "display - index : 2;">
                <image src = "/common/昌恩.png" class = "item_image"></image>
                <div class = "item_space"></div>
                <text class = "item_title">昌恩(标题)</text>
                <div class = "item_small_space"></div>
                <text class = "item_content">昌恩(介绍)</text>
            </div>
            <div class = "item_container" style = "display - index : 1;">
                <image src = "/common/佰链.png" class = "item_image"></image>
                <div class = "item_space"></div>
                <text class = "item_title">佰链(标题)</text>
                <div class = "item_small_space"></div>
                <text class = "item_content">佰链(介绍)</text>
            </div>
        </div>
    </div>
</div>
```

index.css 文件的代码如下：

```
//第 4 章/案例二 Image With Infomation 卡片模板 index.css 代码部分 * /
.image_with_info_layout {
    flex-direction: column;
    align-items: flex-start;
    width: 100%;
    height: 100%;
}

.mini_container {/* show in 1X2 */
    display-index: 2;
    width: 100%;
    height: 100%;
    align-items: flex-end;
    background-image: url("/common/template.png");
    background-size: cover;
    background-repeat: no-repeat;
}

.mini_title {
    font-size: 16px;
    margin-start: 12px;
    margin-bottom: 12px;
    color: #e5ffffff;
}

.normal_container {
    display-index: 1;
    flex-direction: column;
}

.title_container {/* show in 4X4 */
    display-index: 1;
    justify-content: flex-start;
    align-items: flex-end;
    width: 100%;
    flex-weight: 199;
    min-height: 150px;
    background-image: url("/common/2.jpg");
    background-size: cover;
    background-repeat: no-repeat;
}

.title_sub_container {
```

```
    flex-direction: column;
    justify-content: flex-end;
    margin-start: 12px;
    margin-bottom: 12px;
}

.title {
    font-size: 20px;
    color: #333;
    margin-bottom: 2px;
}

.content {
    font-size: 16px;
    color: #333;
}

.items_container {/* show in 2X2,2X4,4X4 */
    display-index: 2;
    align-items: flex-start;
    flex-weight: 133;
    min-height: 100px;
    margin-top: 17px;
}

.item_container {
    margin-bottom: 12px;
    margin-start: 12px;
    margin-end: 16px;
    flex-weight: 1;
    min-width: 126px;
    flex-direction: column;
}

.item_image {
    height: 64%;
    border-radius: 10px;
    justify-content: flex-start;
    align-items: flex-end;
    box-shadow: 1px 1px 1px #ccc;
}

.item_space {
    height: 9%;

}
```

```
.item_title {
    font-size: 16px;
    color: #e5000000;
}

.item_small_space {
    height: 2%;
}

.item_content {
    font-size: 12px;
    color: #99000000;
    text-overflow: ellipsis;
    max-lines: 1;
}
```

index.json 文件的代码如下：

```
//第 4 章/案例二 Image With Infomation 卡片模板 index.json 代码部分
{
  "data": {
    "mini": false,
    "imagePaddingTop": "12px",
    "title": "蛟龙腾飞",
    "content": "原子化卡片",
    "miniTitle": "Title"
  }
}
```

(2) 修改服务页面模板，找到 js 目录下的 default 目录，打开 default 目录下的 pages 文件夹，然后右击 pages，单击 New 下的 JS Page 选项，如图 4-17 所示。

(3) 创建一个新的服务页面文件夹并命名为 widget2，如图 4-18 所示。

(4) 创建成功后，在 pages 文件下生成一个新文件夹 widget2，如图 4-19 所示。

服务页面的内容如下。

widget2.hml 文件的代码如下：

```
<!-- 第 4 章/案例二 Empty Ability 工程模板 widget2.hml 代码部分 -->
<div class = "container">
    <text class = "title">这里是道德经</text>
    <text class = "title">{{ title }} </text>
</div>
```

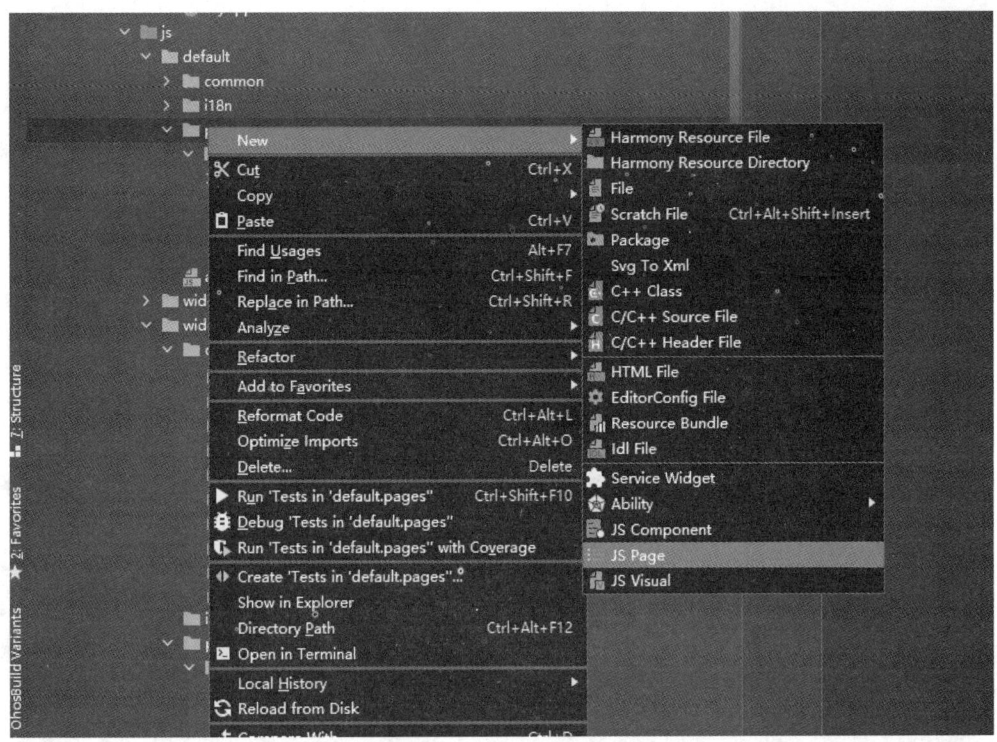

图 4-17 新建文件

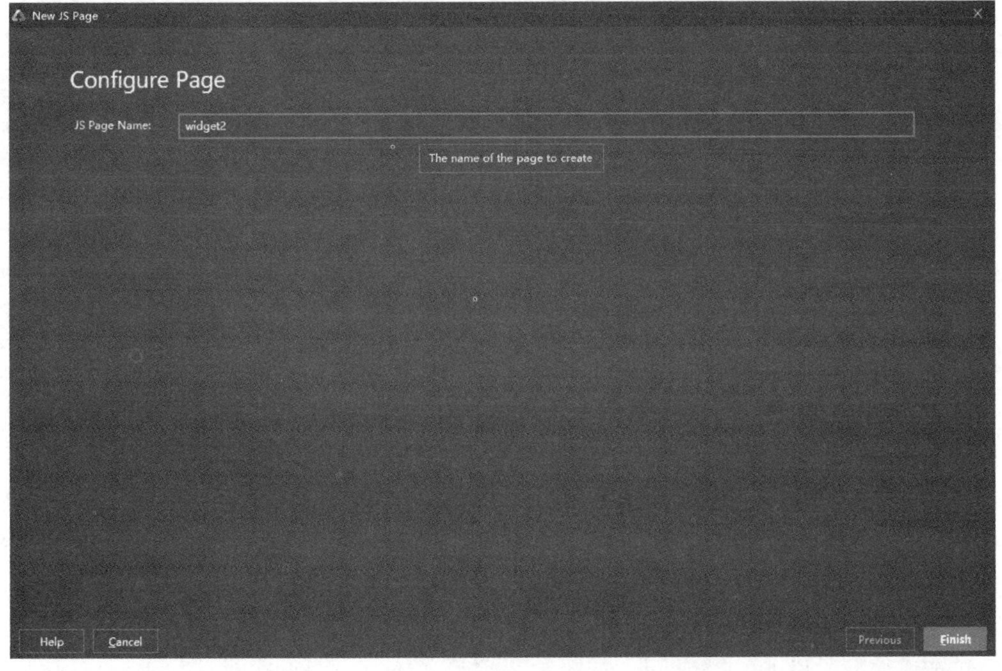

图 4-18 文件夹命名

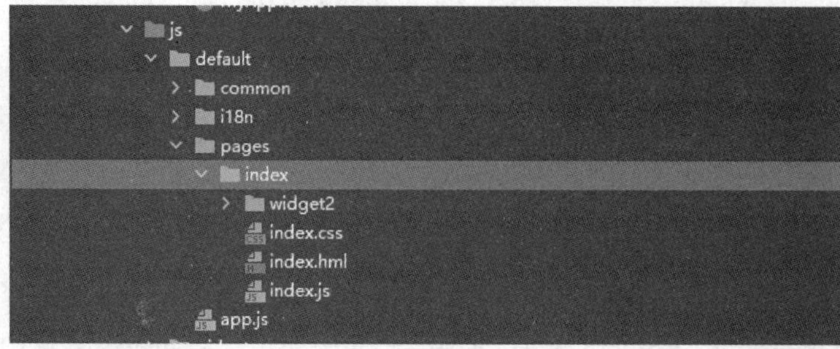

图 4-19 创建成功

widget2.css 文件的代码如下：

```
//第 4 章/案例二 Empty Ability 工程模板 widget2.css 代码部分
.container {
    flex-direction: column;
    justify-content: center;
    align-items: center;
}

.title {
    font-size: 30px;
    color: #333;
    text-align: center;
    margin-top: 10px;
}
```

widget2.js 文件的代码如下：

```
//js
export default {
    data: {
        title: '欢迎阅读道德经'
    }
}
```

(5) 实现跳转效果，需要在 Java 目录中创建一个新的文件并命名为 Widget2Ability，如图 4-20 和图 4-21 所示。

(6) 创建成功之后，需要添加相关代码，如图 4-22 所示。

(7) 添加完相关代码之后，需要到 config.json 文件中注册该文件，如图 4-23 所示，并且修改 widget2 的 isDefault 的布尔值。

3) 最后效果呈现

单击道德经图片进入服务页面，如图 4-24 和图 4-25 所示。

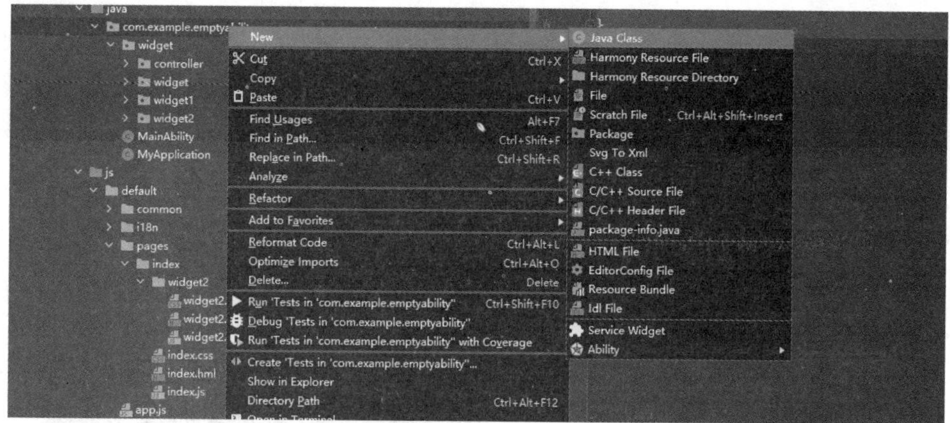

图 4-20　创建 Widget2Ability

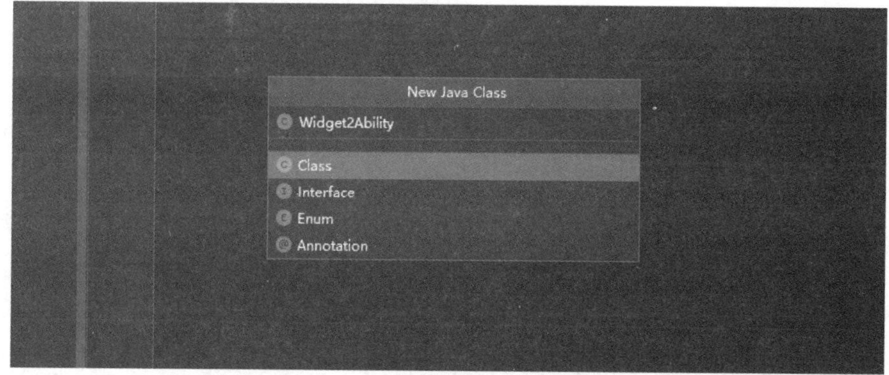

图 4-21　文件命名

```java
package com.example.emptyability;

import ohos.aafwk.content.Intent;
import ohos.ace.ability.AceAbility;

public class Widget2Ability extends AceAbility {
    @Override
    public void onStart(Intent intent) {
        setInstanceName("default");
        setPageParams( url: "pages/index/widget2/widget2", params: null);
        super.onStart(intent);
    }

    @Override
    public void onStop() { super.onStop(); }
}

```

图 4-22　添加代码

```
      ],
      "launchType": "standard"
    },
    {
      "icon": "$media:icon",
      "name": "com.example.emptyability.Widget2Ability",
      "description": "",
      "type": "page"
    }
  ],
  "js": [
    {
      "pages": [
```

图 4-23 注册文件

图 4-24 原子化卡片

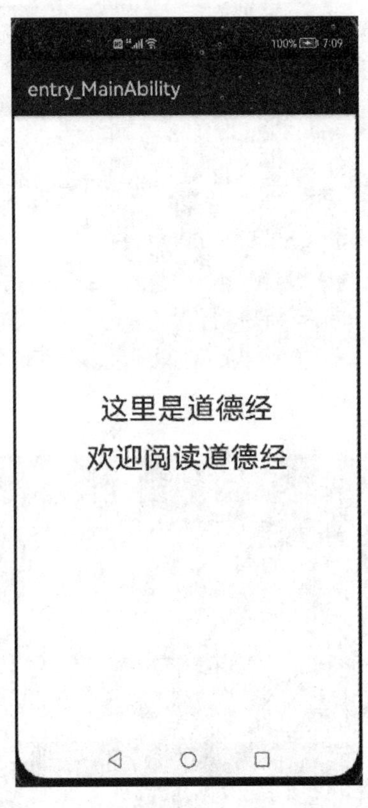

图 4-25 服务页面

3. Empty Ability 工程模板+Immersive Pattern 卡片模板

1）创建卡片模板

（1）按照 4.1 节所述步骤创建 Immersive Pattern 卡片模板，如图 4-26 所示。

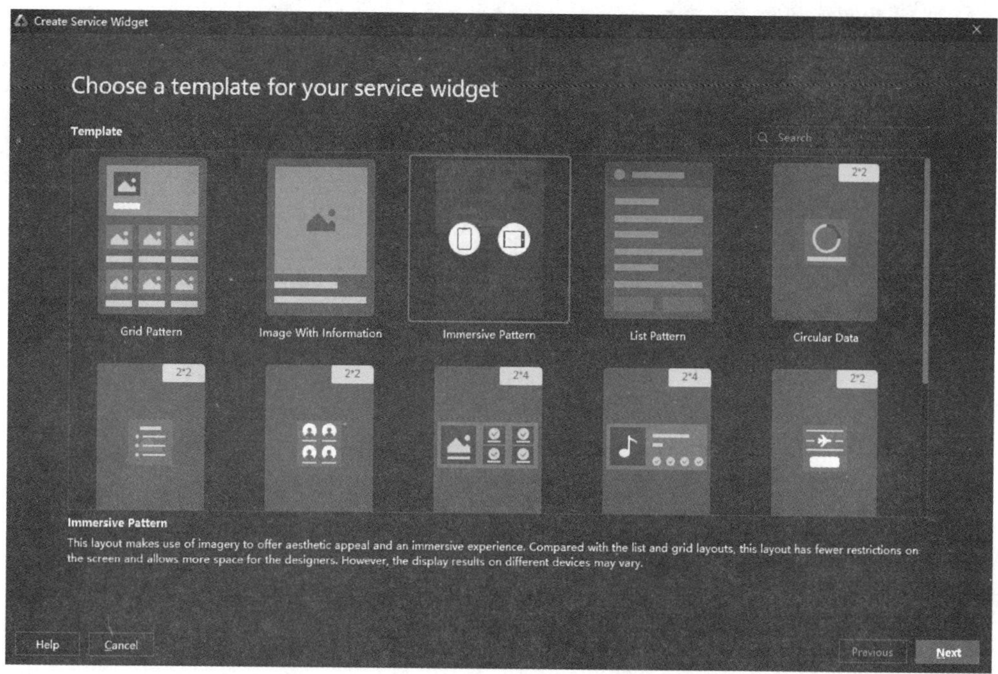

图 4-26 选择 Immersive Pattern 卡片模板

(2) 进入模板配置页,然后单击 Finish 按钮完成创建,如图 4-27 所示。

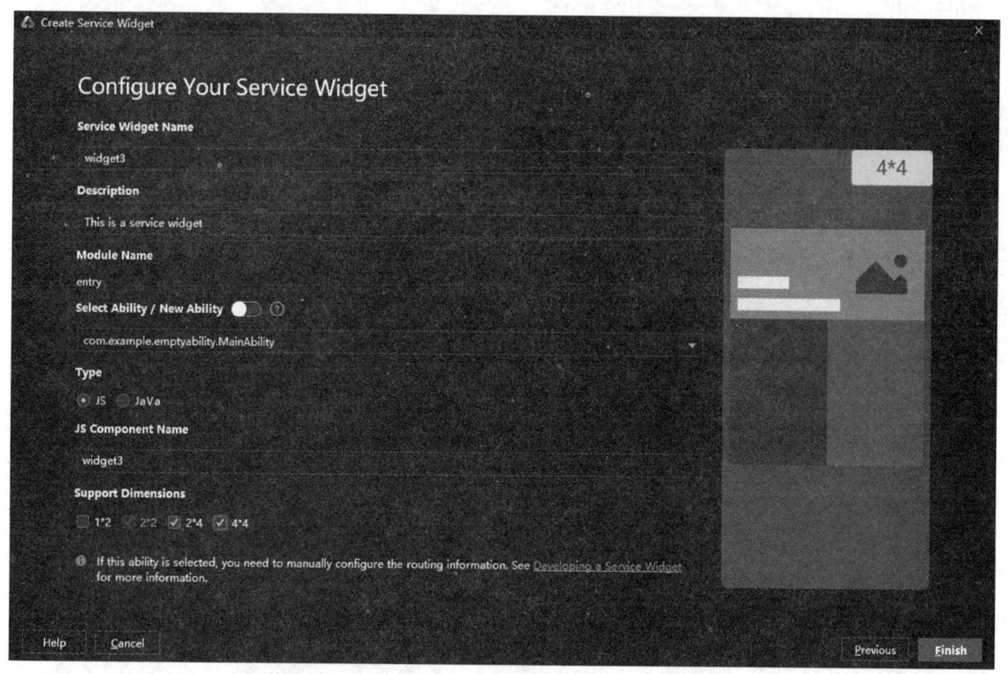

图 4-27 创建 Immersive Pattern 卡片模板

2）进行开发练习

（1）将准备好的资源图片放入 widget3 文件夹下的 common 文件夹中，如图 4-28 所示。

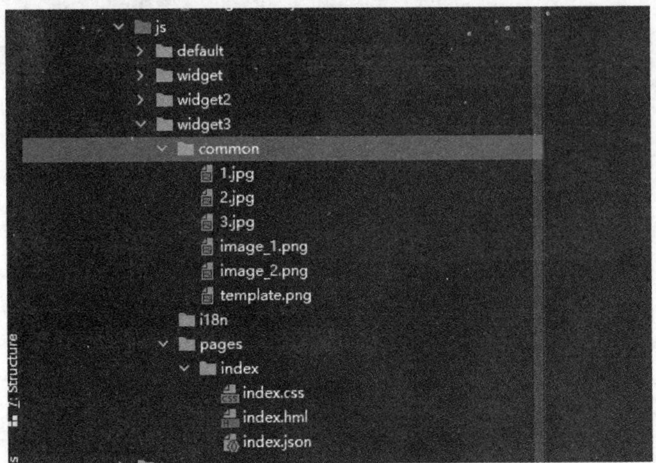

图 4-28 添加资源

卡片模板的实现方式如下。

index.hml 文件的代码如下：

```
<!-- 第 4 章/案例三 Immersive Pattern 卡片模板 index.hml 代码部分 -->
<div class = "immersive_pattern_layout">
    <div if = "{{ mini }}" class = "mini_container">
        <image src = "/common/2.jpg"></image>
    </div>
    <div class = "normal_container">
        <div class = "title_container">
            <stack>
                <image src = "/common/2.jpg"></image>
                <div class = "text_container">
                    <text class = "title">{{ title }}</text>
                    <text class = "content">{{ content }}</text>
                </div>
            </stack>
        </div>
        <div class = "detail_container">
            <div onclick = "routerEvent">
                <stack onclick = "ruoterEvent">
                    <image src = "/common/1.jpg" class = "detail_image"></image>
                    <div class = "text_container">
                        <text class = "title1">红苹果</text>
                    </div>
                </stack>
```

```
                </div>
                <div>
                    <stack>
                        <image src = "/common/3.jpg" class = "detail_image"></image>
                        <div class = "text_container">
                            <text class = "title1">黑苹果</text>
                        </div>
                    </stack>
                </div>
            </div>
        </div>
</div>
```

index.css 文件的代码如下：

```
//第 4 章/案例三 Immersive Pattern 卡片模板 index.css 代码部分
.immersive_pattern_layout {
    flex-direction: column;
    align-items: flex-start;
    width: 100%;
    height: 100%;
}

.mini_container {/* show in 1X2 */
    display-index: 2;
    align-items: center;
    width: 100%;
    min-height: 54px;
}

.normal_container {
    flex-direction: column;
    display-index: 1;
}

.title_container {/* show in 2X2,2X4,4X4 */
    display-index: 2;
    align-items: flex-end;
    flex-weight: 3;
    min-height: 75px;
}

.text_container {
    flex-direction: column;
    justify-content: flex-end;
```

```
    padding: 0px 12px 12px 12px;
}

.title {
    font-size: 16px;
    color: #111;
    margin-bottom: 2px;
}
.title1 {
    font-size: 12px;
    color: #111;
    margin-bottom: 2px;
}

.content {
    font-size: 14px;
    color: #333;
    text-overflow: ellipsis;
    max-lines: 1;
}

.detail_container {/* show in 4X4 */
    display-index: 1;
    flex-weight: 2;
    min-height: 97px;
}

.sub_container {
    height: 100%;
    width: 50%;
}
```

index.json 文件的代码如下：

```
//第 4 章/案例三 Immersive Pattern 卡片模板 index.json 代码部分
{
  "data": {
    "mini": false,
    "title": "苹果",
    "content": "这是一个绿苹果"
  },
  "actions": {
    "routerEvent": {
      "action": "router",
      "bundleName": "com.example.emptyability",
```

```
        "abilityName": "com.example.emptyability.Widget3Ability",
        "params": {
          "message": "add detail"
        }
      }
    }
  }
```

（2）修改服务页面模板，找到 js 目录下的 default 目录，打开 default 目录下的 pages 文件夹，然后右击 pages，单击 New 下的 JS Page 选项，创建一个新的服务页面文件夹并命名为 apple，如图 4-29 所示。

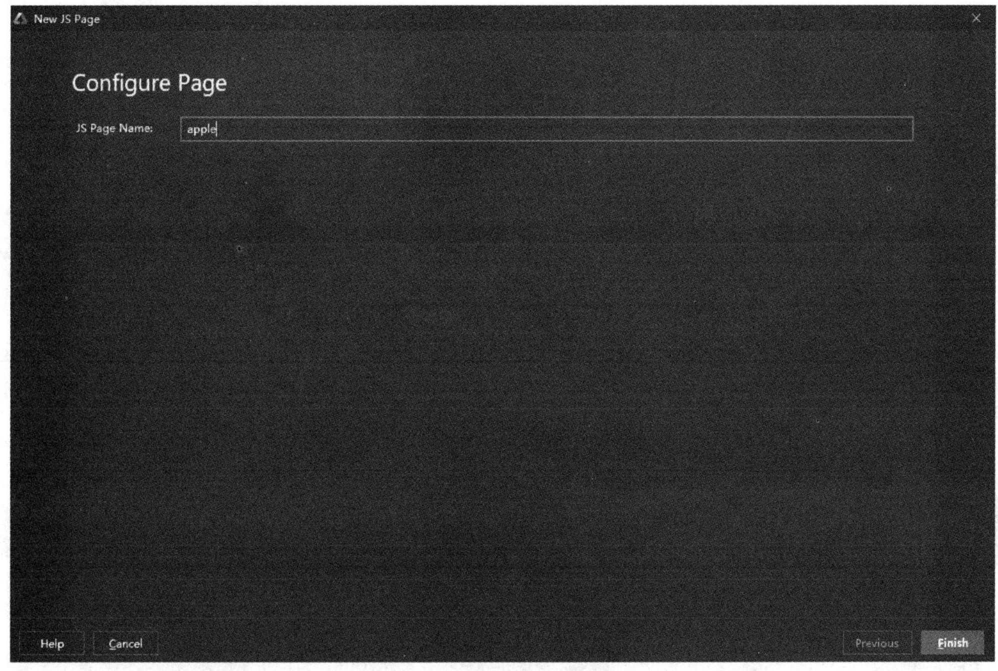

图 4-29　创建 apple 文件夹

服务页面的内容如下。

apple.hml 文件的代码如下：

```
/*第 4 章/案例三 Empty Ability 工程模板 apple.hml 代码部分*/
<div class="container">
    <text class="title">
        {{ title }}
    </text>
    <image src="/common/images/1.jpg"></image>
</div>
```

apple. css 文件的代码如下：

```
/＊第 4 章/案例三 Empty Ability 工程模板 apple.css 代码部分＊/
.container {
    flex - direction: column;
    justify - content: center;
    align - items: center;
}

.title {
    font - size: 30px;
    color: ＃111;
    font - weight: bold;
    text - align: center;
    margin - bottom: 10px;
}
```

apple. js 文件的代码如下：

```
//apple.js
export default {
    data: {
        title: '这是一个红苹果!'
    }
}
```

（3）实现跳转效果，需要在 java 目录中创建一个新的文件并命名为 Widget3Ability，如图 4-30 和图 4-31 所示。

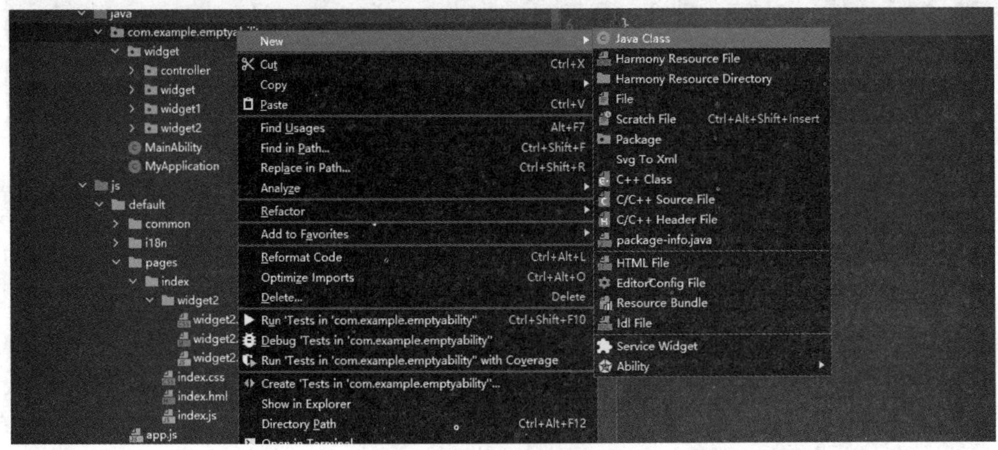

图 4-30 创建 Widget3Ability

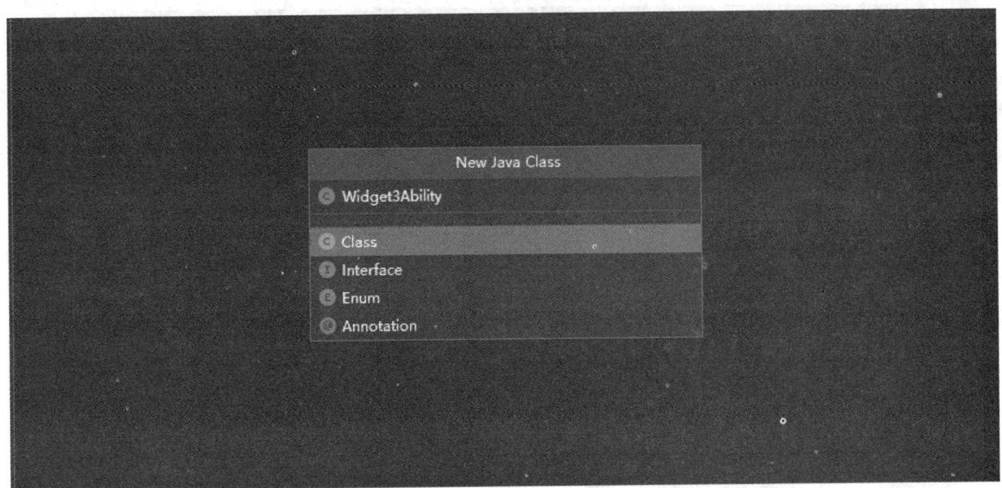

图 4-31　文件命名

创建成功之后，需要添加相关代码，如图 4-32 所示。

```java
package com.example.emptyability;

import ohos.aafwk.content.Intent;
import ohos.ace.ability.AceAbility;

public class Widget3Ability extends AceAbility {
    @Override
    public void onStart(Intent intent) {
        setInstanceName("default");
        setPageParams( url: "pages/index/apple/apple", params: null);
        super.onStart(intent);
    }
    @Override
    public void onStop() { super.onStop(); }
}

```

图 4-32　添加代码

（4）完成后，需要到 config.json 文件中注册该文件，如图 4-33 所示，并且修改 widget3 的 isDefault 的布尔值。

3）最后效果呈现

单击红色苹果图片进入服务页面，如图 4-34 和图 4-35 所示。

```
    },
    {
      "icon": "$media:icon",
      "name": "com.example.emptyability.Widget3Ability",
      "description": "",
      "type": "page"
    }
  ],
```

图 4-33　注册文件

图 4-34　原子化卡片

图 4-35　服务页面

4. Empty Ability 工程模板＋List Pattern 卡片模板

1）创建卡片模板

(1) 按照 4.1 节所述步骤创建 List Pattern 卡片模板，如图 4-36 所示。

(2) 进入模板配置页，然后单击 Finish 按钮完成创建，如图 4-37 所示。

2）进行开发练习

(1) 将准备好的资源图片放入 widget4 文件夹下的 common 文件夹中，如图 4-38 所示。卡片模板的具体实现方式如下。

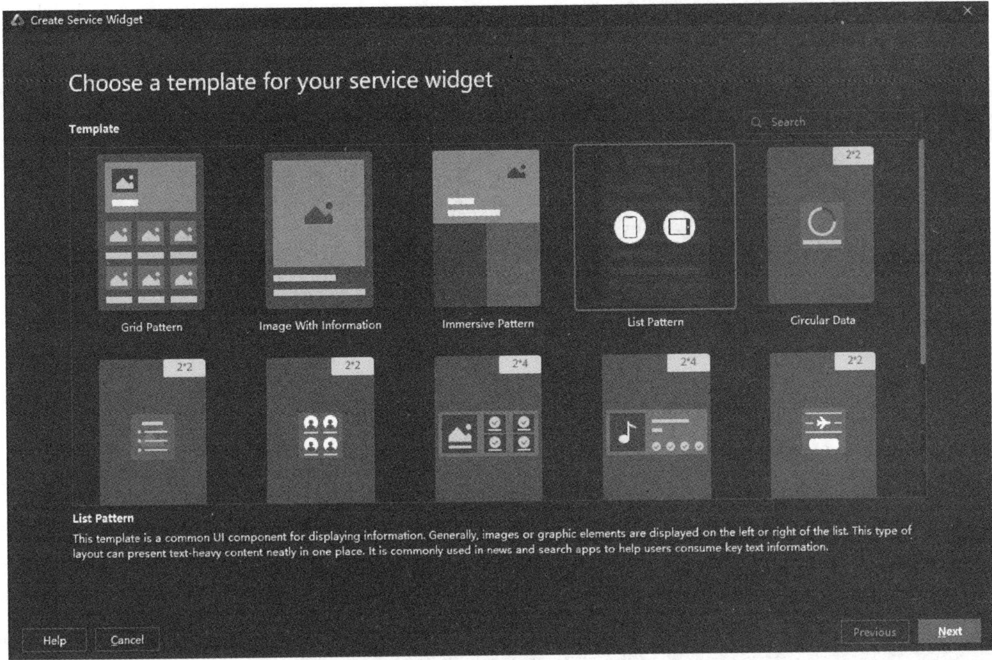

图 4-36　选择 List Pattern 卡片模板

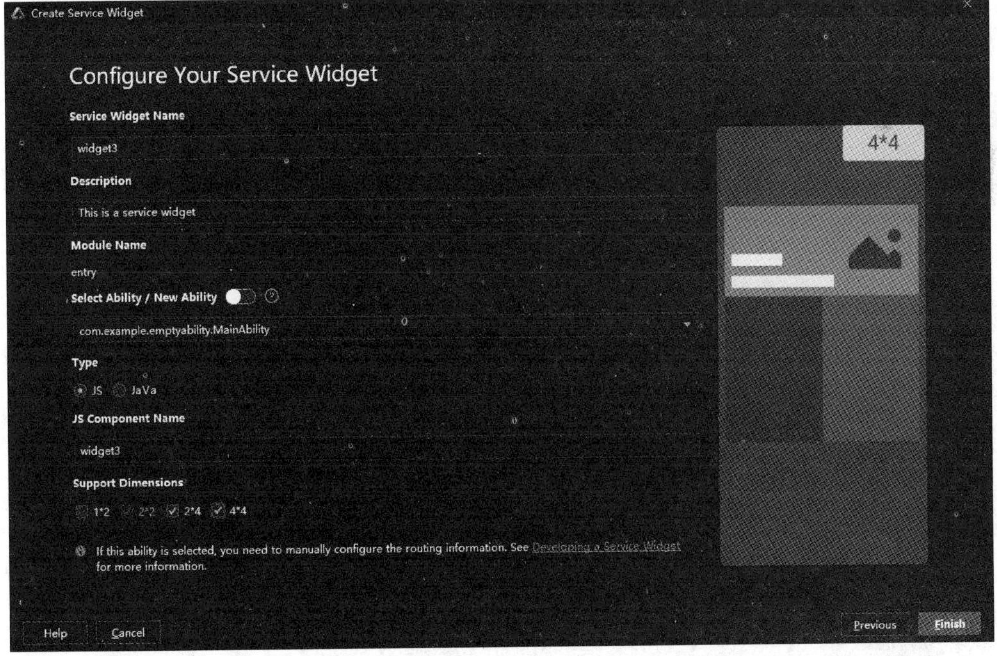

图 4-37　创建 List Pattern 卡片模板

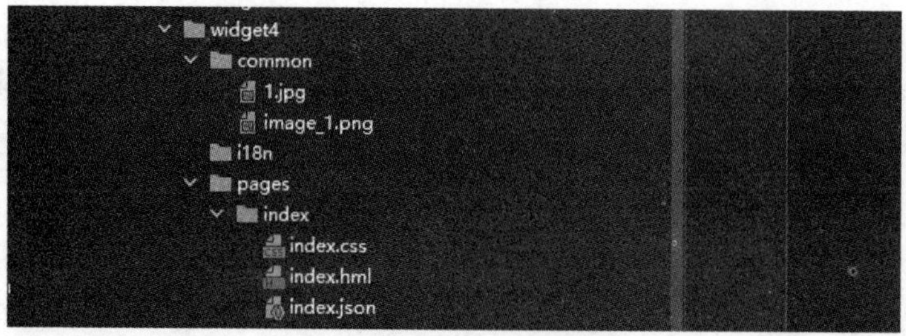

图 4-38　添加资源

index. hml 文件的代码如下：

```
<!-- 第 4 章/案例四 List Pattern 卡片模板 index.hml 代码部分 -->
<div class = "list_pattern_layout">
    <div class = "space" style = "display - index : 3"></div>
    <div class = "title_container">
        <image src = "/common/1.jpg" class = "title_image"></image>
        <text class = "title">{{ appName }}</text>
    </div>
    <div class = "list_item_container" style = "display - index : 4">
        <text class = "item_title">{{ titleText }}</text>
        <text class = "item_content">{{ contentText }}</text>
    </div>
    <divider class = "divider" style = "display - index : 3"></divider>
    <div class = "list_item_container" style = "display - index : 3">
        <text class = "item_title">{{ titleText }}</text>
        <text class = "item_content">{{ contentText }}</text>
    </div>
    <divider class = "divider" style = "display - index : 2"></divider>
    <div class = "list_item_container" style = "display - index : 2">
        <text class = "item_title">{{ titleText }}</text>
        <text class = "item_content">{{ contentText }}</text>
    </div>
    <divider class = "divider" style = "display - index : 2"></divider>
    <div class = "list_item_container" style = "display - index : 2">
        <text class = "item_title">{{ titleText }}</text>
        <text class = "item_content">{{ contentText }}</text>
    </div>
    <divider class = "divider" style = "display - index : 2"></divider>
    <div class = "list_item_container" style = "display - index : 2">
        <text class = "item_title">{{ titleText }}</text>
        <text class = "item_content">{{ contentText }}</text>
    </div>
    <div class = "small_space" style = "display - index : 1"></div>
    <div class = "button_container" style = "display - index : 1">
```

```
            <div class = "button1" onclick = "button1_Click">
                <image class = "button1_icon" src = "/common/image_1.png"></image>
                <text class = "button1_text">{{ actionName1 }}</text>
            </div>
            <div class = "button1" onclick = "button2_Click">
                <image class = "button1_icon" src = "/common/image_1.png"></image>
                <text class = "button1_text">{{ actionName2 }}</text>
            </div>
        </div>
        <div class = "big_space" style = "display - index : 2"></div>
</div>
```

index.css 文件的代码如下：

```
//第 4 章/案例四 List Pattern 卡片模板 index.css 代码部分
.list_pattern_layout {
    flex - direction: column;
    align - items: flex - start;
    justify - content: center;
    width: 100 % ;
    height: 100 % ;
}

.space {
    flex - weight: 8;
    min - height: 6px;
}

.title_container {/ *  show in 2X2,2X4,4X4  * /
    display - index: 3;
    flex - weight: 24;
    min - height: 18px;
    align - items: center;
    padding: 0px 12px 0px 12px;
}

.title_image {
    height: 98 % ;
    aspect - ratio: 1;
    border - radius: 45px;
    margin - end: 8px;
}

.title {
    font - size: 14px;
```

```
    color: #e5000000;
}

.list_item_container {
    flex-direction: column;
    justify-content: center;
    flex-weight: 46;
    min-height: 34.5px;
    margin-start: 12px;
    margin-end: 12px;
}

.item_title {
    font-size: 12px;
    color: #e5000000;
    margin-bottom: 2px;
}

.item_content {
    font-size: 10px;
    color: #99000000;
    text-overflow: ellipsis;
    max-lines: 1;
}

.divider {
    flex-weight: 1;
    min-height: 0.75px;
    background-color: #11000000;
    margin-start: 12px;
    margin-end: 12px;
}

.small_space {
    flex-weight: 4;
    min-height: 3px;
}

.big_space {
    flex-weight: 12;
    min-height: 9px;
}

.button_container {
    justify-content: space-evenly;
    flex-weight: 40;
```

```
    min-height: 30px;
}

.button1 {
    width: 142px;
    background-color: #FF007DFF;
    border-radius: 14px;
}

.button1_icon {
    aspect-ratio: 1;
    margin-start: 12px;
    margin-end: 5px;
}

.button1_text {
    font-size: 14px;
    color: #E5FFFFFF;
}
```

index.json 文件的代码部分：

```
//第 4 章/案例四 List Pattern 卡片模板 index.json 代码部分
{
  "data": {
    "appName": "Apple",
    "titleText": "标题",
    "contentText": "内容简介",
    "actionName1": "App",
    "actionName2": "官网"
  },
  "actions": {
    "button1_Click": {
      "action": "router",
      "bundleName": "com.example.emptyability",
      "abilityName": "com.example.emptyability.Widget4Ability",
      "params": {
        "message": "add detail"
      }
    },
    "button2_Click": {
      "action": "router",
      "bundleName": "com.example.emptyability",
      "abilityName": "com.example.emptyability.Widget4Ability",
      "params": {
```

```
            "message": "add detail"
          }
        }
      }
    }
```

(2) 修改服务页面模板,找到 js 目录下的 default 目录,打开 default 目录下的 pages 文件夹,然后右击 pages,单击 New 下的 JS Page 选项,创建一个新的服务页面文件夹并命名为 widget4,如图 4-39 所示。

图 4-39 创建 widget4 文件夹

服务页面的内容如下。

widget4. hml 文件的代码如下:

```
/* 第 4 章/案例四 Empty Ability 工程模板 widget4.hml 代码部分 */
<div class = "container">
    <text class = "title"> {{ title }}</text>
    <image src = "/common/images/1.jpg" class = "img"></image>
</div>
```

widget4. css 文件的代码如下:

```
//第 4 章/案例四 Empty Ability 工程模板 widget4.css 代码部分
.container {
    flex-direction: column;
    justify-content: center;
    align-items: center;
}

.title {
    font-size: 30px;
    text-align: center;
}
.img{
    margin-top: 10px;
    width: 120px;
    height: 120px;
    border-radius: 25px;
}
```

widget4.js 文件的代码如下：

```
//第 4 章/案例四 Empty Ability 工程模板 widget4.js 代码部分
export default {
    data: {
        title: '这里是 App 的内容页'
    }
}
```

(3) 实现跳转效果，需要在 Java 目录中创建一个新的文件并命名为 Widget4Ability，如图 4-40 和图 4-41 所示。

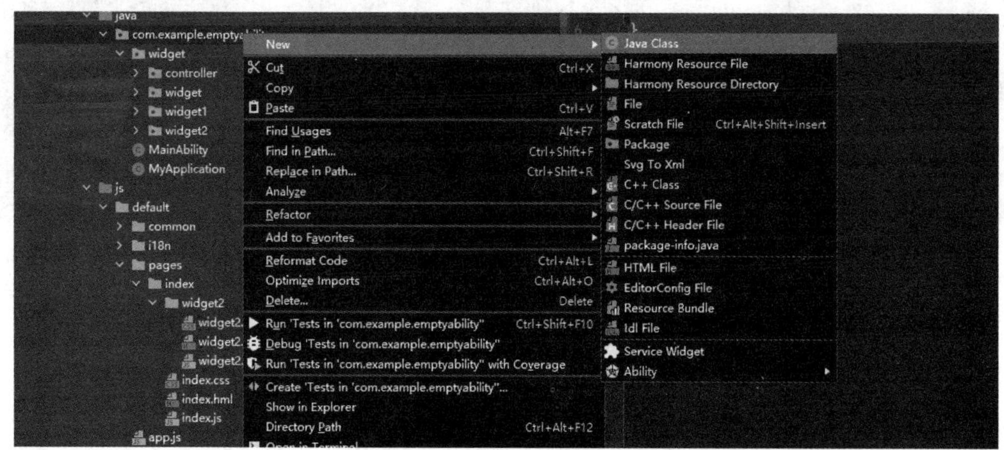

图 4-40　创建 Widget4Ability

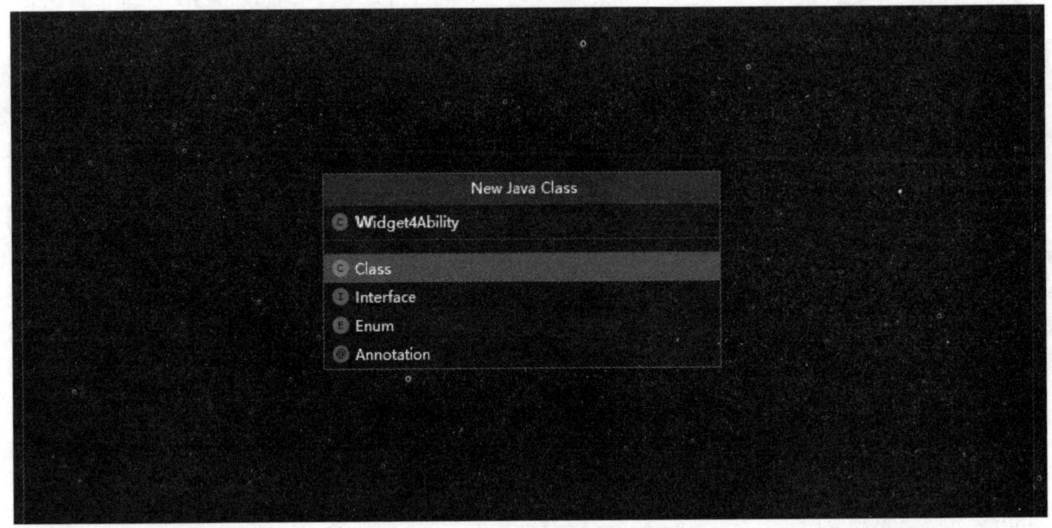

图 4-41　文件命名

(4) 创建成功之后，需要添加相关代码，如图 4-42 所示。

```
package com.example.emptyability;

import ohos.aafwk.content.Intent;
import ohos.ace.ability.AceAbility;

public class Widget4Ability extends AceAbility {
    @Override
    public void onStart(Intent intent) {
        setInstanceName("default");
        setPageParams( url: "pages/index/widget4/widget4", params: null);
        super.onStart(intent);
    }
    @Override
    public void onStop() { super.onStop(); }
}

```

图 4-42　添加代码

(5) 添加相关代码之后，需要到 config.json 文件中注册该文件，如图 4-43 所示，并且修改 widget4 的 isDefault 的布尔值。

3) 最后效果呈现

单击 App 图片进入服务页面，如图 4-44 和图 4-45 所示。

```
{
  "icon": "$media:icon",
  "name": "com.example.emptyability.Widget4Ability",
  "description": "",
  "type": "page"
}
```

图 4-43 注册文件

图 4-44 原子化卡片

图 4-45 服务页面

4.2.2 Login Ability 工程模板

4.2.1 节我们用原生模板搭配卡片进行了练习，本节我们练习功能模板的开发。

Login Ability 工程模板展示了一个应用登录页模板，提供了页面跳转、账号及密码输入等功能。

1. 创建工程模板

(1) 创建 List Pattern 卡片模板，如图 4-46 所示。

(2) 配置项目信息，如图 4-47 所示。

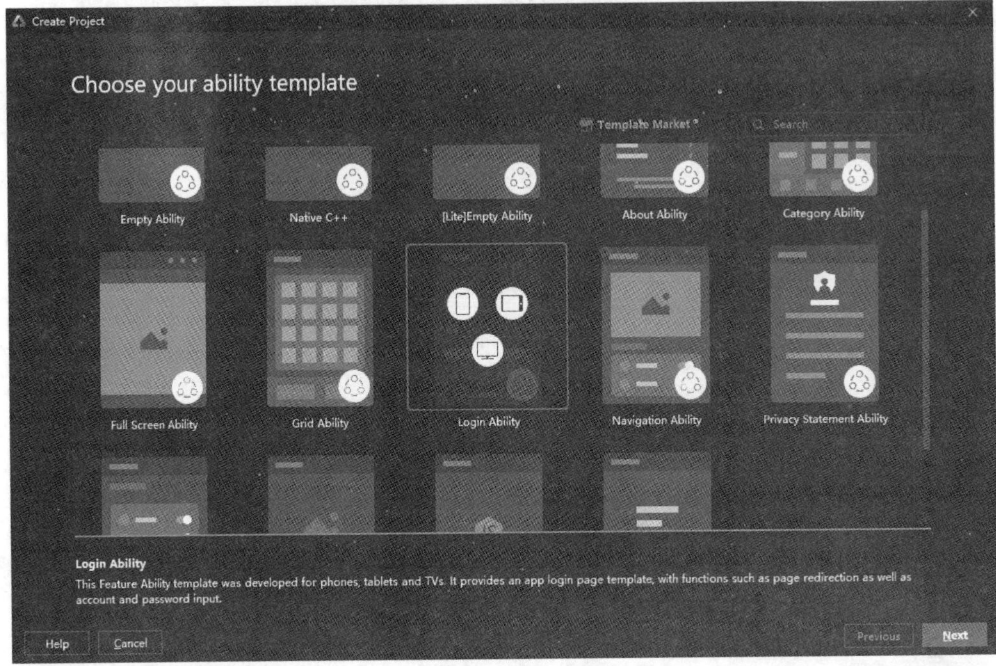

图 4-46 选择 Login Ability 模板

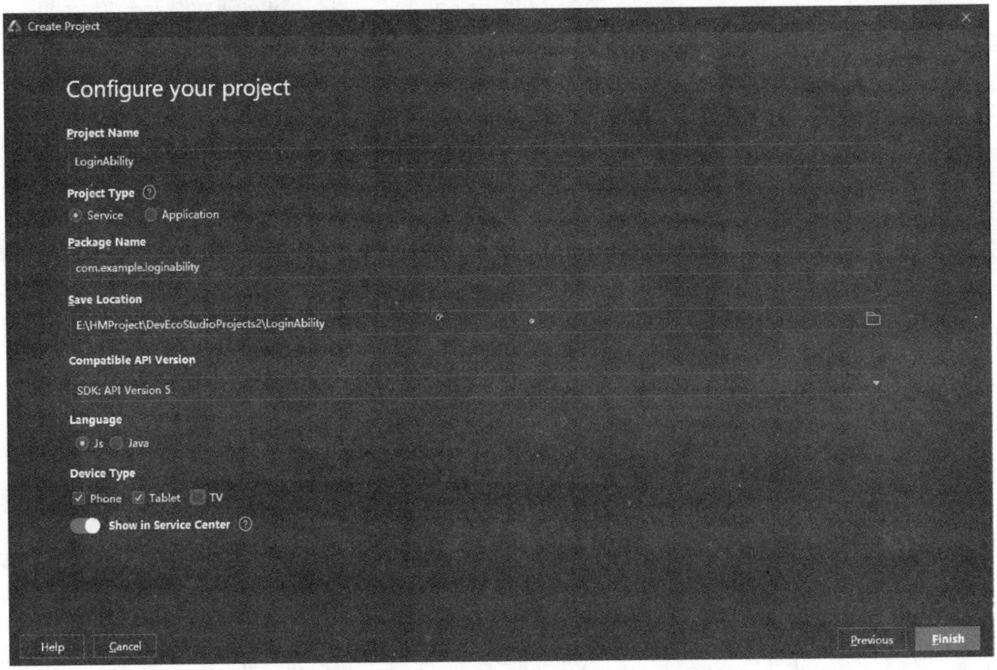

图 4-47 配置工程

2. 进行开发练习

(1) 在 pages 目录下创建一个新的文件夹 email,如图 4-48 和图 4-49 所示。

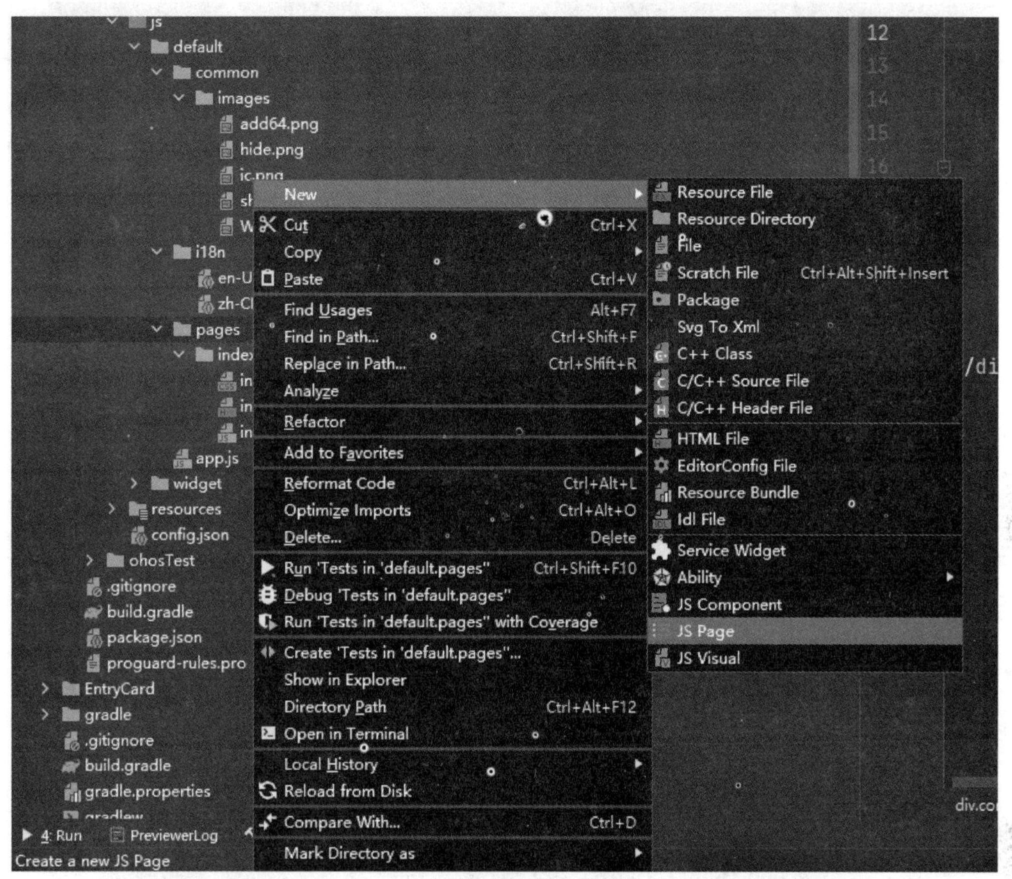

图 4-48　选择 JS Page

(2) 创建成功后,在 pages 目录下会有一个新的文件夹 email 生成,如图 4-50 所示。

index 页面部分实现如下。

index.hml 文件的代码如下:

```
/* 第 4 章/Login Ability 工程模板 index.hml 代码部分 */
<div class = "container">
    <text class = "title">
        {{ $t('strings.title') }}
    </text>
    <input class = "email" type = "email" placeholder = "{{ $t('strings.email') }}" id = "email"
          @click = "clickfun({{ $t('strings.email') }})"></input>
    <div class = "password - wrapper">
```

图 4-49 文件夹命名

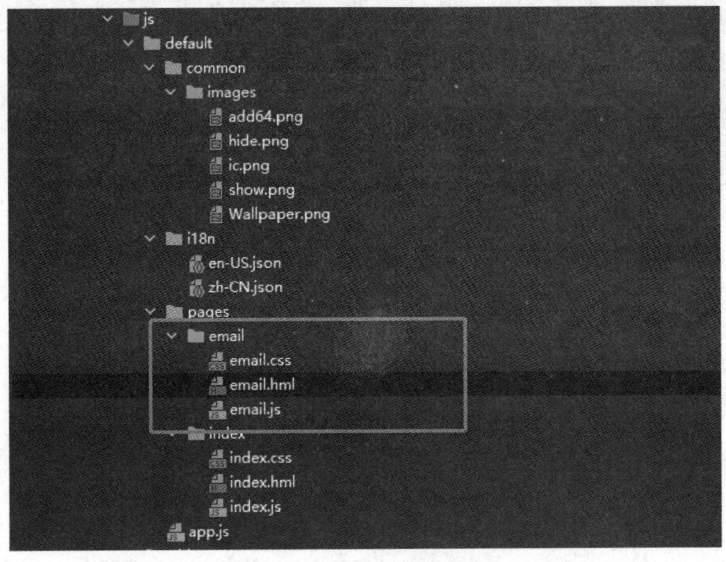

图 4-50 成功创建 email 文件夹

```
            <input class = "password" type = "{{ password_flag }}" placeholder = "{{  $t('strings.
password') }}"
                        @click = "clickfun({{  $t('strings.password') }})" @change = "guess" value =
"{{ value01 }}"></input>
            <image class = "password - img" src = "{{ password_img01 }}" @click = "hide()"></image>
        </div>
        <button class = "login" type = "capsule" value = "{{  $t('strings.login') }}" @click =
"clickfun({{  $t('strings.login') }})">
        </button>
        <button class = "forget - password" type = "text" value = "{{  $t('strings.forget_password') }}"
                @click = "clickfun({{  $t('strings.forget_password') }})"></button>
        <div class = "problem_privacy">
            <button class = "problem" type = "text" value = "{{  $t('strings.problem') }}"
                        @click = "clickfun({{  $t('strings.problem') }})"></button>
            <button class = "privacy" type = "text" value = "{{  $t('strings.privacyStatement') }}"

@click = "clickfun({{  $t('strings.privacyStatement') }})"></button>
        </div>
</div>
```

index.css 文件的代码如下：

```
//第 4 章/Login Ability 工程模板 index.css 代码部分
.container {
    display: flex;
    flex - direction: column;
    justify - content: flex - start;
    align - items: flex - start;
    width: 100 %;
    left: 0px;
    top: 0px;
}

.title {
    text - align: left;
    margin - top: 8px;
    margin - left: 24px;
    margin - right: 24px;
    font - size: 30px;
}

.email {
    height: 48px;
    margin - top: 108px;
    margin - left: 24px;
    margin - right: 24px;
    padding: 0px;
```

```
    padding - left: 2px;
    border - radius: 0px;
    opacity: 0.6;
    font - size: 16px;
    background - color: #19000000;
}

.password - wrapper {
    display: flex;
    flex - direction: column;
}

.password {
    height: 48px;
    margin - left: 24px;
    margin - right: 24px;
    padding: 0px;
    padding - left: 2px;
    border - radius: 0px;
    opacity: 0.6;
    font - size: 16px;
    background - color: #19000000;
}

.password - img {
    display: none;
}

.login {
    height: 40px;
    width: 100 % ;
    margin - top: 20px;
    margin - left: 24px;
    margin - right: 24px;
}

.forget - password {
    display: none;
}

.problem_privacy {
    display: flex;
    flex - direction: row;
    justify - content: center;
    align - items: center;
    margin - top: 30 % ;
}
```

```
.problem {
    height: 20px;
    font  size: 16px;
    text-color: #0A59F7;
    padding: 1px;
    margin-right: 12px;
    border-radius: 0px;
}

.privacy {
    height: 20px;
    font-size: 16px;
    text-color: #0A59F7;
    padding: 1px;
    margin-left: 12px;
    border-radius: 0px;
}

@media screen and (device-type: phone) and (orientation: landscape) {
    .email {
        margin-top: 24px;
    }

    .problem_privacy {
        margin-top: 4px;
        margin-bottom: 20px;
    }
}

@media screen and (device-type: tablet) and (orientation: landscape) {
    .title {
        text-align: left;
        margin-left: 24px;
        margin-right: 24px;
    }

    .email {
        height: 48px;
        margin: 94px 200px 8px 200px;
        padding: 0px;
        padding-left: 2px;
        border-radius: 0px;
        opacity: 0.6;
        font-size: 16px;
    }

    .password-wrapper {
        display: flex;
        flex-direction: column;
```

```
}

.password {
    height: 48px;
    margin - left: 200px;
    margin - right: 200px;
    padding: 0px;
    padding - left: 2px;
    border - radius: 0px;
    opacity: 0.6;
    font - size: 16px;
}

.password - img {
    display: none;
}

.login {
    height: 40px;
    width: 100 %;
    margin: 32px 200px 0px 200px;
}

.forget - password {
    display: none;
}

.problem_privacy {
    display: flex;
    flex - direction: row;
    justify - content: center;
    align - items: center;
    margin - top: 100px;
}

.problem {
    height: 20px;
    font - size: 16px;
    text - color: #0A59F7;
    padding: 1px;
    margin - right: 12px;
    border - radius: 0px;
}

.privacy {
    height: 20px;
    font - size: 16px;
    text - color: #0A59F7;
```

```
        padding: 1px;
        margin-left: 12px;
        border-radius: 0px;
    }
}

@media screen and (device-type: tv) {
    .container {
        background-image: url("/common/images/Wallpaper.png");
        background-size: 100%;
        display: flex;
        flex-direction: column;
        justify-content: flex-start;
        align-items: center;
        left: 0px;
        top: 0px;
    }

    .title {
        text-align: center;
        font-size: 36px;
        height: 41px;
        margin-top: 36px;
    }

    .email {
        height: 48px;
        margin: 24px 270px 0px 270px;
        padding: 0px;
        padding-left: 24px;
        border-radius: 24px;
        opacity: 0.6;
        font-size: 18px;
        placeholder-color: darkgrey;
        color: #e6ffffff;
    }
    .password-wrapper {
        display: flex;
        flex-direction: row;
        margin: 12px 210px 0px 270px;
        justify-content: flex-start;
        align-content: flex-start;
    }

    .password {
        height: 48px;
        padding: 0px;
        margin: 0px 12px 0px 0px;
        padding-left: 24px;
```

```
        border-radius: 24px;
        opacity: 0.6;
        font-size: 18px;
        placeholder-color: darkgrey;
        color: white;
    }

    .password-img {
        display: flex;
        width: 48px;
        height: 48px;
        object-fit: contain;
    }

    .login {
        height: 40px;
        width: 124px;
        margin: 32px 24px 0px 24px;
    }

    .forget-password {
        display: flex;
        margin-top: 12px;
        text-color: #0A59F7;
        font-size: 16px;
    }

    .problem_privacy {
        display: none;
    }
}
```

index.js 文件的代码如下：

```
//第 4 章/Login Ability 工程模板 index.js 代码部分
import prompt from '@system.prompt'
import device from '@system.device';
import router from '@system.router';

const TAG = '[index]';
var context;
var getDeviceInfo = function () {
    var res = '';
    device.getInfo({
        success: function (data) {
            console.log(TAG + 'Device screenShape:' + data.screenShape);
            res = data.screenShape;
```

```
        },
        fail: function (data, code) {
            console.log(TAG + 'Error code:' + code + '; Error information: ' + data);
        },

    });
    return res;
};

export default {
    data: {
        password_flag: "password",
        password_img01: "/common/images/hide.png",
        temPasswordValue: "",
        value01: "",
    },
    onInit() {
        console.log(TAG + 'onInit!!!!!!!!!!!!!!!!!!!!');
        context = this;
        this.title = this.$t('strings.title');
    },
    onReady() {
        console.log(TAG + 'onReady');
        if (getDeviceInfo() == 'circle') {
            //do something
        }
    },
    onShow() {
        console.log(TAG + 'onShow');
    },
    onDestroy() {
        console.log(TAG + 'onDestroy');
    },
    hide() {
        if (context.password_flag == "password") {
            context.password_flag = "text";
            context.password_img01 = "/common/images/show.png";
        } else if (context.password_flag == "text") {
            context.password_flag = "password";
            context.password_img01 = "/common/images/hide.png";
        }
    },
    clickfun(params) {
        router.push({
            uri:'pages/email/email'
        })
```

```
// prompt.showToast({
// message: params,
// duration: 2000,
// });

    },
    guess(params) {
        this.temPasswordValue = params.text;
        context.value01 = params.text;
    }
}
```

email 页面部分实现如下。

email.hml 文件的代码如下：

```
/* 第 4 章/Login Ability 工程模板 email.hml 代码部分 */
<div class = "container">
    <text class = "title" >
        This is email!
    </text >
    <button class = "btn" value = "返回" onclick = "return"></button >
</div >
```

email.css 文件的代码如下：

```
//第 4 章/Login Ability 工程模板 email.css 代码部分
.container {
    display: flex;
    flex-direction: column;
    justify-content: center;
    align-items: center;
}

.title {
    font-size: 30px;
    text-align: center;
    width: 200px;
    height: 100px;
}
.btn{
    width: 120px;
    height: 40px;
}
```

email.js 文件的代码如下：

```
//第 4 章/Login Ability 工程模板 email.js 代码部分
import router from '@system.router';
export default {
    data: {
        title: 'World'
    },
    return(){
        router.push({
            uri:'pages/index/index'
        })
    }
}
```

3. 最后效果呈现

最后呈现登录与返回,如图 4-51 和图 4-52 所示。

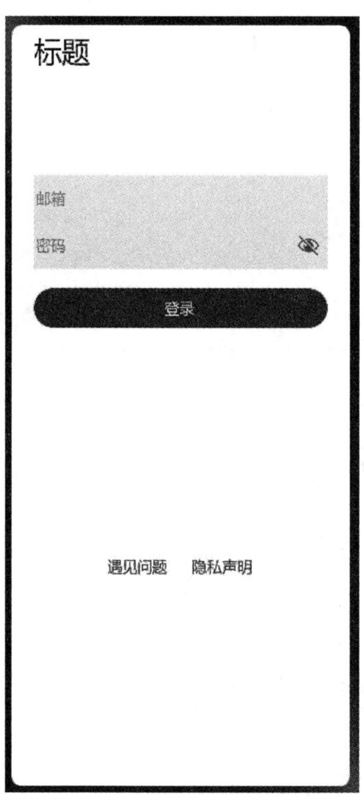

图 4-51 登录

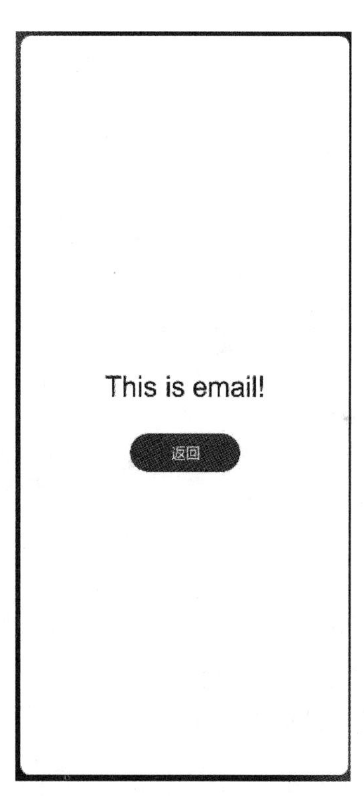

图 4-52 返回

4.3 常用 Java 卡片模板练习

本节我们挑选几种常用于 Java 语言的基础模板进行实战练习。

4.3.1 Immersive Pattern 卡片模板练习

1. 创建卡片模板

(1) 在创建卡片模板时选择 Immersive Pattern 卡片模板,如图 4-53 所示。

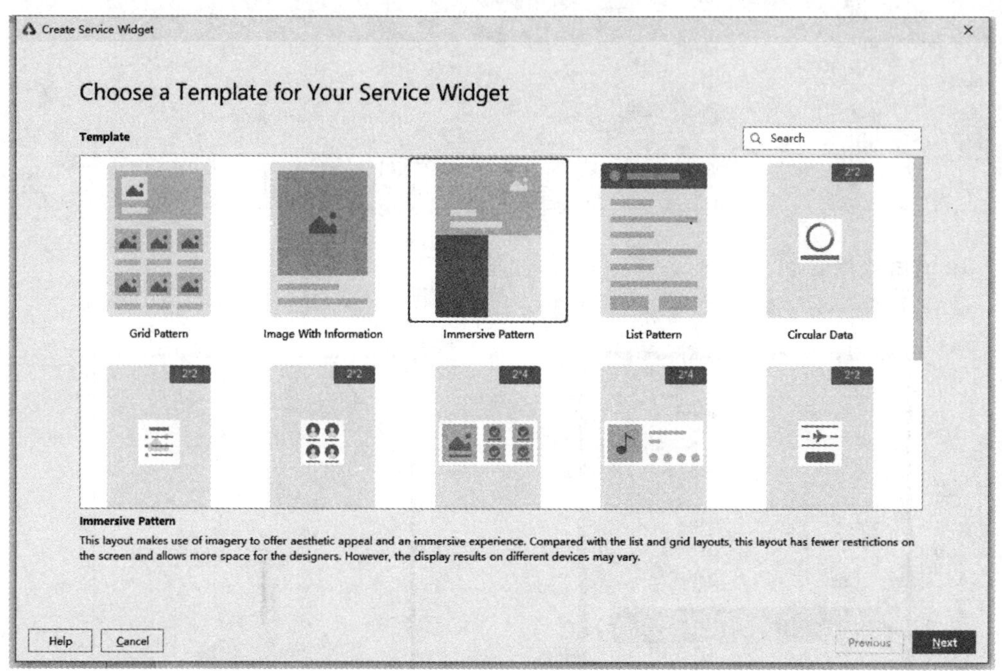

图 4-53 选择卡片模板

(2) 在选择开发语言时选择 Java,如图 4-54 所示。

2. 进行开发练习

(1) 下面以小卡和大卡为例,进行卡片的开发。在创建完卡片后,layout 目录下会生成相应的卡片页面布局文件,如图 4-55 所示,可以通过修改相应的代码,改变卡片的布局及内容。

(2) 将需要的资源文件放到 layout 同级目录下的 media 文件夹下,修改对应的页面代码。2×2 卡片的代码如下:

```
/* 第 4 章/案例一 Immersive Pattern 卡片模板 2×2 卡片内容 */
<?xml version = "1.0" encoding = "utf - 8"?>
< DependentLayout
      xmlns:ohos = "http://schemas.huawei.com/res/ohos"
      ohos:height = "match_parent"
      ohos:width = "match_parent"
      ohos:remote = "true">
```

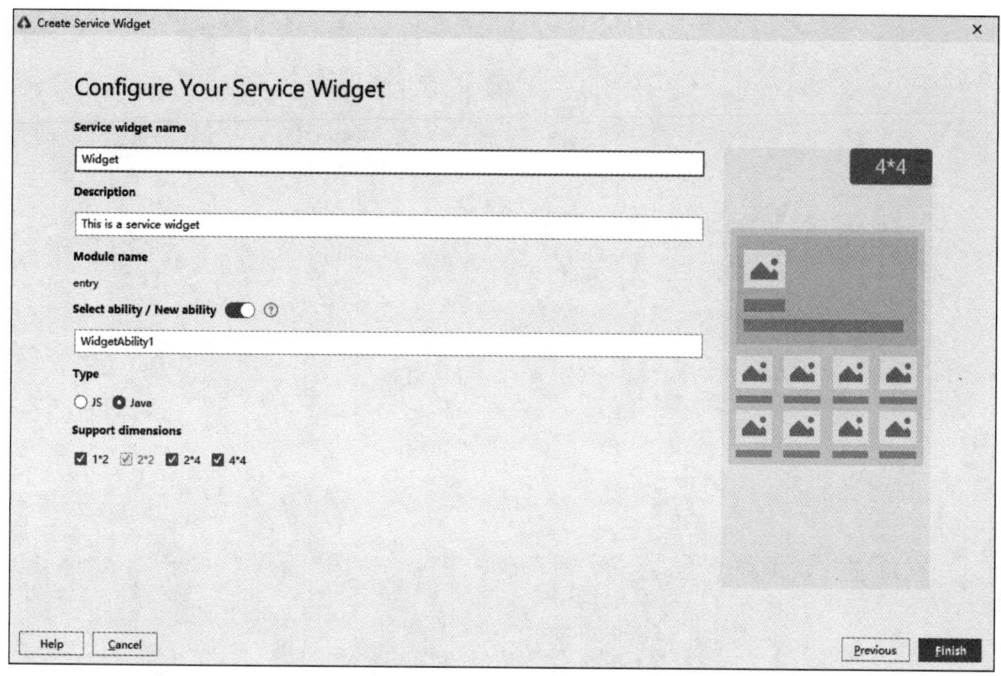

图 4-54　选择卡片开发属性

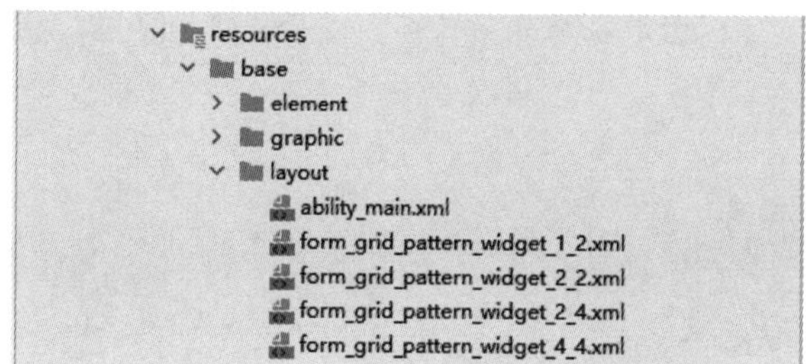

图 4-55　卡片布局文件

```
<Image
    ohos:height = "match_parent"
    ohos:width = "match_parent"
    ohos:image_src = " $ media:zr1"
    ohos:scale_mode = "clip_center"/>

<DirectionalLayout
    ohos:height = "match_content"
    ohos:width = "match_parent"
    ohos:align_parent_bottom = "true"
    ohos:bottom_margin = "12vp"
```

```
            ohos:end_margin = "12vp"
            ohos:orientation = "vertical"
            ohos:start_margin = "12vp">

            <Text
                ohos:height = "match_content"
                ohos:width = "match_parent"
                ohos:text = "相册"
                ohos:text_color = "#E5FFFFFF"
                ohos:text_size = "16fp"
                ohos:text_weight = "500"
                ohos:truncation_mode = "ellipsis_at_end"/>

            <Text
                ohos:height = "match_content"
                ohos:width = "match_parent"
                ohos:text = "收藏"
                ohos:text_color = "#99FFFFFF"
                ohos:text_size = "14fp"
                ohos:text_weight = "400"
                ohos:top_margin = "2vp"
                ohos:truncation_mode = "ellipsis_at_end"/>
        </DirectionalLayout>
</DependentLayout>
```

4×4 卡片代码如下：

```
/* 第 4 章/案例一 Immersive Pattern 卡片模板 4×4 卡片内容 */
<?xml version = "1.0" encoding = "utf-8"?>
<DirectionalLayout
    xmlns:ohos = "http://schemas.huawei.com/res/ohos"
    ohos:height = "match_parent"
    ohos:width = "match_parent"
    ohos:orientation = "vertical"
    ohos:remote = "true">

    <DependentLayout
        ohos:height = "match_parent"
        ohos:width = "match_parent"
        ohos:weight = "2">

        <Image
            ohos:height = "match_parent"
            ohos:width = "match_parent"
            ohos:image_src = "$media:zr1"
```

```
                ohos:scale_mode = "clip_center"/>

            <DirectionalLayout
                ohos:height = "match_content"
                ohos:width = "match_parent"
                ohos:align_parent_bottom = "true"
                ohos:bottom_margin = "12vp"
                ohos:orientation = "vertical"
                ohos:start_margin = "12vp">

                <Text
                    ohos:height = "match_content"
                    ohos:width = "match_parent"
                    ohos:text = "相册"
                    ohos:text_color = "#E5FFFFFF"
                    ohos:text_size = "16fp"
                    ohos:text_weight = "500"/>

                <Text
                    ohos:height = "match_content"
                    ohos:width = "match_parent"
                    ohos:text = "收藏"
                    ohos:text_color = "#99FFFFFF"
                    ohos:text_size = "14fp"
                    ohos:text_weight = "400"
                    ohos:top_margin = "2vp"/>
            </DirectionalLayout>
        </DependentLayout>

        <DirectionalLayout
            ohos:height = "match_parent"
            ohos:width = "match_parent"
            ohos:background_element = "#FFFFFFFF"
            ohos:orientation = "horizontal"
            ohos:weight = "3">

            <DependentLayout
                ohos:height = "match_parent"
                ohos:width = "match_parent"
                ohos:weight = "1">

                <Image
                    ohos:height = "match_parent"
                    ohos:width = "match_parent"
                    ohos:center_in_parent = "true"
```

```
                    ohos:image_src = "$media:zr"
                    ohos:scale_mode = "clip_center"/>
            </DependentLayout>

            <DependentLayout
                ohos:height = "match_parent"
                ohos:width = "match_parent"
                ohos:weight = "1">

                <Image
                    ohos:height = "match_parent"
                    ohos:width = "match_parent"
                    ohos:center_in_parent = "true"
                    ohos:image_src = "$media:zr2"
                    ohos:scale_mode = "clip_center"/>
            </DependentLayout>
        </DirectionalLayout>
</DirectionalLayout>
```

3. 效果呈现

效果如图 4-56(a)和图 4-56(b)所示。

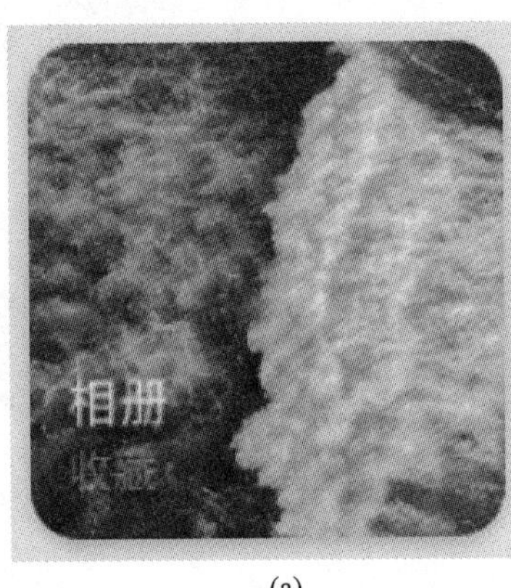

(a)

(b)

图 4-56 效果图

4.3.2 Grid Pattern 卡片模板练习

1. 创建卡片模板

在创建项目的卡片模板时,选择 Grid Pattern 卡片模板,如图 4-57 所示。

2. 进行开发练习

通过修改卡片布局代码,将卡片显示内容显示成自己喜欢的样式。

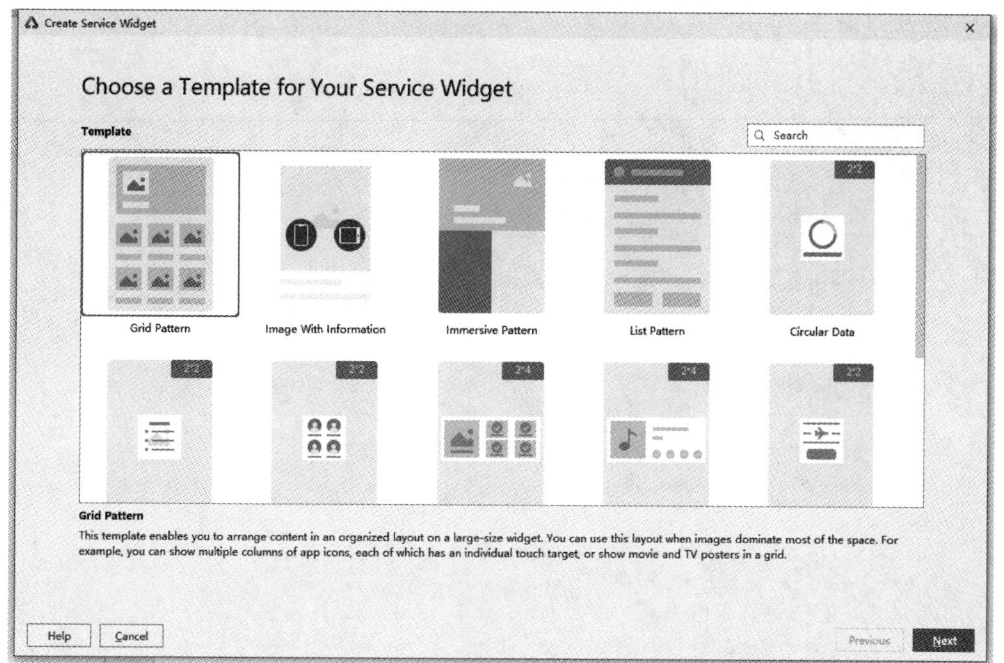

图 4-57　创建 Grid Pattern 卡片模板

2×2 卡片代码如下：

```
/*第 4 章/案例二 Immersive Pattern 卡片模板 2×2 卡片内容*/
<?xml version = "1.0" encoding = "utf - 8"?>
<DirectionalLayout
    xmlns:ohos = "http://schemas.huawei.com/res/ohos"
    ohos:height = "match_parent"
    ohos:width = "match_parent"
    ohos:background_element = "#FF007DFB"
    ohos:orientation = "horizontal"
    ohos:remote = "true">

    <Image
        ohos:height = "60vp"
        ohos:width = "60vp"
        ohos:image_src = "$media:flower4X4"
        ohos:layout_alignment = "vertical_center"
        ohos:scale_mode = "zoom_center"
        ohos:start_margin = "20vp"/>

    <Text
        ohos:height = "match_content"
```

```
            ohos:width = "match_parent"
            ohos:end_margin = "12vp"
            ohos:layout_alignment = "vertical_center"
            ohos:start_margin = "14vp"
            ohos:text = "花卉"
            ohos:text_color = "#E5FFFFFF"
            ohos:text_size = "14fp"
            ohos:text_weight = "500"
            ohos:truncation_mode = "ellipsis_at_end"/>
</DirectionalLayout>
```

4×4 卡片代码如下：

```
/*第 4 章/案例二 Immersive Pattern 卡片模板 4×4 卡片内容*/
<?xml version = "1.0" encoding = "utf-8"?>
<DependentLayout
    xmlns:ohos = "http://schemas.huawei.com/res/ohos"
    ohos:height = "match_parent"
    ohos:width = "match_parent"
    ohos:remote = "true">

    <DependentLayout
        ohos:height = "match_parent"
        ohos:width = "match_parent"
        ohos:align_parent_bottom = "true"
        ohos:background_element = "#FF007DFB"
        ohos:bottom_margin = "198vp">

        <Image
            ohos:height = "60vp"
            ohos:width = "60vp"
            ohos:image_src = "$media:flower4X4"
            ohos:scale_mode = "zoom_start"
            ohos:start_margin = "12vp"
            ohos:top_margin = "32vp"/>

        <DirectionalLayout
            ohos:height = "match_content"
            ohos:width = "match_parent"
            ohos:align_parent_bottom = "true"
            ohos:bottom_margin = "12vp"
            ohos:end_margin = "12vp"
            ohos:orientation = "vertical"
            ohos:start_margin = "12vp">
```

```
            <Text
                ohos:height = "match_content"
                ohos:width = "match_parent"
                ohos:text = "花卉"
                ohos:text_color = "#E5FFFFFF"
                ohos:text_size = "14fp"
                ohos:text_weight = "500"
                ohos:truncation_mode = "ellipsis_at_end"/>

           <Text
                ohos:height = "match_content"
                ohos:width = "match_parent"
                ohos:text = "花朵介绍"
                ohos:text_color = "#99FFFFFF"
                ohos:text_size = "10fp"
                ohos:text_weight = "400"
                ohos:top_margin = "2vp"
                ohos:truncation_mode = "ellipsis_at_end"/>
        </DirectionalLayout>
    </DependentLayout>

    <DependentLayout
        ohos:height = "198vp"
        ohos:width = "match_parent"
        ohos:align_parent_bottom = "true"
        ohos:background_element = "#FFFFFFFF">

        <DirectionalLayout
            ohos:height = "match_content"
            ohos:width = "match_parent"
            ohos:center_in_parent = "true"
            ohos:end_margin = "8vp"
            ohos:orientation = "horizontal"
            ohos:start_margin = "8vp">

            <DirectionalLayout
                ohos:height = "match_parent"
                ohos:width = "match_parent"
                ohos:orientation = "vertical"
                ohos:weight = "1">

                <Image
                    ohos:height = "64vp"
                    ohos:width = "64vp"
                    ohos:image_src = "$media:flower1"
                    ohos:layout_alignment = "horizontal_center"
```

```
                ohos:scale_mode = "zoom_center"
                ohos:top_margin = "12vp"/>

            < Text
                ohos:height = "match_content"
                ohos:width = "64vp"
                ohos:layout_alignment = "horizontal_center"
                ohos:text = " $ string:widget_title"
                ohos:text_alignment = "horizontal_center"
                ohos:text_color = " # E5000000"
                ohos:text_size = "12fp"
                ohos:text_weight = "500"
                ohos:top_margin = "2vp"
                ohos:truncation_mode = "ellipsis_at_end"/>

            < Image
                ohos:height = "64vp"
                ohos:width = "64vp"
                ohos:image_src = " $ media:flower2"
                ohos:layout_alignment = "horizontal_center"
                ohos:scale_mode = "zoom_center"
                ohos:top_margin = "12vp"/>

            < Text
                ohos:height = "match_content"
                ohos:width = "64vp"
                ohos:layout_alignment = "horizontal_center"
                ohos:text = " $ string:widget_title"
                ohos:text_alignment = "horizontal_center"
                ohos:text_color = " # E5000000"
                ohos:text_size = "12fp"
                ohos:text_weight = "500"
                ohos:top_margin = "2vp"
                ohos:truncation_mode = "ellipsis_at_end"/>
        </DirectionalLayout >

        < DirectionalLayout
            ohos:height = "match_parent"
            ohos:width = "match_parent"
            ohos:orientation = "vertical"
            ohos:weight = "1">

            < Image
                ohos:height = "64vp"
                ohos:width = "64vp"
                ohos:image_src = " $ media:flower4X4"
```

```
            ohos:layout_alignment = "horizontal_center"
            ohos:scale_mode = "zoom_center"
            ohos:top_margin = "12vp"/>

        <Text
            ohos:height = "match_content"
            ohos:width = "64vp"
            ohos:layout_alignment = "horizontal_center"
            ohos:text = "$string:widget_title"
            ohos:text_alignment = "horizontal_center"
            ohos:text_color = "#E5000000"
            ohos:text_size = "12fp"
            ohos:text_weight = "500"
            ohos:top_margin = "2vp"
            ohos:truncation_mode = "ellipsis_at_end"/>

        <Image
            ohos:height = "64vp"
            ohos:width = "64vp"
            ohos:image_src = "$media:flower1"
            ohos:layout_alignment = "horizontal_center"
            ohos:scale_mode = "zoom_center"
            ohos:top_margin = "12vp"/>

        <Text
            ohos:height = "match_content"
            ohos:width = "64vp"
            ohos:layout_alignment = "horizontal_center"
            ohos:text = "$string:widget_title"
            ohos:text_alignment = "horizontal_center"
            ohos:text_color = "#E5000000"
            ohos:text_size = "12fp"
            ohos:text_weight = "500"
            ohos:top_margin = "2vp"
            ohos:truncation_mode = "ellipsis_at_end"/>
    </DirectionalLayout>

    <DirectionalLayout
        ohos:height = "match_parent"
        ohos:width = "match_parent"
        ohos:orientation = "vertical"
        ohos:weight = "1">

        <Image
            ohos:height = "64vp"
            ohos:width = "64vp"
```

```
                ohos:image_src = "$media:flower2"
                ohos:layout_alignment = "horizontal_center"
                ohos:scale_mode = "zoom_center"
                ohos:top_margin = "12vp"/>

            <Text
                ohos:height = "match_content"
                ohos:width = "64vp"
                ohos:layout_alignment = "horizontal_center"
                ohos:text = "$string:widget_title"
                ohos:text_alignment = "horizontal_center"
                ohos:text_color = "#E5000000"
                ohos:text_size = "12fp"
                ohos:text_weight = "500"
                ohos:top_margin = "2vp"
                ohos:truncation_mode = "ellipsis_at_end"/>

            <Image
                ohos:height = "64vp"
                ohos:width = "64vp"
                ohos:image_src = "$media:flower4X4"
                ohos:layout_alignment = "horizontal_center"
                ohos:scale_mode = "zoom_center"
                ohos:top_margin = "12vp"/>

            <Text
                ohos:height = "match_content"
                ohos:width = "64vp"
                ohos:layout_alignment = "horizontal_center"
                ohos:text = "$string:widget_title"
                ohos:text_alignment = "horizontal_center"
                ohos:text_color = "#E5000000"
                ohos:text_size = "12fp"
                ohos:text_weight = "500"
                ohos:top_margin = "2vp"
                ohos:truncation_mode = "ellipsis_at_end"/>
        </DirectionalLayout>

        <DirectionalLayout
            ohos:height = "match_parent"
            ohos:width = "match_parent"
            ohos:orientation = "vertical"
            ohos:weight = "1">

            <Image
```

```
                ohos:height = "64vp"
                ohos:width = "64vp"
                ohos:image_src = " $ media:flower1"
                ohos:layout_alignment = "horizontal_center"
                ohos:scale_mode = "zoom_center"
                ohos:top_margin = "12vp"/>
            < Text
                ohos:height = "match_content"
                ohos:width = "64vp"
                ohos:layout_alignment = "horizontal_center"
                ohos:text = " $ string:widget_title"
                ohos:text_alignment = "horizontal_center"
                ohos:text_color = " # E5000000"
                ohos:text_size = "12fp"
                ohos:text_weight = "500"
                ohos:top_margin = "2vp"
                ohos:truncation_mode = "ellipsis_at_end"/>

            < Image
                ohos:height = "64vp"
                ohos:width = "64vp"
                ohos:image_src = " $ media:flower2"
                ohos:layout_alignment = "horizontal_center"
                ohos:scale_mode = "zoom_center"
                ohos:top_margin = "12vp"/>

            < Text
                ohos:height = "match_content"
                ohos:width = "64vp"
                ohos:layout_alignment = "horizontal_center"
                ohos:text = " $ string:widget_title"
                ohos:text_alignment = "horizontal_center"
                ohos:text_color = " # E5000000"
                ohos:text_size = "12fp"
                ohos:text_weight = "500"
                ohos:top_margin = "2vp"
                ohos:truncation_mode = "ellipsis_at_end"/>
        </DirectionalLayout >
    </DirectionalLayout >
  </DependentLayout >
</DependentLayout >
```

3. 效果呈现

代码修改完成后,呈现效果如图 4-58(a)和图 4-58(b)所示。

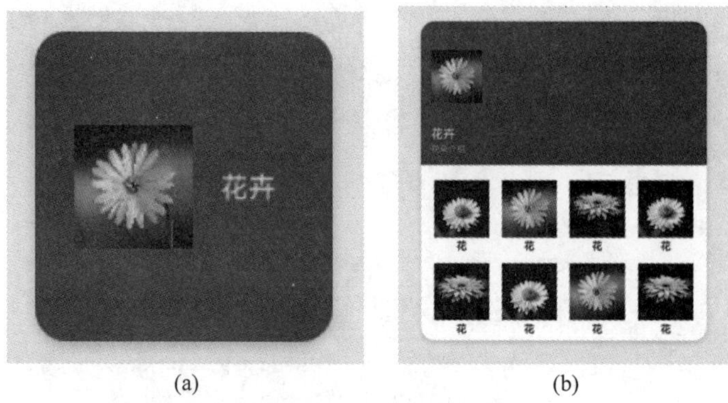

(a) (b)

图 4-58 效果图

4.3.3 Image With Information 卡片模板练习

1. 创建卡片模板

在创建项目的卡片模板时，选择 Image With Information 卡片模板，如图 4-59 所示。

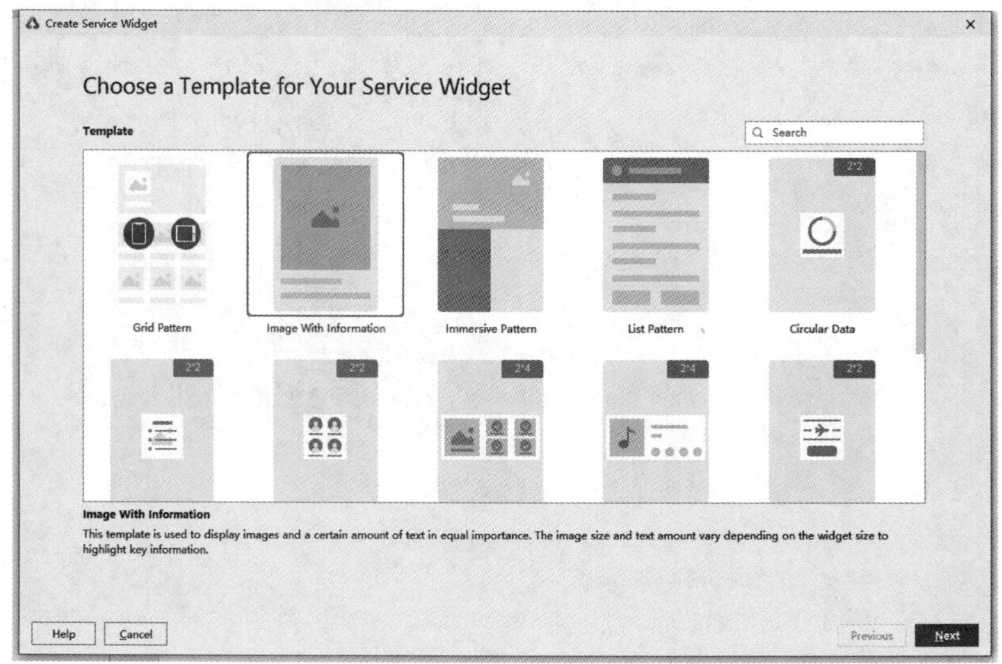

图 4-59 选择 Image With Information 模板

2. 进行开发练习

同样以小卡片和中卡片为例，添加完项目资源文件后，修改卡片布局代码。

2×2 卡片代码如下：

```
/*第 4 章/案例三 Image and information 卡片模板 2×2 卡片内容*/
<?xml version="1.0" encoding="utf-8"?>
<DependentLayout
    xmlns:ohos="http://schemas.huawei.com/res/ohos"
    ohos:height="match_parent"
    ohos:width="match_parent"
    ohos:background_element="#FFFFFFFF"
    ohos:remote="true">

    <Image
        ohos:height="match_parent"
        ohos:width="126vp"
        ohos:horizontal_center="true"
        ohos:image_src="$media:hd"
        ohos:scale_mode="zoom_start"
        ohos:focus_border_enable="true"
        ohos:top_margin="17vp"/>

    <DirectionalLayout
        ohos:height="match_content"
        ohos:width="126vp"
        ohos:align_parent_bottom="true"
        ohos:bottom_margin="12vp"
        ohos:horizontal_center="true"
        ohos:orientation="vertical">

        <Text
            ohos:height="match_content"
            ohos:width="match_parent"
            ohos:text="蝴蝶"
            ohos:text_color="#E5000000"
            ohos:text_size="16fp"
            ohos:text_weight="500"
            ohos:truncation_mode="ellipsis_at_end"/>

        <Text
            ohos:height="match_content"
            ohos:width="match_parent"
            ohos:text="这是一只蝴蝶"
            ohos:text_color="#99000000"
            ohos:text_size="12fp"
            ohos:text_weight="400"
            ohos:top_margin="2vp"
            ohos:truncation_mode="ellipsis_at_end"/>
```

```
        </DirectionalLayout>
</DependentLayout>
```

4×4 卡片代码如下：

```
/*第 4 章/案例三 Image and information 卡片模板 4×4 卡片内容*/
<?xml version = "1.0" encoding = "utf-8"?>
<DependentLayout
    xmlns:ohos = "http://schemas.huawei.com/res/ohos"
    ohos:height = "match_parent"
    ohos:width = "match_parent"
    ohos:remote = "true">

    <DependentLayout
        ohos:height = "match_parent"
        ohos:width = "match_parent"
        ohos:align_parent_bottom = "true"
        ohos:bottom_margin = "150vp">

        <Image
            ohos:height = "match_parent"
            ohos:width = "match_parent"
            ohos:image_src = "$media:hd"
            ohos:scale_mode = "clip_center"/>

        <DirectionalLayout
            ohos:height = "match_content"
            ohos:width = "match_parent"
            ohos:align_parent_bottom = "true"
            ohos:bottom_margin = "12vp"
            ohos:orientation = "vertical"
            ohos:start_margin = "12vp">

            <Text
                ohos:height = "match_content"
                ohos:width = "match_parent"
                ohos:text = "蝴蝶"
                ohos:text_color = "#E5FFFFFF"
                ohos:text_size = "20fp"
                ohos:text_weight = "500"/>

            <Text
                ohos:height = "match_content"
                ohos:width = "match_parent"
                ohos:text = "蝴蝶相关介绍"
```

```
                ohos:text_color = "#99FFFFFF"
                ohos:text_size = "16fp"
                ohos:text_weight = "400"
                ohos:top_margin = "2vp"/>
        </DirectionalLayout>
    </DependentLayout>

    <DirectionalLayout
        ohos:height = "150vp"
        ohos:width = "match_parent"
        ohos:align_parent_bottom = "true"
        ohos:background_element = "#FFFFFFFF"
        ohos:orientation = "horizontal">

        <DependentLayout
            ohos:height = "match_parent"
            ohos:width = "match_parent"
            ohos:weight = "1">

            <Image
                ohos:height = "match_parent"
                ohos:width = "126vp"
                ohos:horizontal_center = "true"
                ohos:image_src = "$media:hd2"
                ohos:scale_mode = "zoom_start"
                ohos:top_margin = "12vp"/>

            <DirectionalLayout
                ohos:height = "match_content"
                ohos:width = "126vp"
                ohos:align_parent_bottom = "true"
                ohos:bottom_margin = "12vp"
                ohos:horizontal_center = "true"
                ohos:orientation = "vertical">

                <Text
                    ohos:height = "match_content"
                    ohos:width = "match_parent"
                    ohos:text = "蝴蝶"
                    ohos:text_color = "#E5000000"
                    ohos:text_size = "16fp"
                    ohos:text_weight = "500"
                    ohos:truncation_mode = "ellipsis_at_end"/>

                <Text
                    ohos:height = "match_content"
```

```
                    ohos:width = "match_parent"
                    ohos:text = "这是一只蝴蝶"
                    ohos:text_color = "#99000000"
                    ohos:text_size = "12fp"
                    ohos:text_weight = "400"
                    ohos:top_margin = "2vp"
                    ohos:truncation_mode = "ellipsis_at_end"/>
            </DirectionalLayout>
        </DependentLayout>

        <DependentLayout
            ohos:height = "match_parent"
            ohos:width = "match_parent"
            ohos:weight = "1">

            <Image
                ohos:height = "match_parent"
                ohos:width = "126vp"
                ohos:horizontal_center = "true"
                ohos:image_src = "$media:hd1"
                ohos:scale_mode = "zoom_start"
                ohos:top_margin = "12vp"/>

            <DirectionalLayout
                ohos:height = "match_content"
                ohos:width = "126vp"
                ohos:align_parent_bottom = "true"
                ohos:bottom_margin = "12vp"
                ohos:horizontal_center = "true"
                ohos:orientation = "vertical">

                <Text
                    ohos:height = "match_content"
                    ohos:width = "match_parent"
                    ohos:text = "蝴蝶"
                    ohos:text_color = "#E5000000"
                    ohos:text_size = "16fp"
                    ohos:text_weight = "500"
                    ohos:truncation_mode = "ellipsis_at_end"/>

                <Text
                    ohos:height = "match_content"
                    ohos:width = "match_parent"
                    ohos:text = "这是一只蝴蝶"
                    ohos:text_color = "#99000000"
                    ohos:text_size = "12fp"
```

```
                ohos:text_weight = "400"
                ohos:top_margin = "2vp"
                ohos:truncation_mode = "ellipsis_at_end"/>
            </DirectionalLayout>
        </DependentLayout>
    </DirectionalLayout>
</DependentLayout>
```

3. 效果呈现

两种布局的运行效果如图 4-60(a)和图 4-60(b)所示。

(a) 布局一

(b) 布局二

图 4-60　效果图

4.4　eTS 语言工程模板练习

本节主要基于 eTS 语言模板进行练习，本节练习内容需要使用 DevEco Studio V3.0.0.601 Beta1 及更高版本。使用模拟器运行时应选择 API Version 7 及以上的设备。

4.4.1　Empty Ability 工程模板

用于 Phone、TV、Tablet 设备的 Feature Ability 模板，展示了基础的 Hello World 功能。

1. 创建工程模板

1）选择 Empty Ability 工程模板

如图 4-61 所示。

2）配置工程项目

如图 4-62 所示。

3）打开 app.ets 文件

工程创建完成后，打开 pages 目录下的 app.ets 文件，如图 4-63 所示。

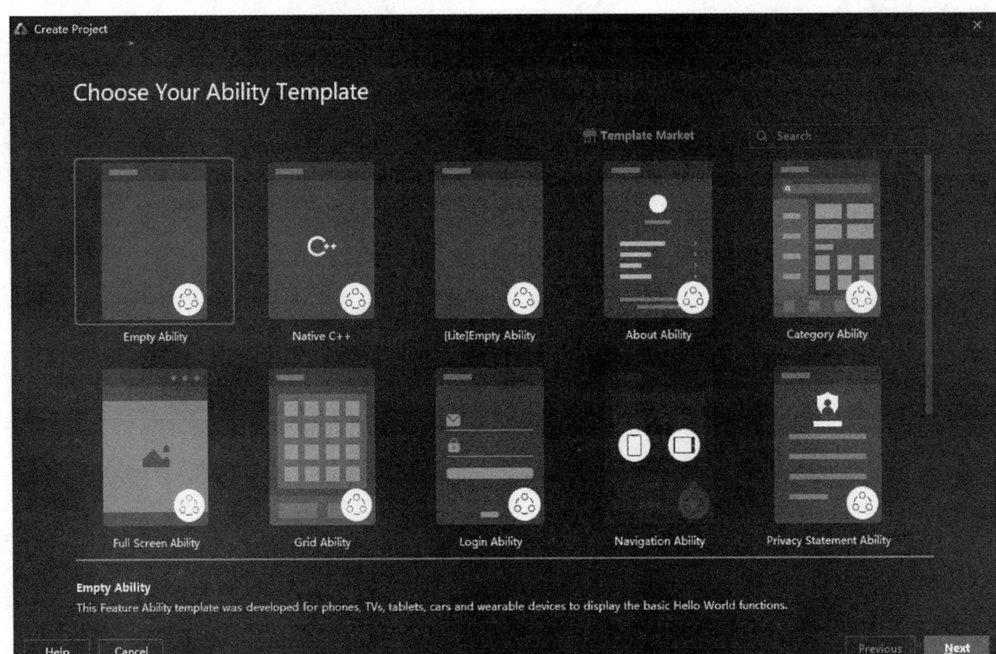

图 4-61 选择模板

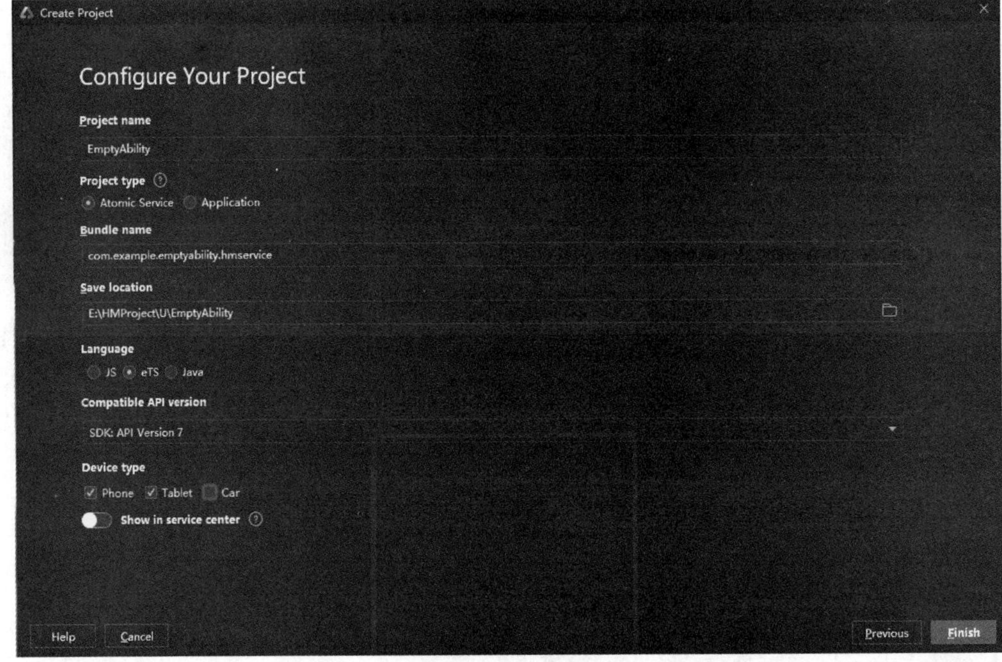

图 4-62 配置工程项目

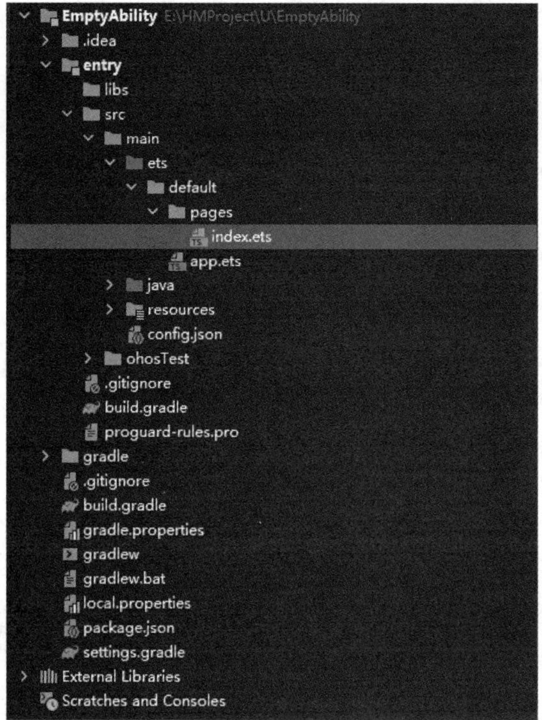

图 4-63　打开 pages 目录

index.ets 文件的代码如下：

```
//第 4 章/案例一 Empty Ability 工程模板 index.ets 代码部分
@Entry
@Component
struct Index {
  build() {
    Flex({ direction: FlexDirection.Column, alignItems: ItemAlign.Center, justifyContent:
FlexAlign.Center }) {
      Text('Hello World')
        .fontSize(50)
        .fontWeight(FontWeight.Bold)
    }
    .width('100%')
    .height('100%')
  }
}
```

4）呈现效果

运行预览器 Previewer，出现 Hello World，如图 4-64 所示。

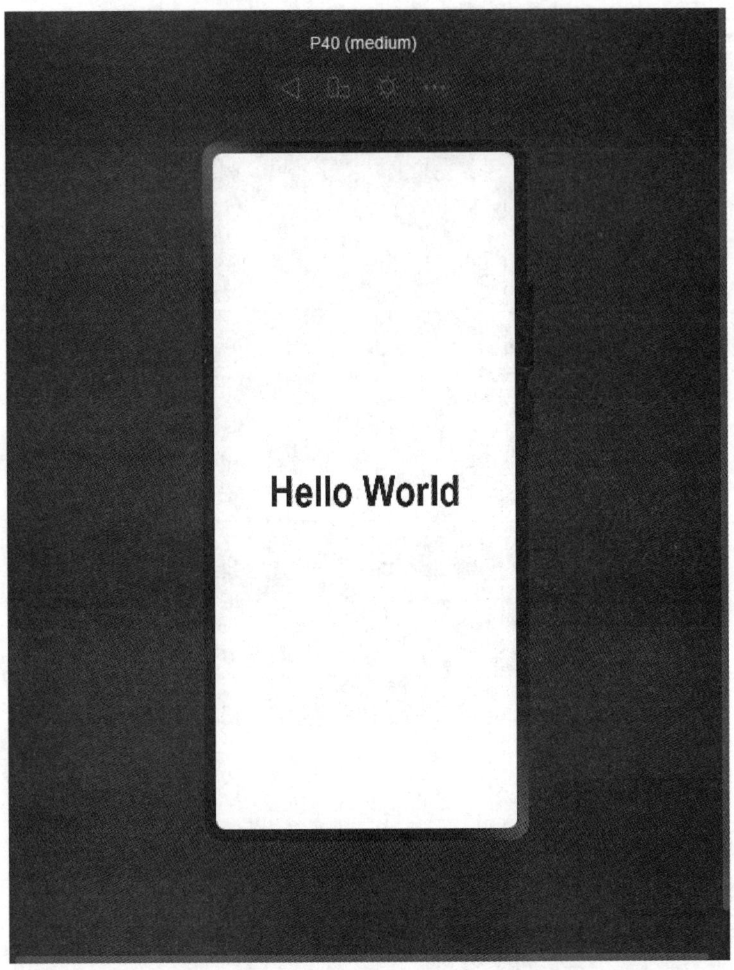

图 4-64　Hello World

2. 进行开发练习

1）创建资源目录

在 default 目录下创建 images 文件夹，用于存放图片资源，其中图片资源自行提供即可，如图 4-65～图 4-67 所示。

2）构建 Stack 布局

删除工程模板的 build()方法中的代码，创建 Stack 组件，然后用 Text 组件和 Image 组件实现堆叠效果，代码如下：

```
//第 4 章/案例一 Empty Ability 工程模板/开发练习
@Entry
@Component
struct Index {
```

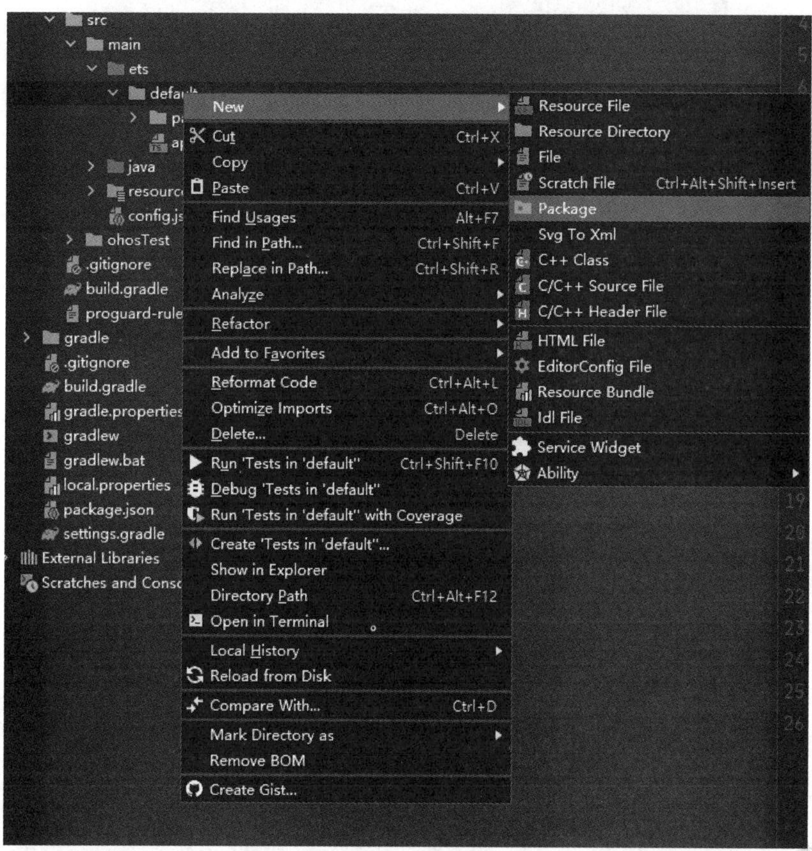

图 4-65　创建目录

New Package

default.images

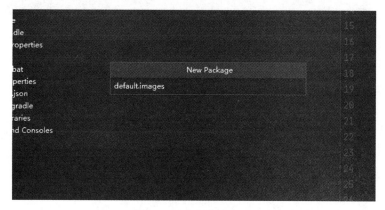

图 4-66　命名为 images

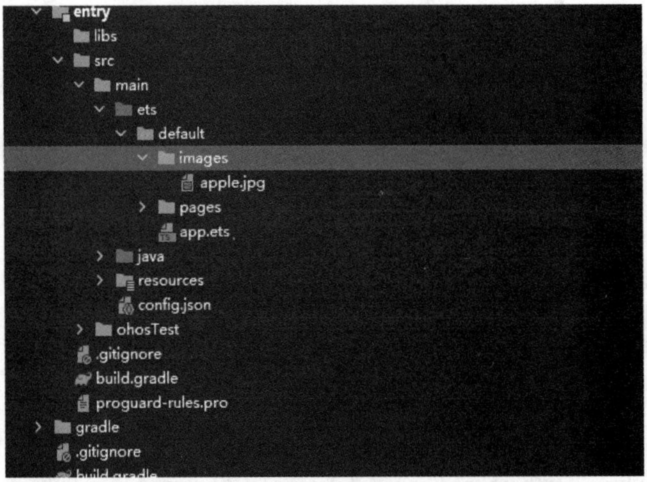

图 4-67　创建成功

```
    build() {
      Stack() {
        Image('images/apple.jpg')
          .objectFit(ImageFit.Contain)       //等比放大或缩小
          .height(300)
        Text('Apple')
          .fontSize(26)
          .fontWeight(500)
          .fontColor(0xffffff)
          .margin(50)
      }
    }
}
```

3. 最后效果呈现

最后的效果如图 4-68 所示。

4.4.2　About Ability 工程模板

About Ability 工程模板用于 Phone 设备的 Feature Ability 模板。展示了一个应用关于页的模板，提供了应用关于信息的实现方式。

1. 创建工程模板

选择 About Ability 工程模板，如图 4-69 所示。

配置工程项目，如图 4-70 所示。

工程创建完成后，打开 pages 目录下的 index. ets 文件，如图 4-71 所示。

图 4-68　效果呈现

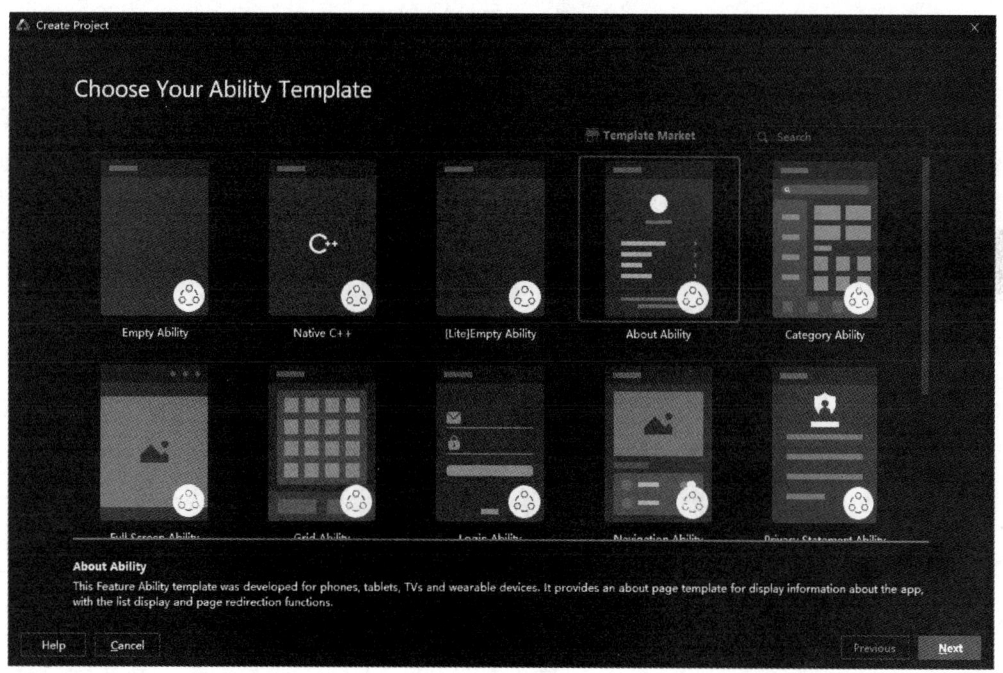

图 4-69　选择模板

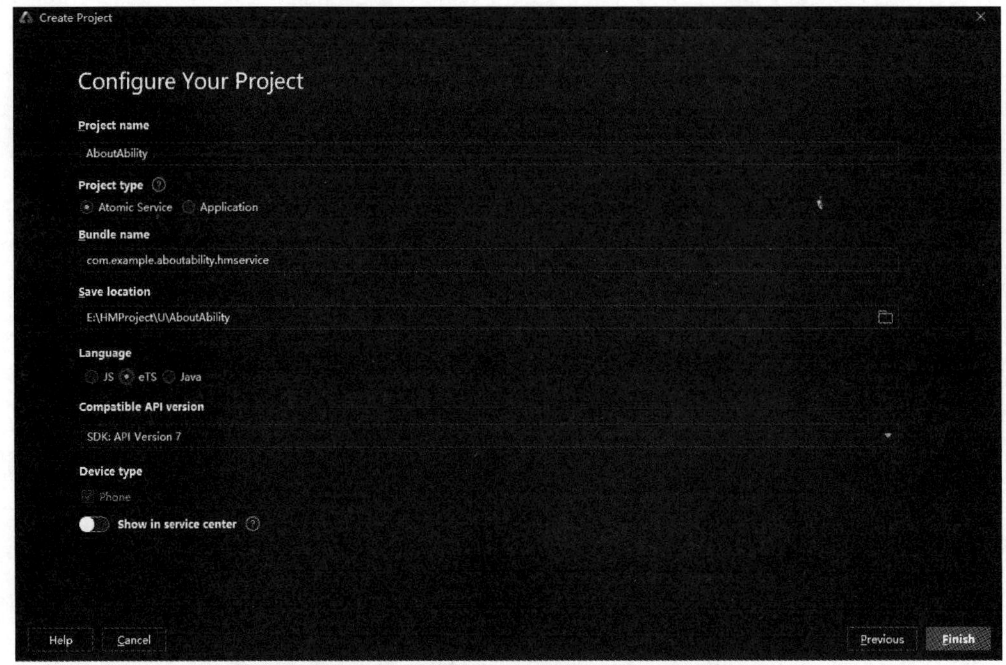

图 4-70 配置工程项目

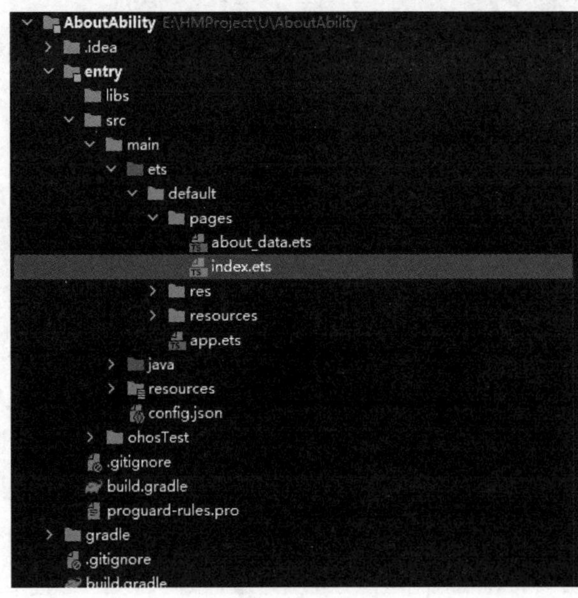

图 4-71 创建成功

2. 进行开发练习

res 目录是资源存放目录，resources 目录是 ets 文件的配置资源目录。

1）修改 zh_US→properties 下的 string.json 文件的内容

string.json 文件的代码如下：

```
//第 4 章/案例二 About Ability 工程模板 string.json 代码部分
{
  "strings": {
    "appName": "蛟龙腾飞",
    "versionLabel": "版本：",
    "homePage": "主页",
    "devUnion": "蛟龙腾飞开发者",
    "weChatAccount": "微信公众号",
    "share": "分享我们",
    "weibo": "新浪微博",
    "userProtocol": "蛟龙腾飞用户协议",
    "privacyStatement": "关于蛟龙腾飞与隐私的声明",
    "ownerInfomation": "版权所有 © 2011 - 2019 蛟龙腾飞网络科技有限公司保留一切权利",
    "techSupport": "技术支持：蛟龙腾飞团队",
    "and": " 和 "
  }
}
```

2）修改 pages 目录下的 about_data.ets 文件的内容

about_data.ets 文件的代码如下：

```
//第 4 章/案例二 About Ability 工程模板 about_data.ets 代码部分
export type RelatedLink = {
  id: string;
  mainName: string;
  subName: string;
}
//表述类型
export type AppInfoAll = {
  iconSrc: string;
  appName: string;
  appVersion: string;
  relatedLinks: RelatedLink[];
  agreementName: string;
  privacyName: string;
  ownerInfomation: string;
  techSupport: string;
}

export const MyAppInfo: AppInfoAll = {
  "iconSrc": 'res/icon.png',
  "appName": $s('strings.appName'),
```

```
    "appVersion": "1.0.0",
    "relatedLinks": [
      {
        "id": "0",
        "mainName": $s('strings.homePage'),
        "subName": "jltf.hello.com"                 //修改 subName 字符串
      },
      {
        "id": "1",
        "mainName": $s('strings.devUnion'),
        "subName": "developer.jltf.hello.com"       //修改 subName 字符串
      },
      {
        "id": "2",
        "mainName": $s('strings.weChatAccount'),
        "subName": "蛟龙腾飞"                        //修改 subName 字符串
      },
      {
        "id": "3",
        "mainName": $s('strings.share'),
        "subName": "@蛟龙腾飞"                       //修改 subName 字符串
      },
      {
        "id": "4",
        "mainName": $s('strings.weibo'),
        "subName": "@蛟龙腾飞"                       //修改 subName 字符串
      },
    ],
    "agreementName": $s('strings.userProtocol'),
    "privacyName": $s('strings.privacyStatement'),
    "ownerInfomation": $s('strings.ownerInfomation'),
    "techSupport": $s('strings.techSupport'),
  }
```

3）添加 icon 图标

在 res 目录中添加 icon 图标，如图 4-72 所示。

4）主要代码

index.ets 文件的代码如下：

```
//第 4 章/案例二 About Ability 工程模板 index.ets 代码部分
import app from '@system.app';                                          //导入路由模块
import {RelatedLink, AppInfoAll, MyAppInfo} from './about_data'         //导入自定义模块

@Entry
```

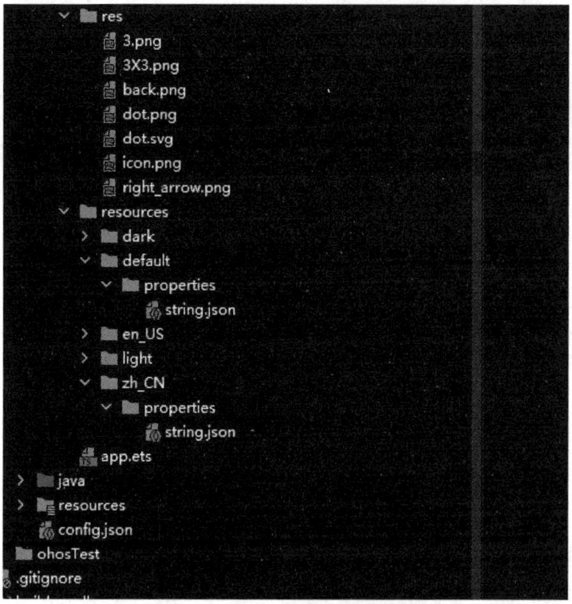

```
res
  3.png
  3X3.png
  back.png
  dot.png
  dot.svg
  icon.png
  right_arrow.png
resources
  dark
  default
    properties
      string.json
  en_US
  light
  zh_CN
    properties
      string.json
  app.ets
java
resources
config.json
ohosTest
.gitignore
```

图 4-72 添加 icon 图标

```
@Component
struct MainPage {
  private appInfo: AppInfoAll = MyAppInfo

  build() {
    Column() {
      TitleBar()
      Scroll() {
        Column() {
          //注册
          IconNameVersion({
            icon: this.appInfo.iconSrc,
            name: this.appInfo.appName,
            version: this.appInfo.appVersion
          })
          AppInfos({
            links: this.appInfo.relatedLinks
          })
          BottomInfos({
            agreement: this.appInfo.agreementName,
            privacy: this.appInfo.privacyName,
            copyright: this.appInfo.ownerInfomation,
            techSupport: this.appInfo.techSupport
          })
```

```
          }
        }

      }
      .height('100%')
      .width('100%')
    }
  }
  //自定义组件
  @Component
  struct TitleBar {
    build() {
      Flex({
        direction: FlexDirection.Row,
        alignItems: ItemAlign.Center
      }) {
        Image($m('back.png'))
          .objectFit(ImageFit.Contain)
          .width(30)
          .height(30)
          .onClick(() => {
            app.terminate()
          })
        Text($s('strings.appName'))
          .fontSize(20)
          .fontColor($s('colors.textColor'))
          .padding({
            left: 10
          })
      }.padding({
        left: 20,
        top: 10,
        bottom: 10
      })
    }
  }

  //自定义组件
  @Component
  struct IconNameVersion {
  //表述类型
    private icon: string = ''
    private name: string = ''
    private version: string = ''

    build() {
```

```
        Column() {
          Image(this.icon)
            .objectFit(ImageFit.Contain)
            .height(60)
            .width(60)
          Text(this.name)
            .fontSize(16)
            .fontColor($s('colors.textColor'))
            .fontWeight(FontWeight.Bold)
            .padding({ top: 8 })
          Text($s('strings.versionLabel') + this.version)
            .fontSize(16)
            .fontColor($s('colors.textColor'))
        }
        .alignItems(HorizontalAlign.Center)
        .align(Alignment.Top)
        .padding({
          top: 70,
          bottom: 70
        })

    }
  }
//自定义组件
@Component
struct AppInfos {
//数组
  private links: RelatedLink[] = [
    {
      id: "0",
      mainName: "NA",
      subName: "NA"
    },
    {
      id: "1",
      mainName: "NA",
      subName: "NA"
    },
    {
      id: "2",
      mainName: "NA",
      subName: "NA"
    },
    {
      id: "3",
      mainName: "NA",
```

```
    subName: "NA"
  }
]

build() {
  Column() {
    AppInfoItem({
      itemLink: this.links[0],
      length: 700,
      height: 50
    })

    Divider()
      .vertical(false)
      .color(Color.Gray)
      .margin({
        top: 10,
        bottom: 5,
        right: 20
      })

    AppInfoItem({
      itemLink: this.links[1],
      length: 700,
      height: 50
    })

    Divider()
      .vertical(false)
      .color(Color.Gray)
      .margin({
        top: 10,
        bottom: 5,
        right: 20
      })

    AppInfoItem({
      itemLink: this.links[2],
      length: 700,
      height: 50
    })

    Divider()
      .vertical(false)
      .color(Color.Gray)
      .margin({
```

```
          top: 10,
          bottom: 5,
          right: 20
        })


      AppInfoItem({
        itemLink: this.links[3],
        length: 700,
        height: 50
      })
    }
    .padding({
      left: 20,
      right: 20
    })
  }
}
//自定义组件
@Component
struct BottomInfos {
//表述类型
  private agreement: string = ''
  private privacy: string = ''
  private copyright: string = ''
  private techSupport: string = ''

  build() {
    Column() {
      Row() {
        Text() {
          Span(this.agreement)
            .fontSize(12)
            .fontColor('#007dff')
          Span($s('strings.and'))
            .fontSize(12)
            .fontColor($s('colors.textColor'))
          Span(this.privacy)
            .fontSize(12)
            .fontColor('#007dff')
        }
      }

      Text(this.copyright)
        .fontSize(12)
        .fontColor($s('colors.textColor'))
```

```
          Text(this.techSupport)
            .fontSize(12)
            .fontColor($s('colors.textColor'))
        }
        .alignItems(HorizontalAlign.Center)
        .align(Alignment.Bottom)
        .padding({
          left: 20,
          right: 20,
          top: 140,
          bottom: 64
        })
      }
    }
//自定义组件
@Component
struct AppInfoItem {
  private itemLink: RelatedLink
  private length: number = 0
  private height: number = 40

  build() {
    Flex({
      direction: FlexDirection.Row,
      alignItems: ItemAlign.Center
    }) {
      Column() {
        Text(this.itemLink.mainName)
          .fontSize(17)
          .fontWeight(FontWeight.Bold)
          .fontColor($s('colors.textColor'))
        Text(this.itemLink.subName)
          .fontSize(15)
          .fontColor(Color.Gray)
          .maxLines(1)
          .textOverflow({ overflow: TextOverflow.Ellipsis })
      }
      .alignItems(HorizontalAlign.Start)
      .align(Alignment.Start)
      .width(this.length - 60)

      Image($m('right_arrow.png'))
        .objectFit(ImageFit.Contain)
        .height(30)
        .width(60)
        .align(Alignment.End)
```

```
    }
    .height(this.height)
  }
}
```

3. 最后效果呈现

打开模拟器，出现应用信息页面，如图 4-73 所示。

图 4-73　效果呈现

4.4.3　List Ability 工程模板

用于 Phone 设备的 Feature Ability 模板，展示了一个多页签的列表页，支持在列表中插入对应的文本和图片信息。

1. 创建工程模板

1）选择 List Ability 工程模板

选择模板如图 4-74 所示。

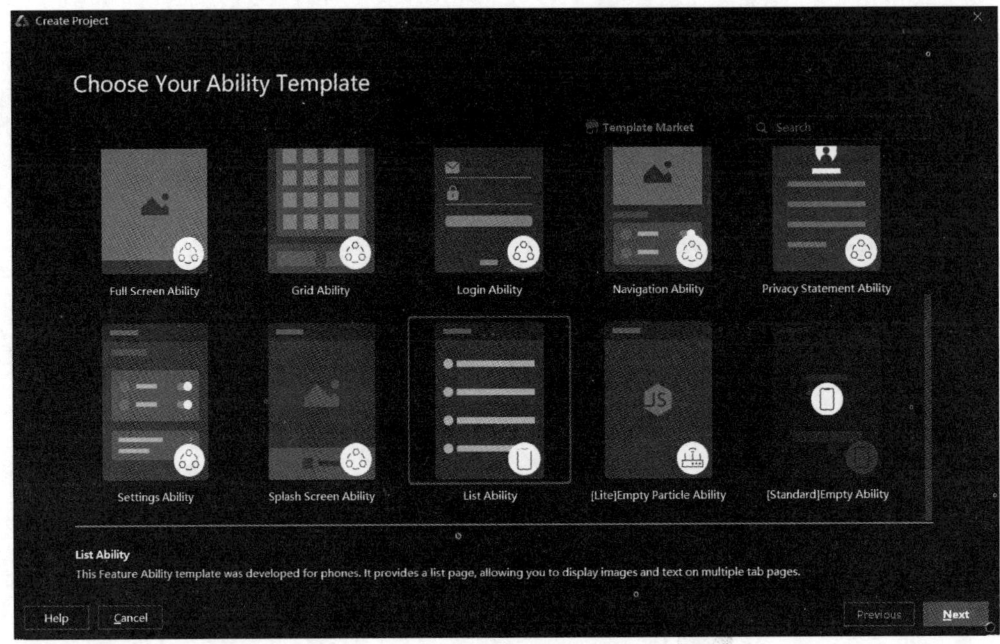

图 4-74 选择模板

2）配置工程项目

配置工程项目如图 4-75 所示。

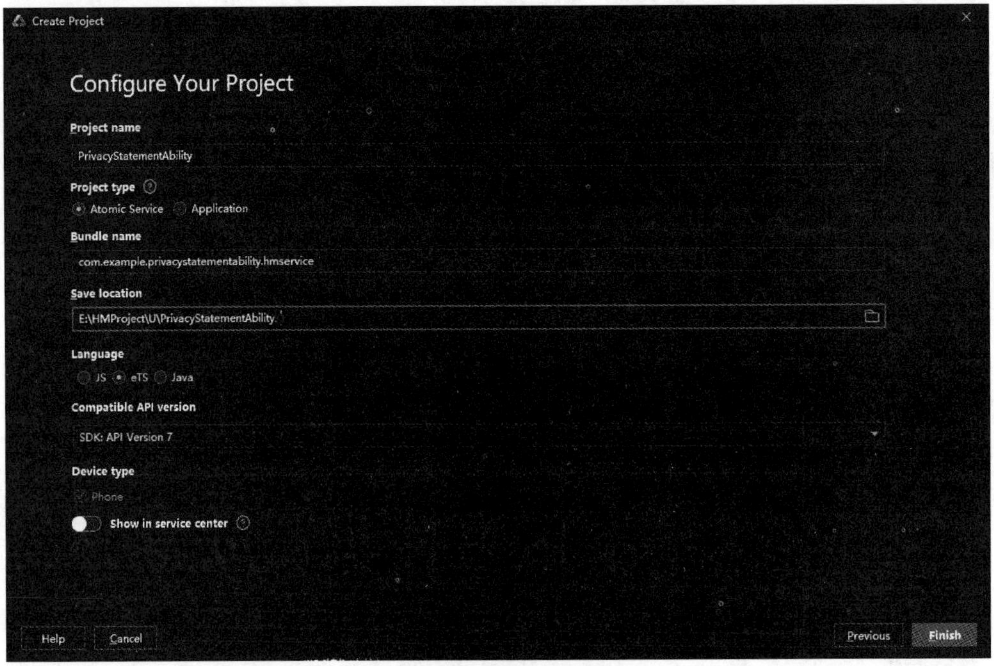

图 4-75 配置工程项目

3）打开 app. ets 文件

工程创建完成后，打开 pages 目录下的 index. ets 文件，如图 4-76 所示。

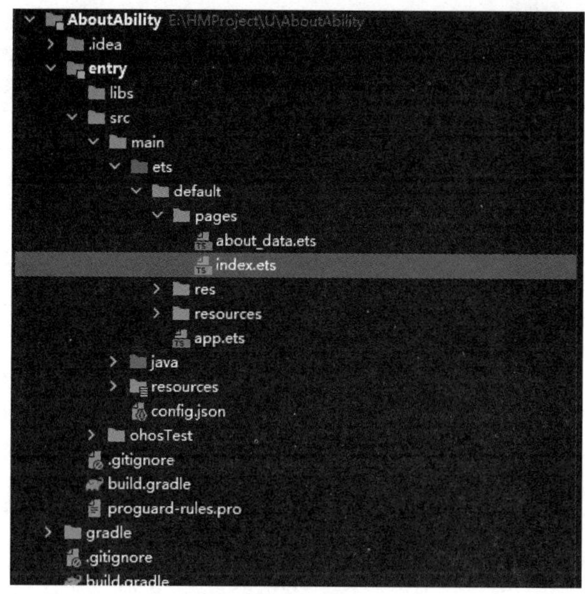

图 4-76 创建成功

2. 进行开发练习

res 目录是资源存放目录，resources 目录是 ets 文件的配置资源目录。

1）修改 zh_US→properties 下的 string. json 文件的内容

string. json 文件的代码如下：

```
//第 4 章/案例三 List Ability 工程模板/string.json 代码部分
{
  "strings": {
    "title_text": "标题",
    "privacy_title": "数据和隐私",
    "paragraph": "隐私声明",
    "policy": "隐私政策详情",
    "go_back": "返回",
    "content_privacy_chap1": "本应用不涉及收集用户的数据和隐私",
    "content_privacy_chap2": "我们旨在用最少的数据为用户提供最便捷的服务,同时用户对自己
的数据及蛟龙腾飞对数据的处理拥有知情权和控制权.",
    "know_more": "了解详情"
  }
}
```

2）主要代码

index.ets 文件的代码如下：

```
//第 4 章/案例三 List Ability 工程模板 index.ets 代码部分
import app from '@system.app';                //导入路由模块
@Entry
@Component
struct IndexComponent {
  build() {
    Scroll() {
      Column() {
        Row() {
          //图片组件
          Image( $ m('back.png'))
            .width(24)
            .height(24)
            .margin(12)
            .onClick(() => {
              app.terminate()
            })
          //文本组件
          Text( $ s('strings.title_text'))
            .fontColor( $ s('colors.titleColor'))
            .margin({
              left: 12
            })
            .fontSize(20)
        }
        .width('100 % ')
        .backgroundColor( $ s('colors.topBackgroundColor'))

        Column() {

          Column() {
            Image( $ m('icon_privacy_public.png'))
              .width(50)
              .height(50)
            Text( $ s('strings.privacy_title'))
              .fontSize(30)
              .fontColor( $ s('colors.textColor'))
              .margin({
                top: 16
              })
              .fontWeight(FontWeight.Bold)
          }
```

```
        .margin({
          top: 30
        })
        Text( $ s('strings.content_privacy_chap1'))
          .padding({
            top: 30
          })
          .fontSize(18)
          .fontColor( $ s('colors.textColor'))

        Text( $ s('strings.content_privacy_chap2'))
          .padding({
            top: 12
          })
          .fontSize(18)
          .fontColor( $ s('colors.textColor'))
        //路由组件
        Navigator({ target: 'pages/detail' }) {
          Text( $ s('strings.know_more'))
            .margin({
              top: 12,
              bottom: 25
            })
            .fontSize(18)
            .fontColor( $ s('colors.goDetailColor'))
        }
        .alignSelf(ItemAlign.Start)
      }
      .width('100 % ')
      .padding({
        left: $ s('measure.contentPaddingLeft'),
        right: $ s('measure.contentPaddingRight')
      })

    }
    .width('100 % ')
  }
}
}
```

3. 最后效果呈现

打开模拟器，出现应用信息页面，如图 4-77(a)所示，单击“了解详情”后的页面如图 4-77(b)所示。

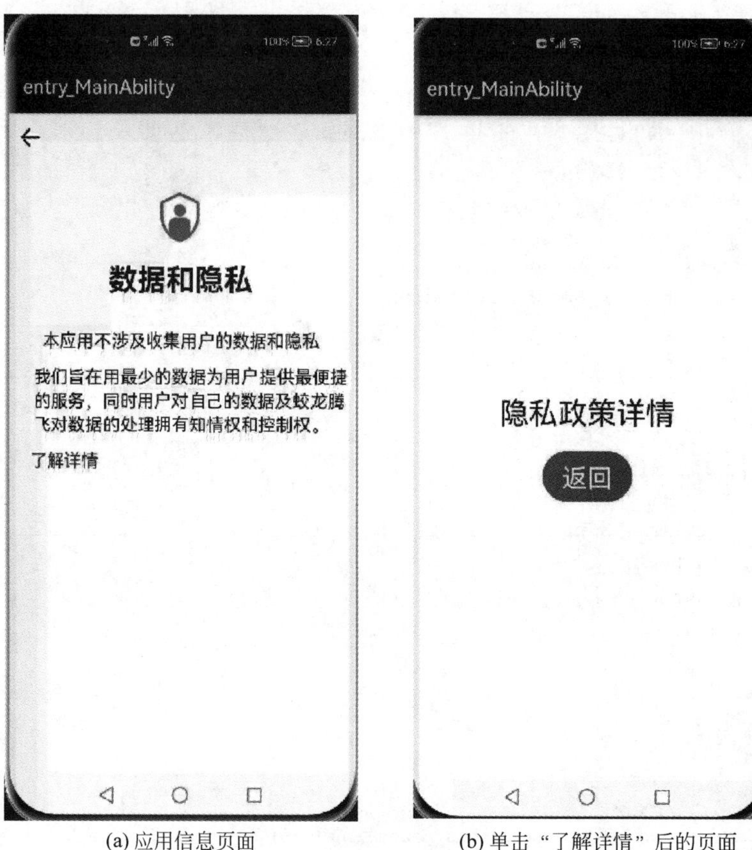

(a) 应用信息页面　　(b) 单击“了解详情”后的页面

图 4-77　效果呈现

第 5 章 常用组件布局开发

本章内容主要对 HarmonyOS 原子化服务与服务卡片开发过程中可以使用的各项组件与布局进行汇总与练习。通过组件引用和组合的方式，可以快速实现各项样式与功能；通过组件的练习，可以快速地让开发者看到成效。我们创作了部分组件练习案例，读者可以直接引用练习，其他组件的使用思路和流程与此相同。

5.1 JS 通用组件

本节主要对在使用 JS 语言进行原子化服务与服务卡片开发时所用到的相关通用组件进行说明，包括通用属性、样式、事件等。

5.1.1 通用属性

1. 常规属性

常规属性指的是组件普遍支持的用来设置组件基本标识和外观显示特征的属性，该属性的具体相关内容见表 5-1。

表 5-1 常规属性

名称	类型	默认值	必填	描　　述
id	string	—	否	组件的唯一标识
style	string	—	否	组件的样式声明
class	string	—	否	组件的样式类，用于引用样式表
ref	string	—	否	用来指定指向子元素或子组件的引用信息，该引用将注册到父组的 $refs 属性对象上
disabled	boolean	false	否	当前组件是否被禁用，在禁用场景下，组件将无法响应用户交互
dir	string	auto	否	设置元素的布局模式，支持设置 rtl、ltr 和 auto 共 3 种属性值。rtl 使用从右往左的布局模式，ltr 使用从左往右的布局模式，auto 跟随系统语言环境

2. 渲染属性

渲染属性是组件普遍支持的用来设置组件是否渲染的属性，该属性的具体相关内容见表 5-2。

表 5-2 渲染属性

名称	类型	默认值	描　述
for	array	—	根据设置的数据列表，展开当前元素
if	boolean	—	根据设置的 boolean 值，添加或移除当前元素
show	boolean	—	根据设置的 boolean 值，显示或隐藏当前元素

5.1.2 通用样式

通用样式是指普遍支持的可以在 style 或 CSS 中设置组件外观样式的组件，通用样式不是必填项，具体名称、类型属性等见表 5-3。

表 5-3 通用样式

名　称	类　型	默认值	描　述
width	<length>| <percentage>	—	设置组件自身的宽度 缺省时使用元素自身内容所需要的宽度
height	<length>| <percentage>	—	设置组件自身的高度 缺省时使用元素自身内容所需要的高度
min-width	<length>| <percentage>	0	设置元素的最小宽度
min-height	<length>| <percentage>	0	设置元素的最小高度
max-width	<length>| <percentage>	—	设置元素的最大宽度，默认无限制
max-height	<length>| <percentage>	—	设置元素的最大高度，默认无限制
padding	<length>| <percentage>	0	使用简写属性设置所有的内边距属性。该属性可以有 1～4 个值：当指定一个值时，该值指定 4 条边的内边距；当指定两个值时，第 1 个值指定上下两边的内边距，第 2 个值指定左右两边的内边距；当指定 3 个值时，第 1 个值指定上边的内边距，第 2 个值指定左右两边的内边距，第 3 个值指定下边的内边距；当指定 4 个值时，分别指定上、右、下、左边的内边距（顺时针顺序）
padding-[left|top|right|bottom]	<length>| <percentage>	0	设置左、上、右、下内边距属性
padding-[start|end]	<length>| <percentage>	0	设置起始和末端内边距属性

续表

<table>
<tr><th>名 称</th><th>类 型</th><th>默认值</th><th>描 述</th></tr>
<tr><td>margin</td><td>< length >|
< percentage ></td><td>0</td><td>使用简写属性设置所有的外边距属性，该属性可以有 1～4 个值。当只有一个值时，这个值会被指定给全部的 4 条边；当有两个值时，第 1 个值被匹配给上和下，第 2 个值被匹配给左和右；当有 3 个值时，第 1 个值被匹配给上，第 2 个值被匹配给左和右，第 3 个值被匹配给下；当有 4 个值时，会依次按上、右、下、左的顺序匹配（顺时针顺序）</td></tr>
<tr><td>margin-[left|top|right|bottom]</td><td>< length >|
< percentage ></td><td>0</td><td>设置左、上、右、下外边距属性</td></tr>
<tr><td>margin-[start|end]</td><td>< length >|
< percentage ></td><td>0</td><td>设置起始和末端外边距属性</td></tr>
<tr><td>border</td><td>—</td><td>0</td><td>使用简写属性设置所有的边框属性，包含边框的宽度、样式、颜色属性，按顺序设置为 border-width、border-style、border-color，不设置时，各属性值为默认值</td></tr>
<tr><td>border-style</td><td>string</td><td>solid</td><td>使用简写属性设置所有边框的样式，可选值 dotted 表示显示为一系列圆点，圆点半径为 border-width 的一半；可选值 dashed 表示显示为一系列短的方形虚线；可选值 solid 表示显示为一条实线</td></tr>
<tr><td>border-[left|top|right|bottom]-style</td><td>string</td><td>solid</td><td>分别设置左、上、右、下 4 条边框的样式，可选值为 dotted、dashed、solid</td></tr>
<tr><td>border-[left|top|right|bottom]</td><td>—</td><td>—</td><td>使用简写属性设置对应位置的边框属性，包含边框的宽度、样式、颜色属性，顺序设置为 border-width、border-style、border-color，不设置的值为默认值</td></tr>
<tr><td>border-width</td><td>< length ></td><td>0</td><td>使用简写属性设置元素的所有边框宽度，或者单独为各边边框设置宽度</td></tr>
<tr><td>border-[left|top|right|bottom]-width</td><td>< length ></td><td>0</td><td>分别设置左、上、右、下 4 条边框的宽度</td></tr>
<tr><td>border-color</td><td>< color ></td><td>black</td><td>使用简写属性设置元素的所有边框颜色，或者单独为各边边框设置颜色</td></tr>
<tr><td>border-[left|top|right|bottom]-color</td><td>< color ></td><td>black</td><td>分别设置左、上、右、下 4 条边框的颜色</td></tr>
<tr><td>border-radius</td><td>< length ></td><td>—</td><td>border-radius 属性用于设置元素的外边框圆角半径。设置 border-radius 时不能单独设置某一个方向的 border-[left|top|right|bottom]-width、border-[left|top|right|bottom]-color、border-[left|top|right|bottom]-style，如果要设置 color、width 和 style，则需要将 4 个方向一起设置（border-width、border-color、border-style）</td></tr>
</table>

续表

名 称	类 型	默认值	描 述
border-[top|bottom]-[left|right]-radius	<length>	—	分别设置左上、右上、右下和左下 4 个角的圆角半径
background	<linear-gradient>	—	仅支持设置渐变样式，与 background-color、background-image 不兼容
background-color	<color>	—	设置背景颜色
background-image	string	—	设置背景图片。与 background-color、background 不兼容，支持本地图片资源地址，示例： background-image: url("/common/background.png")
background-size	string <length> <length> <percentage> <percentage>	auto	设置背景图片的大小。string 可选值：contain 把图片扩展至最大尺寸，以使其高度和宽度完全适用内容区域；cover 把背景图片扩展至足够大，以使背景图片完全覆盖背景区域；背景图片的某些部分也许无法显示在背景定位区域中；auto 保持原图的比例不变。length 值：设置背景图片的高度和宽度。第 1 个值设置宽度，第 2 个值设置高度。如果只设置一个值，则第 2 个值会被设置为 auto。百分比参数以父元素的百分比设置背景图片的宽度和高度。第 1 个值设置宽度，第 2 个值设置高度。如果只设置一个值，则第 2 个值会被设置为 auto
background-repeat	string	repeat	针对重复背景图片样式进行设置，背景图片默认在水平和垂直方向上重复。repeat 在水平轴和竖直轴上同时重复绘制图片； repeat-x：只在水平轴上重复绘制图片；repeat-y：只在竖直轴上重复绘制图片；no-repeat：不会重复绘制图片
background-position	string string <length> <length> <percentage> <percentage>	0px 0px	关键词方式：如果仅规定了一个关键词，则第 2 个值为 center。两个值分别用于定义水平方向位置和竖直方向位置 left 是水平方向上最左侧；right 是水平方向上最右侧；top 是竖直方向上最顶部；bottom 是竖直方向上最底部；center 是水平方向或竖直方向上中间位置；length 值：第 1 个值是水平位置，第 2 个值是垂直位置。左上角是 0 0。单位是像素（0px 0px）。如果仅规定了一个值，则另外一个值将是 50%。百分比参数：第 1 个值是水平位置，第 2 个值是垂直位置。左上角是 0% 0%。右下角是 100% 100%。如果仅规定了一个值，则另外一个值为 50%。可以混合使用<percentage>和<length>

续表

名　称	类　型	默认值	描　述
box-shadow	string	0	语法为 box-shadow：h-shadow v-shadow blur spread color，通过这个样式可以设置当前组件的阴影样式，包括水平位置（必填）、垂直位置（必填）、模糊半径（可选，默认值为0）、阴影延展距离（可选，默认值为0）、阴影颜色（可选，默认值为黑色），示例：①box-shadow ：10px 20px 5px 10px ＃888888；②box-shadow ：100px 100px 30px red；③box-shadow ：-100px -100px 0px 40px
filter	string	—	语法为 filter：blur(px)，通过这个样式可以将当前组件布局范围的内容设置为模糊，参数用于指定模糊半径，如果没有设置值，则默认为0（不模糊），不支持百分比，示例：filter：blur(10px)
backdrop-filter	string	—	语法为 backdrop-filter：blur(px)，通过这个样式可以将当前组件布局范围的背景设置为模糊，参数用于指定模糊半径，如果没有设置值，则默认为0（不模糊），不支持百分比，示例：backdrop-filter：blur(10px)
opacity	number	1	元素的透明度，取值范围为0～1，1表示不透明，0表示完全透明
display	string	flex	确定一个元素所产生的框的类型，可选值为flex，表示弹性布局；none不渲染此元素
visibility	string	visible	是否显示元素所产生的框。不可见的框会占用布局（将display属性设置为none来完全去除框），可选值为visible，表示元素正常显示；hidden表示隐藏元素，但是其他元素的布局不改变，相当于此元素变成透明（说明：visibility和display样式都设置时，仅display生效）
flex	number|string	—	规定当前组件如何适应父组件中的可用空间。 flex可以指定1个、2个或3个值。 单值语法：一个无单位数用来设置组件的flex-grow；一个有效的宽度值用来设置组件的flex-basis。 双值语法：第1个值必须是无单位数，用来设置组件的flex-grow，第2个值可以是一个无单位数，用来设置组件的flex-shrink，还可以是一个有效的宽度值，用来设置组件的flex-basis。 三值语法：第1个值必须是无单位数，用来设置组件的flex-grow；第2个值必须是无单位数，用来设置组件的flex-shrink；第3个值必须是一个有效的宽度值，用来设置组件的flex-basis（说明：仅父容器为<div>、<list-item>、<tabs>、<refresh>、<stepper-item>时生效）

续表

<table>
<tr><th>名　称</th><th>类　型</th><th>默认值</th><th>描　述</th></tr>
<tr><td>flex-grow</td><td>number</td><td>0</td><td>设置组件的拉伸样式，指定父组件容器主轴方向上的剩余空间(容器本身大小减去所有 flex 子元素占用的大小)的分配权重。0 为不伸展(说明：仅父容器为< div >、< list-item >、< tabs >、< refresh >、< stepper-item >时生效)</td></tr>
<tr><td>flex-shrink</td><td>number</td><td>1</td><td>设置组件的收缩样式，元素仅在默认宽度之和大于容器的时候才会发生收缩，0 为不收缩(说明：仅父容器为< div >、< list-item >、< tabs >、< refresh >、< stepper-item >时生效)</td></tr>
<tr><td>flex-basis</td><td>< length ></td><td>—</td><td>设置组件在主轴方向上的初始大小(说明：仅父容器为< div >、< list-item >、< tabs >、< refresh >、< stepper-item >时生效)</td></tr>
<tr><td>align-self</td><td>string</td><td>—</td><td>设置自身在父元素交叉轴上的对齐方式，该样式会覆盖父元素的 align-items 样式，仅在父容器为 div、list 时生效。可选值 stretch 弹性元素表示在交叉轴方向被拉伸到与容器相同的高度或宽度；flex-start 元素表示向交叉轴起点对齐；flex-end 元素表示向交叉轴终点对齐；center 元素表示在交叉轴居中；baseline 元素表示在交叉轴基线对齐</td></tr>
<tr><td>position</td><td>string</td><td>relative</td><td>设置元素的定位类型，不支持动态变更。
fixed 相对于整个界面进行定位；absolute 相对于父元素进行定位；relative 相对于其正常位置进行定位(说明：absolute 属性仅在父容器为< div >、< stack >时生效)</td></tr>
<tr><td>[left | top | right | bottom]</td><td>< length >|< percentage ></td><td>—</td><td>left|top|right|bottom 需要配合 position 样式使用，来确定元素的偏移位置。
left 属性规定元素的左边缘。该属性定义了定位元素左外边距边界与其包含块左边界之间的偏移。
top 属性规定元素的顶部边缘。该属性定义了一个定位元素的上外边距边界与其包含块上边界之间的偏移。
right 属性规定元素的右边缘。该属性定义了定位元素右外边距边界与其包含块右边界之间的偏移。
bottom 属性规定元素的底部边缘。该属性定义了一个定位元素的下外边距边界与其包含块下边界之间的偏移</td></tr>
<tr><td>[start|end]</td><td>< length >|< percentage ></td><td>—</td><td>start|end 需要配合 position 样式使用，来确定元素的偏移位置。
start 属性规定元素的起始边缘。该属性定义了定位元素起始外边距边界与其包含块起始边界之间的偏移。
end 属性规定元素的结尾边缘。该属性定义了一个定位元素的结尾边距边界与其包含块结尾边界之间的偏移</td></tr>
</table>

续表

<table>
<tr><th>名　称</th><th>类　型</th><th>默认值</th><th>描　述</th></tr>
<tr><td>z-index</td><td>number</td><td>—</td><td>表示对于同一父节点其子节点的渲染顺序。数值越大，渲染数据越靠后(说明：z-index 不支持 auto，并且 opacity 等其他样式不会影响 z-index 的渲染顺序)</td></tr>
<tr><td>image-fill</td><td><color></td><td>—</td><td>为 svg 图片填充颜色，支持组件范围(与设置图片资源的属性)：button(icon 属性)、piece(icon 属性)、search(icon 属性)、input(headericon 属性)、textarea(headericon 属性)、image(src 属性)、toolbar-item(icon 属性)。
svg 图片文件内的 fill 属性颜色值在渲染时将被替换为 image-fill 所配的颜色值，并且仅对 svg 图片内显示声明的 fill 属性生效</td></tr>
<tr><td>clip-path</td><td>[<geometry-box>|<basic-shape>]|none</td><td>—</td><td>设置组件的裁剪区域。区域内的部分显示，区域外的部分不显示。<geometry-box>：表示裁剪区域的作用范围，默认为 border-box。可选值为 margin-box：margin，计算入长和宽尺寸内；border-box：border 计算入长和宽尺寸内；padding-box：padding 计算入长和宽尺寸内；content-box：margin/border/padding 不计算入长和宽尺寸内。
<basic-shape>表示裁剪的形状，包含以下类型：inset，格式为 inset(<percentage>{1,4} [round <'border-radius'>]?)；circle，格式为 circle([<percentage>]? [at <percentage> <percentage>]?)；ellipse，格式为 ellipse([<percentage>{2}]? [at <percentage> <percentage>]?)；polygon，格式为 polygon([<percentage> <percentage>]#)；path，格式为 path(<string>)</td></tr>
</table>

5.1.3　通用事件

相对于私有事件，通用事件是大部分组件可以绑定的事件，该事件的相关内容具体见表 5-4。

表 5-4　通用事件

名　称	参　数	描　述
click	—	单击动作触发该事件
change	—	监听事件

5.1.4　渐变样式

渐变样式组件普遍支持在 style 或 CSS 中设置，可以平稳过渡两个或多个指定的颜色。

开发框架支持线性渐变（linear-gradient）和重复线性渐变（repeating-linear-gradient）两种渐变效果。

使用渐变样式，需要定义过渡方向和过渡颜色。

1）过渡方向

通过 direction 或者 angle 指定：

（1）direction 表示进行方向渐变。

（2）angle 表示进行角度渐变。

```
background: linear - gradient(direction/angle, color, color, ...);
background: repeating - linear - gradient(direction/angle, color, color, ...);
```

2）过渡颜色

（1）支持以下 4 种方式：

#ff0000、#ffff0000、rgb(255，0，0)、rgba(255，0，0，1)，需要至少指定两种颜色。

（2）过渡属性，见表 5-5。

表 5-5　过渡颜色

<table>
<tr><th>名　　称</th><th>类　　型</th><th>默认值</th><th>必填</th><th>描　　述</th></tr>
<tr><td>direction</td><td>to < side-or-corner > < side-or-corner > = [left|right] ||[top|bottom]</td><td>to bottom（由上到下渐变）</td><td>否</td><td>指定过渡方向，如：to left（从右向左渐变）；或者 to bottom right（从左上角到右下角）</td></tr>
<tr><td>angle</td><td>< deg ></td><td>180deg</td><td>否</td><td>指定过渡方向，以元素几何中心为坐标原点，水平方向为 X 轴，angle 指定了渐变线与 Y 轴的夹角（顺时针方向）</td></tr>
<tr><td>color</td><td>< color > [< length >|< percentage >]</td><td>—</td><td>是</td><td>定义使用渐变样式区域内颜色的渐变效果</td></tr>
</table>

5.1.5　媒体查询

媒体查询（Media Query）在移动设备上应用十分广泛，开发者经常需要根据设备的大致类型或者特定的特征和设备参数（例如屏幕分辨率）来修改应用的样式。为此媒体查询提供了以下功能：

（1）针对设备和应用的属性信息，可以设计出相匹配的布局样式。

（2）当屏幕发生动态改变时（例如分屏、横竖屏切换），应用页面布局同步更新。

1. CSS 语法规则

使用@media 可引入查询语句，具体规则如下：

```
@media (media-feature) {
CSS-Code;
}
```

示例如下：

```
@media (dark-mode: true) {… }                         //当设备为深色模式时生效
@media screen and (round-screen: true) { … }         //当设备屏幕是圆形时条件成立
@media (max-height: 800) { … }                        //范围查询,CSS level 3 写法
@media (height <= 800) { … }               //范围查询,CSS level 4 写法,与 CSS level 3 写法等价
@media screen and (device-type: tv) or (resolution < 2) { …} //同时包含媒体类型和多个媒体
                                                      //特征的多条件复杂语句查询
```

2. 页面中引用资源

通过@import 方式引入媒体查询，具体使用方法如下：

```
@import url (media-feature);

//例如
@import '../common/style.css' (dark-mode:true);
```

3. 媒体类型

媒体类型见表 5-6，需要按屏幕相关参数进行媒体查询。

表 5-6　媒体类型

类　　型	说　　明
screen	按屏幕相关参数进行媒体查询

4. 媒体逻辑操作

媒体逻辑操作符，and、or、not、only 用于构成复杂媒体查询，也可以通过逗号(,)将其组合起来，详细解释说明见表 5-7。

表 5-7　媒体逻辑操作

类型	说　　明
and	将多个媒体特征(Media Feature)以"与"的方式连接成一个媒体查询，只有当所有媒体特征都为 true 时，查询条件成立。另外，它还可以将媒体类型和媒体功能结合起来，例如：screen and (device-type: wearable) and (max-height: 600) 表示当设备类型是智能穿戴同时应用的最大高度小于或等于 600 像素单位时成立

续表

类型	说　明
not	取反媒体查询结果,媒体查询结果不成立时返回值为 true,否则返回值为 false。在媒体查询列表中应用 not,not 仅取反应用它的媒体查询,例如: not screen and (min-height: 50) and (max-height: 600) 表示当应用高度小于 50 像素单位或者大于 600 像素单位时成立(说明: 使用 not 运算符时必须指定媒体类型)
only	当整个表达式都匹配时,才会应用选择的样式,可以应用在防止某些较早版本的浏览器上产生歧义的场景。一些较早版本的浏览器对于同时包含了媒体类型和媒体特征的语句会产生歧义,例如: screen and (min-height: 50),较早版本浏览器会将这句话理解成 screen,从而导致仅仅匹配媒体类型(screen),只应用了指定样式,使用 only 可以很好地规避这种情况(说明: 使用 only 时必须指定媒体类型)
,(逗号)	将多个媒体特征以"或"的方式连接成一个媒体查询,如果存在结果为 true 的媒体特征,则查询条件成立。其效果等同于 or 运算符,例如: screen and (min-height: 1000), (round-screen: true) 表示当应用高度大于或等于 1000 像素单位或者设备屏幕是圆形时,条件成立
or	将多个媒体特征以"或"的方式连接成一个媒体查询,如果存在结果为 true 的媒体特征,则查询条件成立,例如: screen and (max-height: 1000) or(round-screen: true)表示当应用高度小于或等于 1000 像素单位或者设备屏幕是圆形时,条件成立

5. 媒体特征

媒体特征包括高度、宽度、分辨率等内容,具体见表 5-8。

表 5-8　媒体特征

类　型	说　明
height	应用页面显示区域的高度
min-height	应用页面显示区域的最小高度
max-height	应用页面显示区域的最大高度
width	应用页面显示区域的宽度
min-width	应用页面显示区域的最小宽度
max-width	应用页面显示区域的最大宽度
resolution	设备的分辨率,支持 dpi、dppx 和 dpcm 单位。其中,dpi 表示每英寸中物理像素的个数,1dpi≈0.39dpcm; dpcm 表示每厘米上的物理像素个数,1dpcm≈2.54dpi; dppx 表示每个 px 中的物理像素数(此单位按 96px=1 英寸为基准,与页面中的 px 单位计算方式不同),1dppx=96dpi
min-resolution	设备的最小分辨率
max-resolution	设备的最大分辨率
orientation	屏幕的方向 可选值为 orientation: portrait(设备竖屏)和 orientation: landscape(设备横屏)
aspect-ratio	应用页面显示区域的宽度与高度的比值,例如: aspect-ratio:1/2
min-aspect-ratio	应用页面显示区域的宽度与高度的最小比值

续表

类　　型	说　　明
max-aspect-ratio	应用页面显示区域的宽度与高度的最大比
device-height	设备的高度
min-device-height	设备的最小高度
max-device-height	设备的最大高度
device-width	设备的宽度
min-device-width	设备的最小宽度
max-device-width	设备的最大宽度
device-type	设备类型，支持 phone（手机）、tablet（平板）、tv（智慧屏）、wearable（智能穿戴）
round-screen	屏幕类型，圆形屏幕为 true，非圆形屏幕为 false
dark-mode	系统在深色模式下为 true，否则为 false

5.2　JS 容器组件

本节主要对 JS 容器组件进行整体介绍与进行部分组件实战练习，包括 JS 容器组件的类别名称、功能说明与实例等。

5.2.1　容器组件

容器组件名称类别及相关功能使用说明，详细见表 5-9。

表 5-9　容器组件

名　　称	说　　明
badge	如果应用中有需用户关注的新事件提醒，则可以采用新事件标记来标识
div	基础容器，用作页面结构的根节点或将内容进行分组
list	列表包含一系列相同宽度的列表项。适合连续、多行呈现同类数据，例如图片和文本
list-item	<list>的子组件，用来展示列表的具体 item
stack	堆叠容器，子组件按照顺序依次入栈，后一个子组件覆盖前一个子组件
swiper	滑动容器，提供切换子组件显示的能力

5.2.2　容器组件示例

1. badge

如果应用中有需用户关注的新事件提醒，则可以采用新事件标记来标识，需要使用 badge。

1）演示案例主要代码

index.hml 文件的代码如下：

```
/* 第 5 章/badge 案例 index.hml 代码部分 */
<div class = "container">
     //标记提醒
    <badge class = "badge" config = "{{badgeconfig}}" visible = "true" count = "100" maxcount = "99">
        <text class = "text1"> example </text>
    </badge>
    //标记提醒
    <badge class = "badge" visible = "true" count = "0">
        <text class = "text2"> example </text>
    </badge>
</div>
```

index.css 文件的代码如下：

```
//第 5 章/badge 案例 index.css 代码部分
.container {
    flex-direction: column;
    width: 100%;
    align-items: center;
}
//标记样式
.badge {
    width: 50%;
    margin-top: 100px;
}
.text1 {
    background-color: #f9a01e;
    font-size: 30px;
    padding: 10px;
}
.text2 {
    background-color: #46b1e3;
    font-size: 30px;
    padding: 10px;
}
```

index.js 文件的代码如下：

```
//第 5 章/badge 案例 index.js 代码部分
export default {
    data:{
     //提醒样式
       badgeconfig:{
           badgeColor:"#0a59f7",
           textColor:"#ffffff",
```

```
        }
      }
}
```

2）演示案例效果展示

badge 演示案例效果，如图 5-1 所示。

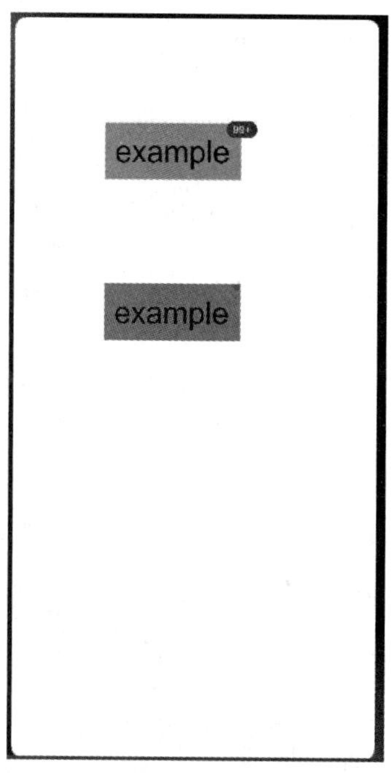

图 5-1　展示效果(1)

2. div

div 是基础容器，用作页面结构的根节点或将内容进行分组。

1）演示案例主要代码

index. hml 文件的代码如下：

```
/*第 5 章/div 案例 index.hml 代码部分 */
<div class = "container">
    <div class = "flex - box">
     //节点
        <div class = "flex - item color - primary"></div>
        <div class = "flex - item color - warning"></div>
        <div class = "flex - item color - success"></div>
    </div>
</div>
```

index.css 文件的代码如下：

```
//第 5 章/div 案例 index.css 代码部分
.container {
    flex-direction: column;
    justify-content: center;
    align-items: center;
    width: 454px;
    height: 454px;
}
.flex-box {
    justify-content: space-around;
    align-items: center;
    width: 400px;
    height: 140px;
    background-color: #ffffff;
}
.flex-item {
    width: 120px;
    height: 120px;
    border-radius: 16px;
}
.color-primary {
    background-color: #007dff;
}
.color-warning {
    background-color: #ff7500;
}
.color-success {
    background-color: #41ba41;
}
```

2）演示案例效果展示

div 基础容器演示案例效果如图 5-2 所示。

3. list 和 list-item

list 和 list-item 是列表类组件，列表包含一系列相同宽度的列表项。适合连续、多行呈现同类数据，例如图片和文本。

1）演示案例主要代码

index.hml 文件的代码如下：

```
/* 第 5 章/list 和 list-item 案例 index.hml 代码部分 */
<div class="container">
    //列表容器
    <list class="todo-wrapper">
```

图 5-2 展示效果(2)

```
        < list - item for = "{{todolist}}" class = "todo - item">
            < text class = "todo - title">{{ $ item.title}}</text >
            < text class = "todo - title">{{ $ item.date}}</text >
        </list - item >
    </list >
</div >
```

index.css 文件的代码如下：

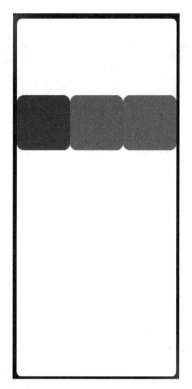

```
//第 5 章/list 和 list - item 案例 index.css 代码部分
.container {
    display: flex;
    justify - content: center;
    align - items: center;
    left: 0px;
    top: 0px;
    width: 454px;
    height: 454px;
}
.todo - wrapper {
```

```
    width: 454px;
    height: 300px;
}
.todo - item {
    width: 454px;
    height: 80px;
    flex - direction: column;
}
.todo - title {
    width: 454px;
    height: 40px;
    text - align: center;
}
```

index.js 文件的代码如下：

```
//第 5 章/list 和 list - item 案例 index.js 代码部分
export default {
    data: {
        todolist: [{
                         title: '刷题',
                         date: '2021 - 12 - 31 10:00:00',
                    }, {
                         title: '看电影',
                         date: '2021 - 12 - 31 20:00:00',
                    }],
    },
}
```

2）演示案例效果展示

list 和 list-item 列表类组件演示案例效果，如图 5-3 所示。

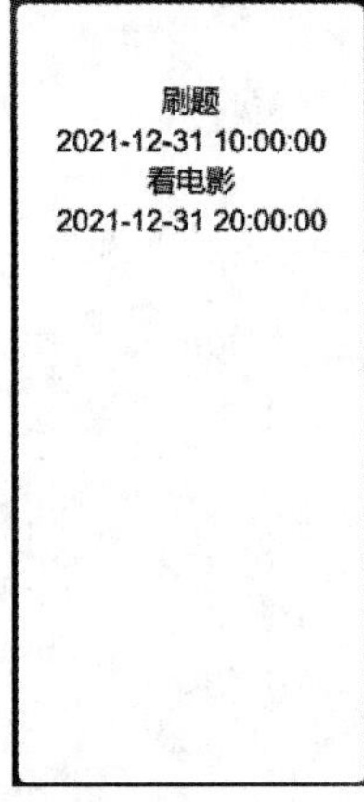

图 5-3　展示效果(3)

4. stack

stack 是堆叠容器,子组件按照顺序依次入栈,后一个子组件覆盖前一个子组件。

1) 演示案例主要代码

index.hml 文件的代码如下:

```
/*第5章/stack案例 index.hml 代码部分*/
<stack class = "stack - parent">
      //节点
    <div class = "back - child bd - radius"></div>
    <div class = "positioned - child bd - radius"></div>
    <div class = "front - child bd - radius"></div>
</stack>
```

index.css 文件的代码如下:

```
//第5章/stack案例 index.css 代码部分
.stack - parent {
    width: 400px;
    height: 400px;
    background - color: #ffffff;
    border - width: 1px;
    border - style: solid;
}
.back - child {
    width: 300px;
    height: 300px;
    background - color: #3f56ea;
}
.front - child {
    width: 100px;
    height: 100px;
    background - color: #00bfc9;
}
.positioned - child {
    width: 100px;
    height: 100px;
    left: 50px;
    top: 50px;
    background - color: #47cc47;
}
.bd - radius {
    border - radius: 16px;
}
```

2）演示案例效果展示

stack 堆叠容器组件案例演示效果如图 5-4 所示。

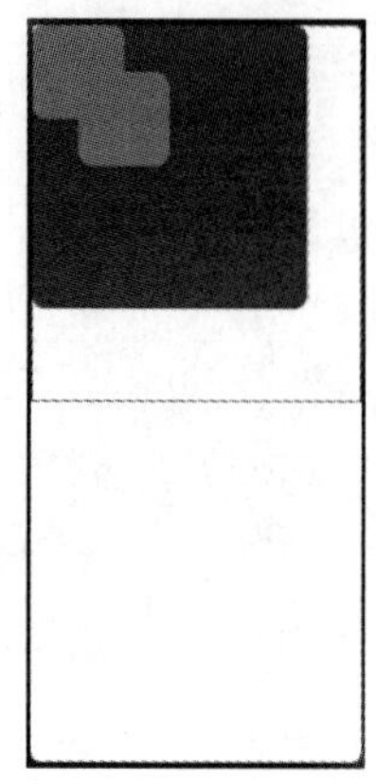

图 5-4　展示效果(4)

5. swiper

swiper 是滑动容器，提供切换子组件显示的能力。

1）演示案例主要代码

index.hml 文件的代码如下：

```
/*第5章/swiper 案例 index.hml 代码部分*/
<div class = "container">
    //滑动容器
    <swiper class = "swiper" id = "swiper" index = "0" indicator = "true" loop = "true" digital =
"false" cachedsize = "-1"
            scrolleffect = "spring">
        <div class = "swiperContent1" >
            <text class = "text"> 1 </text>
        </div>
        <div class = "swiperContent2">
            <text class = "text"> 2 </text>
        </div>
        <div class = "swiperContent3">
            <text class = "text"> 3 </text>
        </div>
    </swiper>
    //文本输入框和单击事件
    <input class = "button" type = "button" value = "swipeTo" onclick = "swipeTo"></input>
    <input class = "button" type = "button" value = "showNext" onclick = "showNext"></input>
    <input class = "button" type = "button" value = "showPrevious" onclick = "showPrevious">
</input>
</div>
```

index. css 文件的代码如下：

```
//第 5 章/swiper 案例 index.css 代码部分
.container {
    flex-direction: column;
    width: 100%;
    height: 100%;
    align-items: center;
}
.swiper {
    flex-direction: column;
    align-content: center;
    align-items: center;
    width: 70%;
    height: 130px;
    border: 1px solid #000000;
    indicator-color: #cf2411;
    indicator-size: 14px;
    indicator-bottom: 20px;
    indicator-right: 30px;
    margin-top: 100px;
    next-margin:20px;
    previous-margin:20px;
}
.swiperContent1{
    height: 100%;
    justify-content: center;
    background-color: #007dff;
}
.swiperContent2{
    height: 100%;
    justify-content: center;
    background-color: #ff7500;
}
.swiperContent3{
    height: 100%;
    justify-content: center;
    background-color: #41ba41;
}
.button {
    width: 70%;
    margin: 10px;
}
```

```
.text {
    font-size: 40px;
}
```

index.js 文件的代码如下：

```
//第 5 章/swiper 案例 index.js 代码部分
export default {
    swipeTo() {
     //获取下标
        this.$element('swiper').swipeTo({index: 2});
    },
    showNext() {
        this.$element('swiper').showNext();
    },
    showPrevious() {
        this.$element('swiper').showPrevious();
    }
}
```

2）演示案例效果展示

swiper 是滑动容器组件，演示案例效果如图 5-5 中(a)→(b)→(c)所示。

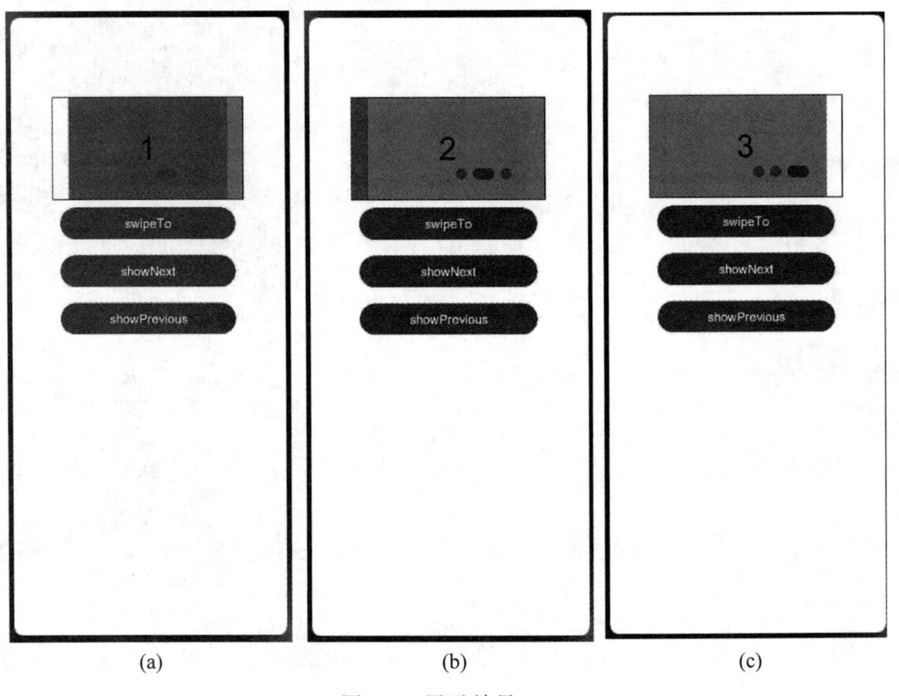

图 5-5　展示效果(5)

5.3　JS基础组件

本节主要阐述JS基础组件的名称类别、功能样式，以及部分JS基础组件案例实战练习。

5.3.1　基础组件

JS基础组件主要的名称类别与相关功能的使用说明见表5-10。

表5-10　基础组件

名　称	说　明
button	提供按钮组件，包括胶囊按钮、圆形按钮、文本按钮
calendar	提供日历组件，用于呈现日历界面
chart	图表组件，用于呈现线性图、柱状图、量规图界面
clock	时钟组件，用于提供时钟表盘界面
divider	提供分隔器组件，分隔不同内容块/内容元素。可用于列表或界面布局
image	图片组件，用来渲染并展示图片
progress	进度条，用于显示内容加载或操作处理进度
span	作为< text >子组件提供文本修饰能力
text	文本，用于呈现一段信息

5.3.2　基础组件示例

1. button

button提供按钮组件，包括胶囊按钮、圆形按钮、文本按钮。

1）演示案例主要代码

index.hml文件的代码如下：

```
/*第5章/基础组件button案例index.hml代码部分*/
<div class = "div - button">
    <button class = "button text" type = "text"> Text button </button>
      //下载进度
    <button class = "button download" type = "download" id = "download - btn"
            onclick = "progress">{{downloadText}}</button>
      //加载
    <button class = "last" type = "capsule" waiting = "true"> Loading </button>
      //单击跳转
    <button class = "next" value = "Next" onclick = "goIndex"></button>
</div>
```

index.css文件的代码如下：

```
//第5章/基础组件 button 案例 index.css 代码部分
.div-button {
    flex-direction: column;
    align-items: center;
}

.button {
    margin-top: 15px;
}
.last{
    background-color: #F2F2F2;
    text-color: #969696;
    margin-top: 15px;
    width: 280px;
    height:72px;
}
.next{
    width: 180px;
    height: 50px;
    font-size: 26px;
    border-radius: 25px;
}
.button:waiting {
    width: 280px;
}
.text {
    text-color: red;
    font-size: 40px;
    font-weight: 900;
    font-family: sans-serif;
    font-style: normal;
}
.download {
    width: 280px;
    text-color: white;
    background-color: #007dff;
}
```

index.js 文件的代码如下：

```
//第5章/基础组件 button 案例 index.js 代码部分
import router from '@system.router';        //导入模块
export default {
    data: {
        count: 5,
```

```
        downloadText: "Download"
    },
      //跳转
    goIndex(){
        router.push({
            uri:'pages/index/index'
        })
    },
      //下载
    progress(e) {
        this.count += 10;
        this.downloadText = this.count + "%";
        this.$element('download-btn').setProgress({ progress: this.count});
        if (this.count >= 100) {
            this.downloadText = "Done";
        }
    }
}
```

2）演示案例效果展示

button 按钮组件，演示案例效果如图 5-6(a)→(b)→(c)所示。

(a) 展示按钮

(b) 下载

(c) 加载

图 5-6　展示效果(6)

2. chart

chart 是图表组件，用于呈现线性图、柱状图、量规图界面。

1）演示案例主要代码

index.hml 文件的代码如下：

```
/*第5章/基础组件 chart 案例 index.hml 代码部分*/
<div class = "container">
    <stack class = "chart - region">
        <div class = "chart - background"></div>
     //图表 - 线状
        <chart class = "chart - data" type = "line" ref = "linechart" options = "{{lineOps}}"
datasets = "{{lineData}}"></chart>
    </stack>
     //按钮
    <button value = "Add data" onclick = "addData"></button>
</div>
```

index.css 文件的代码如下：

```
//第5章/基础组件 chart 案例 index.css 代码部分
.container {
    flex - direction: column;
    justify - content: center;
    align - items: center;
}
.chart - region {
    height: 400px;
    width: 700px;
}
.chart - background {
    width: 700px;
    height: 400px;
    background - color: cadetblue;
}
.chart - data {
    width: 700px;
    height: 600px;
}
button {
    width: 100%;
    height: 50px;
    background - color: #F4F2F1;
    text - color: #0C81F3;
}
```

index.js 文件的代码如下：

```
//第 5 章/基础组件 chart 案例 index.js 代码部分
export default {
    data: {
        lineData: [
            {
                strokeColor: '#0081ff',
                fillColor: '#cce5ff',
                data: [763, 550, 551, 554, 731, 654, 525, 696, 595, 628, 791, 505, 613, 575,
475, 553, 491, 680, 657, 716],
                gradient: true,
            }
        ],
        lineOps: {
            xAxis: {
                min: 0,
                max: 20,
                display: false,
            },
            yAxis: {
                min: 0,
                max: 1000,
                display: false,
            },
            series: {
                lineStyle: {
                    width: "5px",
                    smooth: true,
                },
                headPoint: {
                    shape: "circle",
                    size: 20,
                    strokeWidth: 5,
                    fillColor: '#ffffff',
                    strokeColor: '#007aff',
                    display: true,
                },
                loop: {
                    margin: 2,
                    gradient: true,
                }
            }
        },
    },
     //单击增加
```

```
    addData() {
        this.$refs.linechart.append({
            serial: 0,
            data: [Math.floor(Math.random() * 400) + 400]
        })
    }
}
```

2）演示案例效果展示

chart 是图表组件，演示案例效果如图 5-7 所示。

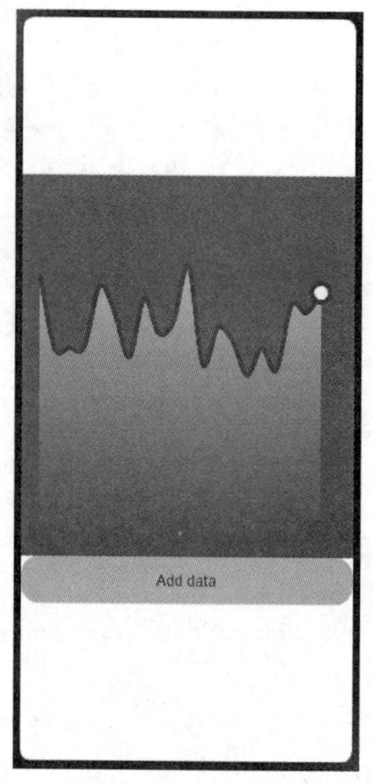

图 5-7　展示效果(7)

3. progress

progress 为进度条组件，用于显示内容加载或操作处理进度。

1）演示案例主要代码

index.hml 文件的代码如下：

```
/* 第 5 章/基础组件 progress 案例 index.hml 代码部分 */
<div class = "container">
<!--      顺时针 -->
    <progress class = "min-progress" type = "scale-ring" percent = "10" secondarypercent =
"50"></progress>
<!--      水平 -->
```

```
    <progress class = "min - progress" type = "horizontal" percent =  "10" secondarypercent =
"50"></progress>
<!-- 弧形进度条 -->
    <progress class = "min - progress" type = "arc" percent =  "10"></progress>
<!--  线性渐变 -->
    <progress class = "min - progress" type = "ring" percent =  "10" secondarypercent = "50">
</progress>
</div>
```

index.css 文件的代码如下：

```
//第 5 章/基础组件 progress 案例 index.css 代码部分
.container {
    flex - direction: column;
    height: 100 % ;
    width: 100 % ;
    align - items: center;
}
.min - progress {
    width: 200px;
    height: 200px;
}
```

2）演示案例效果展示

progress 进度条组件，演示案例效果如图 5-8 所示。

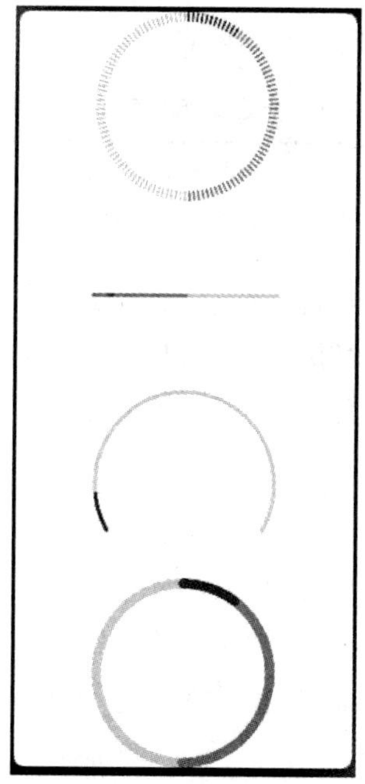

图 5-8　展示效果(8)

5.4 JS 自定义组件与附录

本节主要阐述 JS 自定义组件的使用方式，以及与相关长度、颜色选择时的一些参考附录及表格等内容。

5.4.1 基本用法

自定义组件是用户根据业务需求，将已有的组件组合，封装成的新组件，可以在工程中多次调用，提高代码的可读性。自定义组件通过 element 引入宿主页面，代码如下：

```
<element name = 'comp' src = '../../common/component/comp.hml'></element>
<div>
    <comp prop1 = 'xxxx' @child1 = "bindParentVmMethod"></comp>
</div>
```

(1) name 属性指自定义组件名称(非必填)，组件名称对大小写不敏感，默认使用小写。src 属性指自定义组件 HML 文件的路径(必填)，若没有设置 name 属性，则默认使用 HML 文件名作为组件名。

(2) 事件绑定：自定义组件中绑定子组件事件使用(on|@)child1 语法，子组件中通过{action:"proxy", method: "eventName"}触发事件并进行传值，父组件执行 bindParentVmMethod 方法并接收子组件传递的参数。

自定义组件配置文件标签的相关内容见表 5-11。

表 5-11 自定义组件配置文件标签

属性	类型	描 述
data	Object	页面的数据模型，类型是对象。属性名不能以 $或_开头，不要使用保留字 for、if、show、tid
props	Array/Object	props 用于组件之间的通信，可以通过< tag xxxx= 'value'>方式传递给组件；props 名称必须用小写，不能以 $或_开头，不要使用保留字 for、if、show、tid。目前 props 的数据类型不支持 Function

5.4.2 自定义事件

自定义组件内支持自定义事件，该事件的标识需要将 action 类型指定为 proxy，事件名则通过 method 指定。使用该自定义组件的卡片页面可以通过该事件名注册相应的事件回调，当自定义组件内该自定义事件触发时，会触发卡片页面上注册的回调事件。

1. 子组件 comp 示例

comp.hml 文件的示例代码如下：

```
<!-- 第 5 章/子组件 comp 示例 comp.hml 代码部分 -->
<div class = "container">
    <div class = "row - 3" if = "true">
        <button onclick = "buttonClicked" value = "click"></button>
    </div>
</div>
```

comp.css 文件的示例代码如下：

```
//第 5 章/子组件 comp 示例 comp.css 代码部分
.container {
    flex - direction:column;
    background - color: green;
    width: 100 % ;
    height: 100 % ;
}

.row - 3 {
    width: 100 % ;
    height: 50px;
    background - color: orange;
    font - size:15px;
}
```

comp.json 文件的示例代码如下：

```
//第 5 章/子组件 comp 示例 comp.json 代码部分
{
    "data": {
    },
    "actions": {
        "buttonClicked": {
            "action": "proxy",
            "method:" "event_1"
        }
    }
}
```

2. 卡片页面示例

index.hml 文件的示例代码如下：

```
<!-- 第 5 章/卡片页面示例 index.hml 代码部分 -->
<element name = 'comp' src = '../../common/customComponent/customComponent.hml'></element>

<div class = "container">
```

```
    <comp @event_1 = "click"></comp>
    <button value = "parentClick" @click = "buttonClick"></button>
</div>
```

index.css 文件的示例代码如下：

```
.container {
    background - color: red;
    height: 500px;
    width: 500px;
}
```

index.json 文件的示例代码如下：

```
//第 5 章/卡片页面示例 index.json 代码部分
{
    "data": {
    },
    "actions": {
        "click": {
            "action": "message",
            "params": {
            "message": "click event"
            }
        },
        "buttonClick": {
        "action": "message",
        "params": {
            "message": "click event 2"
          }
        }
    }
}
```

5.4.3 props

自定义组件可以通过 props 声明属性，父组件通过设置属性向子组件传递参数。具体内容如下。

1. 添加默认值

子组件可以通过固定值 default 设置默认值，当父组件没有设置该属性时，将使用其默认值。此情况下 props 属性必须为对象形式，不能用数组形式，示例如下。

demo.hml 文件的示例代码如下：

```
<!-- 第 5 章/props 自定义组件 demo.hml 代码部分 -->
<div class = "container">
    <div class = "row - 1">
        <div class = "box - 2">
            <text>{{text}}</text>
        </div>
        <div class = "box - 3">
            <text>{{textdata[0]}}</text>
        </div>
    </div>
    <div class = "row - 2" if = "true">
        <button value = "{{progress}}"></button>
    </div>
    <div class = "row - 3" if = "true">
        <button onclick = "buttonClicked" value = "click"></button>
    </div>
</div>
```

demo.json 文件的示例代码如下：

```
//第 5 章/props 自定义组件 demo.json 代码部分
{
    "data": {
       "progress": {
           "default": "80"
       }
    },
     "props": {
      "textdata": {
          "default": ["a","b"]
     },
     "progress": {
       "default": 60
     },
     "text": {
       "default": "ha"
     }
    },
    "actions": {
       "buttonClicked": {
           "action": "proxy",
           "method": "event_1"
       }
    }
}
```

demo.hml 文件的示例代码如下：

```
<!-- 第 5 章/props 自定义组件 demo.hml 代码部分 -->
<element name = 'comp' src = '../../common/customComponent/customComponent.hml'>
</element>

<div class = "container">
    <comp progress = "{{clicknow}}" textdata = "{{texts}}" if = "false" @event_1 = "click">
</comp>
</div>
```

2. 数据单向性

父子组件之间数据的传递是单向的，只能从父组件传递给子组件，子组件不能直接修改父组件传递来的值，可以将 props 传入的值用 data 接收后作为默认值，再对 data 的值进行修改。

5.4.4 附录

附录主要对常用的长度类型和颜色类型的相关内容进行展示，便于查阅与对照。

(1) 长度类型，见表 5-12。

表 5-12 长度类型

名称	类型定义	描述
length	string|number	用于描述尺寸单位，输入为 number 类型时，使用 px 单位；输入为 string 类型时，需要显式指定像素单位，当前支持的像素单位包括 px 和 fp。px 是逻辑尺寸单位；fp 是字体大小单位，会随系统字体大小的设置而发生变化，仅支持文本类组件设置相应的字体大小
percentage	string	百分比尺寸单位，如 50%

(2) 颜色类型，见表 5-13。

表 5-13 颜色类型

名称	类型定义	描述
color	string|颜色枚举字符串	用于描述颜色信息。字符串格式如下：rgb(255, 255, 255)，rgba(255, 255, 255, 1.0)。HEX 格式：# rrggbb，# aarrggbb。枚举格式：black，white。(说明：JS 脚本中不支持颜色枚举格式)

5.5 Java 组件开发

本节主要阐述常用的 Java 布局、组件相关的整体知识与进行部分布局、组件的实战案例练习。

5.5.1 常用布局

Java 常用布局及相关功能使用说明，见表 5-14。

表 5-14 常用布局

名 称	说 明
DirectionalLayout	DirectionalLayout 是 Java UI 中的一种重要组件布局，用于将一组组件(Component)按照水平或者垂直方向排布，能够方便地对齐布局内的组件。该布局和其他布局的组合，可以实现更加丰富的布局方式
DependentLayout	DependentLayout 是 Java UI 框架里的一种常见布局。与 DirectionalLayout 相比，拥有更多的排布方式，每个组件可以指定相对于其他同级元素的位置，或者指定相对于父组件的位置
StackLayout	StackLayout 直接在屏幕上开辟出一块空白的区域，添加到这个布局中的视图都以层叠的方式显示，而它会把这些视图默认放到这块区域的左上角，第 1 个添加到布局中的视图显示在最底层，最后一个被放在最顶层。上一层的视图会覆盖下一层的视图
TableLayout	TableLayout 使用表格的方式划分子组件
PositionLayout	在 PositionLayout 中，子组件通过指定准确的 x/y 坐标值在屏幕上显示。(0，0)为左上角；当向下或向右移动时，坐标值变大；允许组件之间互相重叠
AdaptiveBoxLayout	①AdaptiveBoxLayout 是自适应盒子布局，该布局提供了在不同屏幕尺寸设备上的自适应布局能力，主要用于相同级别的多个组件需要在不同屏幕尺寸设备上自动调整列数的场景；②该布局中的每个子组件都用一个单独的"盒子"装起来，子组件设置的布局参数都以盒子作为父布局生效，不以整个自适应布局为生效范围；③该布局中每个盒子的宽度固定为布局总宽度除以自适应得到的列数，高度为 match_content，每行中的所有盒子按高度最高的进行对齐；④该布局在水平方向自动分块，因此水平方向不支持 match_content，布局水平宽度仅支持 match_parent 或固定宽度；⑤自适应仅在水平方向进行自动分块，纵向没有限制，因此如果将某个子组件的高设置为 match_parent 类型，则可能导致后续行无法显示

下面我们通过几个案例练习 Java 组件的使用。

1. DirectionalLayout

1）垂直布局

ability_main.xml 文件的代码如下：

```
/*第 5 章/DirectionalLayout 案例垂直布局 ability_main.xml 代码*/
<?xml version="1.0" encoding="utf-8"?>
<DirectionalLayout
    xmlns:ohos="http://schemas.huawei.com/res/ohos"
    ohos:width="match_parent"
    ohos:height="match_content"
    ohos:orientation="vertical">
    //按钮 1
    <Button
```

```
        ohos:width = "330vp"
        ohos:height = "200vp"
        ohos:bottom_margin = "30vp"
        ohos:text_size = "28vp"
        ohos:left_margin = "13vp"
        ohos:background_element = "$graphic:background_ability_main"
        ohos:text = "Button 1"/>
    //按钮 2
    <Button
        ohos:width = "330vp"
        ohos:height = "200vp"
        ohos:bottom_margin = "30vp"
        ohos:text_size = "28vp"
        ohos:left_margin = "13vp"
        ohos:background_element = "$graphic:background_ability_main"
        ohos:text = "Button 2"/>
    //按钮 3
    <Button
        ohos:width = "330vp"
        ohos:height = "200vp"
        ohos:text_size = "28vp"
        ohos:bottom_margin = "30vp"
        ohos:left_margin = "13vp"
        ohos:background_element = "$graphic:background_ability_main"
        ohos:text = "Button 3"/>
</DirectionalLayout>
```

background_ability_main.xml 文件的代码如下：

```
/* 第 5 章/DirectionalLayout 案例垂直布局 background_ability_main.xml 代码 */
<?xml version = "1.0" encoding = "utf-8"?>
<shape xmlns:ohos = "http://schemas.huawei.com/res/ohos"
       ohos:shape = "rectangle">
    <solid
           ohos:color = "#00FFFD"/>
</shape>
```

2）水平布局

ability_main.xml 文件的代码如下：

```
/* 第 5 章/DirectionalLayout 案例水平布局 ability_main.xml 代码 */
<?xml version = "1.0" encoding = "utf-8"?>
<DirectionalLayout
```

```
    xmlns:ohos = "http://schemas.huawei.com/res/ohos"
    ohos:width = "match_parent"
    ohos:height = "match_content"
    ohos:orientation = "horizontal">          //这里修改为水平布局
    <Button
        ohos:width = "80vp"
        ohos:height = "40vp"
        ohos:bottom_margin = "30vp"
        ohos:text_size = "16vp"
        ohos:left_margin = "13vp"
        ohos:background_element = "$graphic:background_ability_main"
        ohos:text = "Button 1"/>
    <Button
        ohos:width = "80vp"
        ohos:height = "40vp"
        ohos:bottom_margin = "30vp"
        ohos:text_size = "16vp"
        ohos:left_margin = "13vp"
        ohos:background_element = "$graphic:background_ability_main"
        ohos:text = "Button 2"/>
    <Button
        ohos:width = "80vp"
        ohos:height = "40vp"
        ohos:text_size = "16vp"
        ohos:bottom_margin = "30vp"
        ohos:left_margin = "13vp"
        ohos:background_element = "$graphic:background_ability_main"
        ohos:text = "Button 3"/>
</DirectionalLayout>
```

background_ability_main.xml 文件的代码如下：

```
/*第 5 章/DirectionalLayout 案例水平布局 background_ability_main.xml 代码*/
<?xml version = "1.0" encoding = "utf-8"?>
<shape xmlns:ohos = "http://schemas.huawei.com/res/ohos"
       ohos:shape = "rectangle">
    <solid
        ohos:color = "#00FFFD"/>
</shape>
```

3）效果展示

垂直布局效果如图 5-9(a)所示，水平布局效果如图 5-9(b)所示。

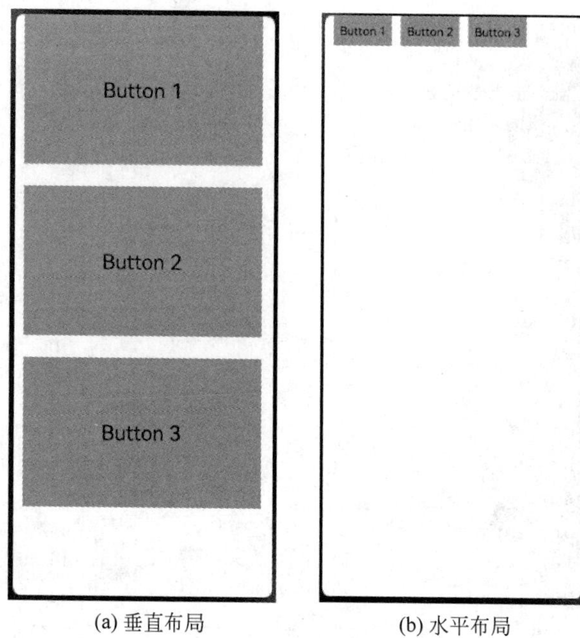

(a) 垂直布局　　(b) 水平布局

图 5-9　展示布局效果

2. StackLayout

1）堆叠布局

ability_main.xml 文件的代码如下：

```
/*第 5 章/StackLayout 案例堆叠布局 ability_main.xml 代码 */
<?xml version="1.0" encoding="utf-8"?>
<StackLayout
    xmlns:ohos="http://schemas.huawei.com/res/ohos"
    ohos:id="$+id:stack_layout"
    ohos:height="match_parent"
    ohos:width="match_parent">

    <Text
        ohos:id="$+id:text_blue"
        ohos:text_alignment="bottom|horizontal_center"
        ohos:text_size="24fp"
        ohos:text="Layer 1"
        ohos:height="400vp"
        ohos:width="400vp"
        ohos:background_element="#3F56EA" />

    <Text
        ohos:id="$+id:text_light_purple"
```

```
        ohos:text_alignment = "bottom|horizontal_center"
        ohos:text_size = "24fp"
        ohos:text = "Layer 2"
        ohos:height = "300vp"
        ohos:width = "300vp"
        ohos:background_element = "#00AAEE" />

    <Text
        ohos:id = "$ + id:text_orange"
        ohos:text_alignment = "center"
        ohos:text_size = "24fp"
        ohos:text = "Layer 3"
        ohos:height = "80vp"
        ohos:width = "80vp"
        ohos:background_element = "#00BFC9" />

</StackLayout>
```

2）效果展示

效果如图 5-10 所示。

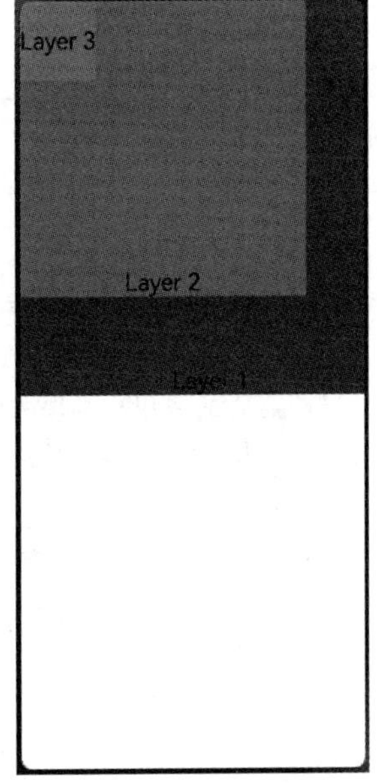

图 5-10 展示效果(1)

5.5.2 常用组件

Java 常用组件及功能使用说明，见表 5-15。

表 5-15 常用组件

名　　称	说　　明
Text	Text 是用来显示字符串的组件，在界面上显示为一块文本区域。Text 作为一个基本组件，有很多扩展，常见的有按钮组件 Button，文本编辑组件 TextField
Button	Button 是一种常见的组件，单击可以触发对应的操作，通常由文本或图标组成，也可以由图标和文本共同组成
TextField	TextField 提供了一种文本输入框
Image	Image 是用来显示图片的组件
TabList 和 Tab	TabList 可以实现多个页签栏的切换，Tab 为某个页签。子页签通常放在内容区上方，用于展示不同的分类。页签名称应该简洁明了，清晰描述分类的内容
Picker	Picker 提供了滑动选择器，允许用户从预定义范围中进行选择
DatePicker	DatePicker 主要供用户选择日期
TimePicker	TimePicker 主要供用户选择时间
Switch	Switch 是切换单个设置开/关两种状态的组件
RadioButton	RadioButton 用于多选一的操作，需要搭配 RadioContainer 使用，实现单选效果
RadioContainer	RadioContainer 是 RadioButton 的容器，在其包裹下的 RadioButton 保证只有一个被选项
Checkbox	Checkbox 可以实现选中和取消选中的功能
ProgressBar	ProgressBar 用于显示内容或操作的进度
RoundProgressBar	RoundProgressBar 继承自 ProgressBar，拥有 ProgressBar 的属性，在设置同样的属性时用法和 ProgressBar 一致，用于显示环形进度
ToastDialog	ToastDialog 是在窗口上方弹出的对话框，是通知操作的简单反馈，ToastDialog 会在一段时间后消失，在此期间，用户还可以操作当前窗口的其他组件
PopupDialog	气泡对话框是覆盖在当前界面之上的弹出框，可以相对组件或者屏幕显示。显示时会获取焦点，中断用户操作，被覆盖的其他组件无法交互。气泡对话框的内容一般简单明了，并提示用户一些需要确认的信息
CommonDialog	CommonDialog 是一种在弹出框消失之前，用户无法操作其他界面内容的对话框。通常用来展示用户当前需要的或用户必须关注的信息或操作。对话框的内容通常采用不同组件进行组合布局，如：文本、列表、输入框、网格、图标或图片，常用于选择或确认信息
ScrollView	ScrollView 是一种带滚动功能的组件，它采用滑动的方式在有限的区域内显示更多的内容
ListContainer	ListContainer 是用来呈现连续、多行数据的组件，包含一系列相同类型的列表项
PageSlider	PageSlider 是用于页面之间切换的组件，它通过响应滑动事件完成页面间的切换
PageSliderIndicator	PageSliderIndicator 需配合 PageSlider 使用，指示在 PageSlider 中展示哪个界面
WebView	WebView 提供在应用中集成 Web 页面的能力

下面我们通过几个案例练习 Java 组件的使用。

1. 日期选择 DatePicker

通过日期选择组件 DatePicker 选择日期并显示在文本框上。

1）演示案例代码示例

ability_main.xml 文件的代码如下：

```
/* 第 5 章/日期选择 DatePicker 案例 ability_main.xml 代码 */
<?xml version = "1.0" encoding = "utf-8"?>
<DirectionalLayout
    xmlns:ohos = "http://schemas.huawei.com/res/ohos"
    ohos:height = "match_parent"
    ohos:width = "match_parent"
    ohos:alignment = "center"
    ohos:orientation = "vertical">

    <Text
        ohos:id = "$ + id:text_date"
        ohos:height = "match_content"
        ohos:width = "match_parent"
        ohos:hint = "日期"
        ohos:margin = "8vp"
        ohos:padding = "4vp"
        ohos:text_size = "28fp">
    </Text>

    <DatePicker
        ohos:id = "$ + id:date_pick"
        ohos:height = "300vp"
        ohos:width = "300vp"
        ohos:text_size = "20fp"
        ohos:background_element = "#C89FDEFF">
    </DatePicker>

</DirectionalLayout>
```

在 MainAbilitySlice.java 文件中编写显示逻辑，代码如下：

```
//第 5 章/日期选择 DatePicker 案例 MainAbilitySlice.java 代码
public class MainAbilitySlice extends AbilitySlice {
    @Override
    public void onStart(Intent intent) {
        super.onStart(intent);
        super.setUIContent(ResourceTable.Layout_ability_main);

        //获取 DatePicker 实例
        DatePicker datePicker = (DatePicker) findComponentById(ResourceTable.Id_date_pick);

        Text selectedDate = (Text) findComponentById(ResourceTable.Id_text_date);
        datePicker.setValueChangedListener(
                new DatePicker.ValueChangedListener() {
                    @Override
```

```
                        public void onValueChanged(DatePicker datePicker, int year, int
monthOfYear, int dayOfMonth) {
                            selectedDate.setText(String.format("%02d/%02d/%4d",
dayOfMonth, monthOfYear, year));
                        }
                    }
            );
    }

    @Override
    public void onActive() {
        super.onActive();
    }

    @Override
    public void onForeground(Intent intent) {
        super.onForeground(intent);
    }
}
```

2）演示案例展示效果

DatePicker 日期选择演示案例效果，如图 5-11 所示。

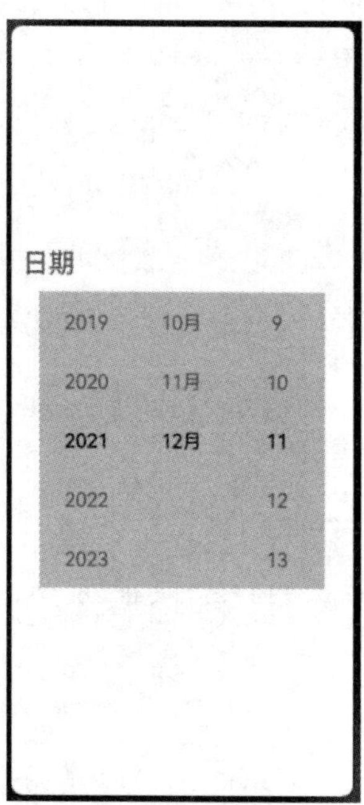

图 5-11　展示效果(2)

2. 弹框组件 CommonDialog

CommonDialog 是一种在弹出框消失之前,用户无法操作其他界面内容的对话框。通常用来展示用户当前需要的或用户必须关注的信息或操作。对话框的内容通常采用不同组件进行组合布局,如:文本、列表、输入框、网格、图标或图片,常用于选择或确认信息。

1) 演示案例代码示例

编写页面代码,代码如下:

```
/* 第 5 章/弹框组件 CommonDialog 案例 ability_main.xml 代码 */
<?xml version = "1.0" encoding = "utf - 8"?>
< DependentLayout
    xmlns:ohos = "http://schemas.huawei.com/res/ohos"
    ohos:id = " $ + id:custom_container"
    ohos:height = "match_content"
    ohos:width = "300vp"
    ohos:background_element = " # F5F5F5">

    < Text
        ohos:id = " $ + id:custom_title"
        ohos:height = "match_content"
        ohos:width = "match_content"
        ohos:horizontal_center = "true"
        ohos:margin = "8vp"
        ohos:padding = "8vp"
        ohos:text = "TITLE"
        ohos:text_size = "16fp"/>
    < Image
        ohos:id = " $ + id:custom_img"
        ohos:height = "150vp"
        ohos:width = "280vp"
        ohos:below = " $ id:custom_title"
        ohos:horizontal_center = "true"
        ohos:image_src = " $ media:transparent_bg"
        ohos:clip_alignment = "center"/>
    < Button
        ohos:height = "match_content"
        ohos:width = "match_parent"
        ohos:background_element = " # FF9912"
        ohos:below = " $ id:custom_img"
        ohos:margin = "8vp"
        ohos:padding = "8vp"
        ohos:text = "BUTTON"
        ohos:text_color = " # FFFFFF"
        ohos:text_size = "18vp"/>
</DependentLayout >
```

在 AbilitySlice.java 文件中编写显示逻辑，代码如下：

```
//第 5 章/弹框组件 CommonDialog 案例 AbilitySlice.java 代码
import static ohos.agp.components.ComponentContainer.LayoutConfig.MATCH_CONTENT;   //注意引入

public class MainAbilitySlice extends AbilitySlice {
    @Override
    public void onStart(Intent intent) {
        super.onStart(intent);
        super.setUIContent(ResourceTable.Layout_ability_main);

        findComponentById(ResourceTable.Id_btn).setClickedListener(new Component.
ClickedListener() {
            @Override
            public void onClick(Component component) {
                CommonDialog dialog = new CommonDialog(getContext());
                Component container = LayoutScatter.getInstance(getContext()).parse
(ResourceTable.Layout_layout_custom_dialog, null, false);
                dialog.setContentCustomComponent(container);
                dialog.setSize(MATCH_CONTENT, MATCH_CONTENT);
                dialog.show();
            }
        });

    }

    @Override
    public void onActive() {
        super.onActive();
    }

    @Override
    public void onForeground(Intent intent) {
        super.onForeground(intent);
    }
}
```

2）演示案例展示效果

CommonDialog 弹框组件演示案例效果，如图 5-12 所示。

3. ScrollView 组件使用

ScrollView 是一种带滚动功能的组件，它采用滑动的方式在有限的区域内显示更多的内容。

1）演示案例代码示例

编写页面代码，代码如下：

图 5-12 展示效果(3)

```
/*第 5 章/滚动功能组件 ScrollView 案例 ability_main.xml 代码 */
<?xml version = "1.0" encoding = "utf - 8"?>
<DirectionalLayout
    xmlns:ohos = "http://schemas.huawei.com/res/ohos"
    ohos:height = "match_parent"
    ohos:width = "match_parent"
    ohos:alignment = "center"
    ohos:orientation = "vertical">
    <ScrollView
        ohos:id = "$ + id:scrollview"
        ohos:height = "300vp"
        ohos:width = "300vp"
        ohos:background_element = "#FFDEAD"
        ohos:top_margin = "32vp"
        ohos:bottom_padding = "16vp"
        ohos:layout_alignment = "horizontal_center">
        <DirectionalLayout
            ohos:height = "match_content"
            ohos:width = "match_content">
            <!-- $media:plant 为在 media 目录引用的图片资源 -->
            <Image
                ohos:width = "300vp"
                ohos:height = "match_content"
                ohos:top_margin = "16vp"
                ohos:image_src = "$media:show"/>
            <Image
                ohos:width = "300vp"
                ohos:height = "match_content"
```

```
                    ohos:top_margin = "16vp"
                    ohos:image_src = " $ media:show"/>
                < Image
                    ohos:width = "300vp"
                    ohos:height = "match_content"
                    ohos:top_margin = "16vp"
                    ohos:image_src = " $ media:show"/>
            </DirectionalLayout >
        </ScrollView >
    </DirectionalLayout >
```

2）演示案例展示效果

ScrollView 滚动功能组件演示案例效果，如图 5-13 所示。

图 5-13　展示效果(4)

5.5.3　自定义组件与布局

1. 自定义组件与布局概述

(1) HarmonyOS 提供了一套复杂且强大的 Java UI 框架，其中 Component 提供内容显示，是界面中所有组件的基类。ComponentContainer 作为容器容纳 Component 或 ComponentContainer 对象，并对它们进行布局。

(2) Java UI 框架也提供了一部分 Component 和 ComponentContainer 的具体子类，即常用的组件（例如：Text、Button、Image 等）和常用的布局（例如：DirectionalLayout、DependentLayout 等）。如果现有的组件和布局无法满足设计需求，例如仿遥控器的圆盘按钮、可滑动的环形控制器等，可以通过自定义组件和自定义布局实现。

(3) 自定义组件是由开发者定义的具有一定特性的组件，通过扩展 Component 或其子类实现，可以精确控制屏幕元素的外观，也可响应用户的单击、触摸、长按等操作。

(4) 自定义布局是由开发者定义的具有特定布局规则的容器类组件，通过扩展 ComponentContainer 或其子类实现，可以将各子组件摆放到指定的位置，也可响应用户的滑动、拖曳等事件。

2. 自定义组件

当 Java UI 框架提供的组件无法满足设计需求时，可以创建自定义组件，根据设计需求添加绘制任务，并定义组件的属性及事件响应，完成组件的自定义。

Component 类相关接口名称及作用，见表 5-16。

表 5-16　Component 类相关接口

接　口　名	作　　用
setEstimateSizeListener	设置测量组件的侦听器
setEstimatedSize	设置测量的宽度和高度
onEstimateSize	测量组件的大小以确定宽度和高度
EstimateSpec. getChildSizeWithMode	基于指定的大小和模式为子组件创建度量规范
EstimateSpec. getSize	从提供的度量规范中提取大小
EstimateSpec. getMode	获取该组件的显示模式
addDrawTask	添加绘制任务
onDraw	通过绘制任务更新组件时调用

3. 自定义布局

Component 类相关接口名称及作用，见表 5-17。

表 5-17　Component 类相关接口

接 口 名 称	作　　用
setEstimateSizeListener	设置测量组件的侦听器
setEstimatedSize	设置测量的宽度和高度
onEstimateSize	测量组件的大小以确定宽度和高度
EstimateSpec. getChildSizeWithMode	基于指定的大小和模式为子组件创建度量规范
EstimateSpec. getSize	从提供的度量规范中提取大小
EstimateSpec. getMode	获取该组件的显示模式
arrange	相对于容器组件设置组件的位置和大小

ComponentContainer 类相关接口名称及作用，见表 5-18。

表 5-18　ComponentContainer 类相关接口

接 口 名 称	作　　用
setArrangeListener	设置容器组件布局子组件的侦听器
onArrange	通知容器组件在布局时设置子组件的位置和大小

5.6 eTS 组件开发

本节主要对 eTS 组件进行整体介绍并进行相关案例实战练习，eTS 组件从 API Version 7 才开始支持使用。

5.6.1 通用事件

1. 单击事件

单击事件相关内容，见表 5-19。

表 5-19 单击事件

名　　称	是否冒泡	功能描述
onClick(callback: (event?: ClickEvent) => void)	否	单击动作触发该方法调用

2. 触摸事件

触摸事件相关内容，见表 5-20。

表 5-20 触摸事件

名　　称	是否冒泡	功能描述
onTouch(callback: (event?: TouchEvent) => void)	是	触摸动作触发该方法调用

3. 挂载卸载事件

挂载卸载事件相关内容，见表 5-21。

表 5-21 挂载卸载事件

名　　称	是否冒泡	功能描述
onAppear(callback: () => void)	否	组件挂载显示时触发此回调
onDisappear(callback: () => void)	否	组件卸载消失时触发此回调

4. 按键事件

按键事件相关内容，见表 5-22。

表 5-22 按键事件

名　　称	是否冒泡	功能描述
onKeyEvent(event: (event?: KeyEvent) => void)	是	按键动作触发该方法调用

5.6.2 通用属性

1. 尺寸设置

尺寸设置相关内容，见表 5-23。

表 5-23 尺寸设置

名称	参数说明	默认值	描述
width	Length	—	设置组件自身的宽度,缺省时使用元素自身内容需要的宽度
height	Length	—	设置组件自身的高度,缺省时使用元素自身内容需要的高度

size	{
	width?: Length,
	height?: Length
	}
		—	设置高宽尺寸

padding	{ top?: Length, right?: Length, bottom?: Length, left?: Length }|Length	0	设置内边距属性,参数为 Length 类型时,4 个方向内边距同时生效

margin	{
	top?: Length,
	right?: Length,
	bottom?: Length,
	left?: Length
	}
	|Length
		0	设置外边距属性,参数为 Length 类型时,4 个方向外边距同时生效

constraintSize	{
	minWidth?: Length,
	maxWidth?: Length,
	minHeight?: Length,
	maxHeight?: Lenght
	}
		{
		minWidth: 0,
		maxWidth: Infinity,
		minHeight: 0,
		maxHeight: Infinity
		}
			设置约束尺寸,组件布局时,进行尺寸范围限制

layoutWeight	number	0	容器尺寸确定时,元素与兄弟节点主轴布局尺寸按照权重进行分配,忽略本身尺寸设置(说明: 仅在 Row/Column/Flex 布局中生效)

2. 位置设置

位置设置相关内容,见表 5-24。

表 5-24 位置设置

名　称	参数类型	默认值	描　述
align	Alignment	Center	设置元素内容的对齐方式，只有当设置的 width 和 height 大小超过元素本身内容大小时生效
direction	Direction	Auto	设置元素水平方向的布局
position	{ x：Length， y：Length }	—	使用绝对定位，设置元素锚点相对于父容器顶部起点偏移位置。在布局容器中，设置该属性不影响父容器布局，仅在绘制时进行位置调整
markAnchor	{ x：Length， y：Length }	{ x：0， y：0 }	设置元素在位置定位时的锚点，以元素顶部起点作为基准点进行偏移
offset	{ x：Length， y：Length }	{ x：0， y：0 }	相对布局完成位置坐标偏移量，设置该属性，不影响父容器布局，仅在绘制时进行位置调整

3. 布局约束

布局约束相关内容，见表 5-25。

表 5-25 布局设置

名　称	参数说明	默认值	描　述
aspectRatio	number	—	指定当前组件的宽高比
displayPriority	number	—	设置当前组件在布局容器中显示的优先级，当父容器空间不足时，低优先级的组件会被隐藏（说明：仅在 Row/Column/Flex（单行）容器组件中生效）

4. Flex 布局

Flex 布局相关内容，见表 5-26。

表 5-26 Flex 布局

名　称	参数说明	默认值	描　述
flexBasis	'auto'|Length	'auto'	此属性所在的组件在 Flex 容器中主轴方向上的基准尺寸
flexGrow	number	0	Flex 容器的剩余空间分配给此属性所在的组件的比例
flexShrink	number	1	Flex 容器压缩尺寸分配给此属性所在的组件的比例
alignSelf	ItemAlign	Auto	覆盖 Flex 布局容器中 alignItems 默认配置

5. 边框设置

边框设置相关内容，见表 5-27。

表 5-27　边框设置

名　称	参数类型	默认值	描　述

border	{
	width?：Length，
	color?：Color，
	radius?：Length，
	style?：
	BorderStyle
	}
		—	统一边框样式设置接口

borderStyle	BorderStyle	Solid	设置元素的边框样式
borderWidth	Length	0	设置元素的边框宽度
borderColor	Color	-	设置元素的边框颜色
borderRadius	Length	0	设置元素的边框圆角半径

6. 背景设置

背景设置相关内容，见表 5-28。

表 5-28　背景设置

名　称	参数类型	默认值	描　述
backgroundColor	Color	—	设置组件的背景色
backgroundImage	src：string， repeat?： ImageRepeat	—	src 参数：图片地址，支持网络图片资源和本地图片资源地址(不支持 svg 类型的图片)。repeat 参数：设置背景图片的重复样式，默认不重复
backgroundImageSize	{ width?：Length， height?：Length }|ImageSize	Auto	设置背景图像的高度和宽度。当输入为{width：Length，height：Length}对象时，如果只设置一个属性，则第 2 个属性保持图片原始宽高比进行调整。默认保持原图的比例不变

backgroundImagePosition	{
	x?：Length，
	y?：Length
	}|Alignment
		{
		x：0，
		y：0
		}
			设置背景图在组件中的显示位置

7. 透明度设置

透明度设置相关内容，见表 5-29。

表 5-29　透明度设置

名称	参数类型	默认值	描　述
opacity	number	1	元素的不透明度，取值范围为 0～1，1 表示不透明，0 表示完全透明

8. 显隐控制

显隐设置相关内容，见表 5-30。

表 5-30 显隐设置

名称	参数类型	默认值	描述
visibility	Visibility	Visible	控制当前组件显示或隐藏

9. 禁用控制

禁用设置相关内容，见表 5-31。

表 5-31 禁用设置

名称	参数类型	默认值	描述
enabled	boolean	true	值为 true 表示组件可用，可响应单击等操作；当值为 false 时，不响应单击等操作

10. 浮层

浮层相关内容，见表 5-32。

表 5-32 浮层

名称	参数类型	默认值	描述

overlay	title：string，
	options：{
	align?：Alignment，
	offset?：{x：number，y：number}
	}
		{
		align：Alignment.Center，
		offset：{0，0}
		}
			在当前组件上，增加遮罩文本，布局与当前组件相同

11. Z 序控制

Z 序控制相关内容，见表 5-33。

表 5-33 Z 序控制

名称	参数类型	默认值	描述
zIndex	number	0	同一容器中兄弟组件显示层级关系，z 值越大，显示层级越高

12. 图形变换

图形变换相关内容，见表 5-34。

13. 图像效果

图像效果相关内容，见表 5-35。

表 5-34 图形变换

名称	参数类型	默认值	描述

rotate	{
	x?: number,
	y?: number,
	z?: number,
	angle?: Angle,
	centerX?: Length,
	centerY?: Length
	}
		{
		x: 0,
		y: 0,
		z: 0,
		angle: 0,
		centerX: '50%',
		centerY: '50%'
		}
			(x, y, z)指定一个向量,表示旋转轴,正角度为顺时针转动,负角度为逆时针转动,默认值为0,同时可以通过 centerX 和 centerY 设置旋转的中心点

translate	{
	x?: Length,
	y?: Length,
	z? : Length
	}
		{
		x: 0,
		y: 0,
		z: 0
		}
			可以分别设置 *X* 轴、*Y* 轴、*Z* 轴的平移距离,距离的正负可控制平移的方向,默认值为0

scale	{
	x?: number,
	y?: number,
	z?: number,
	centerX?: Length,
	centerY?: Length
	}
		{
		x: 1,
		y: 1,
		z: 1,
		centerX:'50%',
		centerY:'50%'
		}
			可以分别设置 *X* 轴、*Y* 轴、*Z* 轴的缩放比例,默认值为1,同时可以通过 centerX 和 centerY 设置缩放的中心点

transform	matrix: Matrix4	-	设置当前组件的变换矩阵

表 5-35 图像效果

名称	参数类型	默认值	描述
blur	number	—	为当前组件添加内容模糊效果,入参为模糊半径,模糊半径越大越模糊,为0时不模糊
backdropBlur	number	—	为当前组件添加背景模糊效果,入参为模糊半径,模糊半径越大越模糊,为0时不模糊

shadow	{
	radius: number,
	color?: Color,
	offsetX?:
	number,
	offsetY?:
	number
	}
		—	为当前组件添加阴影效果,入参为模糊半径(必填)、阴影的颜色(可选,默认为灰色)、*X* 轴的偏移量(可选,默认为0),*Y* 轴的偏移量(可选,默认为0),偏移量单位为px

续表

名　称	参数类型	默认值	描　述
grayscale	number	0.0	为当前组件添加灰度效果。将值定义为灰度转换的比例，入参为1.0时完全转换为灰度图像，入参为0.0时图像无变化，入参在0.0和1.0之间时，效果呈线性变化(百分比)
brightness	number	1.0	为当前组件添加高光效果，入参为高光比例，值为1时没有效果，值小于1时亮度变暗，值为0时全黑；值大于1时亮度增加，数值越大亮度越大
saturate	number	1.0	为当前组件添加饱和度效果，饱和度为颜色中的含色成分和消色成分(灰)的比例，入参为1时，显示原图像，值大于1时含色成分越大，饱和度越大；值小于1时消色成分越大，饱和度越小(百分比)
contrast	number	1.0	为当前组件添加对比度效果，入参为对比度的值，值为1时，显示原图；值大于1时，值越大对比度越高，图像越清晰醒目；值小于1时，值越小对比度越低；当对比度为0时，图像变为全灰(百分比)
invert	number	0	反转输入的图像。入参为图像反转的比例。值为1时完全反转。值为0时图像无变化(百分比)
sepia	number	0	将图像转换为深褐色。入参为图像反转的比例。值为1时完全是深褐色的，值为0时图像无变化(百分比)
hueRotate	Angle	0deg	为当前组件添加色相旋转效果，入参为旋转的角度值。当入参为0deg时图像无变化(默认值是0deg)，入参没有最大值，超过360deg的值相当于又绕一圈

14. 形状剪裁

形状剪裁相关内容，见表5-36。

表5-36　形状剪裁

名称	参数类型	默认值	描　述
clip	Shape|boolean	false	当参数为Shape类型时，按指定的形状对当前组件进行裁剪；当参数为boolean类型时，设置是否按照边缘轮廓进行裁剪
mask	Shape	—	在当前组件上加上指定形状的遮罩

15. 文本样式设置

文本样式设置相关内容，设置见表5-37。

表 5-37 文本样式设置

名　　称	参数类型	默认值	描　　述
fontColor	Color	—	设置文本颜色
fontSize	Length	—	设置文本尺寸，Length 为 number 类型时，使用 fp 单位
fontStyle	FontStyle	Normal	设置文本的字体样式
fontWeight	number | FontWeight	Normal	设置文本的字体粗细，number 类型的取值为[100，900]，取值间隔为 100，默认为 400，取值越大，字体越粗。提供常用枚举值，参考：FontWeight
fontFamily	string	—	设置文本的字体列表。使用多种字体，使用','进行分割，优先级按顺序生效(例如：Arial，sans-serif)

16. 栅格设置

栅格设置相关内容，见表 5-38。

表 5-38 栅格设置

名　　称	参数类型	默认值	描　　述

useSizeType	{
	xs?：number | { span：number，offset：number }，
	sm?：number | { span：number，offset：number }，
	md?：number | { span：number，offset：number }，
	lg?：number | { span：number，offset：number }
	}
		—	设置在特定设备宽度类型下的占用列数和偏移列数，span 指占用列数。
			offset：指偏移列数；当值为 number 类型时，仅设置列数；当格式如{"span"：1，"offset"：0}时，指同时设置占用列数与偏移列数；xs 指设备宽度类型为 SizeType. XS 时的占用列数和偏移列数；sm：指设备宽度类型为 SizeType. SM 时的占用列数和偏移列数；md：指设备宽度类型为 SizeType. MD 时的占用列数和偏移列数；lg 指设备宽度类型为 SizeType. LG 时的占用列数和偏移列数

gridSpan	number	1	默认占用列数，指 useSizeType 属性没有设置对应尺寸的列数(span)时，占用的栅格列数(说明：设置了栅格 span 属性，组件的宽度由栅格布局决定)
gridOffset	number	0	默认偏移列数，指 useSizeType 属性没有设置对应尺寸的偏移(offset)时，当前组件沿着父组件 Start 方向，偏移的列数，也是当前组件位于第 n 列(说明：①配置该属性后，当前组件在父组件水平方向的布局不再跟随父组件原有的布局方式，而是沿着父组件的 Start 方向偏移一定位移；②偏移位移=(列宽+间距)×列数；③设置了偏移(gridOffset)的组件之后的兄弟组件会根据该组件进行相对布局，类似于相对布局)

17. 颜色渐变

颜色渐变相关内容，见表 5-39。

表 5-39 颜色渐变

名　　称	参 数 类 型	默认值	描　　述

linearGradient	{
	angle?：Angle，
	direction?：
	GradientDirection，
	colors：Array<ColorStop>
	repeating?：boolean
	}
		—	线性渐变的参数如下。
			angle：线性渐变的角度；
			direction：线性渐变的方向；
			colors：为渐变的颜色描述；
			repeating：为渐变的颜色重复着色

sweepGradient	{
	center：Point，
	start?：angle，
	end?：angle，
	colors：Array<ColorStop>
	repeating?：boolean
	}
		—	角度渐变的参数如下。
			center：为角度渐变的中心点；
			start：角度渐变的起点；
			end：角度渐变的终点；
			colors：为渐变的颜色描述；
			repeating：为渐变的颜色重复着色

radialGradient	{
	center：Point，
	radius：Length，
	colors：Array<ColorStop>
	repeating：boolean
	}
		—	径向渐变的参数如下。
			center：径向渐变的中心点；
			radius：径向渐变的半径；
			colors：为渐变的颜色描述；
			repeating：为渐变的颜色重复着色

18. Popup 控制

Popup 控制相关内容，见表 5-40。

表 5-40 Popup 控制

名　　称	参 数 类 型	默认值	参 数 描 述

bindPopup	{
	show：boolean，
	popup：{
	message：string，
	placementOnTop：boolean，
	primaryButton?：{
	value：string，
	action：()=> void
	}，
	secondaryButton?：{
	value：string，
	action：() => void
	}，
	onStateChange?：(isVisible：
	boolean) => void
	}
	}
		—	show：当前弹窗提示是否显示，默认值为 false。
			message：弹窗信息内容。
			placementOnTop：是否在组件上方显示，默认值为 false。
			primaryButton：第 1 个按钮。
			secondaryButton：第 2 个按钮。
			onStateChange：弹窗状态变化事件回调

19. Menu 控制

Menu 控制相关内容,见表 5-41。

表 5-41　Menu 控制

名　称	参数类型	默认值	描　述
bindMenu	Array < MenuItem >	—	给组件绑定菜单,单击后弹出菜单

5.6.3　手势处理

1. 绑定手势方法

绑定手势方法相关内容,见表 5-42。

表 5-42　绑定手势方法

名　称	参数类型	默认值	描　述
gesture	gesture: GestureType, mask?: GestureMask	gesture: -, mask: GestureMask.Normal	绑定手势识别。gesture:为绑定的手势类型,mask 为事件响应设置
priorityGesture	gesture: GestureType, mask?: GestureMask	gesture: -, mask: GestureMask.Normal	绑定优先识别手势。gesture 为绑定的手势类型,mask 为事件响应设置。说明:默认情况下,子组件优先于父组件识别手势,当父组件配置 priorityGesture 时,父组件优先于子组件进行识别
parallelGesture	gesture: GestureType, mask?: GestureMask	gesture: -, mask: GestureMask.Normal	绑定可与子组件手势同时触发的手势。gesture 为绑定的手势类型,mask 为事件响应设置。说明:手势事件为非冒泡事件。当父组件设置 parallelGesture 时,父子组件相同的手势事件都可以触发,实现类似冒泡效果

2. 基础手势

基础手势相关内容,见表 5-43。

表 5-43　基础手势

接　口	事件名称	功能描述
TapGesture(options?: { count?: number, fingers?: number })	onAction((event?: GestureEvent) => void)	Tap 手势识别成功回调

续表

接　　口	事件名称	功能描述
LongPressGesture (options?: { fingers?: number, repeat?: boolean, duration?: number })	onAction((event?: GestureEvent) => void)	LongPress 手势识别成功回调
	onActionEnd((event?: GestureEvent) => void)	LongPress 手势识别成功，手指抬起后触发回调
	onActionCancel(event: () => void)	LongPress 手势识别成功，接收到触摸取消事件时触发回调
PanGesture(options?: { fingers?: number, direction?: PanDirection, distance?: number } | PanGestureOption)	onActionStart((event?: GestureEvent) => void)	Pan 手势识别成功回调
	onActionUpdate((event?: GestureEvent) => void)	Pan 手势移动过程中回调
	onActionEnd((event?: GestureEvent) => void)	Pan 手势识别成功，手指抬起后触发回调
	onActionCancel(event: () => void)	Pan 手势识别成功，接收到触摸取消事件时触发回调
PinchGesture(options?: { fingers?: number, distance?: number })	onActionStart((event?: GestureEvent) => void)	Pinch 手势识别成功回调
	onActionUpdate((event?: GestureEvent) => void)	Pinch 手势移动过程中回调
	onActionEnd((event?: GestureEvent) => void)	Pinch 手势识别成功，手指抬起后触发回调
	onActionCancel(event: () => void)	Pinch 手势识别成功，接收到触摸取消事件时触发回调
RotationGesture (options?: { fingers?: number, angle?: number })	onActionStart((event?: GestureEvent) => void)	Rotation 手势识别成功回调
	onActionUpdate((event?: GestureEvent) => void)	Rotation 手势移动过程中回调
	onActionEnd((event?: GestureEvent) => void)	Rotation 手势识别成功，手指抬起后触发回调
	onActionCancel(event: () => void)	Rotation 手势识别成功，接收到触摸取消事件时触发回调

3. 组合手势

组合手势相关内容，见表 5-44。

表 5-44　组合手势

接　　口	事件名称	功能描述
GestureGroup(mode: GestureMode, ...gesture: GestureType[])	onCancel(event: () => void)	顺序组合手势（GestureMode.Sequence)取消后触发回调

5.6.4　基础组件

基础组件的主要类别名称与相关说明，见表 5-45。

表 5-45　基础组件

名　　称	说　　明
Blank	空白填充组件，在容器主轴方向上，空白填充组件具有自动填充容器空余部分的能力
Button	提供按钮组件
DataPanel	数据面板组件，用于将多个数据的占比情况使用环形占比图进行展示
Divider	提供分隔器组件，分隔不同内容块/内容元素
Image	图片组件，用来渲染展示图片
ImageAnimator	提供帧动画组件，实现逐帧播放图片的能力，可以配置需要播放的图片列表，每张图片可以配置时长
Progress	进度条，用于显示内容加载或操作处理进度
QRCode	显示二维码信息
Rating	评分条组件
Span	文本段落，只能作为 Text 子组件，呈现一段文本信息
Slider	滑动条组件，用来快速调节设置值，如音量、亮度等
Text	文本，用于呈现一段信息

下面我们通过几个案例练习 eTS 基础组件的使用。

1．Blank

Blank 是空白填充组件，在容器主轴方向上，空白填充组件具有自动填充容器空余部分的能力。

1）演示案例示例代码

index.ets 文件的代码如下：

```
//第 5 章/基础组件 Blank 示例 index.ets 代码
@Entry
@Component
struct BlankExample {
  build() {
     //纵轴布局
    Column() {
     //水平布局
      Row() {
        Text('Bluetooth').fontSize(18)
     //填充容器
        Blank()
        Text('on/off').fontSize(18).height(60)
      }.width('100％').backgroundColor(0xFFFFFF).borderRadius(15).padding(12)
    }.backgroundColor(0xcccccc).padding(20)
  }
}
```

2）演示案例效果展示

Blank 空白填充组件演示案例的竖屏效果如图 5-14(a)所示，横屏效果如图 5-14(b)所示。

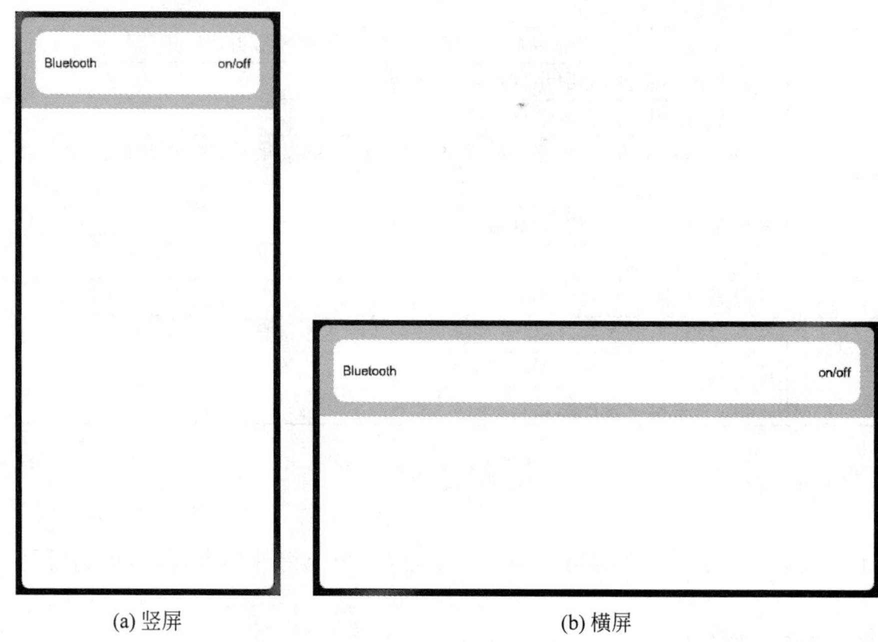

(a) 竖屏 (b) 横屏

图 5-14 展示效果(5)

2. DataPanel

DataPanel 是数据面板组件，用于将多个数据的占比情况使用环形占比图进行展示。

1）演示案例示例代码

index.ets 文件的代码如下：

```
//第 5 章/基础组件 DataPanel 示例 index.ets 代码
@Entry
@Component
struct DataPanelExample {
  //数据占比
  public values1: number[] = [30, 20, 20, 10, 10]
  build() {
    Column({ space: 10 }) {
      //数据面板
      DataPanel({ values: this.values1, max: 100 })
        .width(150)
        .height(150)
    }.width('100%').margin({ top: 5 })
  }
}
```

2）演示案例效果展示

DataPanel 数据面板组件演示案例效果如图 5-15 所示。

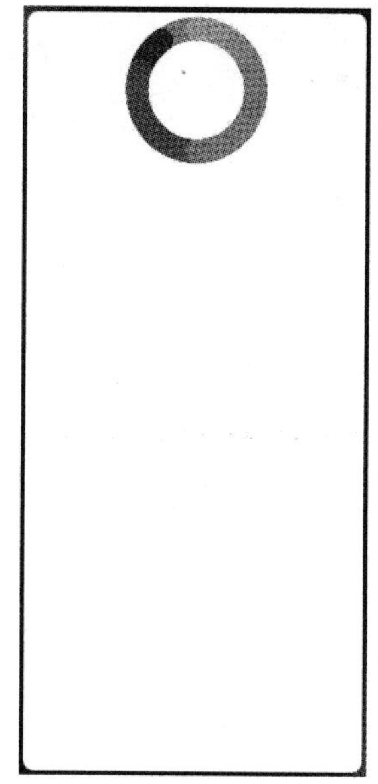

图 5-15　展示效果(6)

3. Rating

Rating 是评分条组件，用于用户各场景下进行各项评分时使用。

1）演示案例示例代码

index.ets 文件的代码如下：

```
//第 5 章/基础组件 Rating 示例 index.ets 代码
@Entry
@Component
struct RatingExample {
  @State rating: number = 1
  @State indicator: boolean = false

  build() {
// Flex 布局
    Flex({ direction: FlexDirection.Column, alignItems: ItemAlign.Center, justifyContent:
FlexAlign.SpaceBetween }) {
      Text('current score is ' + this.rating).fontSize(20)
//评分条组件
      Rating({ rating: this.rating, indicator: this.indicator })
        .stars(5)
        .stepSize(0.5)
```

```
// 监听事件
        .onChange((value: number) => {
          this.rating = value
        })
    }.width(350).height(200).padding(35)
  }
}
```

2）演示案例效果展示

Rating 评分条组件演示案例效果，如图 5-16 所示。

图 5-16　展示效果(7)

5.6.5　容器组件

容器组件的类别名称和相关说明，见表 5-46。

表 5-46　容器组件

名　称	说　明
AlphabetIndexer	字母索引条
Badge	新事件标记组件，在组件上提供事件信息展示能力
Column	沿垂直方向布局的容器
ColumnSplit	将子组件纵向布局，并在每个子组件之间插入一根横向的分割线
Counter	计数器组件，提供相应的增加或者减少的计数操作

续表

名　称	说　明
Flex	弹性布局组件
GridContainer	纵向排布栅格布局容器,仅在栅格布局场景中使用
Grid	网格容器,二维布局,将容器划分成"行"和"列",产生单元格,然后指定"项目所在"的单元格,可以任意组合不同的网格,做出各种各样的布局
GridItem	网格容器中单项内容容器
Hyperlink	超链接组件,给子组件范围
List	列表包含一系列相同宽度的列表项。适合连续、多行呈现同类数据,例如图片和文本
ListItem	用来展示列表的具体 item,宽度默认充满 List 组件,必须配合 List 来使用
Navigator	路由容器组件,提供路由跳转能力
Panel	可滑动面板。提供一种轻量的内容展示的窗口,可方便地在不同尺寸中切换,属于弹出式组件
Row	沿水平方向布局容器
RowSplit	将子组件横向布局,并在每个子组件之间插入一根纵向的分割线
Scroll	可滚动的容器组件,当子组件的布局尺寸超过父组件的视口时,内容可以滚动
Stack	堆叠容器,子组件按照顺序依次入栈,后一个子组件覆盖前一个子组件
Swiper	滑动容器,提供切换子组件显示的能力
Tabs	一种可以通过页签进行内容视图切换的容器组件,每个页签对应一个内容视图
TabContent	仅在 Tabs 中使用,对应一个切换页签的内容视图

下面我们通过几个案例练习 eTS 容器组件的使用。

1. Column

Column 是沿垂直方向布局的容器。

1）演示案例示例代码

index.ets 文件的代码如下：

```
//第 5 章/容器组件 Column 示例 index.ets 代码
@Entry
@Component
struct ColumnExample {
  build() {
    //纵轴垂直
    Column({ space: 5 }) {
      Text('space').fontSize(24).fontColor(0x333333).width('90 % ')
      Column({ space: 5 }) {
        Column().width('100 % ').height(50).backgroundColor(0xAFEEEE)
        Column().width('100 % ').height(50).backgroundColor(0x00FFFF)
      }.width('90 % ').height(107).border({ width: 1 })
    //开头垂直

Text('alignItems(Start)').fontSize(24).fontColor(0x333333).width('90 % ')
      Column() {
```

```
        Column().width('50%').height(50).backgroundColor(0xAFEEEE)
        Column().width('50%').height(50).backgroundColor(0x00FFFF)
      }.alignItems(HorizontalAlign.Start).width('90%').border({ width: 1 })
    //结尾垂直

Text('alignItems(End)').fontSize(24).fontColor(0x333333).width('90%')
      Column() {
        Column().width('50%').height(50).backgroundColor(0xAFEEEE)
        Column().width('50%').height(50).backgroundColor(0x00FFFF)
      }.alignItems(HorizontalAlign.End).width('90%').border({ width: 1 })
    }.width('100%').padding({ top: 5 })
  }
}
```

2）演示案例效果展示

Column 沿垂直方向布局的容器演示案例效果，如图 5-17 所示。

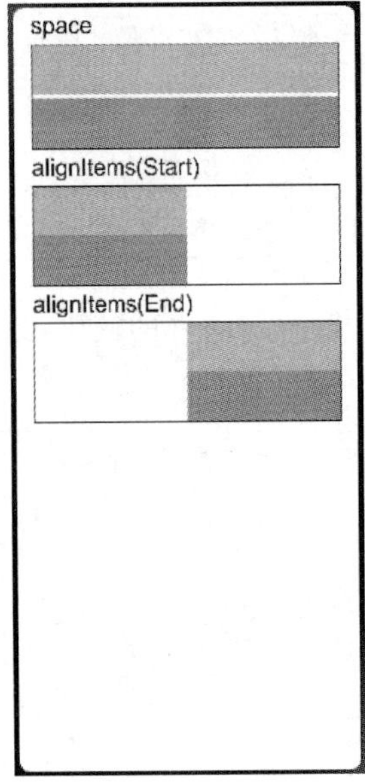

图 5-17　展示效果(8)

2. Counter

Counter 是计数器组件，提供相应的增加或者减少的计数操作。

1）演示案例示例代码

index.ets 文件的代码如下：

```
//第 5 章/容器组件 Counter 示例 index.ets 代码
@Entry
@Component
```

```
struct CounterExample {
  @State value: number = 0

  build() {
    Column() {
      //计数器
      Counter() {
        Text(this.value.toString())
        .fontSize(22)
      }
      .margin(100)
      //加
      .onInc(() => {
        this.value++
      })
      //减
      .onDec(() => {
        this.value--
      })
    }.width("100%")
  }
}
```

2）演示案例效果展示

选择数字 0 的效果如图 5-18(a)所示，选择数字 3 的效果如图 5-18(b)所示。

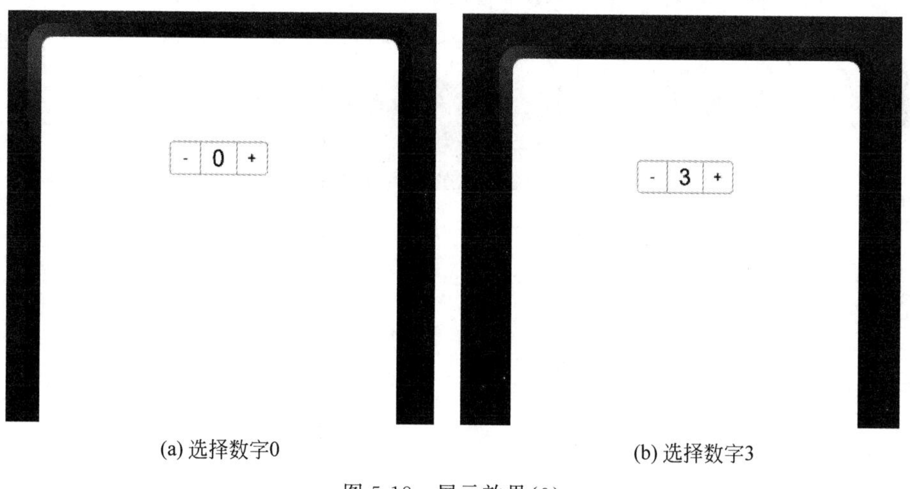

(a) 选择数字0　　(b) 选择数字3

图 5-18　展示效果(9)

3. Stack

Stack 是堆叠容器，子组件按照顺序依次入栈，后一个子组件覆盖前一个子组件。

1）演示案例示例代码

index. ets 文件的代码如下：

```
//第5章/容器组件 Stack 示例 index.ets 代码
@Entry
@Component
struct StackExample {
  build() {
    //堆叠容器
    Stack({ alignContent: Alignment.Bottom }) {
      Text('First child, show in bottom')
        .width('90 % ').height('100 % ')
        .fontSize(28)
        .backgroundColor(0xd2cab3)
        .align(Alignment.Top)
      Text('Second child, show in top')
        .width('70 % ').height('60 % ')
        .fontSize(22)
        .fontColor(0xfefefe)
        .backgroundColor("red")
        .align(Alignment.Top)
    }.width('100 % ').height(150).margin({ top: 50 })
  }
}
```

2）演示案例效果展示

Stack 堆叠容器演示案例效果，如图 5-19 所示。

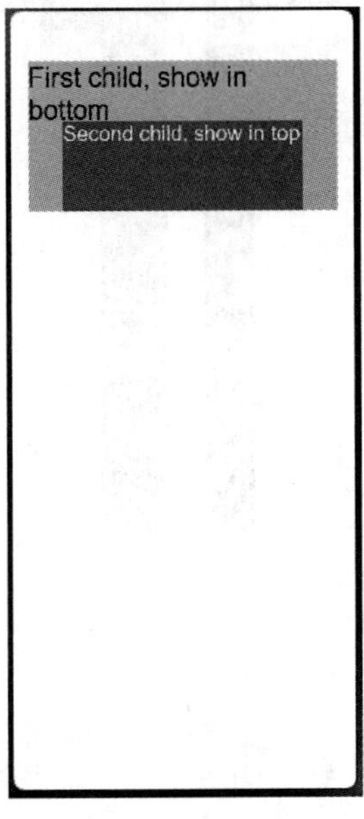

图 5-19　展示效果(10)

5.6.6 媒体组件

媒体组件名称、相关说明与接口，见表5-47。

表5-47 媒体组件

名称	说　明	接　口
Video	视频播放组件	Video(value: {src?: string, currentProgressRate?: number | string, previewUri?: string, controller?: VideoController})

5.6.7 绘制组件

绘制组件名称类别与相关说明，见表5-48。

表5-48 绘制组件

名称	说　明
Circle	圆形绘制组件
Ellipse	椭圆绘制组件
Line	直线绘制组件
Polyline	折线绘制组件
Polygon	多边形绘制组件
Path	路径绘制组件
Rect	矩形绘制组件
Shape	绘制组件的父组件，父组件中会描述所有绘制组件均支持的通用属性。①绘制组件使用Shape作为父组件，实现类似SVG的效果；②绘制组件单独使用，用于在页面上绘制指定的图形

下面我们通过几个案例练习eTS绘制组件的使用。

1. Circle

Circle是圆形绘制组件，用于应用开发中圆形的实现，具体开发案例如下。

1）演示案例示例代码

index.ets文件的代码如下：

```
//第5章/绘制组件Circle示例index.ets代码
@Entry
@Component
struct CircleExample {
  build() {
    Flex({ justifyContent: FlexAlign.SpaceAround }) {
      //绘制一个直径为150的圆
      Circle({ width: 150, height: 150 ,})
      //绘制一个直径为150的圆
      Circle()
```

```
          .width(150)
          .height(150)
      }.width('100%').margin({ top: 5 })
    }
}
```

2）演示案例效果展示

Circle 圆形绘制组件演示案例效果，如图 5-20 所示。

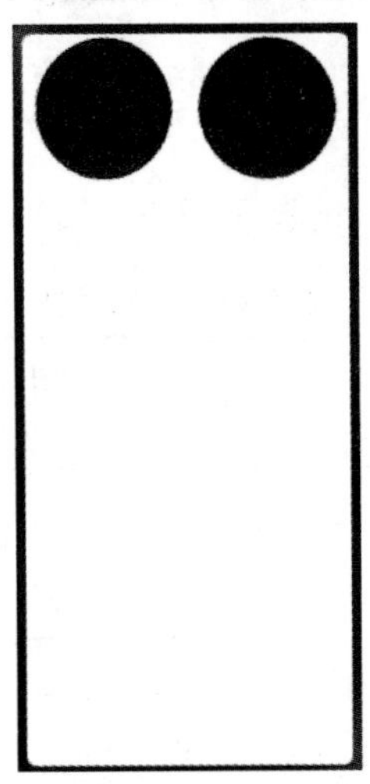

图 5-20　展示效果(11)

2. Polyline

Polyline 是多边形绘制组件，用于应用中多边图形的实现，具体开发案例如下。

1）演示案例示例代码

index. ets 文件的代码如下：

```
//第 5 章/绘制组件 Polyline 示例 index.ets 代码
@Entry
@Component
struct PolylineExample {
  build() {
    Column({ space: 5 }) {
      Flex({ justifyContent: FlexAlign.SpaceAround ,alignItems:ItemAlign.Center,}) {
        //在 100 * 100 的矩形框中绘制一段折线,起点(0, 0),经过(20,60),到达终点(100, 100)
        //绘制折线
        Polyline({ width: 100, height: 100 }).points([[0, 0], [20, 60], [100, 100]])
        //在 100 * 100 的矩形框中绘制一段折线,起点(0, 0),经过(0,100),到达终点(100, 100)
        Polyline().width(100).height(100).points([[0, 0], [0, 100], [100, 100]])
      }.width('100%')
```

```
          .height(500)
    }.margin({ top: 5 })
  }
}
```

2）演示案例效果展示

Polyline 多边形绘制组件演示案例效果，如图 5-21 所示。

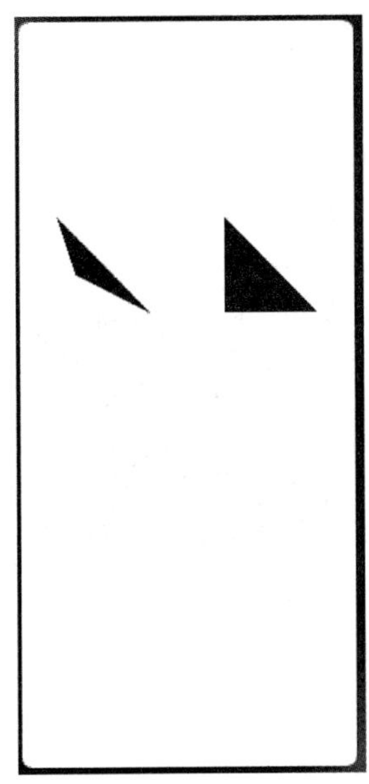

图 5-21 展示效果(12)

3. Rect

Rect 矩形绘制组件，用于应用开发中，矩形的实现，具体开发案例如下。

1）演示案例示例代码

index.ets 文件的代码如下：

```
//第 5 章/绘制组件 Rect 示例 index.ets 代码
@Entry
@Component
struct RectExample {
  build() {
    Column({ space: 5 }) {
      Text('normal').fontSize(24).fontColor(0x333333).width('90%')
      //绘制 90% * 50 矩形
      Rect({ width: '90%', height: 50 })
      //绘制 90% * 50 矩形
```

```
      Rect().width('90 % ').height(50)

      Text('with rounded corners').fontSize(24).fontColor(0x333333).width('90 % ')
      //绘制 90 %  * 50 矩形，圆角宽和高均为 20
      Rect({ width: '90 % ', height: 50 }).radiusHeight(20).radiusWidth(20)
      //绘制 90 %  * 50 矩形，圆角宽和高均为 20
      Rect({ width: '90 % ', height: 50 }).radius(20)
    }.width('100 % ').margin({ top: 5 })
  }
}
```

2）演示案例效果展示

Rect 矩形绘制组件演示案例效果，如图 5-22 所示。

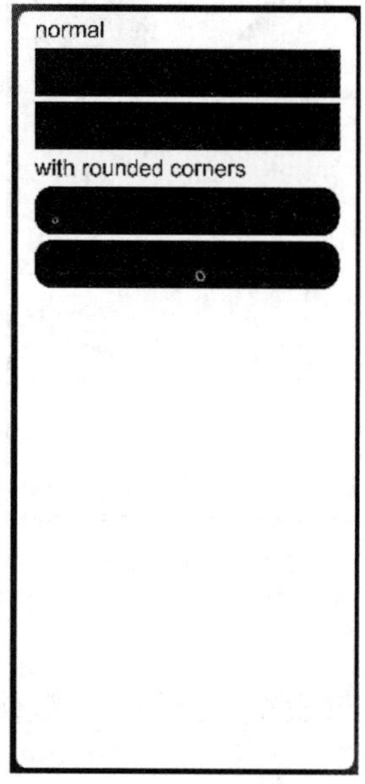

图 5-22　展示效果(13)

第 6 章 业务功能与数据管理开发

本章内容主要介绍原子化服务与服务卡片的功能开发过程，包括卡片的流转开发、华为分享接入和平行视界的开发等。HarmonyOS 拥有许多强大的功能，为应用开发者提供了完整的开发接口，笔者认为随着原子化服务与服务卡片开发运营体系的不断完善，各项 API 与第三方组件都可以在该应用形态下进行引用，所以本章对 HarmonyOS 应用的各项 API 进行了汇总，并挑选了部分功能(例如安全、数据管理、第三方组件等)进行介绍与简要演示，媒体及其他功能开发等在第 8 章实战案例中也会有具体的阐述。表 6-1 是笔者创作本部分内容时对 HarmonyOS 的部分功能汇总。

表 6-1　HarmonyOS 的部分功能汇总

类　型	功　能
公共事件与通知	公共事件、通知、IntentAgent 和后台代理等
进程与线程	线程开发与通信等
媒体	视频、图像、相机、声频、媒体会话管理、媒体数据管理等
安全	权限管理、权限特征识别等
AI 能力	二维码生成、通用文字识别、图像超分辨率、分词、词性标注、助手类意图识别、IM 类意图识别、关键字提取、实体识别、语音识别、语音播报等
网络与连接	NFC、蓝牙、WLAN、网络管理、电话服务等
设备管理	传感器、控制类小器件、位置、设置项、设备标识符等
数据管理	关系型数据库、对象关系映射数据库、轻量级数据存储、分布式数据服务、分布式文件服务、融合搜索、数据存储管理等

HarmonyOS 与 OpenHarmony 既有统一性也有差异性，在应用开发，特别是原子化服务与服务卡片开发运行上，HarmonyOS 相对成熟和完善，但是基于 OpenHarmony 的应用、原子化服务与服务卡片开发，发展潜力也很大，所以本章对 OpenHarmony 的应用开发也进行了简要阐述。

6.1　卡片流转功能开发

本节主要阐述原子化服务与服务卡片的分布式流转功能的基本概念与开发实现方式。

6.1.1 流转简介

在 HarmonyOS 中，流转泛指多设备分布式操作。

流转能力打破了设备界限，多设备联动，使用户应用程序可分可合、可流转，实现如邮件跨设备编辑、多设备协同健身、多屏游戏等分布式业务。

流转还为开发者提供了更广的使用场景和更新的产品视角，强化产品优势，实现体验升级。流转按照体验可分为跨端迁移和多端协同。在电视上输入文本相对手机来讲体验不是很好，通过分布式流转，输入操作可以通过手机实现，显示功能可以通过电视实现，两者实现融合互助，形成一个超级终端。

流转开发是让多个设备通过分布式操作系统能够相互感知、进而整合成一个超级终端时，让设备与设备之间可以取长补短、相互帮助，为用户提供更加自然流畅的分布式体验。

6.1.2 跨端迁移开发指导

跨端迁移是一种实现用户应用程序流转的技术方案，指在 A 端运行的 FA 迁移到 B 端上，完成迁移后，B 端 FA 继续执行任务，而 A 端应用退出。在用户使用设备的过程中，当使用情境发生变化时，之前使用的设备可能已经不适合继续执行当前的任务，此时，用户可以选择新的设备来继续执行当前的任务。

1. 跨端迁移的一般步骤

(1) 设备 A 上的应用 FA 向流转任务管理服务注册一个流转回调。

Alt1-系统推荐流转。系统感知周边有可用设备后，主动为用户提供可选择流转的设备信息，并在用户完成设备选择后回调 onConnected 通知应用 FA 开始流转，将用户选择的设备 B 的设备信息提供给应用 FA。

Alt2-用户手动流转。系统在用户手动单击流转图标后，通过 showDeviceList 通知流转任务管理服务，被动为用户提供可选择交互的设备信息，并在用户完成设备选择后回调 onConnected 通知应用 FA 开始流转，将用户选择的设备 B 的设备信息提供给应用 FA。

(2) 设备 A 上的应用 FA 通过调用分布式任务调度的能力，向设备 B 的应用发起跨端迁移。应用 FA 需要自己管理流转状态，将流转状态从 IDLE 迁移到 CONNECTING，并上报到流转任务管理服务。

第一步，设备 A 上的 FA 请求迁移。

第二步，系统回调设备 A 上的 FA，以及其 AbilitySlice 栈中所有 AbilitySlice 实例的 IAbilityContinuation. onStartContinuation( ) 方法，以确认当前是否可以开始迁移，当 onStartContinuation 方法的返回值为 true 时，表示当前 FA 可以开始迁移。

第三步，如果可以开始迁移，则系统回调设备 A 上的 FA，以及其 AbilitySlice 栈中所有 AbilitySlice 实例的 IAbilityContinuation. onSaveData()方法，以便保存迁移后恢复状态所需的数据。

第四步，如果保存数据成功，则系统在设备 B 上启动同一个 FA，并恢复 AbilitySlice

栈,然后回调 IAbilityContinuation.onRestoreData()方法,传递设备 A 上的 FA 所保存的数据,应用可在此方法恢复业务状态;此后设备 B 上此 FA 从 onStart()开始其生命周期回调。

第五步,系统回调设备 A 上的 FA,以及其 AbilitySlice 栈中所有 AbilitySlice 实例的 IAbilityContinuation.onCompleteContinuation()方法,通知应用迁移成功。

第六步,应用将流转状态从 CONNECTING 迁移到 CONNECTED,并上报到流转任务管理服务。

第七步,流转任务管理服务将流转状态重新置为 IDLE,流转完成。

第八步,应用向流转任务管理服务注销流转回调。最后,应用自行退出。

2. 跨端迁移开发实战

(1) 完成环境搭建,在 DevEco Studio 中,选择手机设备,以 Empty Feature Ability (Java)模板创建项目,在项目自动创建的 MainAbility 中实现 IAbilityContinuation 接口,代码如下:

```
//第 6 章/流转/跨端迁移开发 MainAbility.class 部分代码
public class MainAbility extends Ability implements IAbilityContinuation {
    private static final int DOMAIN_ID = 0xD001100;
    private static final HiLogLabel LABEL_LOG = new HiLogLabel(3, DOMAIN_ID, "MainAbility");

    @Override
    public void onStart(Intent intent) {
        super.onStart(intent);
        super.setMainRoute(MainAbilitySlice.class.getName());
    }

    //为了方便演示,不在 Ability 实现流转逻辑,具体逻辑在 AbilitySlice 中实现
    @Override
    public boolean onStartContinuation() {
        HiLog.info(LABEL_LOG, "onStartContinuation called");
        return true;
    }

    @Override
    public boolean onSaveData(IntentParams saveData) {
        HiLog.info(LABEL_LOG, "onSaveData called");
        return true;
    }

    @Override
    public boolean onRestoreData(IntentParams restoreData) {
        HiLog.info(LABEL_LOG, "onRestoreData called");
        return true;
```

```
    }

    @Override
    public void onCompleteContinuation(int result) {
        HiLog.info(LABEL_LOG, "onCompleteContinuation called");
    }

    @Override
    public void onFailedContinuation(int errorCode) {
        HiLog.info(LABEL_LOG, "onFailedContinuation called");
    }
}
```

（2）在 AbilitySlice 中实现一个用于控制基础功能的页面，以下演示的代码逻辑都将在 AbilitySlice 中实现，示例代码如下：

```
//第 6 章/流转/跨端迁移开发 MainAbilitySlice.class 部分代码
public class MainAbilitySlice extends AbilitySlice {
    @Override
    public void onStart(Intent intent) {
        super.onStart(intent);
        //开发者可以自行进行界面设计
        //为按钮设置统一的背景色
        //例如通过 PositionLayout 可以实现简单界面
        PositionLayout layout = new PositionLayout(this);
        LayoutConfig config = new LayoutConfig(LayoutConfig.MATCH_PARENT, LayoutConfig.
MATCH_PARENT);
        layout.setLayoutConfig(config);
        ShapeElement buttonBg = new ShapeElement();
        buttonBg.setRgbColor(new RgbColor(0, 125, 255));
        super.setUIContent(layout);
    }

    @Override
    public void onInactive() {
        super.onInactive();
    }

    @Override
    public void onActive() {
        super.onActive();
    }

    @Override
    public void onBackground() {
```

```
        super.onBackground();
    }

    @Override
    public void onForeground(Intent intent) {
        super.onForeground(intent);
    }

    @Override
    public void onStop() {
        super.onStop();
    }
}
```

(3) 在 FA 对应的 config.json 文件中声明跨端迁移访问的权限：ohos.permission.DISTRIBUTED_DATASYNC。

在 config.json 文件中的配置如下：

```
<!-- 第 6 章/流转/跨端迁移开发 config.json 权限获取代码 -->
{
    "module": {
        "reqPermissions": [
            {
                "name": "ohos.permission.DISTRIBUTED_DATASYNC",
                "reason": "need",
                "usedScene": {
                    "ability": [
                        "MainAbility"
                    ],
                    "when": "inuse"
                }
            }
        ],
        ...
    }
    ...
}
```

此外，还需要在 FA 的 onStart()中，调用 requestPermissionsFromUser()方法向用户申请权限，示例代码如下：

```
//第 6 章/流转/跨端迁移开发 MainAbility.class 中权限获取逻辑代码
public class MainAbility extends Ability implements IAbilityContinuation {
    @Override
```

```
    public void onStart(Intent intent) {
        super.onStart(intent);
        //开发者显示声明需要使用的权限
        requestPermissionsFromUser(new String[ ]{"ohos.permission.DISTRIBUTED_DATASYNC"}, 0);
        ...
    }
    ...
}
```

(4) 设置流转任务管理服务回调函数，注册流转任务管理服务，管理流转的目标设备，同时需要在流转结束时解除注册流转任务管理服务，代码如下：

```
//第 6 章/流转/跨端迁移开发 MainAbilitySlice.class 代码
public class MainAbilitySlice extends AbilitySlice {
    //流转应用包名
    private String BUNDLE_NAME = "XXX.XXX.XXX";
    //注册流转任务管理服务后返回的 Ability token
    private int abilityToken;
    //用户在设备列表中选择设备后返回的设备 ID
    private String selectDeviceId;
    //用户是否已发起可拉回流转流程
    private boolean isReversibly = false;
    //获取流转任务管理服务管理类
    private IContinuationRegisterManager continuationRegisterManager;
    //设置流转任务管理服务设备状态变更的回调
    private IContinuationDeviceCallback callback = new IContinuationDeviceCallback() {
        @Override
        public void onConnected(ContinuationDeviceInfo deviceInfo) {
            //在用户选择设备后设置设备 ID
            selectDeviceId = deviceInfo.getDeviceId();

            //更新选择设备后的流转状态
            continuationRegisterManager.updateConnectStatus(abilityToken, selectDeviceId,
DeviceConnectState.CONNECTED.getState(), null);
        }

        @Override
        public void onDisconnected(String deviceId) {
        }
    };
    //设置注册流转任务管理服务回调
    private RequestCallback requestCallback = new RequestCallback() {
        @Override
        public void onResult(int result) {
            abilityToken = result;
```

```
        }
    };
    ...

    @Override
    public void onStart(Intent intent) {
        ...
        continuationRegisterManager = getContinuationRegisterManager();
    }

    @Override
    public void onStop() {
        super.onStop();
        //解除注册流转任务管理服务
        continuationRegisterManager.unregister(abilityToken, null);
        //断开流转任务管理服务连接
        continuationRegisterManager.disconnect();
}
```

(5) 为不同功能设置相应的控制按钮，代码如下：

```
//第 6 章/流转/跨端迁移开发 监听按钮事件代码
//建议开发者按照自己的界面进行按钮设计，示例代码仅供参考
private static final int OFFSET_X = 100;
private static final int OFFSET_Y = 100;
private static final int ADD_OFFSET_Y = 150;
private static final int BUTTON_WIDTH = 800;
private static final int BUTTON_HEIGHT = 100;
private static final int TEXT_SIZE = 50;
private int offsetY = 0;

private Button createButton(String text, ShapeElement buttonBg) {
    Button button = new Button(this);
    button.setContentPosition(OFFSET_X, OFFSET_Y + offsetY);
    offsetY += ADD_OFFSET_Y;
    button.setWidth(BUTTON_WIDTH);
    button.setHeight(BUTTON_HEIGHT);
    button.setTextSize(TEXT_SIZE);
    button.setTextColor(Color.YELLOW);
    button.setText(text);
    button.setBackground(buttonBg);
    return button;
}

//按照顺序在 PositionLayout 中依次添加按钮的示例
```

```
private void addComponents(PositionLayout linear, ShapeElement buttonBg) {
    //构建显示注册流转任务管理服务的按钮
    Button btnRegister = createButton("register", buttonBg);
    btnRegister.setClickedListener(mRegisterListener);
    linear.addComponent(btnRegister);

    //构建显示设备列表的按钮
    Button btnShowDeviceList = createButton("ShowDeviceList", buttonBg);
    btnShowDeviceList.setClickedListener(mShowDeviceListListener);
    linear.addComponent(btnShowDeviceList);

    //构建跨端迁移 FA 的按钮
    Button btnContinueRemoteFA = createButton("ContinueRemoteFA", buttonBg);
    btnContinueRemoteFA.setClickedListener(mContinueAbilityListener);
    linear.addComponent(btnContinueRemoteFA);

    //构建可拉回迁移 FA 的按钮
    Button btnContinueReversibly = createButton("ContinueReversibly", buttonBg);
btnContinueReversibly.setClickedListener(mContinueReversiblyListener);
    linear.addComponent(btnContinueReversibly);

    //构建拉回 FA 的按钮
    Button btnReverseContinue = createButton("ReverseContinuation", buttonBg);
    btnReverseContinue.setClickedListener(mReverseContinueListener);
    linear.addComponent(btnReverseContinue);
}

@Override
public void onStart(Intent intent) {
    ...
    //添加功能按钮布局
    addComponents(layout, buttonBg);
    super.setUIContent(layout);
}
```

(6) 注册流转任务管理服务，代码如下：

```
//第 6 章/流转/跨端迁移开发 注册流转任务管理服务
private Component.ClickedListener mRegisterListener = new Component.ClickedListener() {
    @Override
    public void onClick(Component arg0) {
        HiLog.info(LABEL_LOG, "register call.");
        //增加过滤条件
        ExtraParams params = new ExtraParams();
        String[] devTypes = new String[]{ExtraParams.DEVICETYPE_SMART_PAD, ExtraParams.
DEVICETYPE_SMART_PHONE};
```

```
        params.setDevType(devTypes);
        String jsonParams = "{'filter':{'commonFilter':{'system':{'harmonyVersion':'2.0.0'},
'groupType':'1|256','curComType': 0x00030004,'faFilter':'{\"localVersionCode\":1,
\"localMinCompatibleVersionCode\": 2, \"targetBundleName\": \"com.xxx.yyy\"}'}},
'transferScene':0,'remoteAuthenticationDescription':'拉起 HiVision 扫描弹框描述',
'remoteAuthenticationPicture':''}";
        params.setJsonParams(jsonParams);
        continuationRegisterManager.register(BUNDLE_NAME, params, callback, requestCallback);
    }
};
```

(7) 通过流转任务管理服务提供的 showDeviceList()接口获取并选择设备列表,用户选择设备后在 IContinuationDeviceCallback 回调中获取设备 ID,代码如下:

```
//第 6 章/流转/跨端迁移开发获取选择设备列表
//显示设备列表,获取设备信息
private ClickedListener mShowDeviceListListener = new ClickedListener() {
    @Override
    public void onClick(Component arg0) {
        //设置过滤设备类型
        ExtraParams params = new ExtraParams();
        String[] devTypes = new String[]{ExtraParams.DEVICETYPE_SMART_PAD, ExtraParams.
DEVICETYPE_SMART_PHONE};
        params.setDevType(devTypes);
        String jsonParams = "{'filter':{'commonFilter':{'system':{'harmonyVersion':'2.0.0'},
'groupType':'1|256','curComType': 0x00030004,'faFilter':'{\"localVersionCode\":1,
\"localMinCompatibleVersionCode\": 2, \"targetBundleName\": \"com.xxx.yyy\"}'}},
'transferScene':0,'remoteAuthenticationDescription':'拉起 HiVision 扫描弹框描述','
remoteAuthenticationPicture':''}";
        params.setJsonParams(jsonParams);

        //显示选择设备列表
        continuationRegisterManager.showDeviceList(abilityToken, params, null);
    }
};
```

(8) 可使用两种方法实现 FA 的迁移。

方法一,直接迁移 FA,迁移后不可回迁。见步骤(9)

方法二,迁移一个支持回迁的 FA,迁移后还可将 FA 拉回本端。见步骤(10)。

(9) 将运行的 FA 迁移到目标设备,实现业务在设备间无缝迁移,代码如下:

```
//第 6 章/流转/跨端迁移开发 实现 FA 的迁移
//跨端迁移 FA
private ClickedListener mContinueAbilityListener = new ClickedListener() {
```

```
    @Override
    public void onClick(Component arg0) {
        if (selectDeviceId != null) {
            //用户单击后发起迁移流程
            continueAbility(selectDeviceId);
        }
    }
};
```

(10) 设置一个支持回迁 FA 的迁移功能按钮,以及拉回该 FA 的功能按钮,代码如下:

```
//第 6 章/流转/跨端迁移开发 实现回迁 FA 的迁移功能按钮
//设置支持回迁 FA 的迁移按钮
private Component.ClickedListener mContinueReversiblyListener = new Component.ClickedListener() {
    @Override
    public void onClick(Component arg0) {
        if (selectDeviceId != null) {
            //用户选择设备后实现可拉回迁移
            continueAbilityReversibly(selectDeviceId);
            isReversibly = true;
        }
    }
};

//设置拉回已迁移 FA 的按钮
private Component.ClickedListener mReverseContinueListener = new Component.ClickedListener() {
    @Override
    public void onClick(Component arg0) {
        //用户拉回迁移 FA
        if (isReversibly) {
            reverseContinueAbility();
            isReversibly = false;
        }
    }
};
```

(11) FA 的迁移还涉及状态数据的传递,需要实现 IAbilityContinuation 接口,供开发者实现迁移过程中特定事件的管理能力,示例代码如下:

```
//第 6 章/流转/跨端迁移开发 实现 IAbilityContinuation 接口
public class MainAbilitySlice extends AbilitySlice implements IAbilityContinuation {
    private void showMessage(String msg) {
        ToastDialog toastDialog = new ToastDialog(this);
        toastDialog.setText(msg);
        toastDialog.show();
```

```
    }

    @Override
    public boolean onStartContinuation() {
        showMessage("ContinueAbility Start");
        return true;
    }

    @Override
    public boolean onSaveData(IntentParams saveData) {
        String exampleData = String.valueOf(System.currentTimeMillis());
        saveData.setParam("continueParam", exampleData);
        return true;
    }

    @Override
    public boolean onRestoreData(IntentParams restoreData) {
        //远端 FA 迁移传来的状态数据,开发者可以按照特定的场景对这些数据进行处理
        Object data = restoreData.getParam("continueParam");
        return true;
    }

    @Override
    public void onCompleteContinuation(int result) {
        //开发者可以根据业务需要,提示用户迁移完成,关闭本端 FA
        showMessage("ContinueAbility Done");
        if (!isReversibly) {
            terminateAbility();
        }
    }

    @Override
    public void onFailedContinuation(int errorCode) {
        //开发者可以根据业务需要,提示用户迁移失败
        showMessage("ContinueAbility failed");
        if (!isReversibly) {
            terminateAbility();
        }
    }
}
```

通过自定义迁移事件相关的行为，最终实现对 FA 的迁移。此处主要以较为常用的两个事件，包括迁移发起端完成迁移的回调 onCompleteContinuation(int result)，以及接收到远端迁移行为传递数据的回调 onRestoreData(IntentParams restoreData)。其他还包括用于本端迁移发起时保存状态数据的回调 onSaveData(IntentParams saveData)和本端发起迁

移的回调 onStartContinuation()。按照实际应用自定义特定场景对应的回调，可以完成多种场景下 FA 的迁移任务。

6.2 华为分享接入

本节主要阐述华为分享的基本概念与主要开发步骤。

6.2.1 整体介绍

原子化服务所提供的便捷服务，可以通过接入华为分享实现近距离快速分享，使便捷服务可以精准快速地推送至接收方，降低用户触达服务的成本，提升用户体验。相比于传统的社交软件分享，分享双方无须建立好友关系，接收方无须提前安装承载服务的安装包，即可享受原生的服务体验。

6.2.2 开发步骤

(1) 在 java 目录同级目录创建 idl 接口目录(可手动添加或通过 DevEco Studio 创建)：com/huawei/hwshare/third(固定路径)，然后创建名为 IHwShareCallback.idl 和 IHwShareService.idl 的 IDL 文件，代码如下：

```
//第 6 章/华为分享开发 idl 接口
IHwShareCallback.idl :
interface com.huawei.hwshare.third.IHwShareCallback {
    [oneway] void notifyState([in] int state);
}

IHwShareService.idl :
sequenceable ohos.interwork.utils.PacMapEx;
interface com.huawei.hwshare.third.IHwShareCallback;

interface com.huawei.hwshare.third.IHwShareService {
    int startAuth([in] String appId, [in] IHwShareCallback callback);
    int shareFaInfo([in] PacMapEx pacMapEx);
}
```

单击运行按钮生成相应的 Java 文件。

(2) 创建 ShareFaManager 类，用于管理分享方与华为分享的连接通道和数据交互，代码如下：

```
//第 6 章/华为分享开发 ShareFaManager.class
import com.huawei.hwshare.third.HwShareCallbackStub;
import com.huawei.hwshare.third.HwShareServiceProxy;
import ohos.aafwk.ability.IAbilityConnection;
```

```
import ohos.aafwk.content.Intent;
import ohos.app.Context;
import ohos.bundle.ElementName;
import ohos.eventhandler.EventHandler;
import ohos.eventhandler.EventRunner;
import ohos.interwork.utils.PacMapEx;
import ohos.rpc.IRemoteObject;
import ohos.rpc.RemoteException;
import ohos.hiviewdfx.HiLog;
import ohos.hiviewdfx.HiLogLabel;

public class ShareFaManager {
    private static final HiLogLabel LABEL_LOG = new HiLogLabel(3, 0xD000F00, "ShareFa");

    private static final String LOG_FORMAT = "%{public}s: %{public}s";

    public static final String HM_FA_ICON = "ohos_fa_icon";

    public static final String HM_FA_NAME = "ohos_fa_name";

    public static final String HM_ABILITY_NAME = "ohos_ability_name";

    public static final String HM_BUNDLE_NAME = "ohos_bundle_name";

    public static final String SHARING_FA_TYPE = "sharing_fa_type";

    public static final String SHARING_THUMB_DATA = "sharing_fa_thumb_data";

    public static final String SHARING_CONTENT_INFO = "sharing_fa_content_info";

    public static final String SHARING_EXTRA_INFO = "sharing_fa_extra_info";

    private static final String TAG = "ShareHmFaManager";

    private static final String SHARE_PKG_NAME = "com.huawei.android.instantshare";

    private static final String SHARE_ACTION = "com.huawei.instantshare.action.THIRD_SHARE";

    private static final long UNBIND_TIME = 20 * 1000L;

    private Context mContext;

    private String mAppId;

    private PacMapEx mSharePacMap;

    private static ShareFaManager sSingleInstance;
```

```
    private HwShareServiceProxy mShareService;

    private boolean mHasPermission = false;

    private EventHandler mHandler = new EventHandler(EventRunner.getMainEventRunner());

    private final IAbilityConnection mConnection = new IAbilityConnection() {
        @Override
         public void onAbilityConnectDone(ElementName elementName, IRemoteObject iRemoteObject,
int i) {
        HiLog.error(LABEL_LOG, LOG_FORMAT, TAG, "onAbilityConnectDone success.");
        mHandler.postTask(() ->{
            mShareService = new HwShareServiceProxy(iRemoteObject);
                try {
                    mShareService.startAuth(mAppId, mFaCallback);
                } catch (RemoteException e) {
                    HiLog.error(LABEL_LOG, LOG_FORMAT, TAG, "startAuth error.");
                }
                });
            }

            @Override
            public void onAbilityDisconnectDone(ElementName elementName, int i) {
                HiLog.info(LABEL_LOG, LOG_FORMAT, TAG, "onAbilityDisconnectDone.");
                mHandler.postTask(() ->{
                    mShareService = null;
                    mHasPermission = false;
                    });
            }
    };

    private Runnable mTask = () -> {
        if (mContext != null && mShareService != null) {
            mContext.disconnectAbility(mConnection);
            mHasPermission = false;
            mShareService = null;
        }
    };

    private final HwShareCallbackStub mFaCallback = new HwShareCallbackStub("HwShareCallbackStub") {
        @Override
        public void notifyState(int state) throws RemoteException {
            mHandler.postTask(() ->{
                HiLog.info(LABEL_LOG, LOG_FORMAT, TAG, "notifyState: " + state);
                if (state == 0) {
                    mHasPermission = true;
```

```
                    if (mSharePacMap != null) {
                        shareFaInfo();
                    }
                }
            });
        }
    };

    /**
     * 单例模式获取 ShareFaManager 的实例对象
     *
     * @param context 程序 Context
     * @return ShareFaManager 实例对象
     */
    public static synchronized ShareFaManager getInstance(Context context) {
        if (sSingleInstance == null && context != null) {
            sSingleInstance = new ShareFaManager(context.getApplicationContext());
        }
        return sSingleInstance;
    }

    private ShareFaManager(Context context) {
        mContext = context;
    }

    private void shareFaInfo() {
        if (mShareService == null) {
            return;
        }
        if (mHasPermission) {
            HiLog.info(LABEL_LOG, LOG_FORMAT, TAG, "start shareFaInfo.");
            try {
                mShareService.shareFaInfo(mSharePacMap);
                mSharePacMap = null;
            } catch (RemoteException e) {
                HiLog.error(LABEL_LOG, LOG_FORMAT, TAG, "shareFaInfo error.");
            }
        }
        //不使用时断开
        mHandler.postTask(mTask, UNBIND_TIME);
    }

    /**
     * 用于分享服务
     *
     * @param appId 开发者联盟网站创建原子化服务时生成的 appid
```

```
     * @param pacMap 服务信息载体
     */
    public void shareFaInfo(String appId, PacMapEx pacMap) {
        if (mContext == null) {
            return;
        }
        mAppId = appId;
        mSharePacMap = pacMap;
        mHandler.removeTask(mTask);
        shareFaInfo();
        bindShareService();
    }

    private void bindShareService() {
        if (mShareService != null) {
            return;
        }
        HiLog.error(LABEL_LOG, LOG_FORMAT, TAG, "start bindShareService.");
        Intent intent = new Intent();
        Operation operation = new Intent.OperationBuilder()
            .withDeviceId("")
            .withBundleName(SHARE_PKG_NAME)
            .withAction(SHARE_ACTION)
            .withFlags(Intent.FLAG_NOT_OHOS_COMPONENT)
            .build();
        intent.setOperation(operation);
        mContext.connectAbility(intent, mConnection);
    }
}
```

(3) 封装服务分享数据，调用 ShareFaManager 封装的接口完成服务的分享，代码如下：

```
//第 6 章/华为分享开发 封装服务分享数据并进行分享
PacMapEx pacMap = new PacMapEx();
pacMap.putObjectValue(ShareFaManager.SHARING_FA_TYPE, 0);
pacMap.putObjectValue(ShareFaManager.HM_BUNDLE_NAME, getBundleName());
pacMap.putObjectValue(ShareFaManager.SHARING_EXTRA_INFO, "xxxxxxxx");
pacMap.putObjectValue(ShareFaManager.HM_ABILITY_NAME, XxxAbility.class.getName());
pacMap.putObjectValue(ShareFaManager.SHARING_CONTENT_INFO, "xxxxxxx");
pacMap.putObjectValue(ShareFaManager.SHARING_THUMB_DATA, picByte);
pacMap.putObjectValue(ShareFaManager.HM_FA_ICON, iconByte);
pacMap.putObjectValue(ShareFaManager.HM_FA_NAME, "FAShareDemo");
//第 1 个参数为 appid,在华为 AGC 创建原子化服务时自动生成.
ShareFaManager.getInstance(MainAbilitySlice.this).shareFaInfo("xxxxxxxxxx", pacMap);
```

华为公司分享的常用字段接口参数说明见表 6-2。

表 6-2　华为公司分享的常用字段接口参数说明

常用字段	描　述
ShareFaManager. SHARING_FA_TYPE	分享的服务类型，当前只支持默认值 0，非必选参数。如果不传递此参数，则接收方默认赋值为 0
ShareFaManager. HM_BUNDLE_NAME	分享的服务的 bundleName，最大长度为 1024，必选参数
ShareFaManager. SHARING_EXTRA_INFO	携带的额外信息，可传递到被拉起的服务界面，最大长度为 1024，非必选参数
ShareFaManager. HM_ABILITY_NAME	分享的服务的 Ability 类名，最大长度为 1024，必选参数
ShareFaManager. SHARING_CONTENT_INFO	卡片展示的服务介绍信息，最大长度为 1024，必选参数
ShareFaManager. SHARING_THUMB_DATA	卡片展示服务介绍图片，最大长度为 153600，必选参数
ShareFaManager. HM_FA_ICON	服务图标，如果不传递此参数，则取分享方默认服务图标，最大长度为 32768，非必选参数
ShareFaManager. HM_FA_NAME	卡片展示的服务名称，最大长度为 1024，非必选参数。如果不传递此参数，则取分享方默认服务名称

6.3　平行视界

本节主要阐述平行视界的具体概念、开发基本逻辑与主要步骤。

6.3.1　概念简介

平行视界是一种实现应用内双窗口显示的方案，适用于平板、折叠屏展开态等大屏幕设备。HarmonyOS 对于平板、折叠屏设备支持平行视界。用户应用程序可以根据自身业务特点，设计最佳的双窗口组合体验，如社交类应用的"列表＋聊天"、购物类应用的"双窗口比价"等。

6.3.2　开发指导

1. 整体介绍

HarmonyOS 主要通过在 entry. hap 的 src/main/resources/rawfile 目录下增加 easygo. json 配置文件，实现平行视界显示策略配置。easygo. json 的配置元素见表 6-3。

表 6-3　easygo. json 的配置元素

参　数	配置建议	描　述
easyGoVersion	必选	固定值为"1.0"
client	必选	应用包名
logicEntities. head. function	必选	调用组件名，固定值为 magicwindow
logicEntities. head. required	必选	预留字段，固定值为 true
logicEntities. body. mode	必选	基础分屏模式，"0"为购物模式，abilityPairs 节点不生效，"1"为自定义模式(包括导航模式)

续表

参　数	配置建议	描　述
logicEntities. body. abilityPairs	自定义模式下必选	自定义模式参数,配置从 from 页面到 to 页面的分屏显示
logicEntities. body. abilityPairs. from	自定义模式下必选	触发分屏的源 Page Ability 名称。 采用自定义模式时:[{"from":"com. xxx. AbilityA", "to":"com. xxx. AbilityB"}],表示在 A 上启动 B,触发分屏(A 左 B 右)。 采用导航模式时:[{"from":"com. xxx. AbilityA", "to":"*"}]
logicEntities. body. abilityPairs. to	自定义模式下必选	触发分屏的目标 Page Ability 名称。 "*"表示任意 Page Ability。 采用自定义模式时:[{"from":"com. xxx. AbilityA", "to":"com. xxx. AbilityB"}],表示在 A 上启动 B,触发分屏(A 左 B 右)。 采用导航模式时:[{"from":"com. xxx. AbilityA", "to":"*"}]
logicEntities. body. defaultDualAbilities	可选	应用冷启动默认打开首页双屏配置
logicEntities. body. defaultDualAbilities. mainPages	defaultDualAbilities 配置时必选	主页面 Page Ability,可以有多个,用分号隔开;冷启动应用打开此页面时,系统在右屏自动启动 relatedPage 页面
logicEntities. body. defaultDualAbilities. relatedPage	defaultDualAbilities 配置时必选	mainPages 和 relatedPage 只能配置 1 对,需要具体的 Ability 名,不支持通配符。 如:[{"mainPages":"com. xxx. MainAbility","relatedPage":"com. xxx. EmptyAbility"}]
logicEntities. body. transAbilities	可选	过渡页面列表。如: ["com. xxx. AbilityD","com. xxx. AbilityE","com. xxx. AbilityF"]
logicEntities. body. Abilities	可选	应用 Page Ability 属性列表
logicEntities. body. Abilities. name	可选	Page Ability 组件名
logicEntities. body. Abilities. defaultFullScreen	可选	Page Ability 是否支持默认以全屏启动。 true 为支持,false 为不支持,缺省值为 false
logicEntities. body. UX	可选	页面 UX 控制配置
logicEntities. body. UX. supportRotationUxCompat	可选	是否开启窗口缩放,用于提高转屏应用 UX 显示兼容性。仅针对平板产品生效。 true 为支持,false 为不支持,缺省值为 false
logicEntities. body. UX. isDraggable	可选	是否支持分屏窗口拖动。仅针对平板产品生效。 true 为支持,false 为不支持,缺省值为 false

续表

参　　数	配置建议	描　　述
logicEntities. body. supportVideoFullscreen	可选	是否支持视频全屏。仅针对平板产品生效。 true 为支持，false 为不支持，缺省值为 true
logicEntities. body. UX. supportDraggingToFullScreen	可选	是否支持在分屏和全屏之间拖动切换。 ALL 为在所有设备上支持此功能，PAD 为仅在平板产品上支持此功能，FOLD 为仅在折叠屏上支持此功能，如果支持多个产品，则可以用"|"进行分割，例如在折叠屏和平板上同时支持，则应配置为 PAD|FOLD
logicEntities. body. UX. supportLock	可选	是否支持应用内用户锁定功能。 配置为 true 后，双窗口显示状态会显示锁定按钮，用户单击后可以进行锁定和解锁操作；锁定后，左右窗口不再关联，即左侧打开新窗口在左侧显示，右侧打开新窗口在右侧显示。 true 为支持锁定，false 为不支持，缺省值为 false

2. 开发步骤

(1) 配置 metaData，声明支持平行视界。

在 entry. hap 的 config. json 配置文件的 module 对象中新增 metaData，代码如下：

```
"module": {
    ...
    "metaData": {
      "customizeData": [{
        "name": "EasyGoClient",
        "value": "true"
      }]},
    ...
}
```

(2) 创建平行视界配置文件 easygo. json。

在 entry. hap 的 src/main/resources/rawfile 目录下，创建 easygo. json 文件。需要注意的是，easygo. json 文件必须且只能在 entry. hap 中配置，禁止配置在 feature. hap 中。

(3) 配置应用的平行视界显示策略。

导航模式下，核心配置点为 abilityPairs 属性，示例代码如下：

```
"//": "第 6 章，导航模式配置"
{
  "easyGoVersion": "1.0",
  "client": "com.huawei.example",
  "logicEntities": [
    {
```

```
        "head": {
          "function": "magicwindow",
          "required": "true"
        },
        "body": {
          "mode": "1",
          "abilityPairs": [
            {
              "from": "com.huawei.example.MainAbility",
              "to": " * "
            },
            {
              "from": "com.huawei.example.SearchAbility",
              "to": " * "
            }
          ],
          "defaultDualAbilities": {
            "mainPages": "com.huawei.example.MainAbility",
            "relatedPage": "com.huawei.example.A0Ability"
          },
          "Abilities": [
            {
              "name": "com.huawei.example. AFullScreenAbility ",
              "defaultFullScreen": "true"
            },
            {
              "name": "com.huawei.example. BFullScreenAbility ",
              "defaultFullScreen": "true"
            }
          ],
          "UX": {
            "isDraggable": "true"
          }
        }
      }
    ]
}
```

购物模式示例代码如下：

```
"//": "第 6 章,购物模式配置"
{
  "easyGoVersion": "1.0",
  "client": "com.huawei.example",
  "logicEntities": [
```

```
        {
          "head": {
            "function": "magicwindow",
            "required": "true"
          },
          "body": {
            "mode": "0",
            "defaultDualAbilities": {
              "mainPages": "com.huawei.example.Main1Ability",
              "relatedPage": "com.huawei.example.A0Ability"
            },
            "transActivities": [
              "com.huawei.example.A1Ability",
              "com.huawei.example.A2Ability"
            ],
            "Abilities": [
              {
                "name": "com.huawei.example.AFullScreenAbility",
                "defaultFullScreen": "true"
              },
              {
                "name": "com.huawei.example.BFullScreenAbility",
                "defaultFullScreen": "true"
              }
            ]
          }
        }
      ]
    }
```

6.4 常用功能

本节主要阐述 HarmonyOS 应用开发过程中一些常用功能的简单实现，其中很多功能暂时在原子化服务与服务卡片上还不能使用，所以主要起引导、提示作用，便于读者后续深度学习及后续原子化服务与服务卡片功能逐步开放后使用。

6.4.1 公共事件

应用可以订阅自己感兴趣的公共事件，订阅成功且公共事件发布后，系统会把其发送给应用，而在 HarmonyOS 中通过公共事件开发了完整的 API，发布公共事件需要借助 CommonEventData 对象，接收公共事件需要继承 CommonEventSubscriber 类并实现 onReceiveEvent 回调函数。

发布公共事件，构造 CommonEventData 对象，设置 Intent，通过构造 operation 对象把需要发布的公共事件信息传入 intent 对象，然后调用 CommonEventManager.publishCommonEvent(CommonEventData) 接口发布公共事件，代码如下：

```
//第 6 章/公共事件/发布公共事件
try {
    Intent intent = new Intent();
    Operation operation = new Intent.OperationBuilder()
            .withAction("com.my.test")
            .build();
    intent.setOperation(operation);
    CommonEventData eventData = new CommonEventData(intent);
    CommonEventManager.publishCommonEvent(eventData);
    HiLog.info(LABEL_LOG, "Publish succeeded");
} catch (RemoteException e) {
    HiLog.error(LABEL_LOG, "Exception occurred during publishCommonEvent invocation.");
}
```

订阅公共事件，创建 CommonEventSubscriber 派生类，在 onReceiveEvent()回调函数中处理公共事件。此处不能执行耗时操作，否则会阻塞 UI 线程，产生用户单击没有反应等异常，代码如下：

```
//第 6 章/公共事件/订阅公共事件
class MyCommonEventSubscriber extends CommonEventSubscriber {
    MyCommonEventSubscriber(CommonEventSubscribeInfo info) {
        super(info);
    }
    @Override
    public void onReceiveEvent(CommonEventData commonEventData) {
    }
}
//构造 MyCommonEventSubscriber 对象
//调用 CommonEventManager.subscribeCommonEvent()接口进行订阅
String event = "com.my.test";
MatchingSkills matchingSkills = new MatchingSkills();
matchingSkills.addEvent(event);                                        //自定义事件
matchingSkills.addEvent(CommonEventSupport.COMMON_EVENT_SCREEN_ON);    //亮屏事件
CommonEventSubscribeInfo subscribeInfo = new CommonEventSubscribeInfo(matchingSkills);
MyCommonEventSubscriber subscriber = new MyCommonEventSubscriber(subscribeInfo);
try {
    CommonEventManager.subscribeCommonEvent(subscriber);
} catch (RemoteException e) {
    HiLog.error(LABEL, "Exception occurred during subscribeCommonEvent invocation.");
}
```

6.4.2 权限申请

在原子化服务开发过程中，有时候需要获取相关权限进行开发，例如，获取网络服务权限进行网络访问等。

HarmonyOS 将权限分为敏感权限、非敏感权限和受限开放权限。

非敏感权限只需要在配置文件上声明，不需要动态申请。常用的非敏感权限见表 6-4。

表 6-4　非敏感权限

权　限　名	描　　述
ohos.permission.GET_NETWORK_INFO	允许应用获取数据网络信息
ohos.permission.SET_NETWORK_INFO	允许应用控制数据网络
ohos.permission.SET_WIFI_INFO	允许配置 WLAN 设备
ohos.permission.SPREAD_STATUS_BAR	允许应用以缩略图方式呈现在状态栏
ohos.permission.INTERNET	允许使用网络 socket
ohos.permission.MODIFY_AUDIO_SETTINGS	允许应用程序修改声频设置
ohos.permission.RECEIVER_STARTUP_COMPLETED	允许应用接收设备启动完成广播
ohos.permission.RCV_NFC_TRANSACTION_EVENT	允许应用接收卡模拟交易事件
ohos.permission.KEEP_BACKGROUND_RUNNING	允许 Service Ability 在后台继续运行
ohos.permission.GET_BUNDLE_INFO	查询其他应用的信息
ohos.permission.NFC_TAG	允许应用读写 Tag 卡片
ohos.permission.NFC_CARD_EMULATION	允许应用实现卡模拟功能
ohos.permission.DISTRIBUTED_DEVICE_STATE_CHANGE	允许获取分布式组网内设备的状态变化
ohos.permission.GET_DISTRIBUTED_DEVICE_INFO	允许获取分布式组网内的设备列表和设备信息

非敏感权限申请通过修改配置文件进行，申请获取数据网络权限，代码如下：

```
"//": "第 6 章/申请获取数据网络权限"
{
   "module": {
       "reqPermissions": [
           {
              "name": "ohos.permission.GET_NETWORK_INFO",
              "reason": "Reason for application",
              "usedScene":
              {
                  "ability": ["com.example.Myapplication.Mainability"],
                  "when": "always"
              }
           },{
           ...
           }
```

```
            ]
        }
    }
```

配置文件属性说明见表 6-5。

表 6-5 配置文件属性

键	说　明
name	填写需要使用的权限名称
reason	描述申请权限的原因
usedScene	ability 为 ability 的名称，when 为 inuse(使用时)、always(始终)

敏感权限因为需要用户同意，所以申请时需要进行动态申请，常用的敏感权限见表 6-6。

表 6-6 敏感权限

权限分类	权限名称	描　述
位置	ohos.permission.LOCATION	允许应用在前台运行时获取位置信息。如应用在后台运行时也要获取位置信息，则需要同时申请 ohos.permission.LOCATION_IN_BACKGROUND 权限
	ohos.permission.LOCATION_IN_BACKGROUND	允许应用在后台运行时获取位置信息，需要同时申请 ohos.permission.LOCATION 权限
相机	ohos.permission.CAMERA	允许应用使用相机拍摄照片和录制视频
话筒	ohos.permission.MICROPHONE	允许应用使用话筒进行录音
日历	ohos.permission.READ_CALENDAR	允许应用读取日历信息
	ohos.permission.WRITE_CALENDAR	允许应用在设备上添加、移除或修改日历活动
健身运动	ohos.permission.ACTIVITY_MOTION	允许应用读取用户当前的运动状态
健康	ohos.permission.READ_HEALTH_DATA	允许应用读取用户的健康数据
分布式数据管理	ohos.permission.DISTRIBUTED_DATASYNC	允许不同设备间的数据交换
	ohos.permission.DISTRIBUTED_DATA	允许应用使用分布式数据的能力
媒体	ohos.permission.MEDIA_LOCATION	允许应用访问用户媒体文件中的地理位置信息
	ohos.permission.READ_MEDIA	允许应用读取用户外部存储中的媒体文件信息
	ohos.permission.WRITE_MEDIA	允许应用读写用户外部存储中的媒体文件信息

敏感权限的申请，在修改完配置文件后，还需要进行动态申请及编写业务逻辑。

使用 ohos.app.Context.verifySelfPermission 接口查询应用是否已被授予该权限，如果没有，则使用 canRequestPermission 查询是否可动态申请，根据返回的结果执行相应的操作，代码如下：

```
//第 6 章/权限申请/权限申请逻辑代码
//权限申请
if(verifySelfPermission("ohos.permission.CAMERA") != IBundleManager.PERMISSION_GRANTED) {
    //应用未被授予权限
    if (canRequestPermission("ohos.permission.CAMERA")) {
        //是否可以申请弹框授权
        requestPermissionsFromUser(
                new String[] { "ohos.permission.CAMERA" } , 1);
    } else {
        //显示应用需要权限的理由,提示用户进入设置授权
    }
} else {
    //权限已被授予
}
```

通过重写 ohos.aafwk.ability.Ability 的回调函数 onRequestPermissionsFromUserResult 接收授予结果,代码如下:

```
//第 6 章/权限申请/权限申请回调部分代码
@Override
public void onRequestPermissionsFromUserResult (int requestCode, String[] permissions, int[]
grantResults) {
    switch (requestCode) {
        case 1: {
            //匹配 requestPermissions 的 requestCode
            if (grantResults.length > 0
                    && grantResults[0] == IBundleManager.PERMISSION_GRANTED) {
                //权限被授予
                //注意: 因时间差导致接口权限检查时有无权限,所以对那些因无权限而抛异常
                //的接口进行异常捕获处理
                HiLog.info(LOG,":successful");

            } else {
                //权限被拒绝
                HiLog.info(LOG,"fail");
            }
            return;
        }
    }
}
```

6.4.3 数据管理

HarmonyOS 提供了许多数据存储的相关能力,例如:关系型数据库、对象关系映射数

据库、轻量级数据存储等。下面我们将学习对象关系映射数据库的建立和使用。

对象关系映射数据库适用于开发者使用的数据可以分解为一个或多个对象，并且需要对数据进行增、删、改、查等操作，但是不希望编写过于复杂的 SQL 语句的场景。该对象关系映射数据库的实现基于关系型数据库，除了数据库版本升降级等场景外，操作对象关系映射数据库时一般不需要编写 SQL 语句，但是仍然要求使用者对于关系型数据库的基本概念有一定的了解。

1. 配置 build.gradle 文件

进行对象关系映射数据库开发需要配置 build.gradle 文件。如果使用的注解处理器的模块为 com.huawei.ohos.hap 模块，则需要在模块的 build.gradle 文件的 ohos 节点中添加以下配置，代码如下：

```
compileOptions{
    annotationEnabled true
}
```

如果使用的注解处理器的模块为 com.huawei.ohos.library 模块，则需要在模块的 build.gradle 文件的 dependencies 节点中配置注解处理器。

查看 orm_annotations_java.jar、orm_annotations_processor_java.jar、javapoet_java.jar 这 3 个 jar 包在 HUAWEI SDK 中的 sdk/java/x.x.x.xx/build-tools/lib/目录，并将目录的这 3 个 jar 包导进来，代码如下：

```
//第 6 章/数据管理/build.gradle 配置注解处理器
dependencies {
    compile files("orm_annotations_java.jar 的路径", "orm_annotations_
processor_java.jar 的路径", "javapoet_java.jar 的路径")
    annotationProcessor files("orm_annotations_java.jar 的路径", "orm_
annotations_processor_java.jar 的路径", "javapoet_java.jar 的路径")
}
```

2. 创建数据库

创建数据库：开发者需要定义一个表示数据库的类，继承 OrmDatabase，再通过@Database 注解内的 entities 属性指定哪些数据模型类属于这个数据库。

属性：Version 表示数据库版本号；Entities 表示数据库内包含的表，代码如下：

```
@Database(entities = {User.class, Book.class, AllDataType.class}, version = 1)
public abstract class BookStore extends OrmDatabase {
}
```

创建数据表：开发者可通过创建一个继承了 OrmObject 并用@Entity 注解的类，获取数据库实体对象，即表的对象。

属性：tableName 表示表名。primaryKeys 表示主键名，一个表里只能有一个主键，一个主键可以由多个字段组成。foreignKeys 表示外键列表。Indices 表示索引列表，代码如下：

```
//第 6 章/数据管理/User,class 代码
@Entity(tableName = "user", ignoredColumns = {"ignoredColumn1", "ignoredColumn2"},
    indices = {@Index(value = {"firstName", "lastName"}, name = "name_index", unique =
true)})
public class User extends OrmObject {
    //此处将 userId 设为自增的主键.注意只有在数据类型为包装类型时,自增主键才能生效
    @PrimaryKey(autoGenerate = true)
    private Integer userId;
    private String firstName;
    private String lastName;
    private int age;
    private double balance;
    private int ignoredColumn1;
    private int ignoredColumn2;

    //需添加各字段的 getter 和 setter 方法
}
```

通过对象数据操作接口 OrmContext 创建一个数据库。如果数据库已经存在，则执行以下代码不会重复创建。通过 context. getDatabaseDir()可以获取创建的数据库文件所在的目录。context 入参类型为 ohos. app. Context，注意不要使用 slice. getContext()获取 context，应直接传入 slice，否则会出现找不到类的报错，代码如下：

```
DatabaseHelper helper = new DatabaseHelper(this);
OrmContext context = helper.getOrmContext("User", "User.db", BookStore.class);
```

3. 数据库操作

使用对象数据操作接口 OrmContext 对数据库进行增、删、改、查、注册观察者、备份数据库等操作。

更新或删除数据通过直接传入 OrmObject 对象的接口来更新数据，需要先从表中查到需要更新的 User 对象列表，然后修改对象的值，再调用更新接口持久化到数据库中。删除数据与更新数据的方法类似，只是不需要更新对象的值。

例如，更新 user 表中 age 为 29 的行，需要先查找 user 表中对应的数据，得到一个 User 的列表，然后选择列表中需要更新的 User 对象（如第 0 个对象），设置需要更新的值，并调用 update 接口传入被更新的 User 对象。最后调用 flush 接口持久化到数据库中，代码如下：

```
//第 6 章/数据管理/数据更新代码
OrmPredicates predicates = context.where(User.class);
```

```
predicates.equalTo("age", 29);
List<User> users = context.query(predicates);
User user = users.get(0);
user.setFirstName("Li");
context.update(user);
context.flush();
```

```
//第 6 章/数据管理/数据删除代码
OrmPredicates predicates = context.where(User.class);
predicates.equalTo("age", 29);
List<User> users = context.query(predicates);
User user = users.get(0);
context.delete(user);
context.flush();
```

也可以通过传入谓词的接口来更新和删除数据，方法与 OrmObject 对象的接口类似，只是无须 flush 就可以持久化到数据库中，代码如下：

```
//第 6 章/数据管理/数据更新代码
ValuesBucket valuesBucket = new ValuesBucket();
valuesBucket.putInteger("age", 31);
valuesBucket.putString("firstName", "ZhangU");
valuesBucket.putString("lastName", "SanU");
valuesBucket.putDouble("balance", 300.51);
OrmPredicates update = context.where(User.class).equalTo("userId", 1);
context.update(update, valuesBucket);
```

查询数据，在数据库的 user 表中查询 lastName 为 San 的 User 对象列表，示例代码如下：

```
//第 6 章/数据管理/注册观察者
OrmPredicates query = context.where(User.class).equalTo("lastName", "San");
List<User> users = context.query(query);
//注册观察者.
//定义一个观察者类
private class CustomedOrmObjectObserver implements OrmObjectObserver {
    @Override
    public void onChange(OrmContext changeContext, AllChangeToTarget subAllChange) {
        //用户可以在此处定义观察者行为
    }
}

//调用 registerEntityObserver 方法注册一个观察者 observer
CustomedOrmObjectObserver observer = new CustomedOrmObjectObserver();
context.registerEntityObserver("user", observer);
```

```
//当以下方法被调用并 flush 成功时,观察者 observer 的 onChange 方法会被触发.其中,方法的入参
//必须为 User 类的对象
public <T extends OrmObject> boolean insert(T object)
public <T extends OrmObject> boolean update(T object)
public <T extends OrmObject> boolean delete(T object)
```

备份数据库,其中原数据库名为 OrmTest.db,备份数据库名为 OrmBackup.db,代码如下:

```
OrmContext context = helper.getObjectContext("OrmTest", "OrmTest.db", BookStore.class);
context.backup("OrmBackup.db");
context.close();
```

删除数据库,例如删除 OrmTest.db,代码如下:

```
helper.deleteRdbStore("OrmTest.db");
```

6.4.4　网络与连接

在原子化服务的开发过程中,会经常使用网络访问,获取相关的信息,本节会介绍 HarmonyOS 的网络与连接能力。

当使用网络管理模块的相关功能时,需要请求相应的权限。

ohos.permission.GET_NETWORK_INFO:获取网络连接信息。

ohos.permission.SET_NETWORK_INFO:修改网络连接状态。

ohos.permission.INTERNET:允许程序打开网络套接字,进行网络连接。

下面将介绍网络管理的相关内容。

1. 打开 URL 链接

应用使用当前的数据网络打开一个 URL 链接,开发流程如下:

第一步,调用 NetManager.getInstance(Context)获取网络管理的实例对象,代码如下:

```
NetManager netManager = NetManager.getInstance(context);
```

第二步,调用 NetManager.getDefaultNet()获取默认的数据网络,代码如下:

```
NetHandle netHandle = netManager.getDefaultNet();
```

第三步,调用 NetHandle.openConnection()打开一个 URL,代码如下:

```
//第 6 章/网络与连接/打开 URL 的逻辑代码
String urlstring = "EXAMPLE_URL";      //开发者根据实际情况自定义 EXAMPLE_URL
    URL url = new URL(urlstring);
```

```
    URLConnection urlConnection = netHandle.openConnection(url,
            java.net.Proxy.NO_PROXY);
    if (urlConnection instanceof HttpURLConnection) {
        connection = (HttpURLConnection) urlConnection;
    }
    connection.setRequestMethod("GET");
    connection.connect();
```

第四步,通过 URL 链接实例访问网站,代码如下:

```
urlConnection.getInputStream();
```

第五步,关闭连接,代码如下:

```
connection.disconnect();
```

2. Socket 数据传输

应用使用当前的数据网络进行 Socket 数据传输。所使用的接口见表 6-7。

表 6-7　Socket 数据传输的接口

类　名	接 口 名	功 能 描 述
NetHandle	getByName(String host)	解析主机名,获取其 IP 地址
	bindSocket(Socket socket)	将 Socket 绑定到该数据网络
	bindSocket(DatagramSocket socket)	将 DatagramSocket 绑定到该数据网络

Socket 数据传输开发流程。

第一步,调用 NetManager.getInstance(Context)获取网络管理的实例对象。

第二步,调用 NetManager.getDefaultNet()获取默认的数据网络。

第三步,调用 NetHandle.bindSocket()绑定网络。

第四步,使用 Socket 发送数据。

代码如下:

```
//第 6 章/网络与连接/Socket 数据传输代码
NetManager netManager = NetManager.getInstance(context);

if (!netManager.hasDefaultNet()) {
    return;
}
NetHandle netHandle = netManager.getDefaultNet();

//通过 Socket 绑定进行数据传输
DatagramSocket socket = null;
try {
    InetAddress address = netHandle.getByName("EXAMPLE_URL"); //开发者根据实际情况自定义
                                                              //EXAMPLE_URL
```

```
        socket = new DatagramSocket();
        netHandle.bindSocket(socket);
        Byte[] buffer = new Byte[1024];
        DatagramPacket request = new DatagramPacket(buffer, buffer.length, address, port);
        //buffer 赋值

        //发送数据
        socket.send(request);
    } catch(IOException e) {
        HiLog.error(TAG, "exception happened.");
    }finally {
        if (socket != null) {
            socket.close();
        }
    }
```

6.4.5　AI 能力

为应用提供丰富的 AI(Artificial Intelligence)能力，如二维码生成、通用文字识别、图像超分辨率、文档检测校正、文字图像超分、分词、词性标注、助手类意图识别、关键字提取、实体识别、语音识别、语音播报等，并且支持开箱即用。开发者可以灵活、便捷地选择 AI 能力，让应用变得更加智能。

码生成能够根据开发者给定的字符串信息和二维码图片尺寸，返回相应的二维码图片字节流。调用方可以通过二维码字节流生成二维码图片。下面我们通过案例介绍二维码生成的开发流程，效果如图 6-1 所示。

图 6-1　二维码生成

案例代码如下：

```
//第 6 章/AI 能力/二维码生成案例 MainAbilitySlice class 代码
public class MainAbilitySlice extends AbilitySlice {
    static final HiLogLabel label = new HiLogLabel(HiLog.LOG_APP,0x0001,"二维码");
    Image imgQrCode = null;
    @Override
    public void onStart(Intent intent) {
        super.onStart(intent);
        super.setUIContent(ResourceTable.Layout_ability_main);
        imgQrCode = (Image)findComponentById(ResourceTable.Id_imgQrCode);
        ConnectionCallback connectionCallback = new ConnectionCallback() {
            @Override
            public void onServiceConnect() {
                //连接成功生成二维码
                generateQrCode();
            }
            @Override
            public void onServiceDisconnect() {
                //Do something when service connects unsuccessfully
            }
        };

        //初始化
        int initResult = VisionManager.init(this, connectionCallback);
        HiLog.info(label, "初始化结果" + initResult);

    }
    private void generateQrCode()
    {
        //获取二维码侦测器
         IBarcodeDetector barcodeDetector = VisionManager.getBarcodeDetector(MainAbilitySlice.
this);
        final int SAMPLE_LENGTH = 1000;
        Byte[] ByteArray = new Byte[SAMPLE_LENGTH * SAMPLE_LENGTH * 4];
        String barText = String.valueOf(new Random().nextInt(999999999));
        int result = barcodeDetector.detect("123456789", ByteArray, SAMPLE_LENGTH, SAMPLE_
LENGTH);
        HiLog.info(label, "字节流结果" + result);
        //释放侦测器
        result = barcodeDetector.release();

        ImageSource.SourceOptions srcOpts = new ImageSource.SourceOptions();
        //定义图片格式
        srcOpts.formatHint = "image/png";
        //创建图片源
```

```
        ImageSource imgSource = ImageSource.create(ByteArray,srcOpts);
        //创建图像解码选项
        ImageSource.DecodingOptions decOPtions = new ImageSource.DecodingOptions();
        decOPtions.desiredPixelFormat = PixelFormat.ARGB_8888;
        //通过图片源创建 PixelMap
        PixelMap pMap = imgSource.createPixelmap(decOPtions);
        //赋值到图片标签
        imgQrCode.setPixelMap(pMap);
        //释放资源
        barcodeDetector.release();
        imgSource.release();
        if(pMap!= null)
        {
            pMap.release();
            pMap = null;
        }
        VisionManager.destroy();
    }

    @Override
    public void onActive() {
        super.onActive();
    }

    @Override
    public void onForeground(Intent intent) {
        super.onForeground(intent);
    }
}
```

ability_main.xml 文件的代码如下：

```
<!-- //第 6 章/AI 能力/二维码生成案例页面代码 -->
<?xml version = "1.0" encoding = "utf - 8"?>
< DirectionalLayout
    xmlns:ohos = "http://schemas.huawei.com/res/ohos"
    ohos:height = "match_parent"
    ohos:width = "match_parent"
    ohos:orientation = "vertical">

    < Image
        ohos:min_width = "600px"
        ohos:layout_alignment = "center"
        ohos:min_height = "600px"
        ohos:id = " $ + id:imgQrCode"
```

```
        ohos:height = "500vp"
        ohos:focus_border_enable = "true"
        ohos:width = "500vp"/>

</DirectionalLayout>
```

开发步骤：

第一步，在使用码生成 SDK 时，需要先将相关的类添加至工程，代码如下：

```
import ohos.ai.cv.common.ConnectionCallback;
import ohos.ai.cv.common.VisionManager;
import ohos.ai.cv.qrcode.IBarcodeDetector;
```

第二步，定义 ConnectionCallback 回调，实现连接能力引擎成功与否后的操作，代码如下：

```
//第 6 章/AI 能力/二维码生成 定义 ConnectionCallback 回调
ConnectionCallback connectionCallback = new ConnectionCallback() {
    @Override
    public void onServiceConnect() {
        //Do something when service connects successfully
    }

    @Override
    public void onServiceDisconnect() {
        //Do something when service connects unsuccessfully
    }
};
```

第三步，调用 VisionManager.init()方法，将此工程的 context 和 connectionCallback 作为入参，建立与能力引擎的连接，context 应为 ohos.aafwk.ability.Ability 或 ohos.aafwk.ability.AbilitySlice 的实例或子类实例，代码如下：

```
int result = VisionManager.init(context, connectionCallback);
```

第四步，在收到 onServiceConnect 回调连接服务成功后，实例化 IBarcodeDetector 接口，将此工程的 context 作为入参，代码如下：

```
IBarcodeDetector barcodeDetector =
    VisionManager.getBarcodeDetector(context);
```

第五步，定义码生成图像的尺寸，并根据图像大小分配字节流数组空间，代码如下：

```
final int SAMPLE_LENGTH = 152;
Byte[] ByteArray = new Byte[SAMPLE_LENGTH * SAMPLE_LENGTH * 4];
```

第六步，调用 IBarcodeDetector 的 detect()方法，根据输入的字符串信息生成相应的二维码图片字节流，代码如下：

```
int result = barcodeDetector.detect("This is a TestCase of IBarcodeDetector", ByteArray,
SAMPLE_LENGTH, SAMPLE_LENGTH);
```

第七步，如果返回值为 0，表明调用成功。后续可以利用 API 将解码流转换为图片源，简要示例代码如下：

```
InputStream inputStream = new ByteArrayInputStream(ByteArray);
ImageSource imageSource = ImageSource.create(inputStream, null);
```

第八步，当码生成能力使用完毕后，调用 IBarcodeDetector 的 release()方法，释放资源，代码如下：

```
result = barcodeDetector.release();
```

第九步，调用 VisionManager.destroy()方法，断开与能力引擎的连接，代码如下：

```
VisionManager.destroy();
```

6.5 API 与第三方组件开发

本节主要阐述 HarmonyOS 应用开发 API 开发引用相关的内容，以及 HarmonyOS 应用开发第三方组件的引用开发的基本操作。

6.5.1 API 开发说明

API(Application Programming Interface)是应用程序接口的意思。是指一些预先定义的(如函数、HTTP 等)接口，或指不同软件系统调用组合的约定。用来提供应用程序与开发者基于某软件或硬件及一定的规则得以访问的一组程序，而又无须访问源码，或理解内部工作机制的细节。

通过 API 这种开发运行方式，极大地提高了软件系统的开发运行效率。HarmonyOS 已经提供了上万种各种类型功能的 API，并且支持的语言、数量也在不断增加中；本书案例中会使用相关 API，本节做一汇总说明。

现在 HarmonyOS-API 分为以下 3 种，用户可以根据需要调用。

(1) Java API：HarmonyOS 提供了丰富的 Java API，开发者可以基于 Java API 进行 Ability、UI、媒体、安全、AI、数据管理等功能的开发。Java API 参考中通过 Since 标记了该包、类或接口等开始支持的版本号，如"Since：1"表示从 API Version 1 开始支持。如果某接口上未标记 Since，则默认该接口与其所属类开始支持的版本号一致。

(2) JS API：HarmonyOS 提供了常用的 JS 接口和组件，开发者可以参考以下原则查阅不同开发场景下 JS 接口和组件的支持性和使用说明。从 API Version 5 开始，JS API 参考采用两种方式标记组件或接口开始支持的版本号。对于新增组件或接口，会在章节开头进行说明，如：从 API Version 5 开始支持。对于某个已有组件或接口的新增特性，会在对应特性后进行标注，如："swipe5＋"表示从 API Version 5 开始支持 swipe 事件。

(3) Native API：HarmonyOS 提供了一些图形图像、日志等相关的 Native API，主要支持 C/C++语言。Native API 参考中通过 Since 标记了该模块或接口开始支持的版本号，如"Since：1"表示从 API Version 1 开始支持。如果某接口上未标记 Since，则默认该接口与其所属模块开始支持的版本号一致。

6.5.2 组件的引用方式

1. har 包引用

将相关 har 包添加到 libs 目录下后，在 build. gradle 中添加下列代码，项目将会自动检测到添加的 har 包，然后添加到项目中，代码如下：

```
dependencies {
    implementation fileTree(dir: 'libs', include: ['*.jar', '*.har'])
}
```

2. Maven 仓库引用

添加 Maven 仓库，方式一，代码如下：

```
dependencies {
implementation 'com.huawei.har:mylibrary:1.0.1'
}
```

添加 Maven 仓库，方式二，代码如下：

```
allprojects{
    repositories {
       maven {
           url 'file://D:/01.localMaven/'     //本地或远程 Maven 仓
       }
    }
}
```

3. 源文件引用

源文件引用方式，代码如下：

```
dependencies {
    implementation project(":library")
}
```

4. 第三方组件库案例开发

在 HarmonyOS 组件库中存在不少第三方组件，例如 Ohos-Coverflow_JS 组件是在系统组件 swiper 上进行改进优化，部分效果如图 6-2(a)所示，滑动下方页面切换后的效果如图 6-2(b)所示。

(a) 部分效果　　(b) 滑动下方页面切换后的效果

图 6-2　JS 组件效果图

引用方式，JS 组件需要将相关源代码下载后放到项目对应目录下，需要使用哪种效果，自己的界面需要复制该效果 HML 部分的代码，将最里层的组件替换为需要的布局，其他部分不需要改动。

将盒子改为图片可实现轮播图效果，代码如下：

```
//第 6 章/组件库案例 index.js 代码
lists: [{
        title: "",
        backColor: "#00ffff",
```

```
        image: "/common/images/bg - tv.jpg",
        tempScale: 1,
    }, {
        title: "",
        backColor: "#00ffff",
        image: "/common/images/bg - tv.jpg",
        tempScale: 0.6,
    }, {
        title: "",
        backColor: "#7fffd4",
        image: "/common/images/bg - tv.jpg",
        tempScale: 0.6,
    }, {
        title: "",
        backColor: "#ff1493",
        image: "/common/images/bg - tv.jpg",
        tempScale: 0.6,
    }, {
        title: "第五页",
        backColor: "#ffd700",
        image: "/common/images/bg - tv.jpg",
        tempScale: 0.6,
    }]
```

在 html 下引用响应事件,代码如下:

```
<image src=" {{value.image}}"></image>
```

效果如图 6-3 所示。

图 6-3　轮播图

6.6 OpenHarmony 应用开发

DevEco Studio 是 HarmonyOS 的配套的开发 IDE,因为 HarmonyOS 是基于 OpenHarmony 的商业发行版,因此,使用 DevEco Studio 也可以进行 OpenHarmony 的应用开发。使用 DevEco Studio 开发 OpenHarmony 应用的流程与开发 HarmonyOS 应用的流程完全一样,笔者认为后续原子化服务与服务卡片形式也是 OpenHarmony 及其各种发行版应用的主要表现形式,本节仅描述 OpenHarmony 应用开发与 HarmonyOS 应用开发的差异点。

具体差异包括以下几方面:搭建开发环境差异,OpenHarmony 应用开发环境需要先安装 OpenHarmony SDK。导入 OpenHarmony 工程,以及 OpenHarmony 应用开发,只能通过导入 Sample 工程的方式来创建一个新工程。调试签名配置,OpenHarmony 应用运行在真机设备上,需要对应用进行签名。在真机设备上运行应用,需要使用 hdc 工具将 OpenHarmony 的 hap 包推送到真机设备上进行安装。

就笔者创作本书期间,OpenHarmony 只支持使用 JS 语言开发应用,不支持 Java、C/C++语言。OpenHarmony 开发环境 DevEco Studio 暂时只支持 Windows 系统。

OpenHarmony 相比 HarmonyOS 不支持的功能说明,见表 6-8。

表 6-8 OpenHarmony 相比 HarmonyOS 部分差异对比

特性名称	HarmonyOS 版本	OpenHarmony 版本
创建 Module	支持	不支持
服务卡片	支持	不支持
自动化签名	支持	不支持
远程模拟器	支持	不支持
本地模拟器	支持	不支持
使用 DevEco Studio 运行调试、日志查看、调优	支持	不支持
云测试	支持	不支持
安全测试	支持	不支持

第三篇　案例实战篇

本篇包括第7～9章，分别是设计与UX、案例实战开发练习、编译测试与上架申请。

第7章主要阐述设计与UX（User Experience）的内容。原子化服务与服务卡片属于HarmonyOS应用的一种表现形式，基于我们对其未来功能发展越来越强大与场景愈加丰富的预期，其设计相关也应遵循HarmonyOS应用的基本设计内容，所以本章阐述HarmonyOS与应用设计、UX相关的基本说明、理念原则、通用基本设计、多设备设计等与原子化服务、服务卡片设计的各项特殊要求。其中关于原子化服务与服务卡片的应用图标、快照、微卡片、小卡片、中卡片、大卡片设计基本原则与多设备适配，原子化服务页面内容设计等，在其他各章节的阐述中都有样式呈现。完成和达到这些基本的设计要求，是完成一个原子化服务与服务卡片应用开发上架的前提条件。

第8章用笔者及团队已经开发成功和正在开发的部分实际项目案例，对前面阐述的各项知识与技能进行了汇总演示，供读者参照练习。实际项目案例的开发，本书中笔者理解为基于用户、项目的需求，进行UX与功能的策划设计，通过HUAWEI DevEco Studio对模板、组件、布局、各项功能、SDK与API的综合应用来满足用户的使用需求。

第9章主要阐述原子化服务与服务卡片代码包及相关资源的编译构建方式与流程。使用模拟器、远程真机或者本地真机运行原子化服务与服务卡片。调试与检测原子化服务与服务卡片的各项性能。原子化服务与服务卡片发布流程与案例演示。当然，整个操作过程是笔者及团队非常早期的参与流程，笔者坚信后续的相关步骤在遵循各项管理规范的基础上，会越来越简化与更加方便。

第 7 章

设计与 UX

本章主要阐述设计与 UX (User Experience)用户体验的内容。原子化服务与服务卡片是 HarmonyOS 应用的一种表现形式，基于我们对其未来功能发展越来越强大与场景愈加丰富的预期，其设计相关也应当遵循 HarmonyOS 应用的基本设计内容，所以本章阐述 HarmonyOS 与应用设计、UX 相关的基本说明、理念原则、通用基本设计、多设备设计等与原子化服务、服务卡片设计的各项特殊要求。其中关于原子化服务与服务卡片的应用图标、快照、微卡片、小卡片、中卡片、大卡片设计基本原则与多设备适配，原子化服务页面内容设计等，在其他各章节的阐述中都有样式呈现。完成和达到这些基本的设计要求，是我们完成一个原子化服务与服务卡片应用开发上架的前提条件。

7.1 概述

本节主要阐述 HarmonyOS 及应用设计的基本原理与原则。

7.1.1 基本说明

用户体验(User eXperience，UX)是用户访问应用的全部主观感受，是用户的直观感觉，包括使用是否舒适、使用频次、能够忍受的问题、Bug 的程度等。笔者认为 UX 包含了 UI 用户界面设计和 UE 用户交互设计，而用户在应用服务上的 UX 感受如何，是有规律可循的。

HarmonyOS 基于华为公司强大的 UX 技术研发积累总结出来很多基本的设计规范，这些规范是我们在做原子化服务与服务卡片开发时必须遵循的，同时还为广大开发者准备了基本的需要引用的设计素材资源。

HarmonyOS 的原子化服务与服务卡片的各项创新，使其设计语言和全场景设计指南也会与众不同，需要综合考虑人、设备和环境等因素，具体包括通用、分布式、全球化、AI、无障碍、隐私设计等部分。

在每项具体设计要求的最后，HarmonyOS 官方提供了设计自检表，详细列举了在全场景设备设计和开发过程中应当注意的设计规则，提交审核前要求开发者对照检查。自检表的要求分为“必选”与“推荐”两类。必选类表示该设计内容需要按照原则执行，推荐类表示可适量做出修改。

7.1.2 理念原则

HarmonyOS 设计理念是构建一个和谐的数字世界，One Harmonious Universe，体现了中华传统文化中的道家思想，道法自然。

One，道生一，回归本源。强调以人为本的设计，HarmonyOS 的表现应该符合人的本质需求。结合充分的人因研究，在整个系统中，各种大小的文字都清晰易读，图标精确而清晰、色彩舒适而协调、动效流畅而生动。同时，界面元素层次清晰，能巧妙地突出界面的重要内容，并能传达元素可交互的感觉。另外，系统的表现应该是直觉的，用户在使用过程中无须思考，因此系统的操作需要符合人的本能，并且使用智能化的技术能力主动适应用户的习惯。

Harmonious，一生二，平衡共生。万物皆有两面，虚与实、阴与阳、正与反等，二者有所不同却可以很好地融合，达到平衡。在 HarmonyOS 中，我们希望给用户带来和谐的视觉体验。我们在物理世界中找到在数字世界中的映射，通过光影、材质等设计转化到界面设计中，给用户带来高品质的视觉享受。同时，将物理世界中的体验记忆转换到虚拟世界中，熟悉的印象有助于用户快速理解界面元素并完成相应的操作。

Universe，三生万物，演化自如。向用户提供舒适便捷的多设备操作体验是 HarmonyOS 区别于其他操作系统的核心要点。一方面，界面设计、组件设计需要拥有良好的自适应能力，可快速进行不同尺寸屏幕的开发。另一方面多设备的体验能在一致性与差异性中取得良好的平衡。

例如 HarmonyOS 相关的设计，是从浩瀚宇宙中抽象出动态语言，模拟真实世界中的物理动力学，将万有引力融入动效设计中。引入轻拟物美学风格，以真实生活中的质感，为用户带来全新的交互体验。跨设备的超级终端一拖即连，万能卡片轻轻一滑即可获取所需信息，带来全场景智慧生活新体验。

总体来讲，当为多种不同的设备开发应用时，需要从差异性、一致性和协同性 3 方面来考虑 UX 设计。差异性，主要是对设备的特性进行针对性设计，包括屏幕尺寸、交互方式、使用场景、用户人群等。一致性，主要考虑不同设备的共性，并使用通用性设计方法提供既符合设备差异性，又具有跨设备一致性的设计。协同性，主要考虑多个设备之间的相互协同，需要了解设备与设备之间多种可能的协同模式，最大程度地展现 HarmonyOS 上独特的多设备无缝流转体验。

7.2 通用基本设计

本节主要阐述 HarmonyOS 通用基本设计，主要考虑多个设备的共性部分。通过跨设备的一致性设计，提升用户体验，提升应用开发效率。其主要包括架构、交互、视觉、布局与界面用语等。这也是原子化服务与服务卡片在设计与 UX 中需要遵循的一些基本规则。

7.2.1　导航架构

导航用于引导用户在应用的各个页面进行浏览。常用的应用导航有平级、层级、混合导航 3 种方式。导航设计需要遵循统一性与明确性原则等，便于让用户清晰明确地进行使用。

应用界面相关常用的有启动与详情页、列表与网格视图等。启动页在加载时的用户等待时间可以设置应用的应用形象或者广告。详情页用于展示细节描述和操作内容。列表视图应该按照一定的逻辑排序，通常用于文字和数据内容展示。网格视图通常显示均等重要的项目，具有统一的布局特征，主要用于图片和视频内容。

7.2.2　人机交互

随着多类型的智能终端设备在我们日常生活中的使用，能与用户进行交互的设备越来越多，包括智能手机、平板、计算机、智能穿戴、电视、车机等。HarmonyOS 的软件应用可在多种设备或单设备上被用户通过多种输入方式操控。常见的输入方式包括鼠标、键盘、表冠、遥控器、旋钮、隔空手势、语音等。

开发原子化服务与服务卡片对于人机交互的设计，应遵循 HarmonyOS 提供的规范说明，确保能根据用户的使用情景，提供合适的交互方式，保证用户交互体验的一致性和舒适性。

7.2.3　视觉风格

视觉风格是决定原子化服务与服务卡片吸引力与整体用户体验的重要因素。HarmonyOS 的系统主色调为天蓝色，通过虚拟像素作为设备针对应用而言所设定的虚拟尺寸，全新定义了应用内参数尺寸的度量单位。HarmonyOS 还提供了字体像素的单位，形成了独特的字体系统，通过一系列等比例字号大小的组合，能适应不同设备及内容的视觉需求。

应用图标是用户识别应用的重要视觉元素之一，要让用户能够轻松知道图的含义，设计上应当保持元素整体一致，再根据不同的设备场景匹配对应的图标进行调整，在颜色的使用上应当遵循 HarmonyOS 的色彩规律等。

7.2.4　布局

布局主要包括原子化布局能力与栅格系统。

全场景、分布式操作系统的重要挑战是各种屏幕规格所引起的页面适配问题。HarmonyOS 为此提供了 7 种原子布局能力，具体可分为自适应变化与自适应布局能力两类。

自适应变化能力包括拉伸和缩放能力。自适应布局能力包括隐藏、折行、均分、占比、延伸能力。这 7 种原子能力在实际使用中可以根据需要进行组合，可以创造出各种自适应的布局方式。

栅格系统是一种辅助布局的工具，它给 HarmonyOS 提供了一种统一的定位标注，确保了各模块、各设备布局的统一性，为应用提供了一种便捷的间距调整方法，满足了各种场景布局调整的需要。

7.2.5 界面用语

界面用语是用户互动界面的一些提示，给用户带来良好的互动体验。在设计界面用语时 HarmonyOS 官方明确提示需注意如下事项。

对同一对象、状态、行为等的用语要保持一致性。用词要简短。注意上下呼应、主次分明与条理性。要通俗易懂，注意礼貌用语，多从正向描述。在保持一致性前提下用词要多变，展示文采，体现品位与个性。用词需要契合用户身份和具体产品。

7.3 分布式

本节主要阐述 HarmonyOS 的分布式特征相关的设计要求，分布式特征将各场景中的设备进行能力融合，形成超级终端，为用户提供统一和一致的场景体验。分布式设计相关的原则与形式等，是让用户获得满意的超级终端体验。

7.3.1 基本规则与构架

要构建理想的分布式体验，需要遵循一些基本设计规则。一是跨设备融合要能明显提升用户体验，例如更高效、友善的交互效率等；二让设备之间协同自然化，拥有使用一个设备的感知；三是设备间交互指引要清晰明了；四是让跨设备交互易于理解、记忆，方便用户持续使用；五是在跨设备互动时，用户要能自主便捷地进行各种模式的切换；六是多设备协同为更好的沉浸式体验提供了支持，考虑根据场景中设备的属性特征，提供最优的无干扰体验。

分布式体验主要分为连续性和协同性两大类型。连续性体现在任务和音视频接续上，协同性包括软件和硬件的协同。通过连续性和协同性的设计，让应用呈现出用户满意的分布式体验。

7.3.2 连续性与协同性设计

连续性设计中的任务接续适合导航等场景。例如在用手机打车时接续到手表，让手机可以做其他操作，同时便捷查看车辆位置等。音视频接续的场景例如从手机把声频接续到音箱、将视频接续到智慧屏等。

软件协同，由于现在手机里的软件数量与功能明显强于其他智能设备，所以软件协同是以手机软件为中心的全场景设备间的协同，例如在用智慧屏拍照时，调用手机中的美颜软件进行换肤处理是软件协同的场景。常见的软件协同场景包括调用分享、登录、美颜、支付功能等。

智能设备中常见的硬件能力包括显示、摄像、声频输入/输出、交互、传感器能力等。HarmonyOS 官方针对这些常见的硬件能力总结了常用的协同模式,应用开发者可以遵循和参照这些模式,或者创造出更适合应用场景的新的协同模式。

显示协同可分为显示分离模式和显示与功能分离模式。显示分离模式,如邮件列表和内容协同显示在手机和计算机上,在手机上操作列表,在计算机上查看内容。功能分离模式,如文档编辑的内容和工具菜单协同显示在电视和手机上,在手机上便捷地操作菜单,在电视上清晰查看内容。

摄像协同包括优选与模式多路摄像模式。优选模式是使用其他设备上更好的摄像头能力进行摄像。多路摄像模式是调用其他设备上的摄像头和本设备上摄像头的协同使用。

声频输入协同主要包括收音增强模式与话筒模式。收音增强模式是把其他设备的声频输入能力作为补充。话筒模式是把其他设备的声频输入能力作为话筒来使用。

声频输出协同包括音视频分离模式与多路声频播放模式。音视频分离模式是指把同一设备上的视频播放场景中的声频分拆到其他设备上。多路声频播放模式是指两个或者多个设备上的声频输出协同使用。

交互协同主要包括内容和控制输入两种方式,内容方式是指使用其他设备上便捷的内容输入能力来帮助本设备;控制输入协同是指使用其他设备更方便的交互能力帮助本设备进行操作,提升操作效率。

传感器协同现在主要体现在生理和运动数据的综合使用上。通过智能手表收集相关数据,通过手机进行分析、整理、反馈等。

在实际设计中,不是所有的协同都是单纯的某一项能力的协同,就像我们学习了加、减、乘、除后,就要开始做综合题一样,组合协同能力的使用,是我们对 HarmonyOS 分布式能力理解到位的综合考验。

7.4 原子化服务与服务卡片设计

本节主要阐述原子化服务与服务卡片的特殊设计与 UX 相关的内容,包括应用图标、快照设计要求;各种卡片的尺寸与内容要求,多设备 UX 用户体验与设计自检的具体事项等内容。

7.4.1 概述

原子化服务具有基础信息与服务卡片两大基本要素,开发前必须进行策划设计。

每个原子化服务有独立的图标、快照。原子化服务图标与应用图标有明显区别,它继承了 HarmonyOS 的设计语言体系,内部圆形表示完整独立,外圈装饰线表示可分可合可流转的特点,如图 7-1 所示。

图 7-1　图标设计规范与样式展示

原子化服务图标必须在华为提供的标准图标底板上设计。图标主体内容可沿用应用图标，或根据服务特征专门设计。图标主体内容应保持在圆形区域内。外圈装饰线可根据主体内容或品牌色填充为单色、双色、渐变色。

快照，快照为与原子化服务关联的小尺寸服务卡片的截图。截图应为理想的服务状态，让用户一眼可知服务内容。需提供直角图片，由展示快照的应用进行圆角裁切。快照分辨率必须为 600×600，对应小尺寸服务卡片设计，由展示界面适配圆角。

服务卡片的显示主要由内容主体、归属的 App 名称构成，在临时态下会出现 Pin 钮的操作特征，单击按钮后用户可快捷地将卡片固定在桌面显示。开发者应该借助卡片内容和卡片名称清晰地向用户传递所要提供的服务信息。服务卡片在桌面或者服务中心显示的名称为应用名称，不可更改此名称的展示规则。服务卡片设计规范与案例如图 7-2 所示。

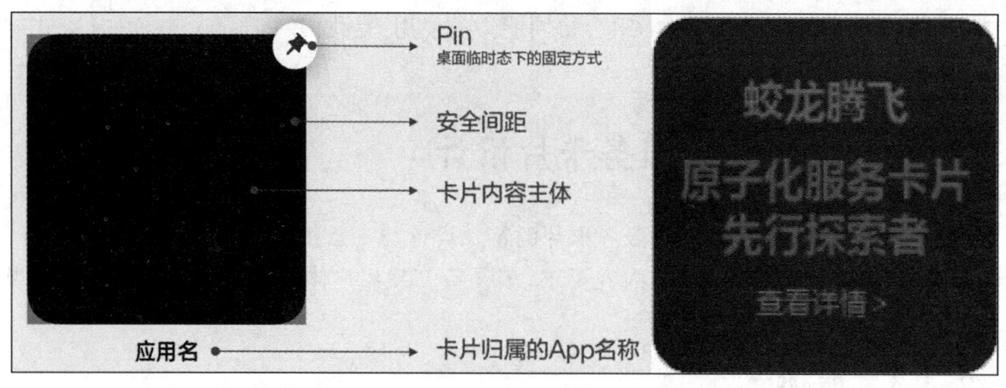

图 7-2　服务卡片设计规范与案例

7.4.2　尺寸要求

服务卡片支持多种卡片尺寸：微、小、中、大。卡片展示的尺寸大小分别对应桌面不同的宫格数量，微卡片对应 1×2 宫格，小卡片对应 2×2 宫格，中卡片对应 2×4 宫格，大卡片对应 4×4 宫格。同一个应用还支持多种不同类型的服务卡片，不同尺寸与类型可以通过卡片管理界面进行切换和选择。上滑应用图标展示的默认卡片的尺寸由开发者指定，如图 7-3 所示。

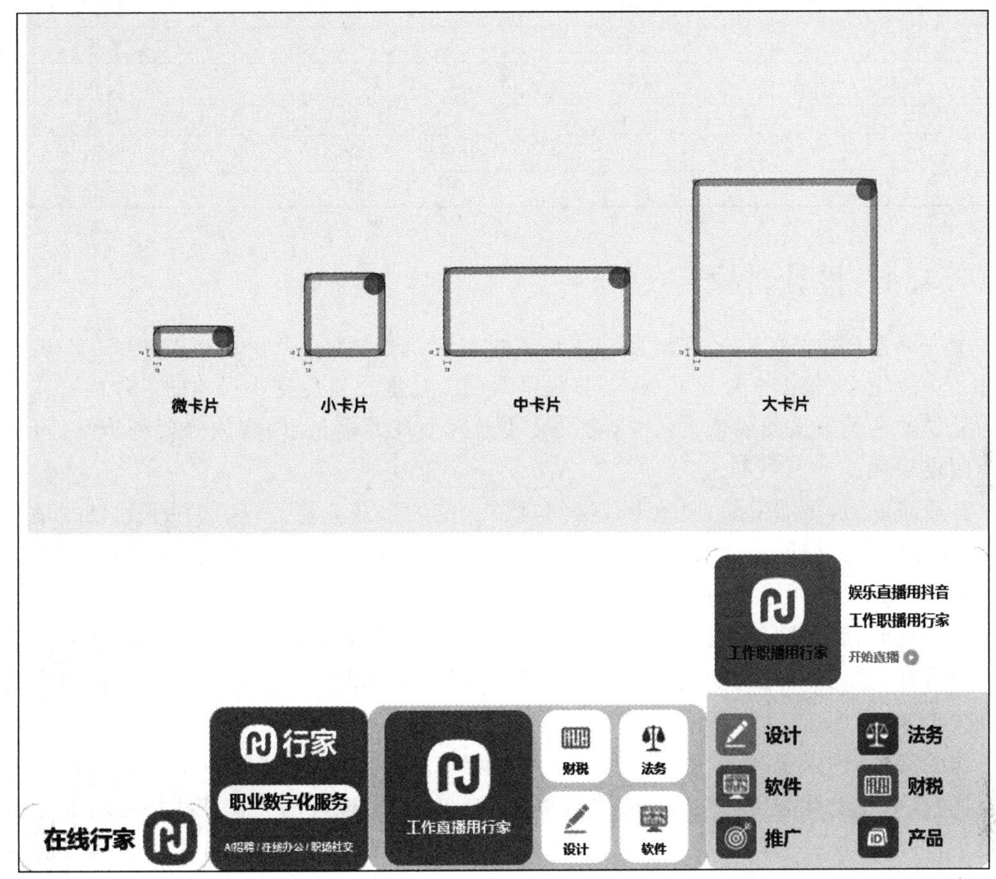

图 7-3　4 种卡片样式与案例

7.4.3　内容设计

开发者可以定义每张服务卡片的功能，通常来讲，卡片尺寸越小对应展示的功能和信息就越少，所能使用的控件也会受限制。需要根据核心诉求进行卡片设计，聚焦在关键信息的展示上。

卡片内容定义，在设计服务卡片时，用于展示的设计元素有明确分类，开发者可以使用以下元素来组织一张新卡片。不同尺寸的卡片都有使用元素的上限，不要在卡片中放入过多纬度的信息，内容过于复杂会使用户的关注度不够。在微卡片尺寸下，无论是相同还是不同的元素，使用的数量都不要超过两种。卡片中的元素要求见表 7-1。

表 7-1　卡片中的元素要求

微卡片（2 种元素）	小卡片（3 种元素）	中卡片（3 种元素）	大卡片（4 种元素）
图标	图标	图标	图标
数据	数据	数据	数据
文本	文本	文本	文本
按钮	按钮	按钮	按钮
图片	图片	图片	图片
—	—	宫格	宫格
—	—	列表	列表

7.4.4 设计自检

卡片选择，选择尺寸，必须给支持免安装的 HarmonyOS 服务设计小尺寸(2×2)的服务卡片。功能定义，根据卡片尺寸的不同，提供对应的功能。避免将小尺寸的卡片内容在不做任何处理的情况下适配成较大尺寸，建议尺寸越大呈现的信息、内容成分要越丰富，可交互的范围也越大。

自适应能力，多端适配，服务卡片必须具备一定的自适应能力，确保在卡片尺寸发生变化时，也能够使内容展示效果不受影响。极端情况下可考虑使用原子布局能力进行布局，保证服务卡片具有更高能力的自适应性。

刷新机制，服务刷新，根据业务属性，定义不同的刷新机制。确保卡片内容是动态的，用户可以时刻观察到卡片的变化，避免一成不变地展示同样的内容。服务卡片的被动刷新不允许少于 30 分钟。

功能定义，热区规避，不要在卡片右上角区域增加热区。为了保证卡片在任何状态下的交互体验，卡片设计需要最大限度地考虑内容和热区的呈现范围。在某些特定的卡片呈现场景下，可能出现右上角区域热区被占用的情况，因此，可参阅卡片服务卡片基础交互规则和内容设计原则，保证卡片内容与系统能力不冲突。

提供服务相关信息，不要滥用卡片资源，展示对用户有用的信息和图片。所有信息务必关联到应用的业务能力，不能提供不相关的运营内容、广告或流量入口。

确保卡片功能，确保卡片是可操作的。服务卡片的使用空间非常有限，应合理地排布卡片内容之间的关系。不能在卡片内使用滑动、拖曳和长按等交互手势，导致与系统层级交互产生冲突。

视觉规范，字体使用，严格遵守卡片内字体大小的使用，不要使用小于 10fp 的字体大小，确保用户对内容的阅读性。

安全间距，确保卡片四周有足够的安全间距，保证在不同场景下内容不被截断，详细规则可参考视觉设计规范中对于安全间距的定义。

提供直角卡片，不能自定义卡片背景的圆角。卡片的圆角剪裁会由宿主提供，即呈现卡片的业务主体，因此在卡片开发时必须提供直角矩形卡片。

深色主题,必须支持深色主题。纯白色卡片需要支持深色主题的切换,以图片或多彩色为默认背景时可不适配深色主题。若应用给卡片配置了特殊的背景图片,则应检视文字或操作按钮的显示效果,需要保证元素在复杂图片上的视觉效果。彩色的文本与图标需要确保在深色和浅色主题上的饱和度,便于用户识别。

品牌特征,合理融入品牌特征。适当地将应用品牌色或特征融入卡片中,从而让卡片更具特色。避免在卡片中出现 HarmonyOS 服务或应用的名称,名称会在桌面上展示在卡片底部,应将醒目的标题区域留给服务内容。

避免异形卡片,避免异形卡片的出现。设计师需要根据设计规范对卡片内容进行定义,不能使用纯透明背景或不规则的背景图案,在已规定好的范围内进行个性化创作。卡片的核心内容依然是突出服务与信息,不要让夸张的设计过于喧宾夺主。

提供卡片默认态,建议在网络连接不畅的情况下,提供卡片内容的预览样式,给予用户一个合理的预期,了解卡片即将展示的内容。可以提供占位文字或几何图案来代替未能及时显示的内容,保证占位图或符号与展示卡片的一致性。

7.5 原子化服务的流转与分享

本节主要阐释原子化服务与服务卡片的服务流转、华为分享、畅连分享过程中的各项设计规范与细节要求。

7.5.1 服务流转

服务流转是 HarmonyOS 的分布式操作方式的一种具体表现形式。流转能力打破了设备界限,实现了多设备联动,使原子化服务可分可合、可流转,实现如前所述邮件跨设备编辑、多设备协同健身、多屏游戏等分布式业务。

开发者通过嵌入流转图标,可以便捷地将服务流转到不同的 HarmonyOS 设备,包括但不限于智慧屏、平板、手表、音箱等设备,也可灵活地切换和管理流转任务。流转实现多设备的协同联动,为开发者提供更广的使用场景和更新的产品视角,强化产品优势,实现体验升级,打造 HarmonyOS 超级终端服务体验。

为了保证在不同服务内流转体验的一致性,HarmonyOS 官方提供了标准的流转图标。包括图标样式、颜色、尺寸、交互状态、图标位置、界面用语;流转流程中的流转信息、流转连接、流转结束等各个环节的设计都做了规范。流转图标样式设计的具体参考如图 7-4 所示。

图 7-4 流转图标样式一

流转图标包括黑色样式在白色或浅色背景上使用。白色样式在黑色或深色背景上使用。自定义颜色样式在与其他图标并排使用时，可以使用自定义颜色，以保持页面的一致性。流转图标样式设计的具体参考如图 7-5 所示。

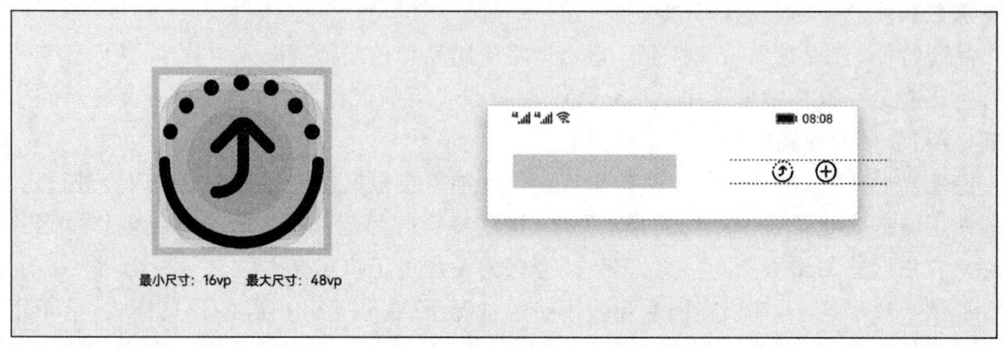

图 7-5　流转图标样式二

流转图标对大小有要求，流转图标为矩形图标，尺寸上要求保持与其他业务图标等大，并与其保持安全距离。流转图标状态如图 7-6 所示。服务未流转时使用默认状态图标，服务正在流转时使用静态或动态蓝色高亮图标。单击流转图标后，会拉起流转面板进行服务发起和结束。

图 7-6　流转图标状态

7.5.2　分享服务

根据业务特性和体验继承性，开发者可以将 Huawei Share 图标等作为一级界面的分享入口，或在二级界面与其他分享方式并列。为了保证在不同服务内一致的分享体验，若需显示 Huawei Share 图标，官方也提供了图标源文件，开发者不要自行创建或模仿绘制图标。

官方提供的两种图标样式如图 7-7 所示。

图 7-7　分享图标

具体要求包括入口图标，图标颜色应根据界面颜色选用深色、浅色或自定义颜色图标。需保证深浅模式下均清晰可读。图标位置，在一级界面作为分享入口。在二级界面与其他分享方式并列。推荐界面用语，需检查是否使用规范的界面用语。分享流程和分享面板务必调用系统提供的分享面板选择接收方。

7.6　AI设计与全球化

本节主要阐释 HarmonyOS 应用 AI 设计与全球化发展设计相关的内容。

7.6.1　AI 设计

AI 设计主要指导华为全场景智能终端设备上语音交互设计体验，为设计师和开发者提供清晰明了、简单易用的体验设计指导；AI 设计详细规范了语音交互设计，以手机为主，介绍语音交互的设计原则、交互架构、视觉元素及角色和对话设计。确保多设备下的语音体验，从一致性、差异性、协同唤醒和内容分发等纬度介绍华为全场景智能终端设备上的语音交互体验设计。

一个小艺，一个生态系统。"小艺(Celia)"是语音助手在华为设备中的名字。小艺存在包含手机的各种设备中，小艺可以回答用户的问题、控制家居设备、执行用户的日常任务等，而且，小艺可以通过不同设备感知用户的使用场景，推荐用户可能需要的服务，使用户感到亲切、舒适和信任。

7.6.2　全球化

HarmonyOS 生态从中国市场起步，服务于全球市场，成功的操作系统都不局限在一个国家，所以全球化、全球化设计就非常重要了。我们认为，基于 HarmonyOS 的应用、原子化服务与服务卡片也将逐步发展全球市场。

笔者根据 HarmonyOS 官方指导材料，对国际化和本地化设计常遇到的问题进行了归纳总结，遵循以下规则可以有效提升产品和应用的质量。

视觉中图片上的文字需要采用分层展示，这样可以在不用替换图片的情况下，简单替换字符串即可适应不同国家的展示要求。颜色使用与图标设计需要参照 HarmonyOS 推荐体系，不能用其他国家或地区禁忌的色调和内容。

在 RTL 从右到左(如阿拉伯语、希伯来语、波斯语等)语言系统中，语言的普遍特征是事件发展顺序从右到左进行。如果图标、插画、动效、表情、手势等包含方向性的图案与顺序，需单独提供一套视觉设计与运行逻辑，要特别注意与尊重其风俗和禁忌。

全球化设备与应用在布局与字体上，为了便于界面上的字符串的翻译，在布局上需要预留合适的空间，字体少用或慎用粗体等特殊样式，当无法匹配语言时，默认使用英文，文本描述界面用语应尽量简洁等。

涉及字符排序、长度、温度、货币与知识产权等，既要考虑国际通用的法律、法规与准则，同时又要考虑各个国家和地区的特殊性与要求。

总之，设备和应用要在全球发布，需考虑全球化流程与全球化设计，既需要考虑通过一种更加通用和底层的方案去满足不同国家的需求的国际化，又要思考针对各个国家的个性化解决方案的本地化。

7.7 无障碍设计与隐私设计

本节主要阐释 HarmonyOS 应用开发中的无障碍设计与隐私设计相关内容。

7.7.1 无障碍设计

无障碍设计强调在现代社会，需要充分考虑具有不同程度生理伤残缺陷者和正常活动能力衰退者（老年人）的使用需求，配备能够满足这些服务功能与装置，营造一个充满关怀，切实保障人们安全、方便、舒适的现代生活环境。常见障碍类型包括视觉障碍、听觉障碍、认知障碍、语言障碍、行动障碍、精神障碍。

2011 年《中国残疾人事业“十二五”规划纲要》指出，建设无障碍环境的主要任务之 一是加强信息无障碍建设，并明确了相关的政策措施。无障碍设计不仅可以提升产品的可用性，树立产品的社会形象，还可以帮助产品在海外销售时避免法律诉讼。该规范从颜色、对比度、屏幕朗读器等内容做出统一准则，可有效提升视觉障碍人士在使用智能终端时的无障碍体验和操作效率。

7.7.2 隐私设计

数据安全和隐私安全是现在网络发展所面临的重大挑战，在万物互联的智能时代也一样。

隐私设计，是开发者在应用设计阶段就需要设置好用户隐私保护，这是在应用市场成功上架的前置条件之一。

隐私保护设计的原则包括数据收集及使用公开透明、最小化、必须征得用户的同意、确保数据安全、优先在本地进行处理、对未成年人数据进行特殊保护等。

与隐私紧密相关的是系统权限，即应用访问用户的敏感个人数据或操作敏感能力的应用授权方式，系统通过弹窗的形式明示用户授权，用户可同意，也可不同意，同意后可撤销。在 HarmonyOS 上开放了位置、相机、话筒、日历、健身运动、健康、媒体、账号 8 个权限可以被应用申请。

原子化服务与服务卡片需要有隐私声明文档协议，隐私声明协议的使用包括首次启动、更新通知、查阅和撤销 4 个场景。隐私声明文档的具体内容为应用隐私政策所遵从的法律、政策和规定，应用收集、留存和使用用户个人数据种类、目的等。

7.8　多设备设计与设计工具资源

本节主要阐释原子化服务与服务卡片多设备设计规范要求，以及设计工具与设计资源的下载使用。

7.8.1　多设备设计

对于各种具体设备的应用、原子化服务与服务卡片设计内容，主要是对我们前面阐述的各项内容的综合实际应用。例如 HarmonyOS 官方列举了智慧屏、智能穿戴、IoT 的各自整体设计相关的原则、系统与应用构架、服务卡片设计与内容的各项基本规则、遥控器及焦点、视觉风格、控件与设计自检表等内容。

HarmonyOS 官方还为开发者准备了基于 HarmonyOS 的智能穿戴、智慧屏、IoT 设备原子化服务与服务卡片、HarmonyOS Connect 标签设计等的设计资源文件，内容包括色彩、控件和界面模板等。应用开发者只要根据这些材料，在遵循要求与规范的情况下便可以进行创新。

7.8.2　设计工具资源

HarmonyOS 官方提供了设计工具，其主要特点：一是在云服务器上实时发布与更新规范的设计资源；二是提供了根据各需求进行不同界面设置的原子化布局能力；三是进行了控件分类，各控件可直接拖入画板以方便使用等。

具体使用包括安装、更新、首次使用及各项功能的具体实现等。前期该设计工具主要支持在 Sketch 插件上实现各项具体功能和完成使用流程，所以设计工程师需要配置好适配的计算机平台，了解并熟悉 Sketch 和 HarmonyOS 设计相关的内容。在笔者创作本书期间，相关设计素材已经支持 PS(Photoshop)格式，可以让更广泛的设计师使用。

同时 HarmonyOS 官方提供了设计资源与素材库，就笔者创作时，包括以下内容。

HarmonyOS 通用设计的资源文件，内容包括色彩、控件和界面模板等，具体如图 7-8 所示。

类型	资源文件	文件大小
原子化服务	HarmonyOS 2 Service Icon Template	0.2 MB
	HarmonyOS 2 Service Hop Icon Template	0.4 MB
	HarmonyOS 2 Service Widget Library	12.1 MB
	Huawei Share Icon Template	84 KB
HarmonyOS Sans	HarmonyOS Sans	52.2 MB
隐私声明	HarmonyOS 2 Privacy Statement	0.8 MB

图 7-8　通用设计资源列表

HarmonyOS 设备的设计资源文件，内容包括色彩、控件和界面模板等，具体如图 7-9 所示。

设备	资源文件	文件大小
手机/折叠屏/平板	HarmonyOS 2 Phone&Tablet Library	960 KB
智能穿戴	HarmonyOS 2 Wearable Library	6.1 MB
	HarmonyOS 2 Lite Wearable Library	3.1 MB
智慧屏	HarmonyOS 2 Vision Component Library	15.1 MB

图 7-9　设备设计资源列表

HarmonyOS Connect 的设计资源文件，内容包括色彩、控件和界面模板等，如图 7-10 所示。

类型	资源文件	文件大小
HarmonyOS Connect 标签	HarmonyOS 2 Connect Tag	18 KB
设备控制	HarmonyOS 2 IoT Template	2.9 MB

图 7-10　设计资源列表

第 8 章 案例实战开发练习

本章用我们团队已经开发成功和正在开发中的部分实际项目案例，对前面阐述的各项知识与技能进行汇总演示以供读者参照练习。实际项目案例的开发，本书中笔者的理解是基于用户、项目的需求，进行 UX 与功能的策划设计，通过 DevEco Studio 对模板、组件、布局、各项功能、SDK 与 API 的综合应用来满足用户的使用需求。

8.1 道德经

道德经是我们第 1 个策划开发与上架运营的案例，由于我们开发上架时属于原子化服务与服务卡片发展的早期，所以主要是图片元素的应用。首先，我们要进行道德经内容和界面的策划和设计，然后编写相关的页面代码，代码如下：

```
//第 8 章/道德经案例 index.hml 代码
<div>
    <div style = "display: flex;flex - direction: column;">
        <div class = "ddj">
            <text class = "text">道德经</text>
        </div>
        <div class = "container">
            <swiper class = "swp" indicator = "false" loop = "false" vertical = "true">
                <image src = "{{ $ item}}" class = "image - mode" focusable = "true" for =
"{{img}}"></image>
            </swiper>
        </div>
    </div>
</div>
```

```
//第 8 章/道德经案例 index.css 代码
container{
    flex - direction: column;
    justify - content: center;
    align - items: flex - end;
```

```
}
.swp{
    indicator-color: snow;
    indicator-selected-color: snow;
    indicator-size:0px;
}
.ddj{
    background-color: black;
    height: 82px;
    width: 100%;
    align-items: flex-end;
}
.text{
    margin-left: 14px;
    margin-bottom: 4px;
    color: white;
    font-size: 22px ;
}
```

```
//第 8 章/道德经案例 index.js 代码
export default {
    data: {
        img:[
            '/common/images/title.jpg',

            '/common/images/01.jpg',
            '/common/images/02.jpg',
            '/common/images/03.jpg',
            '/common/images/04.jpg',
                        ......
        ]
    },
    onInit(){
        console.log("onInit")
    },
    onShow(){
        console.log("onShow")
    }
}
```

道德经项目使用 js 组件 swiper 实现上下滑动的效果，最后效果如图 8-1 所示。

HarmonyOS 支持原子化服务一次开发，多端部署，例如，创建一个卡片，可以在手机、平板和折叠屏上进行显示，但需要做兼容性调整，本案例我们将显示的内容放到多端设备可以兼容完整显示的位置进行处理，如图 8-2 所示为手机端，如图 8-3 所示为平板端，如图 8-4 所示为折叠屏，道德经大卡片可以适配多端设备。

(a) 封面

(b) 第一章

图 8-1　道德经效果图

图 8-2　手机设备

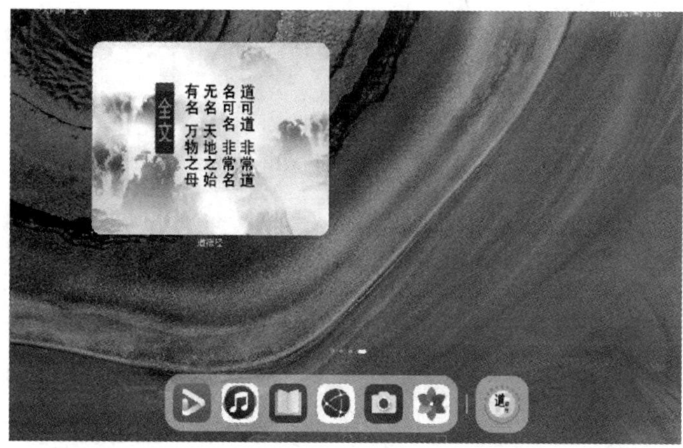

图 8-3　平板设备

(a) 折叠态

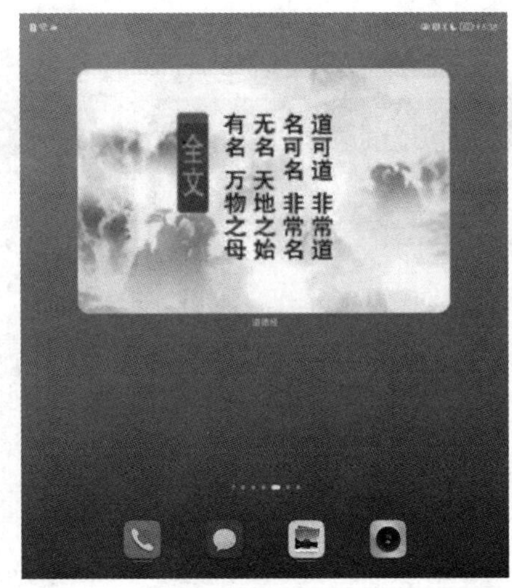

(b) 展开态

图 8-4　折叠屏

8.2　视频组件的应用

在原子化服务中，经常会用到视频类的组件，增加服务的可欣赏性与沟通性，下面的案例介绍视频组件的开发。

首先将准备好的视频放置在 common 目录下，编写页面代码，代码如下：

```
<!-- 第 8 章/视频组件案例 index.hml 代码 -->
<div class = "container">
    <div class = "video_div">
        <video class = "video"
               id = 'videoId'
               src = '/common/images/jltf.mp4'
               muted = 'false'
               autoplay = 'false'
               controls = "true"
               onprepared = 'preparedCallback'
               onstart = 'startCallback'
               onpause = 'pauseCallback'
               onfinish = 'finishCallback'
               onerror = 'errorCallback'
               onseeking = 'seekingCallback'
               onseeked = 'seekedCallback'
               ontimeupdate = 'timeupdateCallback'
               onlongpress = 'change_fullscreenchange'
```

```
                onclick = "change_start_pause"
                loop = 'true'
                starttime  =  '3'></video>
        </div>
    </div>
```

效果如图 8-5 所示。

图 8-5　效果图

由于前期原子化服务与服务卡片对代码包大小的限制，所以前期只适合放置比较小的视频，并要经过压缩处理。

8.3　多个卡片入口设置

在开发过程中，将卡片设计完成后与页面相连接，默认卡片进入主页面，但有时候不同的卡片需要进入不同的页面，或者单击卡片的不同位置进入不同页面。下面通过一个人物介绍案例学习设置卡片入口的方法。

首先设计卡片并编写卡片页面代码，代码如下：

```
<!-- 第 8 章/设置卡片入口案例 卡片的 index.hml 代码 -->
<div class = "container">
```

```
    < div class = "title - div">
        < image src = "/common/logo. jpg" class = "img"></image >
        < text >中聚群星</text >
    </div >
    < div class = "content">
        < image src = "/common/3. jpg" class = "img1"></image >
        < div class = "content - text">
            < text class = "text">贺小玲</text >
            < text class = "text1">{{text}}</text >
        </div >
    </div >
    < button class = "btn" value = "了解更多>" onclick = "routerEvent"></button >
</div >
```

```
/ * 第 8 章/设置卡片入口案例 卡片的 index. css 代码 * /
. container {
    flex - direction: column;
    justify - content: flex - start;
    align - items: center;
}
. title - div{
    flex - direction: row;
    align - items: center;
    justify - content: center;
    height: 80px;
}
. img{
    width: 40px;
    height: 40px;
}
. img1{
    width: 133px;
    height: 250px;
    box - shadow: 1px 1px 1px #ccc;
}
. content{
    flex - direction: row;
    align - items: flex - start;
    justify - content: center;
    width: 280px;
    margin - bottom: 10px;
}
. content - text{
    flex - direction: column;
    align - items: center;
    justify - content: flex - start;
```

```
        width: 160px;
        margin: 0px 10px;
    }
    .text{
        font - size: 16px;
        font - weight: bold;
    }
    .text1{
        font - size: 10px;
        line - height: 20px;
    }
    .btn{
        width: 90px;
        height: 30px;
        font - size: 10px;
        margin - bottom: 16px;
        background - color: # ed9997;
    }
```

卡片编写完成后，单张卡片呈现的页面如图 8-6(a)所示，卡片切换时的页面如图 8-6(b)所示。

(a) 单张卡片

(b) 卡片切换

图 8-6　卡片效果图(1)

接下来在 index. json 文件中编写跳转的响应事件，设置单击事件跳转的页面，代码如下：

```
    //第 8 章/设置卡片入口案例 卡片的 index. json 代码
    {
```

```
  "data": {
    "text": "群星众播创始人;\n中聚群星创始人;\n千人直播矩阵发起人实践者;\n15 年互联网电商运营;\n五维空间思维创立者."
  },
  "actions": {
    "routerEvent": {
      "action": "router",
      "bundleName": "com.example.zhongjuqunxing.hmservice",
      "abilityName": "com.example.zhongjuqunxing.heXinTeam",
      "params": {
        "message": "add detail"
      }
    }
  }
}
```

其中 abilityName 是跳转到的对应的 AceAbility，在该 AceAbility 下指定页面，代码如下：

```
setInstanceName("default");
setPageParams("pages/index/index",null);
```

把事件加入页面布局代码中：

```
<div class = "container" onclick = "routerEvent">
```

这样单击卡片对应位置时，会跳转到对应的页面。

8.4 音乐播放类原子化服务

前面两个案例都是以显示为主，下面通过一个音乐案例，讲述完整的卡片后台控制逻辑。

8.4.1 卡片消息持久化

因为卡片的刷新涉及卡片 ID，所以需要将创建时的卡片数据存储起来，当卡片被删除时，将信息从数据库中删除。

首先，创建一个数据库 FormDase 与数据库表 Formtable，关于数据库的创建在之前的章节中已经说明，这里就不再细说。在卡片周期的 onCreateForm 下添加对数据库信息的添加操作，在 onDeleteForm 下添加数据删除操作，代码如下：

```
//第 8 章/MainAbility.class 下的 onCreateForm 添加存储卡片 ID 的逻辑代码
//获取数据库操作对象
DatabaseHelper manager = new DatabaseHelper(this);
OrmContext ormContext = manager.getOrmContext("FormBase", "FormBase,db", FormDase.class);

//进行信息储存
if (ormContext.insert(formtable)&&ormContext.flush()) {
    HiLog.info(TAG, "存储卡片信息" + formId + "成功" );
}else
    HiLog.info(TAG, "存储卡片信息" + formId + "失败" );
```

```
//第 8 章/MainAbility.class 下的 onCreateForm 删除存储卡片 ID 的逻辑代码
//查询数据
OrmPredicates ormPredicates = ormContext.where(Formtable.class).equalTo("formId", formId);

//删除查到的信息
if (ormContext.delete(ormPredicates) == 0)HiLog.info(TAG, "删除卡片信息" + formId + "错误:
未找到数据");
else HiLog.info(TAG, "删除卡片信息" + formId + "成功");
ormContext.flush();
```

8.4.2 音乐播放接口使用

在 HarmonyOS 中实现音乐播放，可以使用 Player 对象中的方法，对 Player 进行一些封装处理，方便调用，代码如下：

```
//第 8 章/PlayManager.class,用于封装音乐播放操作
public class PlayManager {
    private static final HiLogLabel TAG = new HiLogLabel(HiLog.LOG_APP, 0x0, PlayManager.
class.getName());

    private static final int MICRO_MILLI_RATE = 1000;
    private static final PlayManager instance = new PlayManager();
    private Player player;
    private Context context;
    private boolean isInitialized = true;

    private PlayManager() {
    }

    public static PlayManager getInstance() {
        return instance;
    }
    //初始化设置
    public synchronized void setup(Context context) {
```

```
        if (context == null) {
            return;
        }

        if (isInitialized) {
            return;
        } else {
            this.context = context;
            this.isInitialized = true;
        }
        player = new Player(this.context);
    }

    //当前是否正在播放
    public synchronized boolean isPlaying() {
        return player.isNowPlaying();
    }


    public synchronized Player getPlayer() {
        return player;
    }



    public synchronized boolean play(Source source, int startMillisecond) {
        if (!isInitialized) {
            return false;
        }

        if (player != null) {
            HiLog.info(TAG,"play:play 不为空");
            if (isPlaying()) {
                player.stop();
            }
            player.release();
            HiLog.info(TAG,"play:play 释放成功");
        }

        player = new Player(context);


        if (!player.setSource(source)) {
            HiLog.info(TAG,"play:获取音乐源文件失败");
            return false;
        }
```

```
    HiLog.info(TAG,"play:获取音乐源文件成功");

    if (!player.prepare()) {

        HiLog.info(TAG,"play:prepare 失败");
        return false;
    }

        HiLog.info(TAG,"play:prepare 成功");

    if (startMillisecond > 0) {
        int microsecond = startMillisecond * MICRO_MILLI_RATE;
        if (!player.rewindTo(microsecond)) {
            return false;
        }
    }

    if (player.play()) {
        HiLog.info(TAG,"play:播放成功");
        return true;
    } else {
        HiLog.info(TAG,"play:播放失败");
        return false;
    }
}
//音乐暂停功能
public synchronized void pause() {
    if (player == null) {
        return;
    }
    if (isPlaying()) {
        player.pause();
    }
}

//音乐播放恢复功能
public synchronized void resume() {
    if (player == null) {
        return;
    }
    if (!isPlaying()) {
        player.play();
    }
}

//获取当前音乐的总长度
```

```
    public synchronized int getAudioDuration() {
        if (player == null) {
            return 0;
        }
        return player.getDuration();
    }

    //获取当前音乐播放位置的时间点
    public synchronized int getAudioCurrentPosition() {
        if (player == null ) {
            return 0;
        }
        return player.getCurrentTime();
    }
}
```

8.4.3 建立音乐播放统一管理

建立一个 Service Ability，进行音乐播放的统一管理，代码如下：

```
//第 8 章/音乐播放卡片的 Service Ability,歌曲播放逻辑控制
public class PlayServiceAbility extends Ability {

    //播放 暂停 标志
    private int status = 0;
    //歌曲排序位,默认为 1
    private int id = 0;
      //音乐列表
    Album album = new Album();

    private static final HiLogLabel TAG = new HiLogLabel(HiLog.DEBug, 0x0, PlayServiceAbility.
class.getName());

    @Override
    public void onStart(Intent intent) {

        super.onStart(intent);
    }
    //更改播放进度
private void changeProMusic(int time) {
        HiLog.info(TAG,"changeProgress");
        playNewMusic(album.getMusicUri(id),time);
    }
```

```
    //播放/暂停
    private void PlayMusic(String uri,int time) {
        if (PlayManager.getInstance().isPlaying()&&playStatus > 0){
            try{
                PlayManager.getInstance().pause();
                HiLog.info(TAG, "暂停成功");
                status = 0;
              }
            catch (Exception e){
                HiLog.info(TAG, "暂停失败" + e);
            }
        }else{
           if(PlayManager.getInstance().play(new SourceFactory(this,uri).getSource(),time)){
           HiLog.info(TAG, "播放成功");
               status = 1;
           }else {
               HiLog.info(TAG, "播放失败");
             }
        }
    }
    //下一首
    private void lastMusic(){
//该案例放置了 5 首歌曲
    id = (id - 1 + 5) % 5;
        HiLog.info(TAG, "播放上一首" + id);
        playNewMusic(album.getMusicUri(id),0);
    }

    //上一首
    private void nextMusic(){
        id = (id + 1) % 5;
        HiLog.info(TAG,"播放下一首" + id);
        playNewMusic(album.getMusicUri(id),0);
    }
}
```

8.4.4 卡片控制音乐播放

实现卡片控制音乐的播放,首先设计卡片及卡片的单击事件,代码如下:

```
<!-- 第 8 章/音乐原子化服务页面布局代码 index.hml -->
<div class = "card_root_layout">
    <div class = "title_container" on:click = "routerEvent">
        <text class = "item_title">{{ name }}</text>
        <text class = "item_content">{{ introduce }}</text>
```

```
    </div>
    <div class = "button_container">
          < button class = " button _ other" type = " circle" onclick = " getPrevious" icon =
"/common/上一首.png"/>
          <button class = "button_other" type = "circle" onclick = "play" icon = "{{playBtn}}"/>
          <button class = "button_other" type = "circle" onclick = "getNext" icon = "/common/下
一首.png"/>
    </div>
</div>
```

```
/*第8章/音乐原子化服务页面样式代码 index.css*/
.card_root_layout{
    width: 100%;
    height: 100%;
    flex-direction: column;
}
.title_container{
    flex-direction: column;
    align-items: center;
    justify-content: center;
    width: 100%;
    height: 60%;
    background-color: #1296db;
}

.item_title{
    font-size: 14px;
    color: #fff;
    font-weight: bold;
    text-overflow: ellipsis;
}

.item_content{
    font-size: 12px;
    margin-top: 10px;
    color: #fff;
}

.button_container{
    margin-top: 20px;
    justify-content: center;
}

.button_other{
    justify-content: center;
    width: 20px;
```

```
    height: 20px;
    background-color: aliceblue;
    margin: 0 10px;
}
```

```
<!--第8章/音乐原子化服务页面代码 index.js-->
{
  "data": {
    "name": "粒粒皆辛苦",
    "introduce": "马仕健",
    "imageUri": "/common/zgrbczyt.jpg",
    "playBtn": "/common/暂停.png"
  },

  "actions": {
    "routerEvent": {
      "action": "router",
      "bundleName": "com.Album.mashijian",
      "abilityName": "com.example.album.Ability.page.PlayAbility",
      "params": {
        "message": "add detail"
      }
    },

    "getPrevious": {
      "action": "message",
      "params": {
        "mAction": "last"
      }
    },
    "play": {
      "action": "message",
      "params": {
        "mAction": "play"
      }
    },
    "getNext": {
      "action": "message",
      "params": {
        "mAction": "next"
      }
    }
  }
}
```

效果如图 8-7 所示。

图 8-7　卡片效果图(2)

在 index.json 文件中建立的响应事件中的 params 的参数可以在卡片对应的 WidgetImpl 下的方法 onTriggerFormEvent 中接收，通过修改方法中的代码逻辑，实现卡片控制音乐播放的功能，代码如下：

```
//第 8 章/音乐原子化服务案例 widget.class,接收卡片单击响应事件
@Override
public void onTriggerFormEvent(long formId, String message) {

    dkformId = formId;

    ZSONObject zsonObject = ZSONObject.stringToZSON(message);

    //Do something here after receive the message from js card
    ZSONObject result = new ZSONObject();
    switch (zsonObject.getString("mAction")) {
        case "last":
            initPlay("last");
            break;
        case "play":
            initPlay("play");
            break;
        case "next":
            initPlay("next");
            break;
        default:
            break;
    }
}
//将对应的单击事件数据传给 Service
private void initPlay(String item){

    Intent intent = new Intent();
    Operation operation = new Intent.OperationBuilder()
```

```
                .withDeviceId("")
                .withBundleName("com.Album.mashijian")
                .withAbilityName("com.example.album.Ability.service.PlayServiceAbility")
                .build();
        intent.setOperation(operation);
        intent.setParam("item",item);
        //启动 Service
        context.startAbility(intent,0);

    }
```

在 ServiceAbility 下的 onCommand()方法中接收数据，根据传输的数据做相应的处理，代码如下：

```
//第 8 章/音乐原子化服务案例 PlayServiceAbility 卡片控制音乐播放部分逻辑代码
@Override
protected void onCommand(Intent intent, boolean restart, int startId) {
    super.onCommand(intent, restart, startId);
    HiLog.info(TAG, "onCommand");
    //这里写响应内容
    play(intent);
}
//三键播放
private void play(Intent intent){

    HiLog.info(TAG,"page 输入的数据" + intent.getStringParam("item"));
    HiLog.info(TAG,"page 输入的数据" + intent.getStringParam("id"));

    if(!(intent.getStringParam("id") == null))id = Integer.parseInt(intent.
getStringParam("id"));

    //根据交互执行相应事件,play 播放/暂停,last 上一首,next 下一首

    if(intent.getStringParam("item")!= null){

        switch (intent.getStringParam("item")){
            case "play":
       PlayMusic(album.getMusicUri(id),PlayManager.getInstance().getAudioCurrentPosition());
            break;
            case "last": lastMusic() ; break;
            case "next": nextMusic() ; break;

            default:break;
        }
```

```
    }
}
```

后台的歌曲播放状态修改后，卡片的播放状态还未改变，所以还需要对卡片内容进行更新，以对应后台播放状态。在获取数据库中的卡片 ID 后，使用 updateForm(long formId, FormBindingData formBindingData)更新卡片，代码如下：

```
//第 8 章/音乐原子化服务案例 PlayServiceAbility 卡片控制卡片内容刷新
    private void UpdataForm(){
        ZSONObject result = new ZSONObject();
        switch (status) {
            case 1:
                HiLog.info(TAG, "播放音乐：" + album.getMusicName(id));
                result.put("name", album.getMusicName(id));
                result.put("introduce", album.getIntroduce(id) );
                result.put("imageUri", album.getImageUri(id));
                result.put("playBtn", "/common/播放.png");
                break;
            case 0:
                HiLog.info(TAG, "停止音乐：" + album.getMusicName(id));
                result.put("name", album.getMusicName(id));
                result.put("introduce", album.getIntroduce(id) );
                result.put("imageUri", album.getImageUri(id));
                result.put("playBtn", "/common/暂停.png");
                break;
            default:
                break;
        }

        //Update js card
        try {
            if (this instanceof Ability) {
                HiLog.info(TAG, "参数" + result);
                for (Formtable formtable : getFormId()) {
                    this.updateForm(formtable.getFormId(), new FormBindingData(result));
                }
            }
        } catch (FormException e) {
            HiLog.error(TAG, e.getMessage());
        }
    }

    //获取卡片 id
    private List<Formtable> getFormId() {
```

```
        //获取卡片内容
        DatabaseHelper manager = new DatabaseHelper(this);
        OrmContext ormContext = manager.getOrmContext("FormBase", "FormBase,db", FormDase.
class);
        OrmPredicates ormPredicates = ormContext.where(Formtable.class);

        List<Formtable> list = ormContext.query(ormPredicates);
        return list;

    }
```

8.4.5 页面控制音乐播放

除了卡片可以控制播放外，还需要建立一个原子化页面，实现页面控制音乐播放，对于页面与后台的交互，如果采用 XML 文件编写页面，则交互方式相对比较简单，但如果采用 HML 和 JS 完成的页面交互，则需要了解 HarmonyOS 的 FA 调用 PA 能力。

在 JS 端使用接口 FeatureAbility.callAbility(OBJECT)：调用 PA 能力，代码如下：

```
//第 8 章/音乐原子化服务案例 页面与后台 PlayServiceAbility 进行数据交互 index.js 部分
plus: async function (id) {
    console.info("item:plus id:" + id);
    var actionData = {};

      //更改播放进度时传输当前播放时间
    actionData.firstNum = this.time;

    var action = {};
    action.bundleName = 'com.Album.mashijian';
    action.abilityName = 'com.example.album.Ability.service.PlayServiceAbility';
    action.messageCode = ACTION_MESSAGE_CODE_PLUS;
    action.data = actionData;
    action.abilityType = ABILITY_TYPE_EXTERNAL;
    action.syncOption = ACTION_SYNC;

    console.info('code = ' + actionData.firstNum);
    console.info('time = ' + actionData.secondNum);

    var result = await FeatureAbility.callAbility(action);
    var ret = JSON.parse(result);
      //接收后台传过来的音乐播放数据
    switch (ret.id) {
        case 0:
            this.name = ret.name;
            if (ret.status == 0) this.status = "/common/images/暂停.png";
```

```
            else this.status = "/common/images/播放.png";
            this.musicIma = ret.musicIma;
            this.time = ret.time;
            break;
            }

    action.messageCode = 1003;
      //通过后台不断刷新精度条
    while(1){
        var result = await FeatureAbility.callAbility(action);
        var ret = JSON.parse(result);
        this.time = ret.time;

    }
}
```

Service Ability 在 onConnect()方法中接收 FA 的请求，代码如下：

```
//第 8 章/音乐原子化服务案例 页面与后台进行数据交互 PlayServiceAbility 部分代码
//FA 在请求 PA 服务时会调用 Ability.connectAbility 连接 PA,连接成功后,需要在 onConnect 返回
//一个 remote 对象,供 FA 向 PA 发送消息
@Override
protected IRemoteObject onConnect(Intent intent) {
    HiLog.info(TAG,"PlayServiceAbility::onConnect");
    super.onConnect(intent);
    return remote.asObject();
}

class MyRemote extends RemoteObject implements IRemoteBroker {
    private static final int SUCCESS = 0;
    private static final int ERROR = 1;
    private static final int PLAY = 1002;     //修改播放状态
    private static final int PRO = 1003;      //获取播放进度

    MyRemote() {
        super("MyService_MyRemote");
    }

    @Override
     public boolean onRemoteRequest ( int code, MessageParcel data, MessageParcel reply,
MessageOption option) {

        String dataStr = data.readString();
        RequestParam param = new RequestParam();
        try {
```

```
            param = ZSONObject.stringToClass(dataStr, RequestParam.class);
        } catch (RuntimeException e) {
            HiLog.error(TAG, "convert failed.");
        }

        //对于返回结果当前仅支持 String,对于复杂结构可以序列化为 ZSON 字符串后上报
        Map<String, Object> result = new HashMap<String, Object>();


        switch (code) {
case PLAY:{
                HiLog.info(TAG,"PLAY");
                switch (param.getFirstNum()){
                    case 0:
                        int time = param.getSecondNum() * PlayManager.getInstance().
getAudioDuration()/100;
                        HiLog.info(TAG,"时间" + time);
                        changeProMusic(time) ;
                        break;
                    case 1:
                        lastMusic() ;
                        break;
                    case 2:
PlayMusic(album.getMusicUri(id),PlayManager.getInstance().getAudioCurrentPosition()) ;
                        break;
                    case 3:
                        nextMusic() ;
                        break;
                    default:
                        break;
                }
                result.put("name", album.getName(id));
                result.put("musicIma", album.getMusicIma(id));
                result.put("status", status);
                result.put("time", PlayManager.getInstance().getAudioCurrentPosition());
                reply.writeString(ZSONObject.toZSONString(result));
            }
            case PRO:{
                int newTime = PlayManager.getInstance().getAudioCurrentPosition() * 100/
PlayManager.getInstance().getAudioDuration();
                result.put("time", newTime);
                reply.writeString(ZSONObject.toZSONString(result));
            };
break;
            default: {
                HiLog.info(TAG,"default: null");
```

```
                    result.put("abilityError", ERROR);
                    reply.writeString(ZSONObject.toZSONString(result));
                    return false;
                }
            }

            return true;
        }

        @Override
        public IRemoteObject asObject() {
            return this;
        }

    }
```

到此，已经完成了音乐播放卡片的全部逻辑，包括卡片数据持久化、卡片刷新、卡片控制后台、页面控制后台等功能，页面方面读者可以自己优化，具体效果如图 8-8 所示。

图 8-8　音乐卡片页面显示

8.5　鸿蒙码的应用

鸿蒙码是一种碰扫一体化的码，利用原子化服务的鸿蒙码，用装载 HarmonyOS 的设备打开服务中心的扫一扫功能对鸿蒙码进行扫描，或者近距离碰一碰鸿蒙码，都可以调起对应的原子化服务。使用鸿蒙码可以方便用户对原子化服务的发现与实现快速交互。本案例主要对已经上架成功的原子化服务与服务卡片鸿蒙码的申请流程进行阐述说明。申请完成并经 HarmonyOS 官方审核通过后扫一扫功能即可实现；碰一碰功能需要进行后续的开发处理才能实现，本案例也有该流程的操作说明，图 8-9 是一款申请成功的鸿蒙码。

图 8-9　鸿蒙码

已经上架的原子化服务的鸿蒙码可以在华为快服务智慧平台申请，登录账号后，单击对应应用的编辑按钮，如图 8-10 所示。

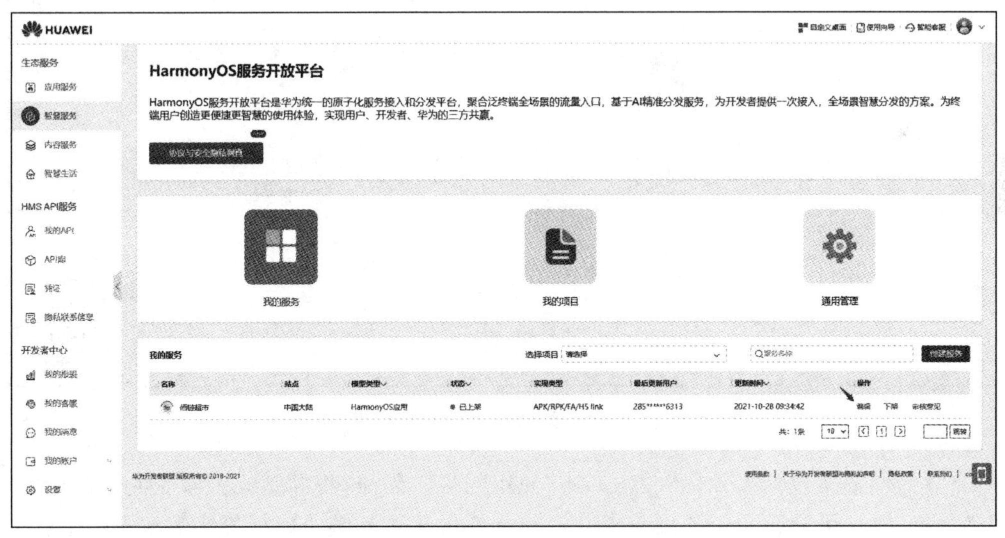

图 8-10　鸿蒙码申请

打开单击“配置”按钮，创建鸿蒙码标签，如图 8-11 所示。

选择标签类型进行申请，等审核通过后便可下载使用，如图 8-12 所示。

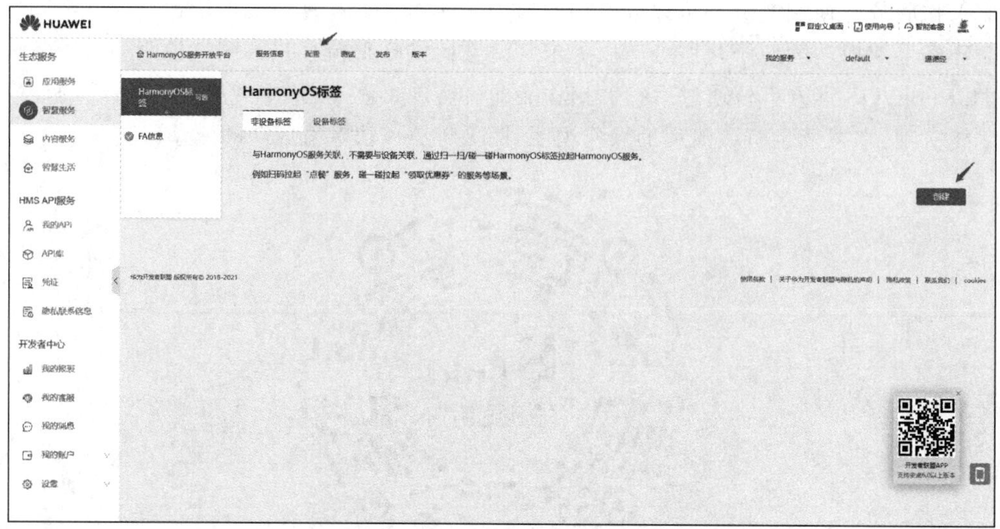

图 8-11 创建标签

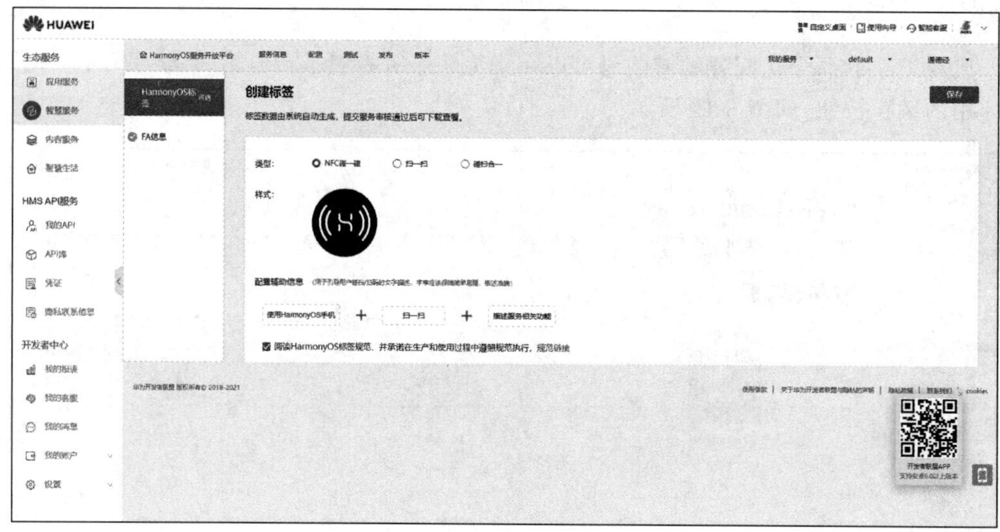

图 8-12 申请鸿蒙码

获取的鸿蒙码包括二维码和“碰一碰”使用的标签码流，将标签码流录入鸿蒙码中，再使用“碰一碰”时即可拉起原子化服务卡片。将标签码流录入鸿蒙码标签中的步骤如下：

(1) 获取 HW AirLink 工具，用于将标签码流写入标签中。HW AirLink 工具仅用于测试场景将码流写入标签。如果需要批量写入标签，则需要联系第三方厂商获取工具。

(2) 在手机上安装 HW AirLink 工具，并打开工具。

(3) 在 HW AirLink 工具界面，单击 ADD 按钮，并输入 NFC 邀请码 b4zd8bz3，即可打开 NFC 功能，如图 8-13 所示。

(4) 在工具界面单击 NFC 按钮，打开 NFC Write。将 NFC 标签码流(去掉空格)复制到输入框中，并勾选 byte code 选项，单击“置入缓存区”按钮。线上申请的码流前两字节 HW AirLink 工具会自动生成，在 App 内输入标签内容时应删除前两字节“03 XX”，将从“D2 XX XX”开始的内容复制到输入框。例如，申请的码流为“0316D2048448575454”，此处应输入“D2048448575454”，否则会写入失败，如图 8-14 所示。

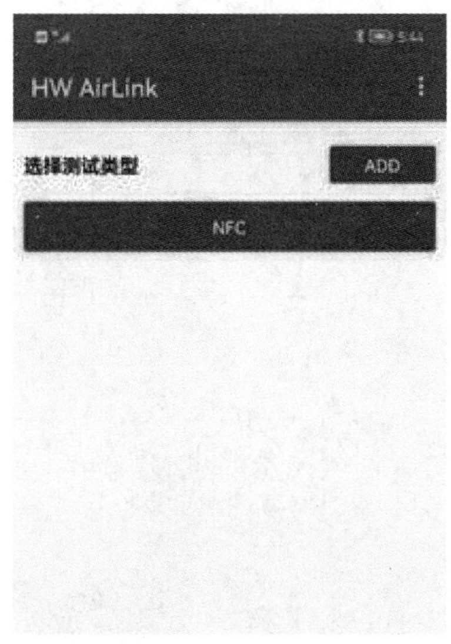

图 8-13 HW AirLink 工具界面

图 8-14 填写标签码流

(5) 选择已经准备好的空标签，贴到手机 NFC 识别区域，手机成功识别后便可成功写入。

8.6 服务卡片与原子化服务、App、H5 连接

下面通过一个案例来具体学习纯原生原子化服务页面的编写，将服务卡片跳转到传统需要安装的 App、H5 网站。该案例编写 3 个卡片，即公司新闻公告页面的编写、跳转到传统需要安装的 App 和跳转到 H5 网页端。

8.6.1 新闻公共页面编写

新闻公共页面主要利用 list 组件编写相关页面内容，代码如下：

```
<!-- 第 8 章/list 组件使用,页面布局 index.hml 部分 -->
<div class = "container">
    <div class = "title">
        <text class = "text1">新闻中心</text>
    </div>
```

```
    <div class = "xieyi">
        <image src = "/common/images/感叹号.png" class = "img_icon"></image>
        <text class = "xieyi_text">本应用不涉及收集用户的隐私数据</text>
    </div>
    <div>
        <image src = "/common/images/昌恩新闻.jpg" class = "img"></image>
    </div>
    <div class = "div"></div>
    <div class = "div_list">
        <list>
            <list - item class = "list_item">
                <div class = "list_newTitle" on:click = "new1">
                    <text class = "list_new">昌恩智能召开阿米巴改善机制导入大会></text>
                    <text class = "list_text"> 2021 - 09 - 03 </text>
                </div>
            </list - item>
            <list - item class = "list_item">
                <div class = "list_newTitle" on:click = "new2">
                    <text class = "list_new">昌恩智能 2021 年上半年中标明细></text>
                    <text class = "list_text"> 2021 - 07 - 13 </text>
                </div>
            </list - item>
            <list - item class = "list_item">
                <div class = "list_newTitle" on:click = "new3">
                    <text class = "list_new">昌恩智能 2020 年下半年中标信息></text>
                    <text class = "list_text"> 2021 - 07 - 13 </text>
                </div>
            </list - item>
            <list - item class = "list_item">
                <div class = "list_newTitle" on:click = "new4">
                    <text class = "list_new">昌恩智能 2020 年上半年中标信息></text>
                    <text class = "list_text"> 2021 - 07 - 13 </text>
                </div>
            </list - item>
            <list - item class = "list_item">
                <div class = "list_newTitle" on:click = "new5">
                    <text class = "list_new">昌恩智能党支部参加"党建引领·社企同行"关爱
慰问活动></text>
                    <text class = "list_text"> 2021 - 07 - 05 </text>
                </div>
            </list - item>
            <list - item class = "list_item">
                <div class = "list_newTitle" on:click = "new6">
                    <text class = "list_new">昌恩智能党支部荣获 2020—2021 年度"先进基层
党组织"称号></text>
                    <text class = "list_text"> 2021 - 07 - 05 </text>
```

```
                </div>
            </list-item>
        </list>
    </div>
    <div class="foot_div">
        <text class="foot_text">版权所有©深圳昌恩智能股份有限公司</text>
        <text class="foot_text">蛟龙腾飞技术支持</text>
    </div>
</div>
```

```
/*第8章/list组件使用,页面index.css部分*/
.container {
    flex-direction: column;
    align-items: center;
    justify-content: flex-start;
    width: 100%;
    height: 100%;
}
.img{
    width:100%;
    height: 115px;
}
.div{
    width: 100%;
    height: 20px;
    background-color: #ccc;
}
.head_router{
    display: flex;
    flex-direction: row;
    justify-content: center;
    align-items: center;
    width: 100%;
    height: 30px;
    background-color: #00164f;
}
.head_btn{
    flex: 1;
    justify-content: center;
    align-items: center;
    height: 30px;
    border: 1px solid #22325b;
    background-color: #374c82;
}
.text{
    padding: 0px 10px;
    font-size: 12px;
```

```
    color: #fff;
}
.title {
    flex-direction: column;
    align-items: center;
    justify-content: center;
    width: 100%;
    height: 50px;
    text-align: center;
    background-color: #00a0e9;
}
.text1{
    color: white;
    font-size: 20px;
    font-weight: bold;
}

.xieyi{
    flex-direction: row;
    align-items: center;
    justify-content: center;
    width: 100%;
    height: 30px;
    background-color: #333;
}
.xieyi_text{
    margin-left: 5px;
    font-size: 12px;
    color: white;
}
.img_icon{
    width: 14px;
    height: 14px;
}
.div_list{
    width: 100%;
    height: 600px;
}
.list_item{
    margin: 10px 0px 0 12px;
}
.list_newTitle{
    flex-direction: column;
    align-items: flex-start;
    justify-content: center;
    background-color: #ddd;
```

```
    width: 96%;
    height: 80px;
    border-radius: 4px;
}
.list_new{
    font-size: 16px;
    color: #111;
    font-weight: bold;
    margin: 0px 10px 10px 10px;
}
.list_text{
    font-size: 12px;
    color: blue;
    margin: 0 0 4px 12px;
}

.foot_text{
    font-size: 12px;
    color: white;
    margin-left: 10px;
}
.foot_div{
    width: 100%;
    height: 40px;
    background-color: #222;
}
```

```
//第 8 章/list 组件使用,页面 index.js 部分
import router from '@system.router';
export default {
    new1(){
        router.push({
            uri:'pages/news/new1/new1'
        })
    },
    new2(){
        router.push({
            uri:'pages/news/new2/new2'
        })
    },
    new3(){
        router.push({
            uri:'pages/news/new3/new3'
        })
    },
    new4(){
        router.push({
```

```
                uri:'pages/news/new4/new4'
            })
        },
        new5(){
            router.push({
                uri:'pages/news/new5/new5'
            })
        },
        new6(){
            router.push({
                uri:'pages/news/new6/new6'
            })
        }
    }
```

编写完页面内容后显示的项目内容如图 8-15 所示。这里没有指定单击进入的页面，读者可以自己添加。

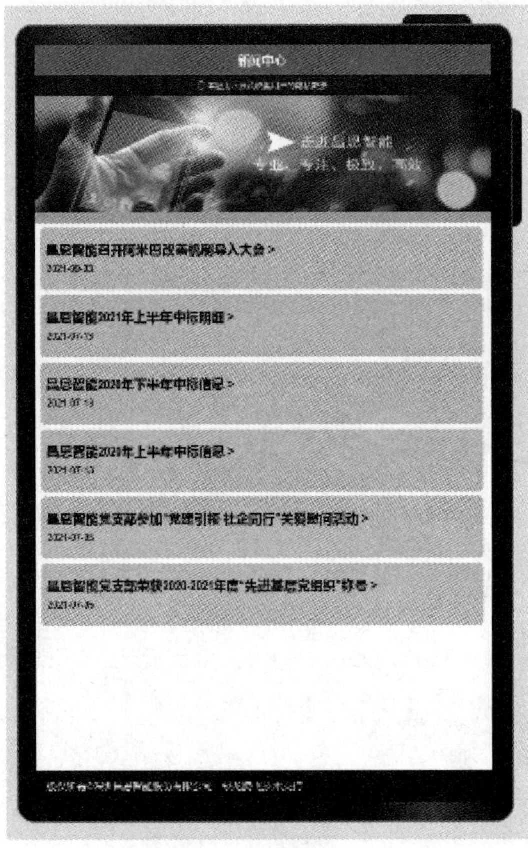

图 8-15　新闻页面

8.6.2 卡片入口打开 App 或者 H5

在卡片中设置跳转到的 AceAbility，在该 ability 下设置跳转到应用或网页的业务逻辑。下面是跳转到应用的相关代码，代码如下：

```
//第 8 章/ 卡片打开 app 代码
//判断应用是否已下载,如果已下载,则跳转到应用,如果未下载,则跳转到应用市场
boolean isAppExist(Context context, String appPkg) {
    try {
        IBundleManager manager = context.getBundleManager();
        return manager.isApplicationEnabled(appPkg);
    } catch (IllegalArgumentException e) {
        return false;
    }
}

//跳转到应用
public void launchAppDetail(String appPkg.String AbilityName){
    Intent intent = new Intent();
    Set<String> entities = new HashSet<>();
    entities.add("android.intent.category.LAUNCHER");
    Operation operation = new Intent.OperationBuilder()
            .withDeviceId("")
            .withBundleName(appPkg)
            .withAbilityName(AbilityName)
            .withAction("android.intent.action.MAIN")
            .withFlags(Intent.FLAG_NOT_OHOS_COMPONENT)
            .withEntities(entities)
            .build();
    intent.setOperation(operation);
    startAbility(intent);
}
//跳转到应用市场进行搜索
public void AppShop(String appPkg){
    HiLog.info(log,"launchAppDetail");
    try {
        if(appPkg.isEmpty())return;
        Uri uri = Uri.parse("market://details?id=" + appPkg);
        HiLog.info(log,"uri:" + uri);
        Intent intent = new Intent();
        intent.setUri(uri).addFlags(Intent.FLAG_ABILITY_NEW_MISSION);
        startAbility(intent,0);
    }catch (Exception e){
        e.printStackTrace();
    }
}
```

有时候需要跳转一些网页，查看卡片相关内容的信息或丰富卡片的功能，下面是跳转到

网站的相关代码,代码如下:

```
//第 8 章/ 卡片打开网页代码
public void AppWeb(String url){
    Intent intent = new Intent();
    Operation operation = new Intent.OperationBuilder()
            .withUri(Uri.parse(url))
            .build();
    intent.setOperation(operation);
    startAbility(intent);
}
```

8.7 多场景编辑与华为、畅连分享实现

一个原子化服务与服务卡片的应用,用户自我内容输入与显示是基本的交互方式之一,下面通过原卡秀案例,阐述原子化服务的文本与图片的交互及分享功能的实现。

用户通过原卡秀可以自定义编辑个人、公司、店铺和祝福 4 个应用场景。下面通过个人信息编辑的场景进行开发,阐述卡片编辑。

首先编写页面布局,代码如下:

```
<!-- 第 8 章/原卡秀案例页面 hml 代码 -->
<div class = "container">
<!-- 导航锚点 -->
    <div class = "navigationBar" >
        <div class = "navigationBar - div">
            <text class = "navigationDiv - text" onclick = "myImg">我的照片</text>
            <text class = "navigationDiv - text" onclick = "myInfo">个人信息</text>
            <text class = "navigationDiv - text" onclick = "myDynamic">我的动态</text>
        </div>
    </div>
<!-- 隐私声明 -->
    <div style = "margin - top: 60px;"></div>
    <div class = "agreement">
        <text class = "agreement - text">本服务不涉及收集用户的隐私数据</text>
    </div>
<!-- 主体 -->
    <div class = "list - div">
    <!--              我的照片 -->
        <div class = "item - img" for = "{{imgList}}" >
            <text class = "img - title" id = "imgId">{{ $ item.imgTitle}}</text>
            <div class = "img - div">
                <image src = "{{ $ item.avatarIma}}" class = "img"></image>
            </div>
```

```
        </div>
    <!--                    个人信息 -->
        <div class = "item - info" for = "{{infoList}}" id = "infoId">
            <div class = "item - info - style">
                <text class = "info">姓名：</text>
                <text class = "info1">{{ $ item.name}}</text>
            </div>
            <div class = "item - info - style">
                <text class = "info">昵称：</text>
                <text class = "info1">{{ $ item.nickName}}</text>
            </div>
            <div class = "item - info - style">
                <text class = "info">电话：</text>
                <text class = "info1">{{ $ item.phone}}</text>
                <button class = "info2" value = "拨打" onclick = "plus(1006)"></button>
            </div>
            <div class = "item - info - style">
                <text class = "info">微信：</text>
                <text class = "info1">{{ $ item.weChat}}</text>
            </div>
            <div class = "item - info - style">
                <text class = "info">邮箱：</text>
                <text class = "info1">{{ $ item.email}}</text>
            </div>
            <div class = "item - info - style">
                <text class = "info">星座：</text>
                <text class = "info1">{{ $ item.zodiac}}</text>
            </div>
            <div class = "item - info - style">
                <text class = "info">生肖：</text>
                <text class = "info1">{{ $ item.chineseZodiac}}</text>
            </div>
            <div class = "item - info - style">
                <text class = "info">职业：</text>
                <text class = "info1">{{ $ item.vocation}}</text>
            </div>
            <div class = "item - info - style">
                <text class = "info">地址：</text>
                <text class = "info1">{{ $ item.address}}</text>
            </div>
            <div class = "item - info - style2">
                <text class = "info">个性签名：</text>
                <text class = "info1" style = "margin:10px 0 20px 20px;">{{ $ item.sign}}
</text>
            </div>
        </div>
```

```
    <!--              我的动态 -->
        <div for = "{{dybamicList}}" class = "item - dynamic" id = "dynamicId">
            <text class = "dybamic - title">{{ $ item.title}}</text>
            <text class = "dybamic - content" >{{ $ item.showText}}</text>
<!--            <textarea class = "dybamic - content" value = "{{ $ item.content}}" maxlength =
"150" placeholder = "我的首个原卡秀发布成功啦!"></textarea> -->
            <div class = "dybamicListImg - div">
                <image class = "dybamicListImg" src = "{{ $ item.photo}}"></image>
            </div>
        </div>
<!--              分享 -->
        <div class = "hwShare">
            <div class = "hwShare - div" onclick = "plus(1007)">
                <div class = "hwShare - div1">
                    <image src = "/common/images/edit.png" class = "hw - img"></image>
                </div>
                <text class = "hwShare - div1 - text">编辑</text>
            </div>
            <div class = "hwShare - div" onclick = "plus(3001)">
                <div class = "hwShare - div1">
                    <image src = "/common/images/share.png" class = "hw - img"></image>
                </div>
                <text class = "hwShare - div1 - text">华为分享</text>
            </div>
        </div>
    </div>
<!--        支持 -->
    <div class = "support">
        <text class = "support - text">蛟龙腾飞技术支持</text>
    </div>
</div>
```

```
/* 第 8 章/原卡秀案例页面 CSS 代码 */
.container {
    flex - direction: column;
    justify - content: center;
    align - items: center;
    background - color: #ededed;
}

.agreement{
    align - items: center;
    justify - content: center;
    width: 100 %;
    height: 20px;
    background - color: #9fb6e3;
}
```

```
.agreement-text{
    font-size: 14px;
    color: #333;
}
.support{
    align-items: center;
    justify-content: center;
    width: 100%;
    height: 24px;
    background-color: #46b1e3;
}
.support-text{
    font-size: 16px;
    color: #333;
}
/*导航内容-------------------------------------------------------------*/
.navigationBar{
    flex-direction: column;
    align-items: center;
    justify-content: center;
    position: fixed;
    width: 100%;
    height: 60px;
    background-color: #f2f2f2;
}
.parson{
    align-items: center;
    justify-content: center;
    width: 100%;
}
.parson-text{
    font-size: 24px;
    color: #333;
}
.navigationBar-div{
    flex-direction: row;
    align-items: center;
    justify-content: center;
    width: 100%;
    height: 30px;
    background-color: #f2f2f2;
}
.navigationDiv-text{
    flex: 1;
    font-size: 20px;
    text-align: center;
```

```
}
.navigationDiv-text:active{
    font-size: 22px;
    color: #46b1e3;
}
/*主体内容----------------------------------------------------*/
.list-div{
    flex-direction: column;
    align-items: center;
    justify-content: center;
    width: 100%;
}
.list-wrapper {
    width: 100%;
    height: 800px;
    border: 1px;
}
/*我的照片-----------------------------------*/
.item-img{
    flex-direction: column;
    align-items: center;
    justify-content: flex-start;
    width: 100%;
    height: 300px;
    background-image: url('/common/images/3.jpg');
}
.img-title{
    color: #fff;
    font-size: 24px;
    margin: 10px 0px 10px 14px;
}
.img-div{
    align-items: center;
    justify-content: center;
    height: 220px;
}
.img{
    width: 240px;
    height: 200px;
    border-radius: 15px;
    box-shadow: 1px 1px 6px 5px #ccc;
}
/*个人信息-----------------------------------*/
.item-info{
    display: flex;
    flex-direction: column;
```

```
    align-items: flex-start;
    justify-content: flex-start;
    width: 100%;
    margin-bottom: 20px;
}
.item-info-style{
    flex-direction: row;
    align-items: center;
    justify-content: flex-start;
    width: 100%;
    height: 50px;
    margin-start: 14px;
    margin-end: 14px;
}
.info{
    color: #666;
    font-size: 22px;
}
.info1{
    color: #333;
    font-size: 20px;
}
.item-info-style2{
    flex-direction: column;
    align-items: flex-start;
    justify-content: flex-start;
    width: 100%;
    margin-start: 14px;
    margin-end: 14px;
}
.info-input-textarea{
    width: 100%;
    height: 220px;
    font-size: 20px;
}
.info2{
    margin-left: 10px;
    width: 50px;
    height: 24px;
    border-radius: 4px;
    font-size: 18px;
    background-color: #2e8ae6;
}
/*我的动态------------------------------------*/
.item-dynamic{
    flex-direction: column;
```

```
    align-items: flex-start;
    justify-content: flex-start;
    width: 100%;
}
.dybamic-title{
    color: #111;
    font-size: 24px;
    margin-top:10px;
    margin-start: 14px;
    margin-end: 14px;
}
.dybamic-content{
    width: 100%;
    margin-top:18px;
    color: #333;
    font-size: 20px;
    margin-start: 20px;
    margin-end: 14px;
}
.dybamicListImg-div{
    justify-content: center;
    margin-start: 14px;
    margin-end: 14px;
    margin: 20px 0 20px 0;
}
.dybamicListImg{
    max-width: 200px;
    max-height: 240px;
    min-width: 100px;
    min-height: 100px;
    border: 1px solid #999;
}
/* --分享------------------------------------------------------------*/
.hwShare{
    flex-direction: row;
    align-items: center;
    justify-content: center;
    width: 100%;
    height: 80px;
    background-color: #999;
}
.hwShare-div{
    flex-direction: column;
    align-items: center;
    justify-content: center;
}
```

```
.hwShare-div1{
    flex-direction: column;
    align-items: center;
    justify-content: center;
    width: 46;
    height: 46px;
    border-radius: 35px;
    background-color: #fff;
    margin: 6px 20px;
}
.hw-img{
    width: 30px;
    height: 30px;
}
.hwShare-div2{
    flex-direction: column;
    align-items: center;
    justify-content: center;
    width: 46px;
    height: 46px;
    border-radius: 35px;
    background-color: #3dbb2d;
    margin: 6px 20px;
}
.hw-img2{
    width: 36px;
    height: 36px;
}
.hwShare-div1-text{
    color: #eee;
    font-size: 12px;
}
```

在 JS 中编写与后台交互的逻辑代码，代码如下：

```
//第 8 章/原卡秀案例页面 JS 代码
//@ts-nocheck
import file from '@system.file';

const ABILITY_TYPE_EXTERNAL = 0;
const ABILITY_TYPE_INTERNAL = 1;
const ACTION_SYNC = 0;
const ACTION_ASYNC = 1;

export default {
```

```
data: {
    bjImg:'/common/images/3.jpg',
    navigationDivText:["我的照片","个人信息","我的动态"],
    imgList:[
        {
            imgTitle:'我的照片',
            avatarIma:"/common/images/feng.jpg",
        }],
    infoList:[
        {
            name:'',
            nickName:'',
            phone:'',
            weChat:'',
            email:'',
            zodiac:'',
            chineseZodiac:'',
            vocation:'',
            address:'',
            sign:'',
            photoId:''
        }],

    dybamicList:[
        {
            title:'我的动态',
            showText:'',
            photo:''
        }]
},
myImg(){
    this.$element().scrollTo({id:'imgId',duration: 500,position:0})
},
myInfo(){
    this.$element().scrollTo({id:'infoId',duration: 500,position:320})
},
myDynamic(){
    this.$element().scrollTo({id:'dynamicId',duration: 500,})
},

onInit(){
    this.plus(1004)
},

onShow(){
    this.plus(2001)
```

```
},

// 将交互数据传到 Addability
plus: async function(btn) {
    console.info('id is:' + btn);
    var actionData = {};
    if (btn == 1002) {
        actionData.name = this.infoList[0].name;
        actionData.nickName = this.infoList[0].nickName;
        actionData.phone = this.infoList[0].phone;
        actionData.weChat = this.infoList[0].weChat;
        actionData.email = this.infoList[0].email;
        actionData.zodiac = this.infoList[0].zodiac;
        actionData.chineseZodiac = this.infoList[0].chineseZodiac;
        actionData.vocation = this.infoList[0].vocation;
        actionData.avatarIma = this.imgList[0].avatarIma;
        actionData.address = this.infoList[0].address;
        actionData.sign = this.infoList[0].sign;
        actionData.photo = this.dybamicList[0].photo;
        actionData.showText = this.dybamicList[0].showText;
    }else if(btn == 2001){
        actionData.photoId = this.infoList[0].photoId;
    }

    console.info("输入数据 " + JSON.stringify(actionData));

    var action = {};
    action.bundleName = 'com.jitf.cardshow';
    action.abilityName = 'com.example.mycloudjs.service.ServiceAbility';
    action.messageCode = btn;
    action.data = actionData;
    action.abilityType = ABILITY_TYPE_EXTERNAL;
    action.syncOption = ACTION_SYNC;

    var result = await FeatureAbility.callAbility(action);
    var ret = JSON.parse(result);
    console.info("后台数据 " + JSON.stringify(ret) );

    switch(ret.code){
        case 1004:
            console.info('plus result is:' + JSON.stringify(ret));
            this.imgList[0].avatarIma = ret["avatarIma"];

            this.infoList[0].name = ret.name;
            this.infoList[0].nickName = ret["nickName"];
            this.infoList[0].phone = ret["phone"];
```

```
                this.infoList[0].weChat = ret["weChat"];
                this.infoList[0].email = ret["email"];
                this.infoList[0].zodiac = ret["zodiac"];
                this.infoList[0].chineseZodiac = ret["chineseZodiac"];
                this.infoList[0].vocation = ret["vocation"];
                this.infoList[0].address = ret["address"];
                this.infoList[0].sign = ret["sign"];

                this.dybamicList[0].photo = ret["photo"];
                this.dybamicList[0].showText = ret["showText"];

                this.imgList[0].avatarIma = ret["avatarIma"];

                this.show();
            case 2001:
                console.info("照片选择方 : " + this.infoList[0].photoId);
                var cum = 0;
                switch(this.infoList[0].photoId){
                    case 0:

this.imgList[0].avatarIma = 'internal://app' + ret.avatarIma;
                        console.info("头像 : " + this.imgList[0].avatarIma);
                        break;
                    case 1:
                        this.dybamicList[0].photo = 'internal://app' + ret.photo;
                        console.info("照片 : " + this.dybamicList[0].photo);
                        break;
                    default:break;
                }
                this.show();
                break;
            default:break;
        }
    },

    //监听输入内容
    changeName(e){
        this.infoList[0].name = e.value
        console.info("输入: " + e.value)
    },
    changeNickName(e){
        this.infoList[0].nickName = e.value
        console.info("输入: " + this.nickName)
    },
    changePhone(e){
        this.infoList[0].phone = e.value
```

```
        console.info("输入: " + this.Phone)
    },
    changeWeChat(e){
        this.infoList[0].weChat = e.value
        console.info("输入: " + this.weChat)
    },
    changeEamil(e){
        this.infoList[0].email = e.value
        console.info("输入: " + this.email)
    },
    changeZodiac(e){
        this.infoList[0].zodiac = e.value
        console.info("输入: " + this.zodiac)
    },
    changeChineseZodiac(e){
        this.infoList[0].chineseZodiac = e.value
        console.info("输入: " + this.chineseZodiac)
    },
    changeVocation(e){
        this.infoList[0].vocation = e.value
        console.info("输入: " + this.vocation)
    },
    changeAddress(e){
        this.infoList[0].address = e.value
        console.info("输入: " + this.address)
    },
    changeSign(e){
        this.infoList[0].sign = e.value
        console.info("输入: " + this.sign)
    },
    changeShowText(e){
        this.dybamicList[0].showText  =  e.value
        console.info("输入: " + this.showText)
    },

    save(){
        this.plus(1002)
    },

    seleteIma(type){
        this.infoList[0].photoId = type
        console.info("选择图片")
        this.plus(1001)
    },

    show(){
```

```
        file.list({
            uri: 'internal://app/',
            success: function(data) {
                console.info('call file list success');
                if(data.fileList.length == 0)
                {
                    console.info("私有目录没有文件")
                }
                data.fileList.forEach(f =>{
                    console.info(f.uri);
                })

            },
            fail: function(data, code) {
                console.info('call fail callback fail, code: ' + code + ', data: ' + data);
            },
        });
    }
}
```

页面显示效果如图 8-16 所示。

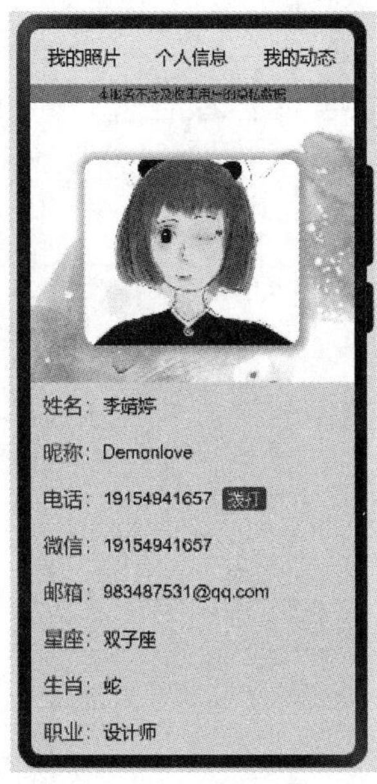

图 8-16　页面显示效果图

在后台，创建数据库与数据表用于存储输入的信息数据库的创建过程与方法前面已经讲解过。创建数据库 PersonalBase，代码如下：

```
//第 8 章/原卡秀案例,数据库创建 PersonalBase.class 代码
@Database(entities = {Personal.class},version = 1)
public abstract class PersonalBase extends OrmDatabase {
}
```

创建数据库表 Personal,代码如下：

```
//第 8 章/原卡秀案例,数据库表创建 Personal.class 代码
@Entity(tableName = "Personal")
public class Personal extends OrmObject {
    @PrimaryKey(autoGenerate = true)
    private Integer id;
    private String name;                //名字
    private String nickname;            //昵称
    private String phone;               //电话
    private String weChat;              //微信
    private String email;               //邮箱
    private String zodiac;              //星座
    private String avatarIma;           //头像
    private String showText;            //分享文本
    private String photo;               //相册照片
    private String chineseZodiac;       //生肖
    private String sign;                //个性签名
    private String vocation;            //职业
    private String address;             //地址

//getter 和 setter
}
```

接下来建立一个 Service Ability 进行数据的存储和处理,代码如下：

```
//第 8 章/原卡秀案例,ServiceAbility 代码
public class ServiceAbility extends Ability {
    private static final HiLogLabel LABEL_LOG = new HiLogLabel(3, 0xD001100, "Demo");

    private static final HiLogLabel TAG = new HiLogLabel(HiLog.LOG_APP,0x0, ServiceAbility.
class.getName());
    private static final int ERROR = 1;
    private static final int GETIMAGE = 1001;           //选择图片
    private static final int INSERTDATA = 1002;         //页面编辑数据保存
    private static final int PAGE = 1004;               //页面获取数据
    private static final int PHONE = 1006;              //拨打电话
    private static final int EDIT = 1007;               //编辑
    private static final int GETIMAURI = 2001;          //获取选择的图片 URI
```

```
    private ShareHelper mHelper = null;

    private MyRemote remote = new MyRemote();

    //暂存图片路径
    String imaUri;

    //用于数据库处理
    OrmContext ormContext;
    //数据库表名称
    private static final String DATABASE_NAME = "PersonalBase.db";
    private static final String DATABASE_NAME_ALIAS = "PersonalBase";

    String showdata = null;


    @Override
    public void onStart(Intent intent) {
        HiLog.error(LABEL_LOG, "ServiceAbility::onStart");
        super.onStart(intent);
        //初始化数据库
        DatabaseHelper manager = new DatabaseHelper(this);
        ormContext = manager.getOrmContext(DATABASE_NAME_ALIAS, DATABASE_NAME, PersonalBase.
class);
        ormContext.insert(new Personal());

    }

    @Override
    public void onBackground() {
        super.onBackground();
        HiLog.info(LABEL_LOG, "ServiceAbility::onBackground");
    }

    @Override
    public void onCommand(Intent intent, boolean restart, int startId) {
        imaUri = intent.getStringParam("imaUri");
        HiLog.info(TAG,"选择的图片" + imaUri);

        //分享数据接收
        showdata = intent.getStringParam("sharing_fa_extra_info");
        if (showdata!= null){
            HiLog.info(TAG,"分享" + showdata);
        }

    }
```

```
    @Override
    protected IRemoteObject onConnect(Intent intent) {
        HiLog.info(TAG,"AddAbility::onConnect");
        super.onConnect(intent);
        return remote.asObject();
    }

    class MyRemote extends RemoteObject implements IRemoteBroker {


        MyRemote() {
            super("MyService_MyRemote");
        }

        @Override
        public boolean onRemoteRequest(int code, MessageParcel data, MessageParcel reply,
MessageOption option) {

            String dataStr = data.readString();

            //转换接收的数据的类型
            RequestParam param = new RequestParam();
            try {
                param = ZSONObject.stringToClass(dataStr, RequestParam.class);
            } catch (RuntimeException e) {
                HiLog.error(TAG, "convert failed.");
            }

            //返回结果当前仅支持 String,对于复杂结构可以序列化为 ZSON 字符串后上报
            Map<String, Object> result = new HashMap<String, Object>();

            HiLog.info(TAG,"请求方" + code);

            switch (code) {
                case GETIMAGE:
                    getImage();
                    result.put("code", GETIMAGE);
                    reply.writeString(ZSONObject.toZSONString(result));
                    break;

                case INSERTDATA:

                    Personal personal = new Personal();
                    //更新数据
                    OrmPredicates predicates = ormContext.where(Personal.class);
```

```
        //删除之前的数据
                    ormContext.delete(predicates);

                    ormContext.flush();

                    //添加新数据
                    personal.setName(param.getName());
                    personal.setEmail(param.getEmail());
                    personal.setNickname(param.getNickname());
                    personal.setZodiac(param.getZodiac());
                    personal.setPhone(param.getPhone());
                    personal.setChineseZodiac(param.getChineseZodiac());
                    personal.setSign(param.getSign());
                    personal.setWeChat(param.getWeChat());
                    personal.setAddress(param.getAddress());
                    personal.setAvatarIma(param.getAvatarIma());
                    personal.setPhoto(param.getPhoto());
                    personal.setVocation(param.getVocation());
                    personal.setShowText(param.getShowText());

                    if (ormContext.insert(personal)&&ormContext.flush()) {
                        HiLog.info(TAG, "存储信息成功" );
                        HiLog.info(TAG,"数据库数据" + ZSONObject.toZSONString(ormContext.
query(predicates)));
                    }else
                        HiLog.info(TAG, "存储信息失败" );

                    UpdataForm();
                    result.put("code", INSERTDATA);
                    reply.writeString(ZSONObject.toZSONString(result));
                    break;

                case PAGE:
                    if(showdata!= null){                    //显示华为分享和畅连分享的内容
                        try {
                            param = ZSONObject.stringToClass(showdata, RequestParam.class);

                            result.put("avatarIma",param.getAvatarIma());
                            result.put("name",param.getName());
                            result.put("nickName",param.getNickname());
                            result.put("phone",param.getPhone());
                            result.put("weChat",param.getWeChat());
                            result.put("email",param.getEmail());
                            result.put("zodiac",param.getZodiac());

result.put("chineseZodiac",param.getChineseZodiac());
```

```
                    result.put("vocation",param.getVocation());
                    result.put("address",param.getAddress());
                    result.put("sign",param.getSign());
                    result.put("photo",param.getPhoto());
                    result.put("showText",param.getShowText());

                    showdata = null;
                } catch (RuntimeException e) {
                    HiLog.error(TAG, "convert failed.");
                }
            }else {        //显示数据库的内容
                OrmPredicates ormPredicates1 = ormContext.where(Personal.class);
                HiLog.info(TAG,"数据库传输到页面的数据" + ZSONObject.toZSONString
(ormContext.query(ormPredicates1)));

                List < Personal > listP = ormContext.query(ormPredicates1);

                Personal personal2 = listP.get(0);

                result.put("avatarIma",personal2.getAvatarIma());
                result.put("name",personal2.getName());
                result.put("nickName",personal2.getNickname());
                result.put("phone",personal2.getPhone());
                result.put("weChat",personal2.getWeChat());
                result.put("email",personal2.getEmail());
                result.put("zodiac",personal2.getZodiac());

result.put("chineseZodiac",personal2.getChineseZodiac());
                result.put("vocation",personal2.getVocation());
                result.put("address",personal2.getAddress());
                result.put("sign",personal2.getSign());
                result.put("photo",personal2.getPhoto());
                result.put("showText",personal2.getShowText());

            }
            result.put("code",PAGE);
            reply.writeString(ZSONObject.toZSONString(result));
            break;

        case GETIMAURI:
            HiLog.info(TAG,"照片选择方:" + param.getPhotoId());
            switch (Integer.valueOf(param.getPhotoId())){
                case 0:
                    result.put("avatarIma", imaUri);
                    break;
                case 1:
```

```
                        result.put("photo", imaUri);
                        break;
                    default:break;
                }

                result.put("code", GETIMAURI);
                reply.writeString(ZSONObject.toZSONString(result));

                imaUri = null;
                break;
            case PHONE:
                Intent transferDialogKey = new Intent();
                try{
                    Personal personal4 = (Personal) ormContext.query(ormContext.
where(Personal.class)).get(0);
                    String phone = personal4.getPhone();
                    Operation operation = new Intent.OperationBuilder()
                            .withAction(IntentConstants.ACTION_DIAL)
                            .withUri(Uri.parse("tel:" + phone))
                            .build();
                    transferDialogKey.setOperation(operation);
                    startAbility(transferDialogKey);
                }catch (Exception e){
                    Operation operation = new Intent.OperationBuilder()
                            .withAction(IntentConstants.ACTION_DIAL)
                            .withUri(Uri.parse("tel:" + "19154941657"))
                            .build();
                    transferDialogKey.setOperation(operation);
                    startAbility(transferDialogKey);
                }

                break;
            case EDIT:
                Intent intent = new Intent();
                Operation operation1 = new Intent.OperationBuilder()
                        .withDeviceId("")
                        .withBundleName("com.jitf.cardshow")
                        .withAbilityName(PersonalEditAbility.class.getName())
                        .build();
                intent.setOperation(operation1);
                //启动 Service
                startAbility(intent);
                break;
            default: {
                HiLog.info(TAG,"default: null");
                result.put("abilityError", ERROR);
```

```
                    reply.writeString(ZSONObject.toZSONString(result));
                    return false;
                }
            }
            return true;
        }
        @Override
        public IRemoteObject asObject() {
            return this;
        }
    }

    //获取相册的图片与视频
    private void getImage(){
        HiLog.info(TAG,"打开相册");

        Intent intent = new Intent();
        Operation operation = new Intent.OperationBuilder()
                .withDeviceId("")
                .withBundleName("com.jitf.cardshow")
                .withAbilityName("com.example.mycloudjs.page.ImaAduioAceAbility")
                .build();
        intent.setOperation(operation);

        intent.setParam("abilityName",ServiceAbility.class.getName());
        //启动 Service
        startAbility(intent);
    }
```

由于 Service Ability 无法直接打开相册，所以需要跳转到 Page Ability 打开相册，以便获取相关的数据内容，代码如下：

```
//第 8 章/原卡秀案例 ImaAduioAceAbility.class 代码
public class ImaAduioAceAbility extends AceAbility {

    private static final HiLogLabel TAG = new HiLogLabel (HiLog.LOG_APP, 0x0,
ImaAduioAceAbility.class.getName());
    private static final int MY_PERMISSIONS_REQUEST_CAMERA = 3001;
    int imgRequestCode = 2234;

    String abilityName;     //哪一个 ability 获取照片


    @Override
    public void onStart(Intent intent) {
```

```
        setInstanceName("default");
        setPageParams("personalEdit/index/index",null);
        super.onStart(intent);

        abilityName = intent.getStringParam("abilityName");

        if (verifySelfPermission("ohos.permission.READ_USER_STORAGE") != IBundleManager.
PERMISSION_GRANTED) {
            //应用未被授予权限
            if (canRequestPermission("ohos.permission.CAMERA")) {
                //是否可以申请弹框授权(首次申请或者用户未选择禁止且不再提示)
                requestPermissionsFromUser(
                        new String[] { "ohos.permission.READ_USER_STORAGE" },
MY_PERMISSIONS_REQUEST_CAMERA);
            } else {
                //显示应用需要权限的理由,提示用户进入设置授权
            }
        } else {
            //权限已被授予
            getImage();
        }
    }


    @Override
    public void onStop() {
        super.onStop();
    }


    //将照片存储到 js 可以访问的目录下
    void setImaData(Uri uri,String name){
        String imgName = "/" + name + ".jpg";

        for (File dataChildFile : dataChildFiles) {
            HiLog.info(TAG,"数据子目录:" + dataChildFile);
        }
        File[] externalFiles = this.getExternalMediaDirs();
        for (File externalFile : externalFiles) {
            HiLog.info(TAG,"外部 Media 目录:" + externalFile);
        }

        try {
            //该目录和 JSUI 中的 internal://cache/目录是一个目录
//File file = new File(this.getCacheDir() + "/111.png");
            File file = new File(this.getFilesDir() + imgName);
```

```
            HiLog.info(TAG,"文件路径:" + file);
            if(file.exists())
            {
                HiLog.info(TAG,"文件已存在");
                setUriToService(imgName);
                return;
            }
            HiLog.info(TAG,"文件不存在");

            //定义数据能力帮助对象
            DataAbilityHelper helper = DataAbilityHelper.creator(getContext());
            //读取图片
            FileDescriptor fd = null;
            try {
                fd = helper.openFile(uri, "r");
            } catch (DataAbilityRemoteException e) {
                e.printStackTrace();
            }

            ImageSource imageSource;
            imageSource = ImageSource.create(fd, null);


            //设置图片参数
            ImageSource.DecodingOptions decodingOptions = new ImageSource.DecodingOptions();
            decodingOptions.desiredSize = new Size(3000,3000);
            imageSource.createPixelmap(decodingOptions);
            //该种方式直接访问 internal://app 目录
//FileOutputStream fos = new FileOutputStream("/data/user/0/com.example.abilitytransfertest/
//files//111.jpg");
            FileOutputStream fos = new FileOutputStream(this.getFilesDir() + imgName);
            ImagePacker imagePacker = ImagePacker.create();
            ImagePacker.PackingOptions packingOptions = new ImagePacker.PackingOptions();
            packingOptions.format = "image/jpeg";
            packingOptions.quality = 90;
            boolean result = imagePacker.initializePacking(fos, packingOptions);
            if(result)
            {
                result = imagePacker.addImage(imageSource.createPixelmap(decodingOptions));
                if (result) {
                    long dataSize = imagePacker.finalizePacking();
                    HiLog.info(TAG,"文件大小: " + dataSize);
                }
            }
```

```
                fos.flush();
                fos.close();
                if(file.exists())
                {
                    HiLog.info(TAG,"文件已存在");
                    setUriToService(imgName);
                    return;
                }
            } catch (IOException e) {
                HiLog.info(TAG,"文件保存出错: " + e.getMessage());
                e.printStackTrace();
            }

            File file = this.getFilesDir();
            File[] files = file.listFiles();
            for (File file1 : files) {
                HiLog.info(TAG,"File 目录:" + file1);
            }
        }

        //获取相册的图片与视频
        private void getImage(){
            HiLog.info(TAG,"打开相册");
            Intent intent = new Intent();
            Operation opt = new Intent.OperationBuilder().withAction("android.intent.action.GET_
CONTENT").build();
            intent.setOperation(opt);
            intent.addFlags(Intent.FLAG_NOT_OHOS_COMPONENT);
            intent.setType("image/*");
            intent.setBundle("com.huawei.photos");
            startAbilityForResult(intent, imgRequestCode);
        }


        //图片选取回调
        @Override
        protected void onAbilityResult(int requestCode, int resultCode, Intent resultData) {
            if(requestCode == imgRequestCode) {
                if(resultData!= null){
                    HiLog.info(TAG, "选择图片 getUriString:" + resultData.getUriString());
                    //选择的 Img 对应的 Uri
                    String chooseImgUri = resultData.getUriString();

                    //获取选择的 Img 对应的 Id
                    String chooseImgId = null;
```

```
                //如果选择的是文件,则 getUriString 结果为 content://com.android.providers.
                //media.documents/document/image%3A30,其中%3A是":"的URL编码结果,后面的
                //数字是 image 对应的 Id
                //如果选择的是图库,则 getUriString 结果为 content://media/external/images/
                //media/30,最后是 image 对应的 Id
                //这里需要判断是选择了文件还是选择了图库
                if(chooseImgUri.lastIndexOf("%3A")!= -1){
                    chooseImgId = chooseImgUri.substring(chooseImgUri.lastIndexOf("%3A")+3);
                }
                else {
                    chooseImgId = chooseImgUri.substring(chooseImgUri.lastIndexOf('/')+1);
                }
                //获取图片对应的uri,由于获取的前缀是content,我们替换成对应的
                //dataability前缀Uri
uri = Uri.appendEncodedPathToUri(AVStorage.Images.Media.EXTERNAL_DATA_ABILITY_URI,
chooseImgId);
                HiLog.info(TAG,"图片uri"+uri);
                setImaData(uri,chooseImgId);
            }
        }

    }

    void setUriToService(String imgName){
        HiLog.info(TAG,"将数据图片传给service"+imgName);
        Intent intent = new Intent();
        Operation operation = new Intent.OperationBuilder()
                .withDeviceId("")
                .withBundleName("com.jitf.cardshow")
                .withAbilityName(abilityName)
                .build();
        intent.setOperation(operation);

        intent.setParam("imaUri",imgName);
        //启动Service
        startAbility(intent,0);
        onBackPressed();
    }
}
```

在笔者创作本书时,DevEco Studio中还未提供JS访问相册的能力,所以只能在后台将相册的照片复制到JS可以访问的目录下,再通过JS进行访问。至此,页面数据的修改显示已经完成。接下来将信息显示到卡片上,代码如下:

```
//第 8 章/原卡秀案例 ServiceAbility.class 的更新卡片内容部分的代码
//更新卡片
private void UpdataForm(){
    HiLog.info(TAG, "更新卡片图片");
    try{
        Personal personal = (Personal) ormContext.query(ormContext.where(Personal.class)).
get(0);
        String path = personal.getAvatarIma().substring((personal.getAvatarIma()).
lastIndexOf("/")+1);
        int i = path.indexOf(".");
        path = path.substring(0,i);

        Uri uri = Uri.parse("dataability:///media/external/images/media/" + path);

        HiLog.info(TAG, "卡片图片 Uri:" + uri.toString());
        //定义数据能力帮助对象
        DataAbilityHelper helper = DataAbilityHelper.creator(getContext());

        FileInputStream inputStream = null;

        inputStream = new FileInputStream(helper.openFile(uri, "r"));

        Byte[] Bytes = readInputStream(inputStream);

        ZSONObject result = new ZSONObject();

        FormBindingData formBindingData = new FormBindingData(result);

        result.put("name",personal.getName());

        if (Bytes != null && Bytes.length != 0) {

            String picName = new Date().getTime() + ".png";

            String picPath = "memory://" + picName;

            result.put("avatarIma", picPath);
            formBindingData.addImageData(picName, Bytes);
        }
        if (this instanceof Ability) {
            for (CardDataTable formtable : getFormId()) {
                HiLog.info(TAG,"卡片 ID" + formtable.getFormId());
                updateForm(formtable.getFormId(), formBindingData);
            }
        }
    }catch (Exception e){
        HiLog.error(TAG,"不存在");
    }
```

```
    }

    // 获取卡片 id
    private List<CardDataTable> getFormId() {

        HiLog.info(TAG,"查找卡片信息");

        DatabaseHelper manager = new DatabaseHelper(this);
        OrmContext ormContext = manager.getOrmContext("MyCloudBase", "MyCloudBase.db",
    MyCloudBase.class);
        //获取卡片内容
        OrmPredicates ormPredicates = ormContext.where(CardDataTable.class).equalTo("cardId","0");

        List<CardDataTable> list = ormContext.query(ormPredicates);

        HiLog.info(TAG,"查找卡片信息" + list.toString());

        return list;
    }

    //将图片转化成 Byte 类型
    private Byte[] readInputStream(InputStream inputStream) {

        ByteArrayOutputStream baos = new ByteArrayOutputStream();

        Byte[] buffer = new Byte[1024];

        int length = -1;

        try {
            while ((length = inputStream.read(buffer)) != -1) {
                baos.write(buffer, 0, length);
            }
            baos.flush();
        } catch (IOException e) {
            e.printStackTrace();
        }

        Byte[] data = baos.toByteArray();

        try {
            inputStream.close();
            baos.close();
        } catch (IOException e) {
            e.printStackTrace();
        }

        return data;
    }
```

在卡片上显示本地照片时需要调用 FormBindingData 的 addImageData 接口添加数据：addImageData(logo.png，Bytes)，其中，logo.png 为 picName，必须和第一步里添加到 ZSONObject 中的键-值对的 picName 一致，否则内存图片路径(memory://logo.png)将读取不到这里添加进去的图片数据。

编写卡片页面并获取后台数据，代码如下：

```
//第 8 章/原卡秀案例卡片 JSON 代码
{
  "data": {
    "title": "我的卡片",
    "avatarIma": " ",
    "name": " "
  },
  "actions": {
    "routerEvent": {
      "action": "router",
      "bundleName": "com.jitf.cardshow",
      "abilityName": "com.example.mycloudjs.page.PersonalAbility",
    }
  }
}
```

```
<!-- 第 8 章/原卡秀案例卡片 HML 代码 -->
<div class = "container" onclick = "routerEvent">
    <text class = "title">{{title}}</text>
    <image src = "{{avatarIma}}" class = "img"></image>
    <text class = "text">{{name}}</text>
</div>
```

```
/* 第 8 章/原卡秀案例卡片 css 代码 */
.container {
    flex-direction: column;
    justify-content: center;
    align-items: center;
    background-image: url("/common/3.jpg");
}
@media (device-type: phone){
    .title{
        font-size: 14px;
        color: #111;
    }
    .img{
        width: 100px;
        height: 100px;
        margin: 4px 0;
        border-radius: 8px;
```

```
    }
    .text{
        font-size:14px;
        color: #db6b42;
    }
}
```

至此,卡片可以显示从页面传输的图片和文字内容,效果如图 8-17 所示。

图 8-17 卡片图片效果图

实现华为分享和畅连分享的功能,分享编写的文本信息,由于现阶段接口提供传输的数据大小受限制,所以暂无法实现图片传输。

接入华为分享可以参考之前的内容,在引入相关包后,在 Service Ability 下调用,代码如下:

```
//第 8 章/原卡秀案例 ServiceAbility.class 实现华为分享部分
  private void hwShow() {
        Byte[] Bytes;
        InputStream inputStream = null;
        try {
            inputStream = getContext().getResourceManager().getResource(ResourceTable.
Media_show);
            Bytes = readInputStream(inputStream);
            PacMapEx pacMap = new PacMapEx();
            pacMap.putObjectValue(ShareFaManager.SHARING_FA_TYPE, 0);  //分享的服务类型
            pacMap.putObjectValue(ShareFaManager.HM_BUNDLE_NAME, getBundleName());
            pacMap.putObjectValue(ShareFaManager.SHARING_EXTRA_INFO, getSQLParam().
toString());                                    //携带的额外信息,可传递到被拉起的服务界面
            pacMap.putObjectValue(ShareFaManager.HM_ABILITY_NAME, PeronalAbility.class.
getName());                                     //分享的服务的 Ability 类名
            pacMap.putObjectValue(ShareFaManager.SHARING_CONTENT_INFO, "欢迎使用原卡秀原
子化服务卡片!");                                  //卡片展示的服务介绍信息
```

```
            pacMap.putObjectValue(ShareFaManager.SHARING_THUMB_DATA, Bytes);
                                                                //卡片展示服务介绍图片
            inputStream = getContext().getResourceManager().getResource(ResourceTable.
Media_icon);
            Bytes = readInputStream(inputStream);
            pacMap.putObjectValue(ShareFaManager.HM_FA_ICON, Bytes);
                                    //服务图标,如果不传递此参数,则取分享方默认服务图标
            pacMap.putObjectValue(ShareFaManager.HM_FA_NAME, "原卡秀");
                                                                //卡片展示的服务名称
            //第1个参数为appid,在华为AGC创建原子化服务时自动生成
            ShareFaManager.getInstance(this).shareFaInfo("765710042858007296", pacMap);

        } catch (IOException e) {
            e.printStackTrace();
        } catch (NotExistException e) {
            e.printStackTrace();
        }
    }
```

这里的华为分享会拉起PersonalAbility对应的页面,所以也要在对应的页面写下接收数据的逻辑,代码如下:

```
//第8章/原卡秀华为分享数据接收PersonalAbility.class部分代码
@Override
public void onStart(Intent intent) {
    setInstanceName("default");
    setPageParams("pages/demoCould/demoCould",null);
    super.onStart(intent);

    String data = intent.getStringParam("sharing_fa_extra_info");

    ZSONObject zsonObject = ZSONObject.stringToZSON(data);
    //如果分享数据不为空且未传给service,则将数据传给service
    if (data!= null){
        HiLog.info(TAG,"分享:" + data);
        HiLog.info(TAG,"分享Ability:" + zsonObject.getString("abilityName"));
        Intent intent1 = new Intent();
        Operation operation1 = new Intent.OperationBuilder()
                .withDeviceId("")
                .withBundleName(getBundleName())
                .withAbilityName(ServiceAbility.class.getName())
                .build();
        intent1.setOperation(operation1);
        //启动Service
```

```
            intent1.setParam("sharing_fa_extra_info",data);
            this.startAbility(intent1,0);
        }
    }
```

华为分享效果如图 8-18 所示，图 8-18(a)为发送方，图 8-18(b)为接收方。

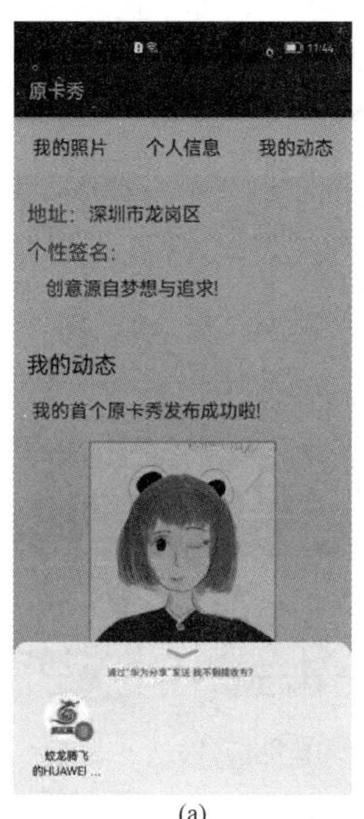

(a)

(b)

图 8-18 华为分享

接下来进行畅连分享的开发，在作者创作本内容时畅连分享的 SDK 需要到官方申请，获得相关包后，便可引入项目中。畅连分享的使用，代码如下：

```
//第 8 章/原卡秀 ServiceAbility.class 中实现畅连分享部分代码
// 畅连分享
private void shareWeb() {
    if (mHelper == null) {
        mHelper = new ShareHelper(getApplicationContext());
        mHelper.shareKitInit();
        HiLog.debug(TAG,"shareKit Init");
    }
    try {
        PixelMap bmp = PixelMapFactory.createByResourceId(getApplicationContext(),
                ResourceTable.Media_clshow, "image/jpeg");
        PixelMap icondata = PixelMapFactory.createByResourceId(getApplicationContext(),
```

```
                ResourceTable.Media_icon, "image/png");
        WebPageShareMsg.Builder builder = new WebPageShareMsg.Builder();
        builder.setTitle("原卡秀")
                .setUrl("https://www.baidu.com")
                .setDescription("原卡秀")
                .setFaName("原卡秀")
                .setThumbData(bmp)
                .setIconData(icondata);
        if (true) {
            //如果需要分享 FA,则需要填写 Ability 名称,如果不填写,则分享后接收方将打开
            //Web 链接
            builder.setAbilityName(MainAbility.class.getName())
                    .setFaName("原卡秀")
                    .setSharingExtraInfo(getSQLParam().toString());
        }
        Optional<WebPageShareMsg> webPageShareMsg = builder.build();
        if (webPageShareMsg.isPresent()) {
            //发送消息给畅连应用
            mHelper.shareToCaasService(HwShareUtils.SCENE_MESSAGE, webPageShareMsg.get());
        }
    } catch (Exception e) {
        e.printStackTrace();
    }
}
```

发送端效果如图 8-19(a)所示,接收端效果如图 8-19(b)所示。

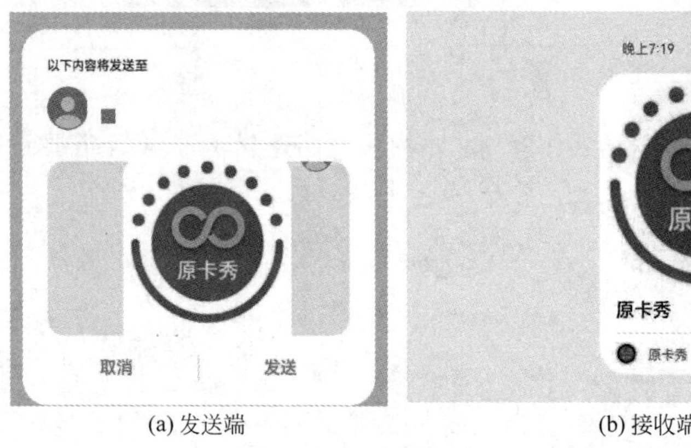

(a) 发送端　　(b) 接收端

图 8-19　畅连分享效果图

读者也可以自己开发其他应用场景,例如公司、店铺和节日问候,如图 8-20 所示,为读者设计提供参考。

(a) 公司

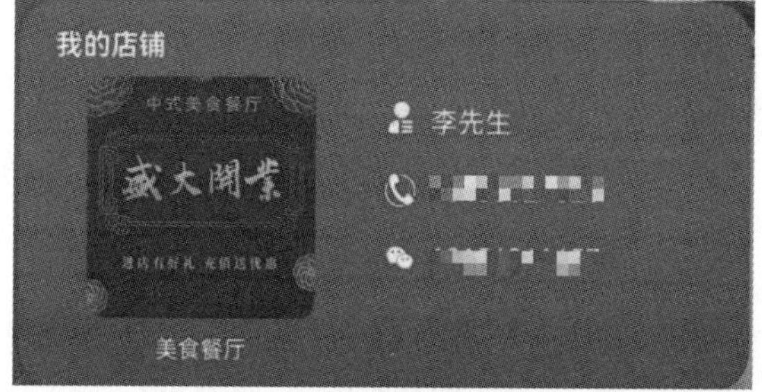

(b) 店铺

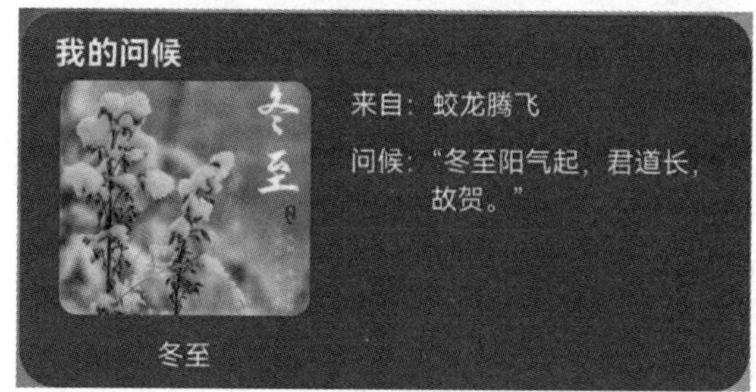

(c) 节日问候

图 8-20　场景效果

第 9 章 编译测试与上架申请

本章主要阐述原子化服务与服务卡片代码包及相关资源的编译构建方式与流程。使用模拟器、远程真机或者本地真机运行原子化服务与服务卡片。调试与检测原子化服务与服务卡片的各项性能。原子化服务与服务卡片的发布流程与案例演示。当然，这个操作过程是笔者及团队早期的参与过程，笔者坚信后续的相关流程在遵循各项管理规范的基础上会越来越简化与更加方便。

9.1 编译构建

本节主要阐述编译构建的基本概念、方舟编译器的基础知识及编辑的基本过程。

9.1.1 概述

编译构建是将 HarmonyOS 原子化服务的源代码、资源、第三方库等打包生成 HAP 或者 App 的过程。其中，HAP 可以直接运行在真机设备或者模拟器中；App 则用于将原子化服务上架到华为应用市场与服务中心。

为了确保 HarmonyOS 原子化服务的完整性，HarmonyOS 通过数字证书和授权文件来对原子化服务进行管控，只有签名过的 HAP 才允许安装到设备上运行，如果不带签名信息，则仅可以运行在模拟器中；同时，上架到华为应用市场与服务中心的原子化服务也必须通过签名才允许上架，因此，为了保证原子化服务能够发布和安装到设备上，需要提前申请相应的证书与 Profile 文件。

申请证书和 Profile 文件时，用于调试和上架的证书与授权文件不能交叉使用。原子化服务调试证书与原子化服务调试 Profile 文件、原子化服务发布证书与原子化服务发布 Profile 文件具有匹配关系，必须成对使用，不可交叉使用。原子化服务调试证书与原子化服务调试 Profile 文件必须用于原子化服务的调试场景，用于发布场景将导致原子化服务发布审核不通过；原子化服务发布证书与原子化服务发布 Profile 文件必须用于原子化服务的发布场景，用于调试场景将导致原子化服务无法安装。

9.1.2　方舟编译器

HarmonyOS 3.0 全新地提供了方舟编译器(ArkCompiler),用于应用服务的编译构建。在开发基于 ArkUI 框架、跨设备的 HarmonyOS 应用服务时,可选择方舟编译器。

方舟编译器(ArkCompiler)是华为自研的统一编程平台,包含编译器、工具链、运行时等关键部件。支持高级语言在多种芯片平台的编译与运行;支持多语言联合优化,降低跨语言交互开发;提供更轻量的语言运行时,通过软硬协同充分发挥硬件能效。

用户需求与科技的不断发展,对不同的业务场景、设备、编程语言的支持使方舟编程器的设计目标是一个语言可插拔、组件可配置的多语言编译平台。

语言可插拔是指在设计和架构上支持多种语言接入。方舟编译器有能力提供具有高效执行性能且具有跨语言优势的多语言运行时,也可以在小设备上提供高效但内存小的单一语言运行时。

组件可配置是指方舟编译器具有丰富的编译运行时组件系统。具体包括以下内容:执行引擎多样,如解释器、JIT 编译器、AOT 编译器;丰富的内存管理组件,多种分配器和多种垃圾回收器;各语言独立的运行时,可以支持语言特有实现和语言基础库。

方舟通过定制化配置编译运行时的语言和组件以支持手机、个人计算机(PC)、平板电脑、电视、汽车和智能穿戴等多种设备不同的性能和内存需求。

9.1.3　编译构建前配置

在进行 HarmonyOS 原子化服务的编译构建前,需要对工程和编译构建的 Module 进行设置,并根据实际情况进行修改。

(1) build.gradle:HarmonyOS 原子化服务依赖 gradle 进行构建,需要通过 build.gradle 来对工程编译构建参数进行设置。build.gradle 分为工程级和模块级两种类型,其中工程根目录下的工程级 build.gradle 用于工程的全局设置,各模块下的 build.gradle 只对本模块生效。

(2) config.json:原子化服务配置文件,用于描述原子化服务的全局配置信息、在具体设备上的配置信息和 HAP 的配置信息。HarmonyOS 原子化服务的每个模块下都包含一个 config.json 配置文件,在编译构建前,需要对照检查和修改 config.json 文件。

下面阐述 build.gradle 工程级和模块级两种类型的具体操作。

1. 工程级 build.gradle

apply plugin,在工程级 Gradle 中引入打包 App 的插件,不需要修改,如图 9-1 所示。

```
apply plugin: 'com.huawei.ohos.app'
```

图 9-1　引入打包 App 的插件

ohos 闭包，工程配置，包括以下配置项。

(1) compileSdkVersion：原子化服务编译构建的目标 SDK 版本。

(2) signingConfigs：原子化服务的签名信息，包括调试签名信息或发布签名信息。例如，调试签名配置信息如图 9-2 所示。

```
ohos {
    signingConfigs { NamedDomainObjectContainer<SigningConfigOptions> it ->
        debug {
            storeFile file('C:\\Users\\█████████\\.ohos\\config\\auto_debug_900086000300430549.p12')
            storePassword '00000018DB216D38F4A178DB72DE2E7A3D5D4895507C6596DF858A22C72AD02AF255843D7878F826'
            keyAlias = 'debugKey'
            keyPassword '000000183B3E9BDC1B5D3CA0B1403B41FF876071F4C7E74C60F1F24ADA36A382EFE1309E3590E6DE'
            signAlg = 'SHA256withECDSA'
            profile file('C:\\Users\\█████████\\.ohos\\config\\auto_debug_Myapplication_900086000300430549.p7b')
            certpath file('C:\\Users\\█████████\\.ohos\\config\\auto_debug_900086000300430549.cer')
        }
    }
```

图 9-2 调试签名配置信息

(3) buildscript 闭包：Gradle 脚本执行依赖，包括 Maven 仓地址和 HarmonyOS 编译构建插件。HarmonyOS 编译构建插件以 Gradle 插件为基础，在使用相应的 HarmonyOS 编译构建插件时，需要使用配套的 Gradle 插件，两者之间的配套关系如图 9-3 所示。

HarmonyOS编译构建插件版本	Gradle插件版本
2.0.0.6	5.4.1
• 2.0.0.7 • 2.4.0.1 • 2.4.1.4 • 2.4.2.5 • 2.4.4.2 • 2.4.5.0 • 2.4.5.5 • 3.0.3.2	6.3

图 9-3 HarmonyOS 编译构建插件与 Gradle 插件的关系

(4) allprojects 闭包：工程自身所需要的依赖，例如引用第三方库的 Maven 仓和依赖包，如图 9-4 所示。

```
allprojects {
    repositories {
        maven {
            url 'https://mirrors.huaweicloud.com/repository/maven/'
        }
        maven {
            url 'https://developer.huawei.com/repo/'
        }
    }
}
```

图 9-4 allprojects 闭包

2. 模块级 build.gradle

apply plugin，在模块级 Gradle 中引入打包 hap 和 library 的插件，无须修改，如图 9-5 所示。

```
apply plugin: 'com.huawei.ohos.hap'    //打包hap包的插件
apply plugin: 'com.huawei.ohos.library'    //将HarmonyOS Library打包为har的插件
apply plugin: 'java-library'    //将Java Library打包为jar的插件
```

图 9-5　引入打包文件

ohos 闭包，模块配置，包括以下配置项。

(1) compileSdkVersion：依赖的 SDK 版本，如图 9-6 所示。

```
compileSdkVersion 6    //应用编译构建的目标SDK版本
    defaultConfig {
        compatibleSdkVersion 4    //应用兼容的最低SDK版本
    }
```

图 9-6　依赖的 SDK 版本

(2) showInServiceCenter：是否在服务中心露出，只有在创建工程时选择了 Show in Service Center 选项才会生成该字段，如图 9-7 所示。

```
showInServiceCenter true
```

图 9-7　showInServiceCenter

(3) buildTypes：Java 代码混淆功能，如图 9-8 所示。

```
buildTypes {
    //构建Release类型的hap包或App时的混淆功能设置
    release {
        proguardOpt{
            //开启代码混淆功能
            proguardEnabled true
            // 配置混淆规则文件相对路径
            rulesFiles 'proguard-rules.pro'
            // 配置打包混淆规则文件相对路径，仅在HarmonyOS Library模块中配置
            consumerRulesFiles 'consumer-rules.pro'
        }
    }
}
```

图 9-8　代码混淆功能

(4) signingConfigs：在编译构建生成 HAP 中进行设置后自动生成。

(5) externalNativeBuild：C/C++编译构建代码设置项，如图 9-9 所示。

```
externalNativeBuild {
    path "src/main/cpp/CMakeLists.txt"    //CMake配置入口，提供CMake构建脚本的相对路径
    arguments "-v"    //传递给CMake的可选编译参数
    abiFilters "arm64-v8a"    //用于设置本机的ABI编译环境
    cppFlags ""    //设置C++编译器的可选参数
}
```

图 9-9 C/C++编译构建代码设置项

（6）entryModules：该 Feature 模块关联的 Entry 模块，如图 9-10 所示。

```
entryModules "entry"
```

图 9-10 关联的 Entry 模块

（7）mergeJsSrc：跨设备的原子化服务编译构建，考虑是否需要合并 JS 代码。Wearable 和 Lite Wearable 共用一个工程。当进行编译构建时，将 wearable/liteWearable 目录下的 JS 文件与 pages 目录（Wearable 和 Lite Wearable 共用的源代码）下的 JS 文件进行合并打包，如图 9-11 所示。

（8）annotationEnabled：支持数据库注释，如图 9-12 所示。

```
├── js //cross platform
│   └── default
│       ├── common
│       ├── i18n
│       ├── liteWearable
│       │   └── index
│       │       └── Index.js
│       ├── wearable
│       │   └── index
│       │       └── Index.js
│       ├── pages
│       │   └── index
│       │       ├── Index.hml
│       │       └── Index.css
│       └── app.js
└── config.json // hap profile
```

图 9-11 合并打包

```
compileOptions{
        annotationEnabled true    //true表示支持，false表示不支持
}
```

图 9-12 数据库注释

（9）dependencies 闭包：该模块所需的依赖项，如图 9-13 所示。

```
dependencies {
    implementation fileTree(dir: 'libs', include: ['*.jar','*.har'])    //该模块依赖的本地库，支持jar和har包
    testImplementation 'junit:junit:4.13.1'    //测试用例框架，无须修改
      ohosTestImplementation 'com.huawei.ohos.testkit:runner:1.0.0.200'
}
```

图 9-13 模块所需的依赖项

9.1.4 配置 Java 代码混淆

1. 概述

DevEco Studio 提供了代码混淆功能，通过开源的 Java 代码混淆器 ProGuard 对工程中的 Java 文件源代码进行混淆，以简短无意义的名称(例如 a、b、c 等)对类、字段和方法等进行重命名，可以有效地减少原子化服务的大小。同时，代码混淆功能还可以提升反编译的难度，降低源代码泄露的风险，起到保护源代码的目的，如图 9-14 所示。

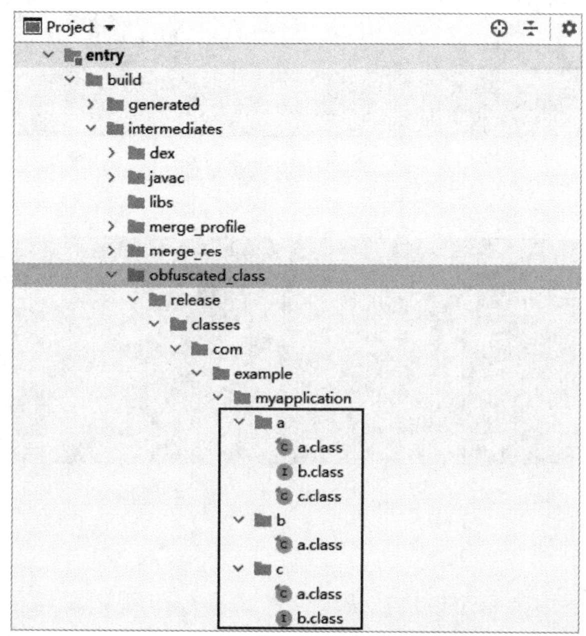

图 9-14 混淆功能目录结构

2. 启动混淆功能

在 DevEco Studio 中，混淆功能默认为关闭。如果需要开启混淆功能，则在模块的 build.gradle 文件中将 proguardEnabled 配置为 true 即可，如图 9-15 所示。

在 DevEco Studio 中，在开启混淆功能后，压缩、优化功能均为默认开启状态。如果想要关闭这些功能，则可以在自定义规则文件中进行配置。

启动混淆功能后，在构建 Release 类型的 hap 包或 App 时，DevEco Studio 会自动对源码进行混淆。

在工程中存在多个模块的情况下，如果多个模块引用了公共的 HarmonyOS Library 模块或 HAR 类库，则需要在每个模块中的 config.json 文件的 module 闭包中添加如下字段，避免在混淆打包的时候出现公共的 HarmonyOS Library 模块或 HAR 类库的混淆结果而被相互覆盖，如图 9-16 所示。

```
ohos {
    ……
    buildTypes {
        //构建Release类型的hap包或App时的混淆功能设置
        release {
            proguardOpt{
                //开启代码混淆功能
                proguardEnabled true
                // 配置混淆规则文件相对路径
                rulesFiles 'proguard-rules.pro'
                // 配置打包混淆规则文件相对路径，仅在HarmonyOS Library模块中配置
                //consumerRulesFiles 'consumer-rules.pro'
            }
        }
    }
}
```

图 9-15　开启混淆功能

```
"metaData": {
  "customizeData": [
    {
      "name": "loaderIsolation",
      "value": "true"
    }
  ]
},
```

图 9-16　避免混淆结果被相互覆盖的字段

3. 混淆规则文件

在 DevEco Studio 中为每个模块默认提供了 Proguard 规则文件 proguard-rules. pro，如图 9-17 所示。

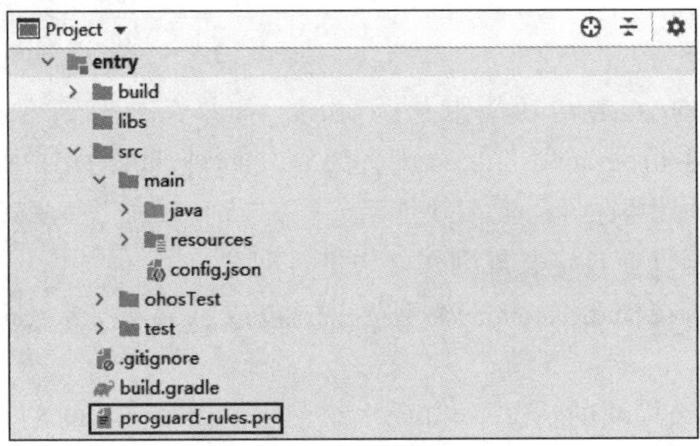

图 9-17　混淆规则文件

开发者在 proguard-rules. pro 文件中配置混淆规则后，构建时会将自定义的混淆规则与 SDK 中默认的规则及原子化服务合并到程序中。如果程序引用了其他 HarmonyOS

Library 模块或 HAR 类库，则依赖中被打包的混淆规则（例如 HarmonyOS Library 模块中配置的 consumerRulesFiles 文件中的规则）也会一并与原子化服务合并到主程序中。

9.1.5　编译构建生成 HAP

HAP 可以直接在模拟器或者真机设备上运行，用于 HarmonyOS 原子化服务开发阶段的调试和查看运行效果。HAP 按构建类型和是否签名可以分为以下 4 种形态。

1. 携带调试签名信息构建类型为 Debug 的 HAP

携带调试签名信息，具备单步调试等调试手段的 HAP，一般用于开发者使用真机设备调试原子化服务。

2. 携带调试签名信息构建类型为 Release 的 HAP

携带调试签名信息，不具备调试能力的 HAP，相对于 Debug 类型的 HAP 包，体积更小，运行效果与用户实际体验一致。一般用于开发者在代码调试完成后，在真机设备中验证原子化服务的运行效果。

3. 不携带调试签名信息构建类型为 Debug 的 HAP

不带调试签名信息，具备单步调试等调试手段的 HAP，一般用于开发者使用模拟器调试原子化服务。

4. 不携带调试签名信息构建类型为 Release 的 HAP

不带调试签名信息，不具备调试能力的 HAP，相对于 Debug 类型的 HAP 包，体积更小，运行效果与用户实际体验一致。一般用于开发者在代码调试完成后，在模拟器设备中验证原子化服务的运行效果。

一个 HarmonyOS 工程下可以存在多个 Module，在编译构建时，可以选择对单个 Module 进行编译构建，也可以对整个工程进行编译构建，同时生成多个 HAP。

带签名信息的 HAP 包包括 Debug 和 Release 类型，可以在真机设备上运行。在构建 HAP 包前，需要对原子化服务进行签名。

9.2　原子化服务的运行

本节主要阐述使用模拟器、远程真机与本地真机运行原子化服务的相关操作流程与方式。

9.2.1　使用模拟器运行

DevEco Studio 提供模拟器供开发者运行和调试 HarmonyOS 原子化服务，对于 Phone、Tablet、TV 和 Wearable 可以使用 Remote Emulator 运行原子化服务，对于 Lite Wearable 和 Smart Vision 可以使用 Simulator 运行原子化服务。

同时，DevEco Studio 的 Remote Emulator 还提供分布式模拟器（Super Device），开发者可以利用分布式模拟器来调测分布式原子化服务。

1. 使用 Remote Emulator 运行原子化服务

1）使用单设备模拟器运行原子化服务

Remote Emulator 中的单设备模拟器(Single Device)可以运行和调试 Phone、Tablet、TV 和 Wearable 设备的 HarmonyOS 原子化服务，可兼容签名与不签名两种类型的 HAP。

Remote Emulator 每次使用时长为 1h，到期后会自动释放资源，所以应及时完成 HarmonyOS 原子化服务的调试。如果 Remote Emulator 到期后释放，则可以重新申请资源。

具体操作步骤如下：

第一步，在 DevEco Studio 菜单栏，单击 Tools→Device Manager。

第二步，在 Remote Emulator 页签中，单击 Login 按钮，在浏览器中会弹出华为开发者联盟账号登录界面，输入"已实名认证"的华为开发者联盟账号的用户名和密码进行登录。

第三步，登录后，单击"允许"按钮进行授权，如图 9-18 所示。

图 9-18 允许登录

第四步，在 Single Device 中，单击设备运行按钮，启动远程模拟设备，同一时间只能启动一个设备，如图 9-19 所示。

第五步，单击 DevEco Studio 的 Run→Run'entry'，或使用默认快捷键 Shift+F10(Mac 系统为 Ctrl+R)。

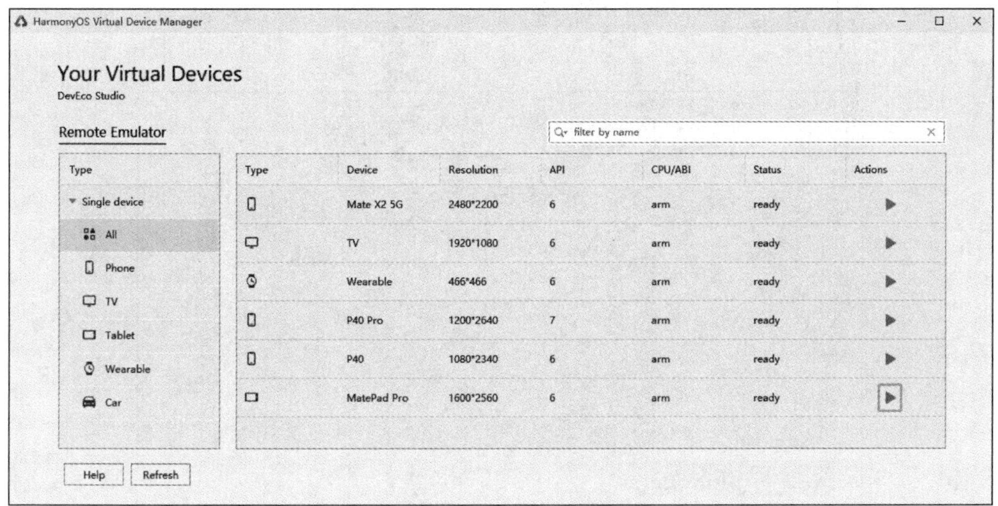

图 9-19 启动远程模拟设备

第六步，DevEco Studio 会启动原子化服务的编译构建，完成后原子化服务即可运行在 Remote Emulator 上，如图 9-20 所示。

图 9-20 效果呈现

2）使用分布式模拟器运行原子化服务

该特性在 DevEco Studio v2.1 Release 及更高版本中支持，如图 9-21 所示。

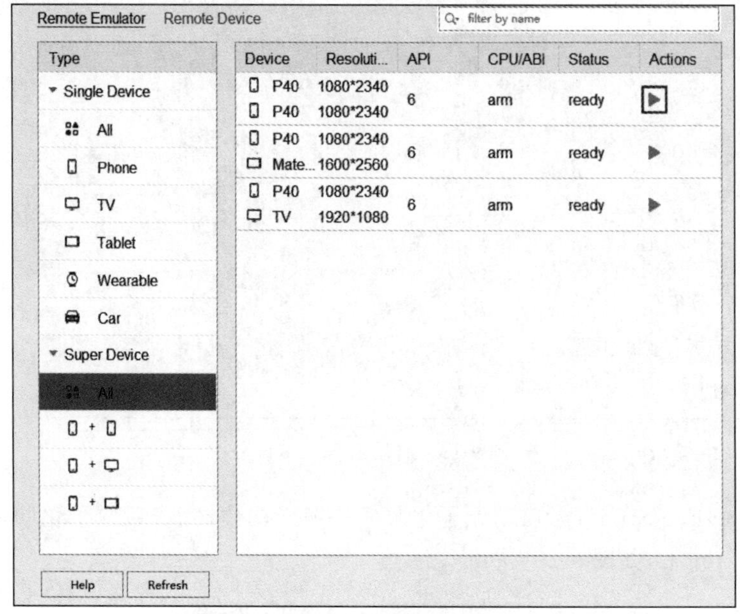

图 9-21 分布式模拟器

2. 使用 Simulator 运行

DevEco Studio 提供的 Simulator 可以运行和调试 Lite Wearable 和 Smart Vision 设备的 HarmonyOS 原子化服务。在 Simulator 上运行原子化服务兼容签名与不签名两种类型的 HAP。具体操作步骤如下：

第一步，选择需要运行的设备，默认情况下 DevEco Studio 会自动匹配对应的设备模拟器。

第二步，单击 DevEco Studio 的 Run→Run'entry'或运行按钮，或使用默认快捷键 Shift＋F10（Mac 系统为 Ctrl＋R）。

第三步，DevEco Studio 会启动原子化服务的编译构建，完成后原子化服务即可运行在 Simulator 上，如图 9-22 所示。

图 9-22 运行效果

9.2.2 使用远程真机运行

1. 概述

该特性在 DevEco Studio v2.2 Beta1 及更高版本中被支持。如果开发者没有真机设备资源，则不能很方便地调试和验证 HarmonyOS 原子化服务，为了方便开发者，DevEco Studio 提供了 Remote Device 远程真机设备资源供开发者使用，从而可减少开发成本。目前，远程真机支持 Phone 和 Wearable 设备，开发者使用远程真机调试和运行原子化服务时，同本地物理真机设备一样，需要对原子化服务进行签名才能运行。

相比远程模拟器，远程真机是部署在云端的真机设备资源，远程真机的界面渲染和操作体验更加流畅，同时也可以更好地验证原子化服务在真机设备上的运行效果，例如性能、手机网络环境等。

2. 前提条件

已注册成为华为开发者，并完成华为开发者实名认证；已对原子化服务进行签名。

3. 操作步骤

第一步，在 DevEco Studio 菜单栏，依次单击 Tools→Device Manager。

第二步，在 Remote Device 页签中，单击 Login 按钮，在浏览器中会弹出华为开发者联盟账号登录界面，输入已实名认证的华为开发者联盟账号的用户名和密码进行登录，如图 9-23 所示。

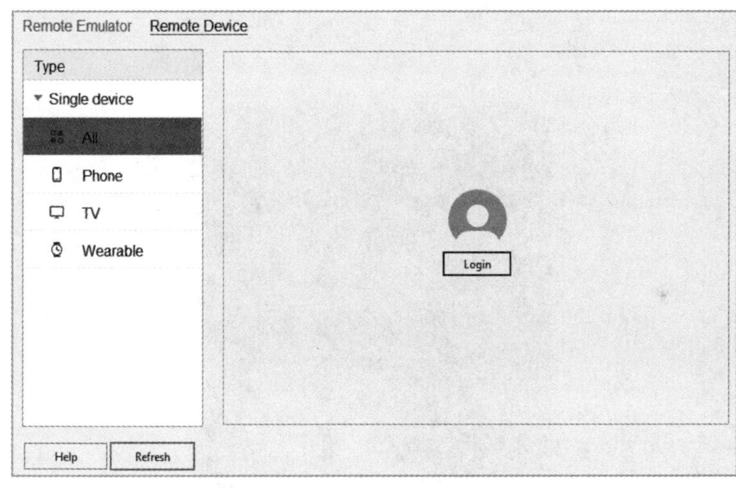

图 9-23　登录界面

第三步，登录后，单击界面的"允许"按钮进行授权。

第四步，在 Single Device 中，单击设备运行按钮，启动远程真机设备，同一时间只能启动一个设备，如图 9-24 所示。

第五步，单击 DevEco Studio 的 Run→Run'entry'或运行按钮，或使用默认快捷键 Shift+F10(Mac 系统为 Control+R)，如图 9-25 所示。

第六步，DevEco Studio 会启动原子化服务的编译构建，完成后原子化服务即可运行在远程真机上，如图 9-26 所示。

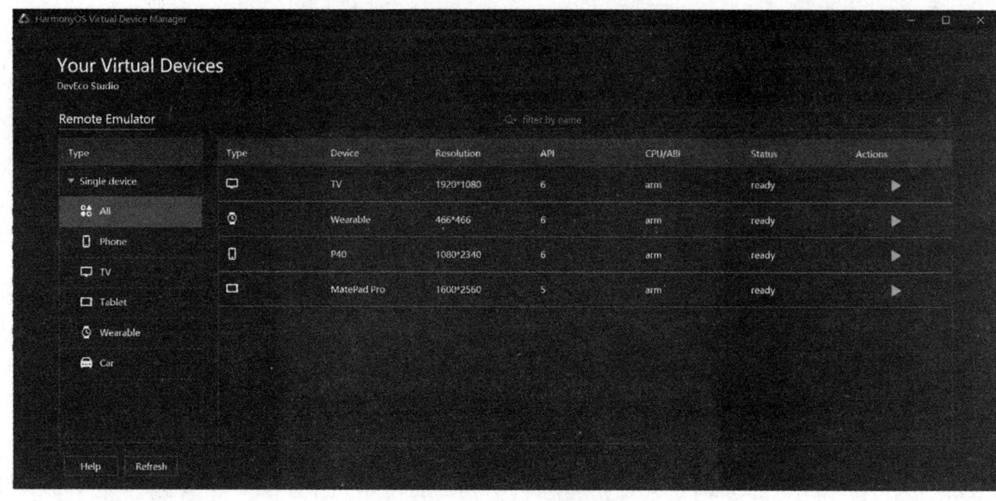

图 9-24　启动设备

图 9-25　运行设备

图 9-26　效果呈现

9.2.3 使用本地真机运行

本节主要讲解如何在 Phone 或者 Tablet 真机中运行原子化服务，在 Car、TV、Wearable、Lite Wearable、Smart Vision 设备中运行原子化服务的整体流程与此相似。

1. 使用 USB 连接方式

1）前提条件

在 Phone 或者 Tablet 中运行原子化服务，需要提前打包带签名信息的 HAP。

在 Phone 或者 Tablet 中，打开"开发者模式"，可在设置→关于手机/关于平板中，连续多次单击"版本号"，直到提示"你正处于开发者模式"即可，然后在设置的系统与更新→开发人员选项中，打开"USB 调试"开关。

2）操作步骤

第一步，使用 USB 方式，将 Phone 或者 Tablet 与 PC 端进行连接。

第二步，在 Phone 或者 Tablet 中，USB 连接方式选择"传输文件"。

第三步，在 Phone 或者 Tablet 中，会弹出"是否允许 USB 调试"的弹框，单击"确定"按钮，如图 9-27 所示。

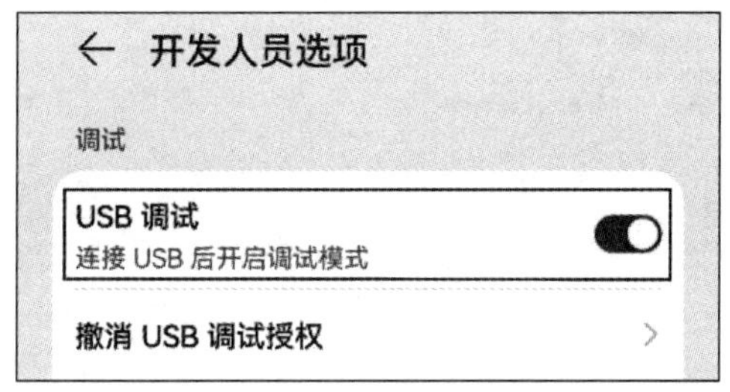

图 9-27 打开 USB 调试开关

第四步，在菜单栏中，单击 Run→Run'entry'或运行按钮，或使用默认快捷键 Shift+F10（macOS 系统为 Ctrl+R）运行原子化服务，如图 9-28 所示。

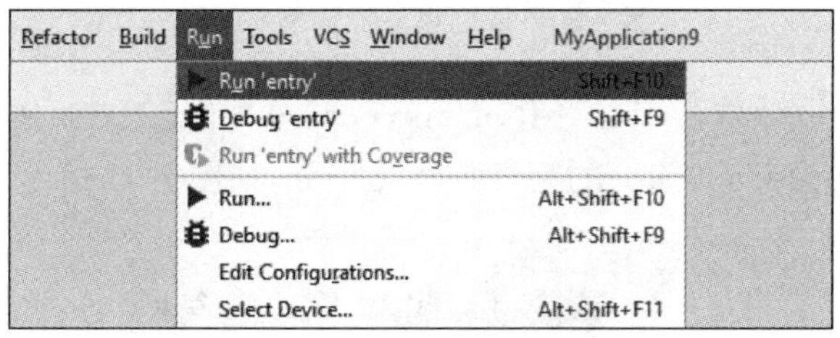

图 9-28 运行原子化服务

第五步，DevEco Studio 启动 HAP 的编译构建和安装。安装成功后，Phone 或者 Tablet 会自动运行已安装的 HarmonyOS 原子化服务。

2. 使用 IP Connection 连接方式

1）前提条件

已将 Phone/Tablet 和 PC 连接到同一 WLAN 网络。已获取 Phone/Tablet 端的 IP 地址。Phone/Tablet 上的 5555 端口为打开状态，默认为关闭状态，可以通过使用 USB 连接方式连接上设备后，执行以下命令打开端口，如图 9-29 所示。

图 9-29 打开端口命令

在 Phone/Tablet 中运行原子化服务，需要提前根据构建带签名信息的 HAP 包的相关章节所介绍的方法，打包带签名信息的 HAP。

2）操作步骤

第一步，在 DevEco Studio 菜单栏中，单击 Tools→IP Connection，输入连接设备的 IP 地址，单击"运行"按钮，连接正常后，设备状态为 online，如图 9-30 所示。

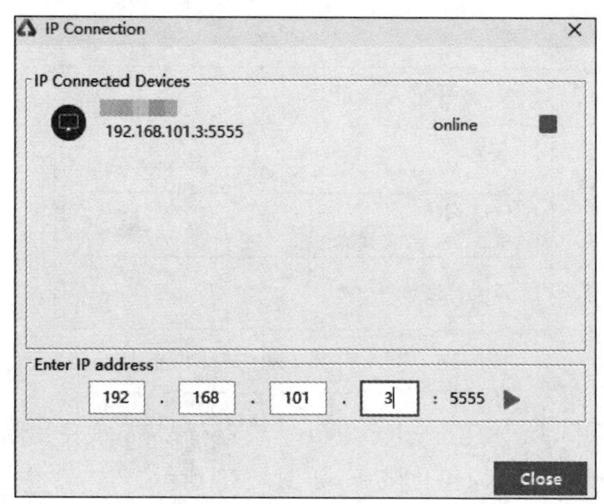

图 9-30 设定设备状态为 online

第二步，在菜单栏中，单击 Run→Run 'entry'或单击"运行"按钮，或使用默认快捷键 Shift+F10(Mac 系统为 Control+R)运行原子化服务，如图 9-31 所示。

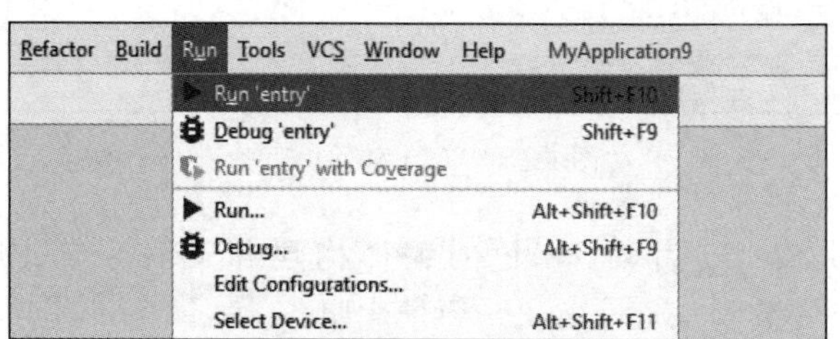

图 9-31 运行原子化服务

第三步，DevEco Studio 启动 HAP 的编译构建和安装。安装成功后，Phone/Tablet 设备会自动运行已安装的 HarmonyOS 原子化服务。

9.3 调试原子化服务

本节主要阐述使用真机与模拟器对开发完成的原子化服务与服务卡片进行各项调试的流程与方式。

9.3.1 使用真机进行调试

1. 调试流程

DevEco Studio 提供了丰富的 HarmonyOS 原子化服务调试能力，支持 Java、JS、C/C++单语言调试和 JS+Java、Java+C/C++跨语言调试能力，同时还支持分布式原子化服务的跨设备调试，帮助开发者更方便、更高效地调试原子化服务。

HarmonyOS 原子化服务调试支持使用真机设备调试。使用真机设备进行调试前，需要对 HAP 签名后进行调试。详细的调试流程如图 9-32 所示。

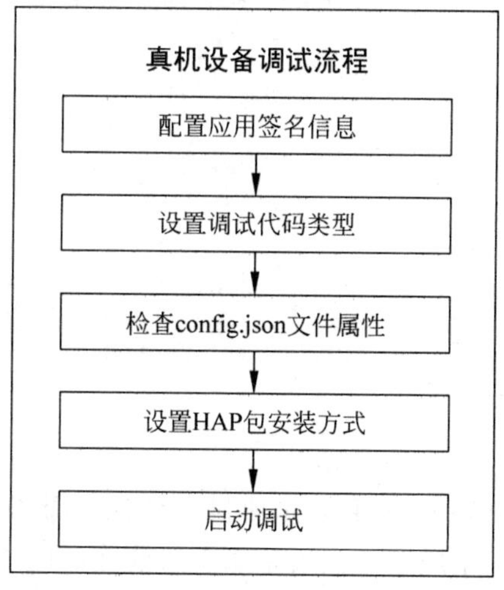

图 9-32 真机设备调试流程

2. 配置原子化服务签名信息

调试原子化服务签名的方式包括以下两种。

方式一，通过从 AppGallery Connect 中申请调试证书和 Profile 文件后，再进行签名。

方式二，通过 DevEco Studio 自动化签名的方式对原子化服务进行签名。该方式相比方式一，在调试阶段更加简单和高效，本节重点介绍 DevEco Studio 自动化签名方案。

3. 通过 DevEco Studio 自动化签名方式对原子化服务签名

第一步，连接真机设备，确保 DevEco Studio 与真机设备已连接。

第二步，进入 File→Project Structure→Project→Signing Configs 界面，单击 Sign In 按钮进行登录，如图 9-33 所示。

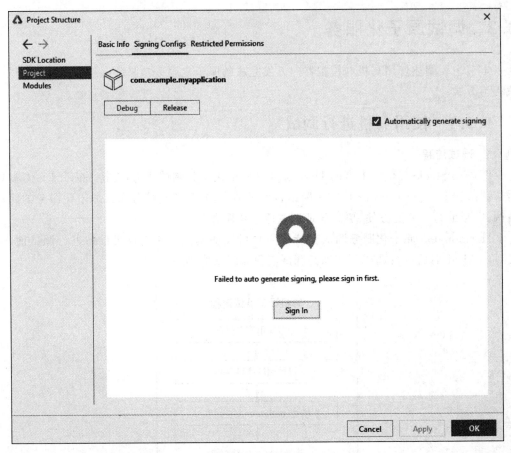

图 9-33 登录

第三步，在 AppGallery Connect 中创建项目和应用。登录 AppGallery Connect，创建一个项目。在项目中，创建一个应用。如果是非实名认证的用户，则可单击左侧导航下方的“HAP Provision Profile 管理”界面的 HarmonyOS 应用按钮。如果项目中没有应用，则可单击“添加应用”按钮进行创建，如图 9-34 所示。

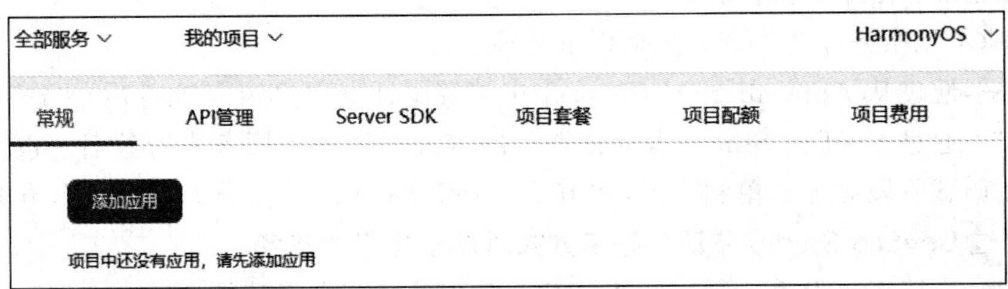

图 9-34 在 AppGallery Connect 中创建项目和应用

如果项目中已有应用，则可展开顶部应用列表框，单击“添加应用”按钮，如图 9-35 所示。

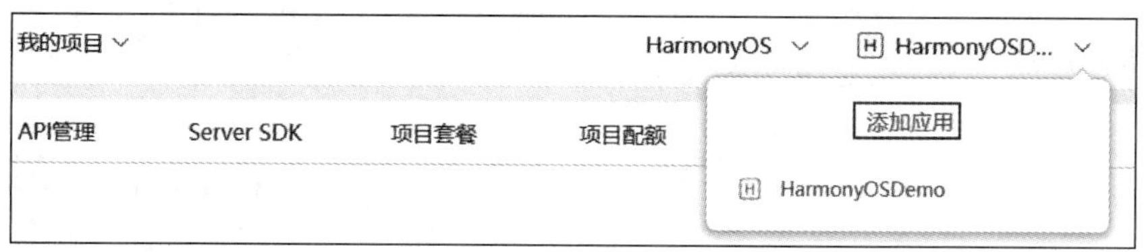

图 9-35 添加应用

填写原子化服务信息。选择平台：选择“App(HarmonyOS 应用)”。支持设备：选择调试的设备类型。原子化服务包名，必须与 config.json 文件中的 bundleName 取值保持一致。原子化服务名称、原子化服务分类、默认语言应根据实际需要进行设置，如图 9-36 所示。

添加应用

* 选择平台： Android iOS Web 快应用 App(HarmonyOS应用)

* 支持设备： 手机 手表 大屏 路由器

* 应用名称： Myapplication

* 应用包名： com.██████.Myapplication 34/64

* 应用分类： 应用

* 默认语言： 简体中文

确认 取消

图 9-36 填写原子化服务信息

第四步，返回 DevEco Studio 的自动签名界面，单击 Try Again 按钮，即可自动进行签名。自动生成签名所需的密钥(.p12)、数字证书(.cer)和 Profile 文件(.p7b)会存放到用户 user 目录下的.ohos\config 目录下，如图 9-37 所示。

设置完签名信息后，单击 OK 按钮进行保存，然后可以在工程下的 build.gradle 中查看签名的配置信息，如图 9-38 所示。

4. 通过配置文件存储签名信息

第一步，在工程的根目录下创建一个名为 signing-config.properties 的文件。

第二步，打开 signing-config.properties 文件，写入签名配置信息。签名配置信息可以从工程的 build.gradle 文件中复制，p12、p7b 和 cer 文件的存储地址可以自定义。

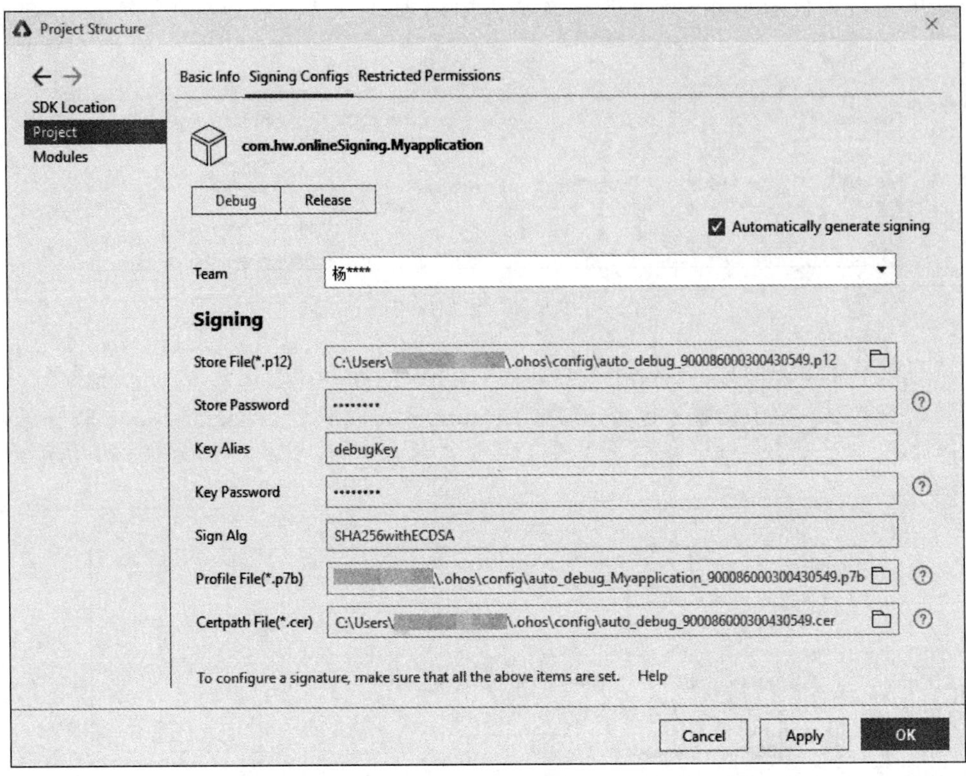

图 9-37 自动进行签名

```
ohos {
    signingConfigs { NamedDomainObjectContainer<SigningConfigOptions> it ->
        debug {
            storeFile file('C:\\Users\\ \\.ohos\\config\\auto_debug_900086000300430549.p12')
            storePassword '00000018DB216D38F4A178DB72DE2E7A3D5D4895507C6596DF858A22C72AD02AF255843D7878F826'
            keyAlias = 'debugKey'
            keyPassword '000000183B3E9BDC1B5D3CA0B1403B41FF876071F4C7E74C60F1F24ADA36A382EFE1309E3590E6DE'
            signAlg = 'SHA256withECDSA'
            profile file('C:\\Users\\ \\.ohos\\config\\auto_debug_Myapplication_900086000300430549.p7b')
            certpath file('C:\\Users\\ \\.ohos\\config\\auto_debug_900086000300430549.cer')
        }
    }
```

图 9-38 查看签名配置信息

第三步，打开 build. gradle，修改 debug 或 release 类型的签名配置信息可从 signing-config. properties 文件中读取。下面是 debug 类型签名信息的配置，代码如下：

```
//第 9 章/调试原子化服务/项目级 build.gradle
apply plugin: 'com.huawei.ohos.hap'
...
//加载签名信息配置文件
def signingConfigPropsFile = rootProject.file("signing-config.properties")
```

```
def signingConfigProps = new Properties()
signingConfigProps.load((new FileInputStream(signingConfigPropsFile)))
ohos {
...
//配置签名信息索引
signingConfigs {
debug {
storeFile file(signingConfigProps['storeFile'])
storePassword signingConfigProps['storePassword']
keyAlias signingConfigProps['keyAlias']
keyPassword signingConfigProps['keyPassword']
signAlg = 'SHA256withECDSA'
profile file(signingConfigProps['profile'])
certpath file(signingConfigProps['certpath'])
}
}
```

第四步，修改完成后重新同步工程即可。

5. 调试设置

1）设置调试代码类型

调试类型默认情况下为 Detect Automatically，支持 Java、JS、C/C++、JS+Java、Java+C/C++工程的调试。只有在 JS+Java 混合工程中，如果需要单独调试 Java 代码，这种情况下则需要手动将 Debug Type 修改为 Java，见表 9-1。

表 9-1 关于各调试类型的说明

调试类型	调试代码
Java Only	仅调试 Java 代码
JS Only	仅调试 JavaScript 代码
Native Only	仅调试 C/C++代码
Dual(JS+Java)	调试 JS FA 调用 Java PA 场景的 JS 和 Java 代码
Dual(Java+Native)	调试 C/C++工程的 Java 和 C/C++代码
Detect Automatically	新建工程默认调试器选项，根据调试的工程类型，自动启动对应的调试器

修改调试类型的方法，单击 Run→Edit Configurations→Debugger，在 HarmonyOS App 中，选择相应模块，可以进行 Java/JS/C++调试配置，如图 9-39 所示。

2）检查 config.json 文件属性

在启动 feature 模块的调试前，需检查 feature 模块下的 config.json 文件的 abilities 数组是否存在 visible 属性，如果不存在，则应手动添加，否则 feature 模块的调试无法进入断点。entry 模块的调试不需要做该检查。

在工程目录中，单击 feature 模块下的 src→main→config.json 文件，检查 abilities 数组是否存在 visible 属性，如图 9-40 所示。

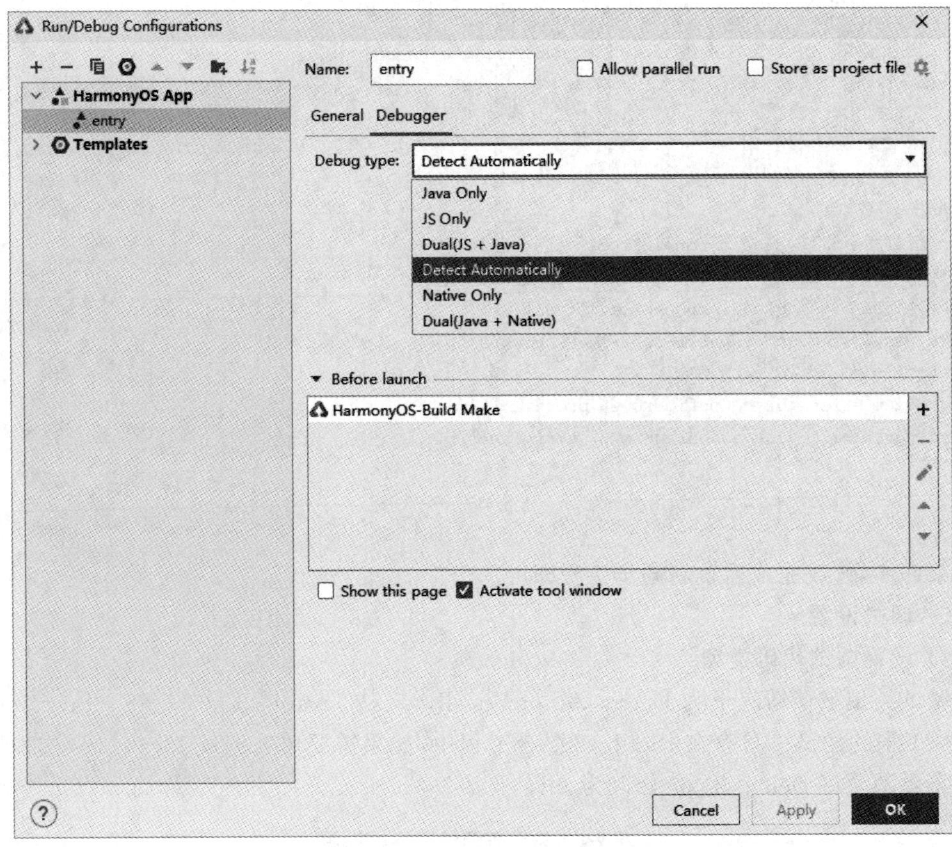

图 9-39　进行 Java/JS/C++调试配置

```
"abilities": [
  {
    "orientation": "landscape",
    "visible": true,
    "formEnabled": false,
    "name": "com.example.myapplication2.MainAbility",
    "icon": "$media:icon",
    "description": "$string:mainability_description",
    "label": "MyApplication",
    "type": "page",
    "launchType": "standard"
  }
]
```

图 9-40　检查 abilities 数组是否存在 visible 属性

如果存在 visible 属性，并且取值为 true，则可以正常启动调试。如果不存在，或者取值为 false，则应在 abilities 数组中手动添加 visible 属性，取值为 true。

3）设置 HAP 包安装方式

在调试阶段，HAP 包在设备上的安装方式有两种，可以根据实际需要进行设置。安装方式一,先卸载原子化服务,再重新安装,该方式会清除设备上的所有原子化服务缓存数据。此方式为默认安装方式。安装方式二,采用覆盖安装方式,不卸载原子化服务,该方式会保留原子化服务的缓存数据。

设置方法,单击 Run→Edit Configurations,设置指定模块的 HAP 包安装方式,如果勾选 Replace existing application,则表示采用覆盖安装方式,保留原子化服务缓存数据,如图 9-41 所示。

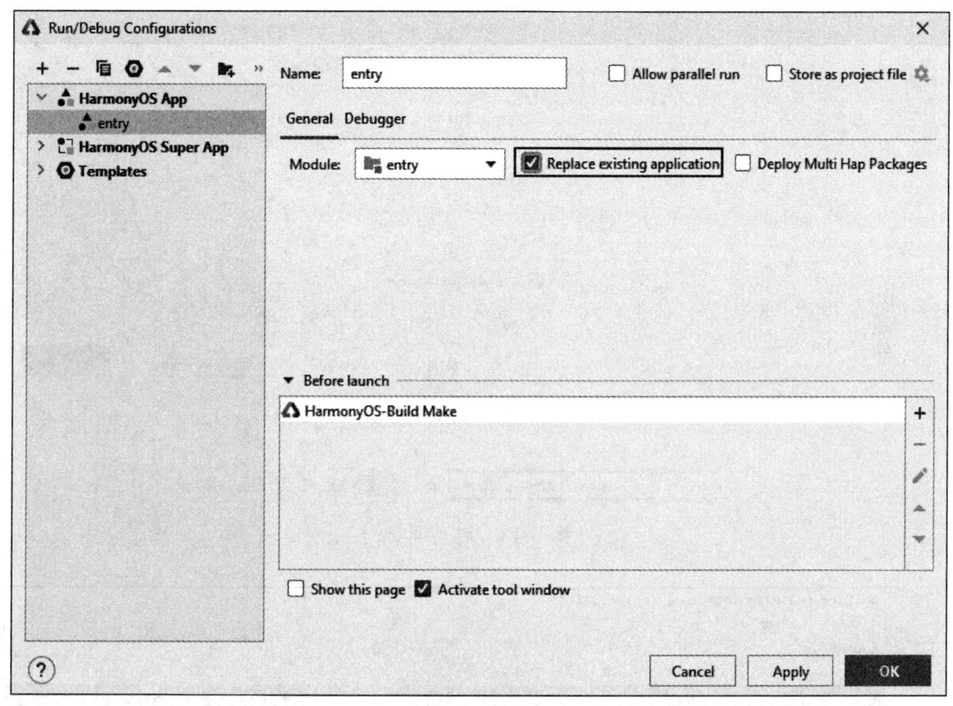

图 9-41 设置方法

如果一个工程中同一个设备存在多个模块,如 Phone 设备,存在 entry 和 feature 模块,并且存在模块间的调用,则在调试阶段需要同时将多个模块的 HAP 包安装到设备中。此时,需要在待调试模块的设置项中勾选 Deploy Multi HAP Packages。例如 entry 模块调用 feature 模块,在调试 entry 模块时,需要同时安装 feature 模块,应该在 entry 模块的调试设置项中勾选 Deploy Multi HAP Packages 后再启动调试,如图 9-42 所示。

6. 启动调试

第一步,在工具栏中,选择调试的设备,并单击 Debug 或 Attach Debugger to Process 启动调试,如图 9-43 所示。

如果需要设置断点调试,则需要选定要设置断点的有效代码行,在行号(例如: 24 行)的区域后,单击鼠标左键设置断点(如图 9-44 所示的圆点)。设置断点后,调试能够在正确的断点处中断,并高亮显示该行,如图 9-44 所示。

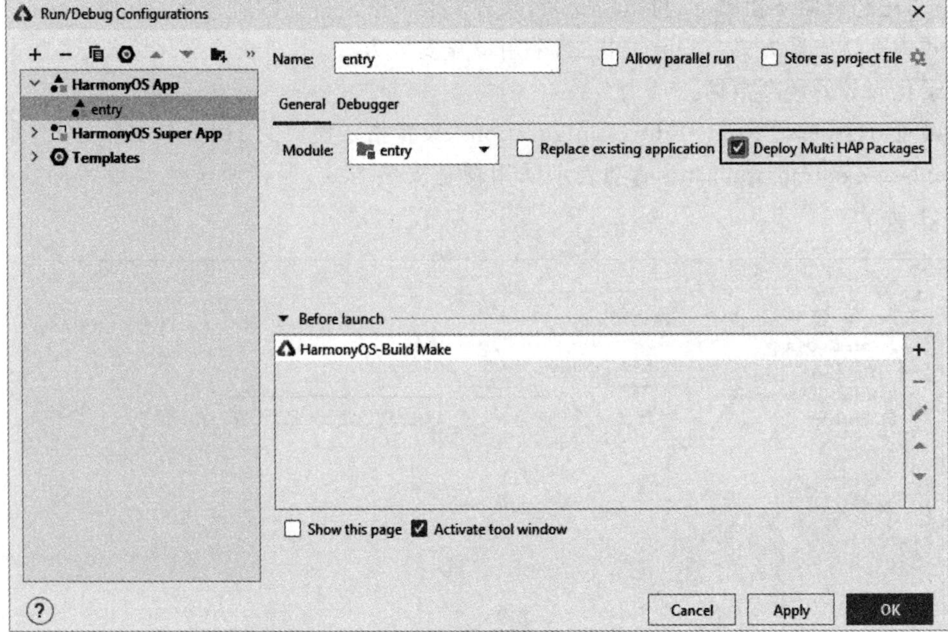

图 9-42 勾选 Deploy Multi HAP Packages

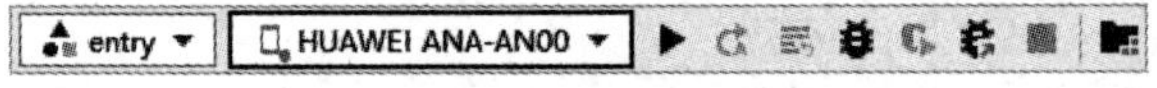

图 9-43 启动调试

```
package com.example.myapplication.slice;

import ...

public class MainAbilitySlice extends AbilitySlice {

    private PositionLayout myLayout = new PositionLayout( context: this);

    @Override
    public void onStart(Intent intent) {
        super.onStart(intent);
        LayoutConfig config = new LayoutConfig(LayoutConfig.MATCH_PARENT, LayoutConfig.MATCH_PARENT);
        myLayout.setLayoutConfig(config);
        ShapeElement element = new ShapeElement();
        element.setShape(ShapeElement.RECTANGLE);
        element.setRgbColor(new RgbColor( red: 255, green: 255, blue: 255));
        myLayout.setBackground(element);

        Text text = new Text( context: this);
        text.setText("Hello World");
        text.setTextColor(Color.BLACK);
        myLayout.addComponent(text);
        super.setUIContent(myLayout);
    }
```

图 9-44 设置断点

第二步，启动调试后，开发者可以通过调试器进行代码调试。调试器的功能说明见表 9-2。

表 9-2　调试器功能

按钮	名　　称	快　捷　键	功　　能
	Resume Program	F9(Mac 系统为 Option+Command+R)	当程序执行到断点时停止执行，单击此按钮程序继续执行
	Step Over	F8(Mac 系统为 F8)	在单步调试时，直接前进到下一行(如果在函数中存在子函数，则不会进入子函数内单步执行，而是将整个子函数当作一步执行)
	Step Into	F7(Mac 系统为 F7)	在单步调试时，遇到子函数后，进入子函数并继续单步执行
	Force Step Into	Alt+Shift+F7(Mac 系统为 Option+Shift+F7)	在单步调试时，强制执行下一步
	Step Out	Shift+F8 (Mac 系统为 Shift+F8)	在单步调试执行到子函数内时，单击 Step Out 时会执行完子函数剩余的部分，跳出后返回上一层函数
	Stop	Ctrl+F2(Mac 系统为 Command+F2)	停止调试任务
	Run To Cursor	Alt+F9 (Mac 系统为 Option+F9)	断点执行到鼠标停留处

对于原子化服务，由于原子化服务在设备中没有桌面图标，所以可以通过以下方式在设备中运行/调试原子化服务。

在服务中心显示的原子化服务，通过 DevEco Studio 的运行/调试按钮，将原子化服务推送到真机设备上安装，安装完成后便可以启动原子化服务了；同时在服务中心的最近使用中可以看到该原子化服务的卡片。通过 hdc 命令行工具，将原子化服务推送到真机设备上安装，安装完成后便可以启动原子化服务了；同时在服务中心的最近使用中可以看到该原子化服务的卡片。

在服务中心不显示的原子化服务，通过 DevEco Studio 的运行/调试按钮，将原子化服务推送到真机设备上安装，安装完成后便可以启动原子化服务了。通过 hdc 命令行工具，将原子化服务推送到真机设备上安装，安装完成后便可以启动原子化服务了。设备控制类的原子化服务，可通过碰一碰、扫一扫等方式运行。

7. 断点管理

在设置的程序断点处，右击，然后单击 More 按钮或按快捷键 Ctrl+Shift+F8(Mac 系统为 Shift+Command+F8)，可以管理断点，如图 9-45 所示。

不同代码类型的断点管理功能见表 9-3。

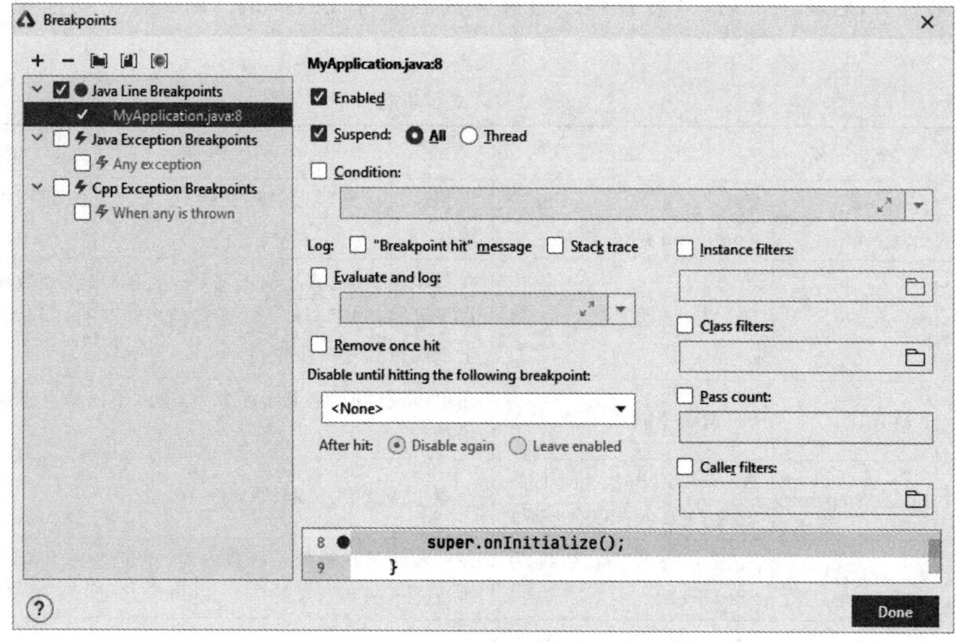

图 9-45 断点管理

表 9-3 不同类型断点管理功能

代码类型	断点管理
JS(JavaScript)	普通行断点
Java	• 普通行断点 • Exception(异常)断点
C/C++	• 普通行断点 • Exception(异常)断点 • Symbolic(符号)断点

9.3.2 使用模拟器进行调试

1. 调试流程

HarmonyOS 原子化服务调试支持使用模拟器设备调试，可以运行已签名或未签名的原子化服务。

2. 调试前的设置

1）设置调试代码类型

调试类型默认情况下为 Detect Automatically，支持 Java、JS、JS+Java 工程的调试。只有在 JS+Java 混合工程中，如果需要单独调试 Java 代码，这种情况下则需要手动将 Debug

Type 修改为 Java，见表 9-4。

表 9-4 关于各调试类型的说明

调试类型	调试代码
Java Only	仅调试 Java 代码
JS Only	仅调试 JavaScript 代码
Native Only	仅调试 C/C++代码
Dual(JS+Java)	调试 JS FA 调用 Java PA 场景的 JS 和 Java 代码
Dual(Java+Native)	调试 C/C++工程的 Java 和 C/C++代码
Detect Automatically	新建工程默认调试器选项，根据调试的工程类型，自动启动对应的调试器

修改调试类型的方法，单击 Run→Edit Configurations→Debugger，在 HarmonyOS App 中，选择相应模块，可以进行 Java/JS 调试配置，如图 9-46 所示。

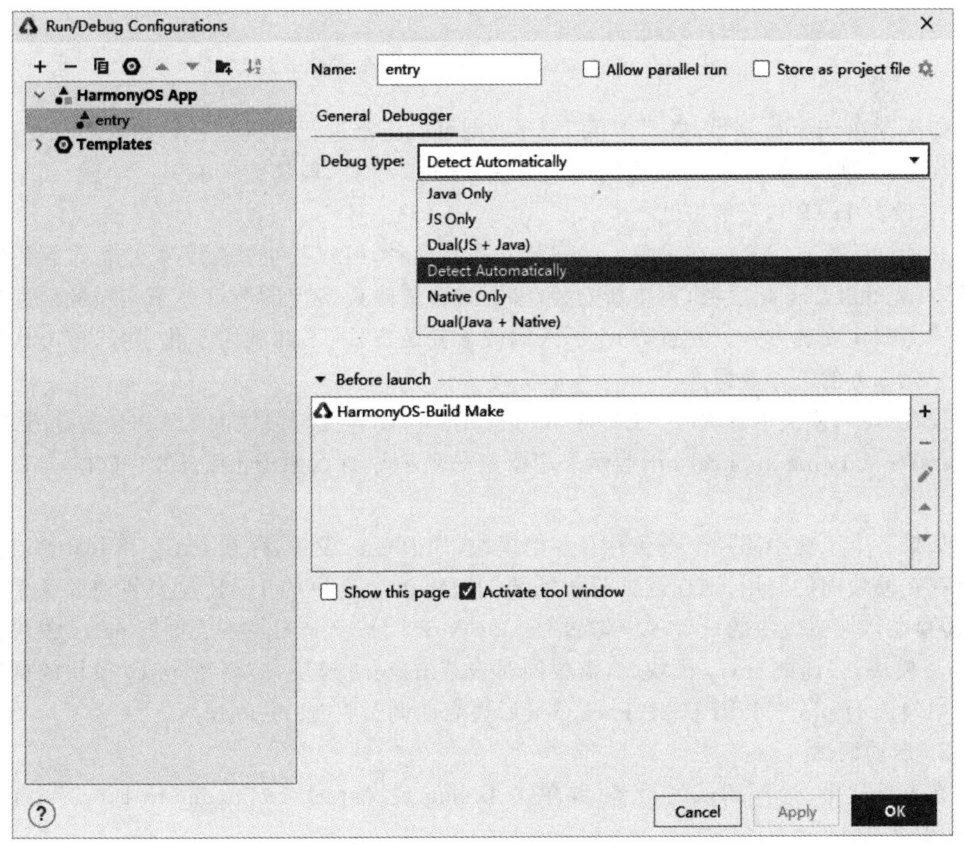

图 9-46 调试配置

2）检查 config.json 文件属性

在启动 feature 模块的调试前，需检查 feature 模块下的 config.json 文件的 abilities 数

组是否存在 visible 属性，如果不存在，则应手动添加，否则 feature 模块的调试无法进入断点。entry 模块的调试不需要做该检查。

在工程目录中，依次单击 feature 模块下的 src→main→config.json 文件，检查 abilities 数组是否存在 visible 属性，如图 9-47 所示。

```
"abilities": [
  {
    "orientation": "landscape",
    "visible": true,
    "formEnabled": false,
    "name": "com.example.myapplication2.MainAbility",
    "icon": "$media:icon",
    "description": "$string:mainability_description",
    "label": "MyApplication",
    "type": "page",
    "launchType": "standard"
  }
]
```

图 9-47　检查 abilities 数组是否存在 visible 属性

如果存在 visible 属性，并且取值为 true，则可以正常进行真机运行。如果不存在，或者取值为 false，则应在 abilities 数组中手动添加 visible 属性，取值为 true。

3）设置 HAP 包安装方式

在调试阶段，HAP 包在设备上的安装方式有两种，可以根据实际需要进行设置。安装方式一，先卸载原子化服务，再重新安装，该方式会清除设备上的所有原子化服务缓存数据此方式为默认安装方式。安装方式二，采用覆盖安装方式，不卸载原子化服务，该方式会保留原子化服务的缓存数据。

设置方法，依次单击 Run→Edit Configurations，设置指定模块的 HAP 包安装方式，勾选 Replace existing application，表示采用覆盖安装方式，保留原子化服务缓存数据，如图 9-48 所示。

如果一个工程中同一个设备存在多个模块，如 Phone 设备，存在 entry 和 feature 模块，并且存在模块间的调用，则在调试阶段需要同时将多个模块的 HAP 包安装到设备中。此时，需要在待调试模块的设置项中勾选 Deploy Multi HAP Packages。例如 entry 模块调用 feature 模块，在调试 entry 模块时，需要同时安装 feature 模块，应该在 entry 模块的调试设置项中勾选 Deploy Multi HAP Packages 后再启动调试，如图 9-49 所示。

3. 启动调试

在工具栏中，选择调试的设备，并单击 Debug 或 Attach Debugger to Process 启动调试，如图 9-50 所示。

如果需要设置断点调试，则需要选定要设置断点的有效代码行，在行号（例如：24 行）的区域后，单击鼠标左键设置断点（如图 9-51 所示的圆点）。设置断点后，调试能够在正确的断点处中断，并高亮显示该行，如图 9-51 所示。

启动调试后，开发者可以通过调试器进行代码调试。调试器的功能说明见表 9-5。

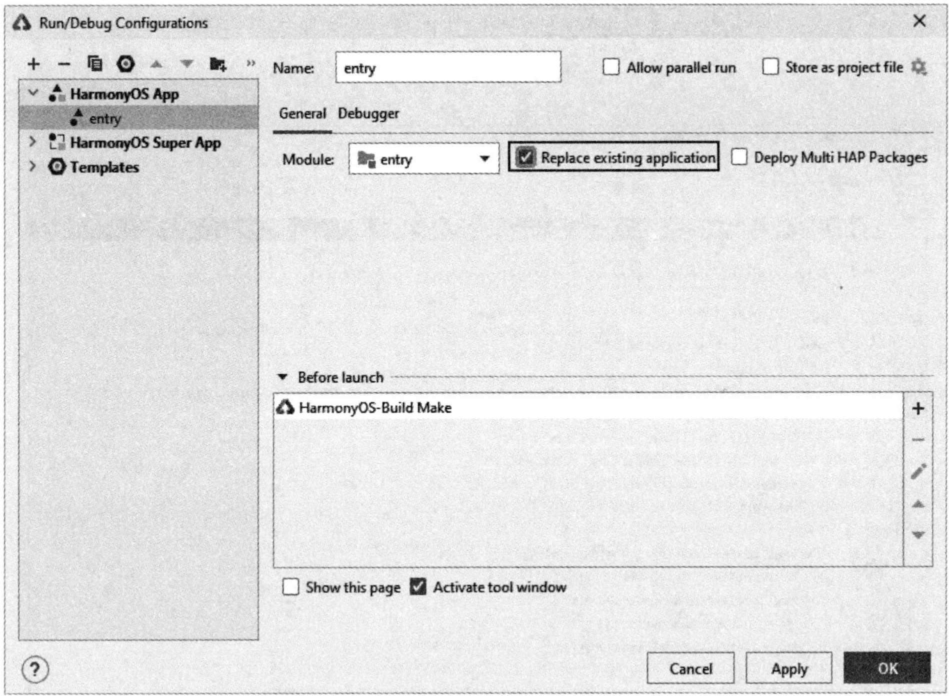

图 9-48　设置方法

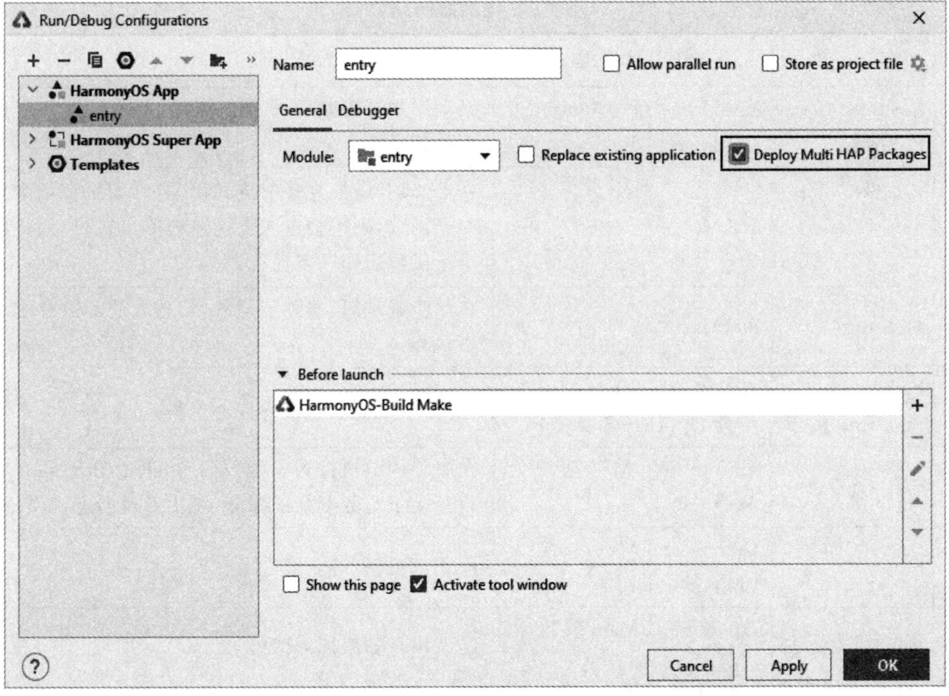

图 9-49　勾选 Deploy Multi HAP Packages

图 9-50 启动调试

```java
package com.example.myapplication.slice;

import ...

public class MainAbilitySlice extends AbilitySlice {

    private PositionLayout myLayout = new PositionLayout( context: this);

    @Override
    public void onStart(Intent intent) {
        super.onStart(intent);
        LayoutConfig config = new LayoutConfig(LayoutConfig.MATCH_PARENT, LayoutConfig.MATCH_PARENT);
        myLayout.setLayoutConfig(config);
        ShapeElement element = new ShapeElement();
        element.setShape(ShapeElement.RECTANGLE);
        element.setRgbColor(new RgbColor( red: 255, green: 255, blue: 255));
        myLayout.setBackground(element);

        Text text = new Text( context: this);
        text.setText("Hello World");
        text.setTextColor(Color.BLACK);
        myLayout.addComponent(text);
        super.setUIContent(myLayout);
    }
```

图 9-51 断点设置

表 9-5 调试器的功能

按钮	名 称	快 捷 键	功 能
	Resume Program	F9(Mac 系统为 Option+Command+R)	当程序执行到断点时停止执行,单击此按钮程序继续执行
	Step Over	F8(Mac 系统为 F8)	在单步调试时,直接前进到下一行(如果在函数中存在子函数,则不会进入子函数内单步执行,而是将整个子函数当作一步执行)
	Step Into	F7(Mac 系统为 F7)	在单步调试时,遇到子函数后,进入子函数并继续单步执行
	Force Step Into	Alt+Shift+F7(Mac 系统为 Option+Shift+F7)	在单步调试时,强制执行下一步
	Step Out	Shift+F8(Mac 系统为 Shift+F8)	在单步调试执行到子函数内时,单击 Step Out 时会执行完子函数剩余的部分,跳出后返回上一层函数
	Stop	Ctrl+F2(Mac 系统为 Command+F2)	停止调试任务
	Run To Cursor	Alt+F9(Mac 系统为 Option+F9)	断点执行到鼠标停留处

对于原子化服务，由于原子化服务在设备中没有桌面图标，所以可以通过以下方式在设备中运行/调试原子化服务。

在服务中心显示的原子化服务，通过 DevEco Studio 的运行/调试按钮，将原子化服务推送到模拟器上安装，安装完成后便可以启动原子化服务了；同时在服务中心的最近使用中可以看到该原子化服务的卡片。通过 hdc 命令行工具，将原子化服务推送到模拟器上安装，安装完成后便可以启动原子化服务了；同时在服务中心的最近使用中可以看到该原子化服务的卡片。

在服务中心不显示的原子化服务，通过 DevEco Studio 的运行/调试按钮，将原子化服务推送到模拟器上安装，安装完成后便可以启动原子化服务。通过 hdc 命令行工具，将原子化服务推送到模拟器上安装，安装完成后便可以启动原子化服务。设备控制类的原子化服务，可通过碰一碰、扫一扫等方式运行。

9.3.3 其他调试

还涉及变量可视化调试，JS 和 Java 跨语言调试，Java 和 C/C++跨语言调试，跨设备分布式原子化服务调试。开发者在深度学习和开发过程中都会涉及这些调试。在使用 DevEco Studio 时会有相关提示与说明，本处只做一个概括性阐述。

变量可视化调试，在 HarmonyOS 原子化服务调试过程中，查看变量的变化过程是否符合预期结果是一项常用的调试方法。为此 DevEco Studio 提供了调试变量的可视化功能，支持 Java、C/C++和 JS 语言的基本数据类型、数值类型的集合和表达式可视化调试，并以 Plain(树形)、Line(折线图)、Bar(柱状图)和 Table(表格)的形式呈现。开发者可以根据这些图形化界面观察当前值、数据类型及数值的连续变化，通过查看、比对、分析当前变量的变化过程和逻辑关系，判断出当前值(变量)是否符合预期结果，从而迅速有效地定位问题。变量可视化支持当前值可视化和连续变化值可视化两种方式。

JS 和 Java 跨语言调试，针对 JS FA 调用 Java PA 和 JS FA 拉起 Java FA 这两种场景，DevEco Studio 提供了 JS/Java 跨语言的调试功能，开发者可以直接从 JS 代码 Step Into 进入 Java 代码调试中。JS/Java 跨语言调试功能包括 JS 和 Java 断点的管理、调试信息的展示、单步调试等能力，方便开发者快速发现并解决 JS FA 调用 Java PA 相关代码的问题。

Java 和 C/C++跨语言调试。在 HarmonyOS 原子化服务开发中，通常涉及使用 C/C++和 Java 语言同时开发的场景，一般使用 C/C++开发原子化服务对性能要求较高的部分功能、或 Native 平台迁移代码，使用 Java 开发原子化服务的逻辑。针对这种场景，DevEco Studio 提供了 C/C++/Java 跨语言的调试功能，包括 C/C++和 Java 断点的管理、调试信息的展示、单步调试等能力，方便开发者快速发现并解决 Java 调用 C/C++相关代码的问题。

Java 和 C/C++跨语言调试，暂时只能使用本地真机设备进行调试，不支持远程真机和远程模拟器进行调试。

跨设备分布式原子化服务调试，DevEco Studio 支持一个工程(单模块或多模块)连接多个设备，在设备之间能彼此通信的条件下(如分布式流转场景)，支持对跨设备、跨模块、跨进程的 HarmonyOS 原子化服务进行调试。分布式原子化服务调试支持 Java 原子化服务调用 Java 原子化服务、JS 原子化服务调用 Java 原子化服务，以及使用 HarmonyOS IDL 实现的跨设备场景，开发者可设置断点，当中断到该断点处时，执行 Step Into 即可进入被调用方法的实现处。

9.4 原子化服务测试

本节主要阐述测试工具 HUAWEI DevEco Services 的使用及对将要提交上架申请前的原子化服务与服务卡片进行各项性能测试的流程和方法。

9.4.1 HUAWEI DevEco Services

HUAWEI DevEco Services 是 DevEco Studio 的云端服务平台，面向开发者提供 7×24 小时的华为 1+8 超级终端调试环境，可以很好地解决广大开发者在 HarmonyOS 原子化服务开发、测试过程中面临的设备短缺、成本和效率等问题。在无须人工干预的情况下，全自动完成原子化服务的测试任务，并快速出具专业详尽的测试分析报告，帮助开发者提前识别和精准定位并解决原子化服务在运行阶段的各种问题，为消费者带来更佳的使用体验，增强用户黏性。HUAWEI DevEco Services 支持的能力包括远程实验室、原子化服务安全测试、原子化服务云测试服务。其具体功能如下：

(1) HarmonyOS 原子化服务安全测试服务提供安全漏洞检测、隐私合规检测和恶意行为检测服务，提前检测和识别原子化服务开发过程中可能存在的安全性问题，满足 HarmonyOS 原子化服务上架原子化服务市场的要求。当前已支持安全漏洞检测和隐私合规检测服务。

(2) HarmonyOS 原子化服务云测试提供兼容性测试、稳定性测试、性能测试、功耗测试、UX 测试 5 大特色能力，检测原子化服务从安装、启动、运行和卸载的全生命周期中可能存在的问题，如原子化服务崩溃、启动响应耗时长、前后台内存/CPU 占用高、启动/卸载异常等，全方位检测原子化服务质量。

(3) HarmonyOS 原子化服务云测试提供丰富的真机设备资源，覆盖华为 1+8 智能设备，包括手机、平板、智慧屏、智能手表、运动手表等设备，可以很好地帮助开发者解决设备资源短缺、测试成本高昂等问题。当前已提供手机(Phone)、平板(Tablet)、华为智慧屏(TV)和智能穿戴(Wearable)的设备资源。

针对每一项测试任务，无须人工干预，全自动化完成测试，并且快速出具专业详尽的测试报告供开发者分析调整及优化。

9.4.2 具体测试操作

1. HarmonyOS 原子化服务安全测试

1) 漏洞测试

通过对 HarmonyOS 原子化服务生命周期建模和原子化服务攻击面建模，采用静态数据流分析技术，提高漏洞发现的准确率，同时覆盖20余种攻击面，65+漏洞测试项，帮助开发者提前发现和识别漏洞隐患。在检测报告中，会针对每一项漏洞风险项给出明确的修复建议，可以帮助开发者快速修复漏洞。

前提条件，已注册华为开发者账号，并完成实名认证。已通过DevEco Studio开发完原子化服务，并编译构建生成HAP或App。

创建测试任务。访问HUAWEI DevEco Services页面，使用华为开发者账号进行登录。单击界面上的“从这里开始”按钮，进入控制台。单击“创建项目”按钮，创建一个项目空间，填写项目名称，选择“佰链超市”，如图9-52所示。

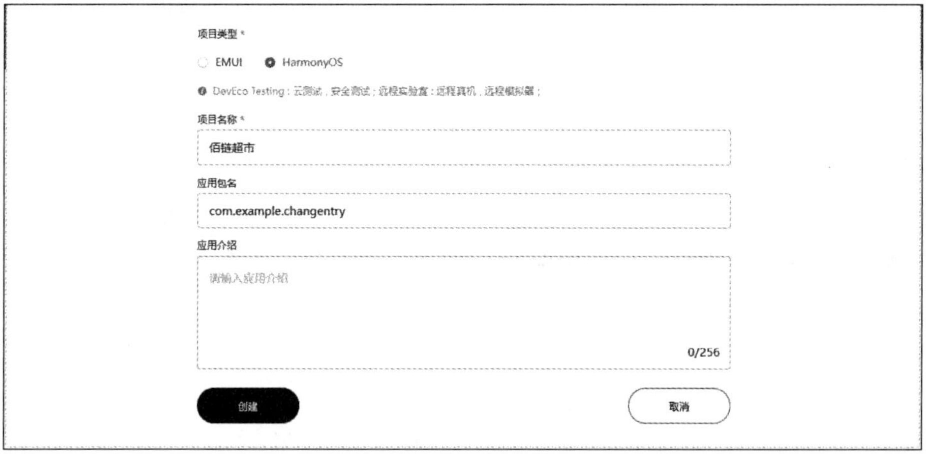

项目类型 *
EMUI　HarmonyOS
DevEco Testing：云测试，安全测试；远程实验室：远程真机，远程模拟器；
项目名称 *
佰链超市
应用包名
com.example.changentry
应用介绍
请输入应用介绍
0/256
创建　取消

图9-52　创建项目

创建完成后，进入项目空间，在左侧导航栏中选择测试服务→安全测试。单击“创建测试”按钮，在漏洞测试页面，选择或上传原子化服务包，包括HAP和App两种格式，然后单击“确定”按钮，创建测试任务，如图9-53所示。

图9-53　上传原子化服务包

任务创建完成后，等待任务执行完成。可在“任务列表”中查看测试任务的进度，如图 9-54 所示。

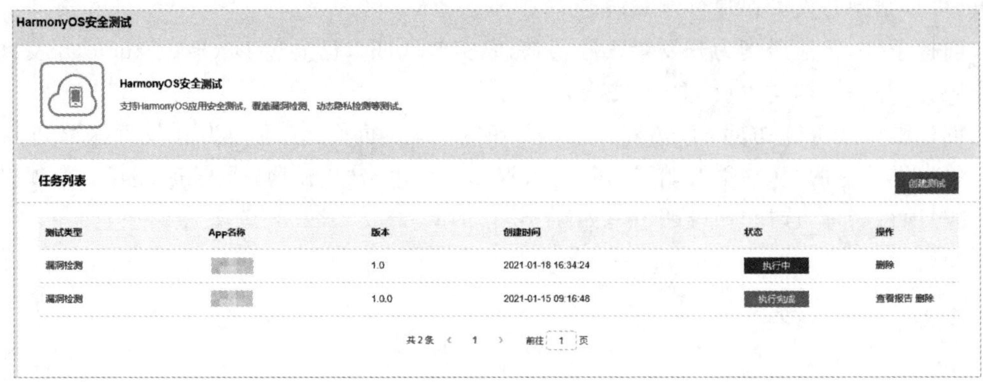

图 9-54　查看测试任务的进度

查看测试报告。测试任务执行完成后，在任务列表中，可以单击“查看报告”按钮，查看测试结果详细信息。在测试报告的概览页，可以查看测试任务的整体情况，包括漏洞的统计(致命、严重、一般和提示)和漏洞问题分布，如图 9-55 所示。

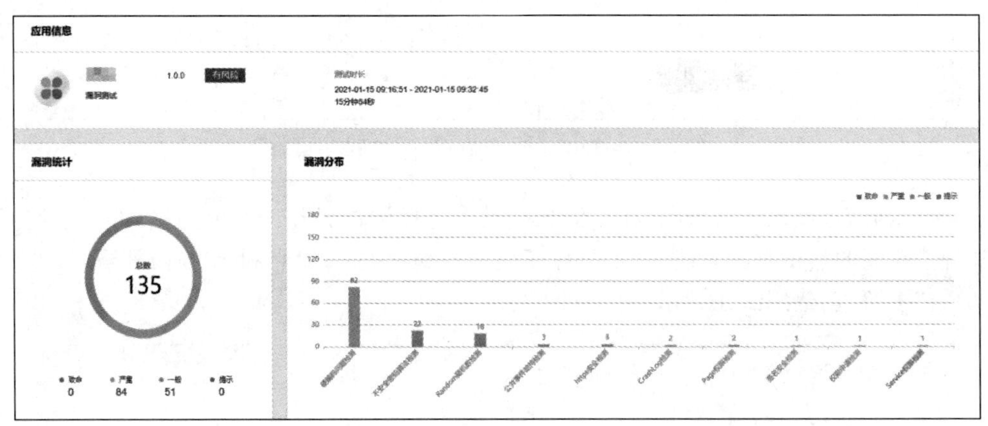

图 9-55　查看测试报告

在安全漏洞的测试结果列表中，单击“详情”按钮可以查阅详细的问题报告和修复解决方案，如图 9-56 所示。

2）隐私测试

通过动态检测和分析原子化服务在设备上运行的隐私敏感行为，帮助开发者排查原子化服务的恶意行为，构建纯净绿色的 HarmonyOS 原子化服务。隐私测试支持 17＋项检测，包括获取地理位置信息检测、获取设备标识检测、获取通讯录信息检测、获取系统信息检测等。我们建议，HarmonyOS 原子化服务应遵循合理、正当、必要的原则收集用户个人信息，不应有未向用户明示且未经用户授权的情况下，擅自收集用户数据的行为。隐私测试服务当前支持手机、TV 设备，包格式包括 HAP。

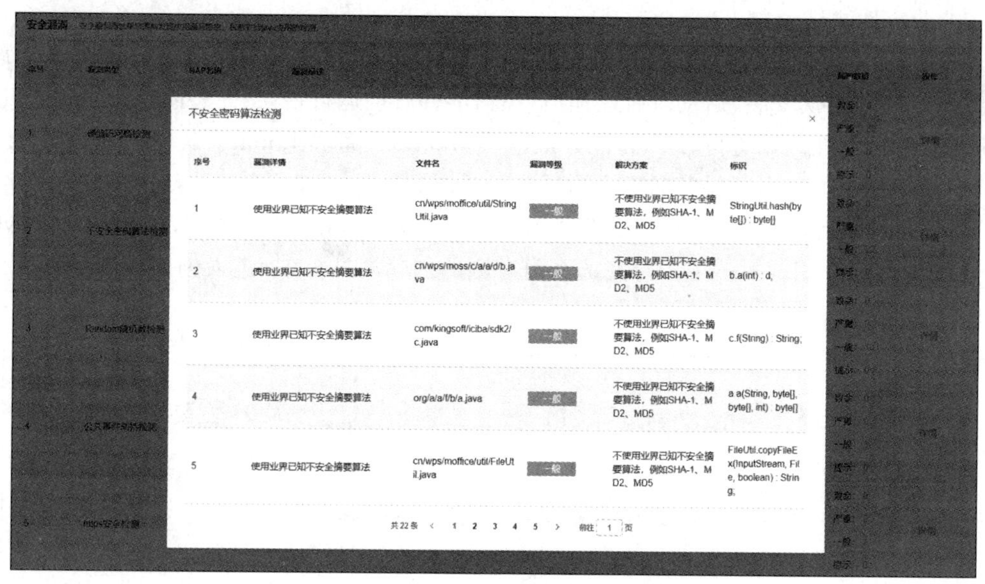

图 9-56　查阅详细的问题报告和修复解决方案

具体操作的前提条件与流程基本上和漏洞测试一致。最后测试报告的样式和内容具有本测试内容的特征。

在测试报告的概览页，可以查看测试任务的整体情况，包括风险率、敏感行为和动态隐私风险项，如图 9-57 所示。

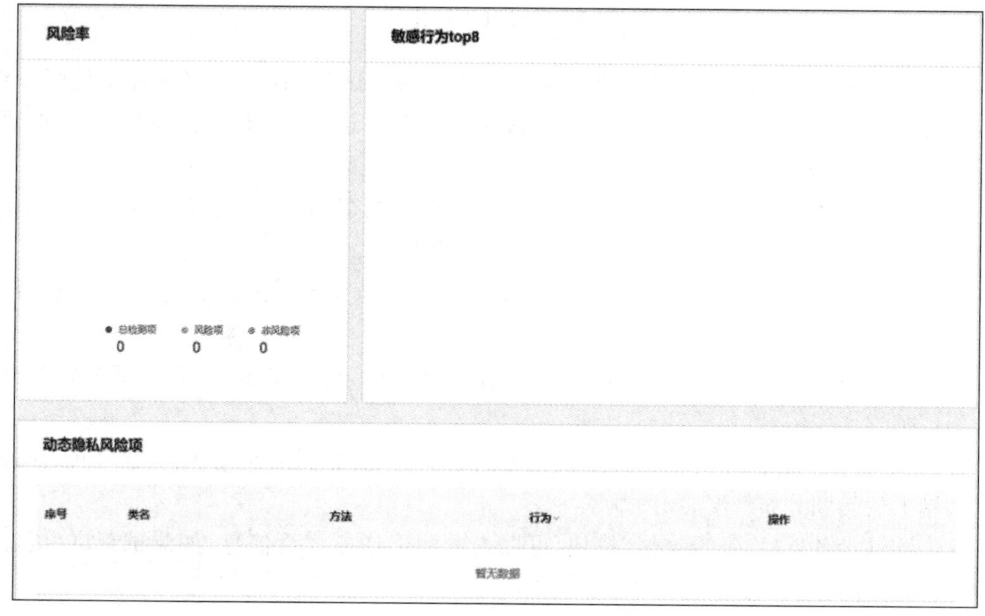

图 9-57　隐私测试的报告概览页

2. HarmonyOS 原子化服务云测试

1）兼容性测试

兼容性测试主要验证 HarmonyOS 原子化服务在华为真机设备上运行的兼容性问题，包括首次安装、再次安装、启动、卸载、崩溃、黑白屏、闪退、运行错误、无法回退、无响应、设计约束场景。兼容性测试支持 TV、智能穿戴（Wearable）设备和 Phone。

前提条件与创建测试任务和安全测试流程相同。

进入项目空间，在左侧导航栏中选择测试服务→HarmonyOS 云测试，进入 HarmonyOS 云测试页面，单击 HarmonyOS 云测试页面右侧的创建测试按钮，进入创建测试任务页面，如图 9-58 所示。

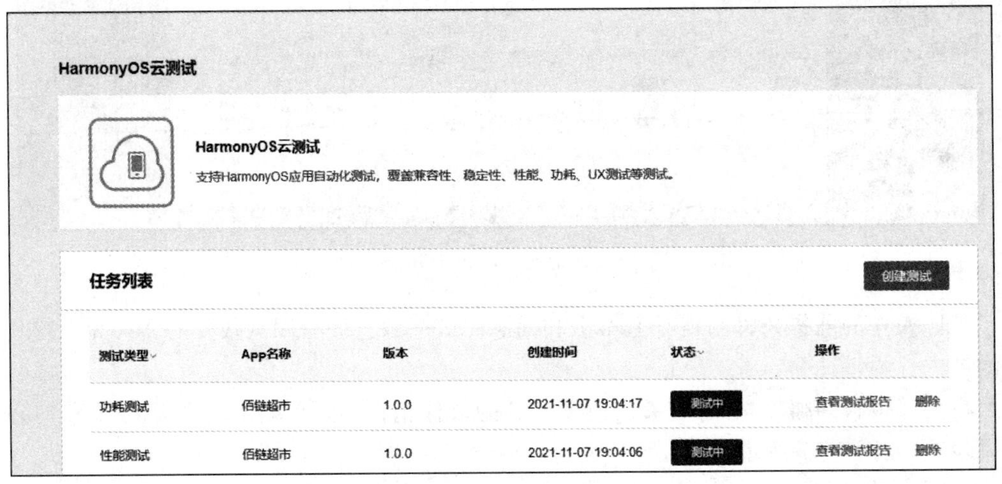

图 9-58　创建测试任务

在创建测试任务页面选择“兼容性测试”，并选择待测试的 HarmonyOS 原子化服务包，包括 HAP 和 App 两种格式，单击“下一步”按钮。如果未上传原子化服务，则应先从本地上传一个 HarmonyOS 原子化服务包，如图 9-59 所示。

选择测试设备，兼容性测试支持智慧屏（TV）、手机（Phone）和智能穿戴（Wearable）设备。

任务创建完成后，等待测试任务完成，可以在 HarmonyOS 云测试任务列表中查看任务状态，如图 9-60 所示。

查看测试报告。测试任务执行完成后，在任务列表中，可以单击“查看测试报告”按钮，查看测试结果详细信息，如图 9-61 所示。

在测试报告的概览页，可以查看测试任务的整体情况，如测试通过率、问题分布，在各个测试终端上的问题分布情况，如图 9-62 所示。

单击测试设备后的“查看详情”按钮，可以查看测试任务详情信息，如测试截屏、资源轨迹、异常信息和日志信息。

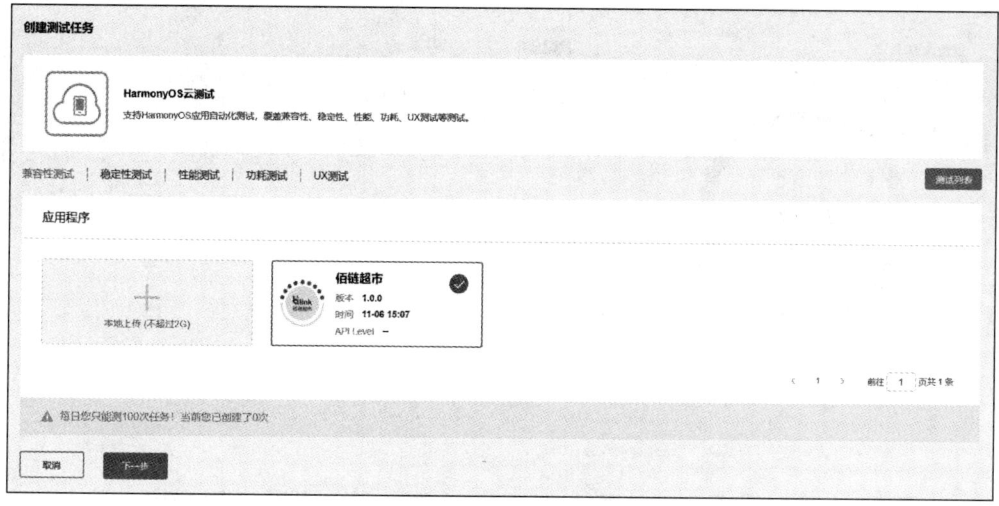

创建测试任务
HarmonyOS云测试
支持HarmonyOS应用自动化测试，覆盖兼容性、稳定性、性能、功耗、UX测试等测试。
兼容性测试 | 稳定性测试 | 性能测试 | 功耗测试 | UX测试
测试列表
应用程序
本地上传 (不超过2G)
佰链超市
版本 1.0.0
时间 11-06 15:07
API Level —
前往 1 页共1条
每日您只能测100次任务！当前您已创建了0次
取消
下一步

图 9-59　上传测试原子化服务

HarmonyOS云测试
HarmonyOS云测试
支持HarmonyOS应用自动化测试，覆盖兼容性、稳定性、性能、功耗、UX测试等测试。
任务列表
创建测试
测试类型 App名称 版本 创建时间 状态 操作
功耗测试 佰链超市 1.0.0 2021-11-07 19:04:17 测试中 查看测试报告 删除
性能测试 佰链超市 1.0.0 2021-11-07 19:04:06 测试中 查看测试报告 删除

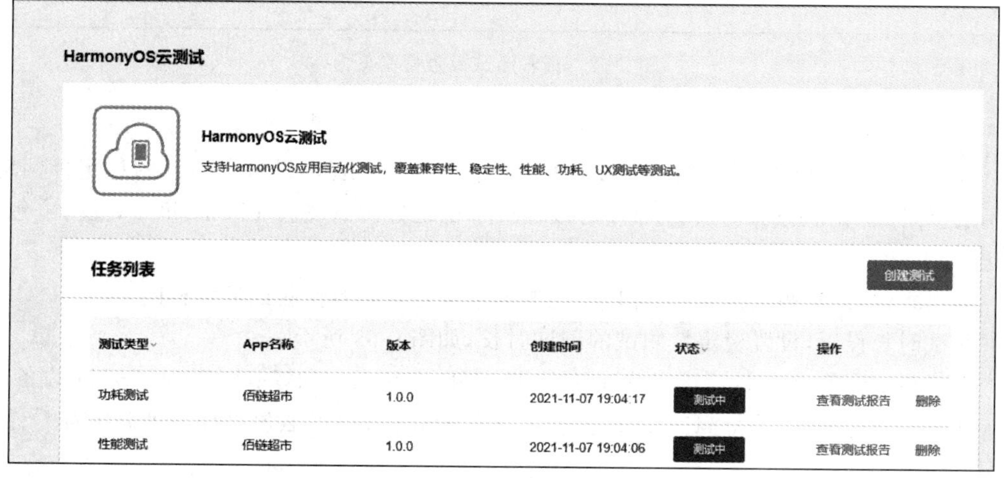

图 9-60　查看任务状态

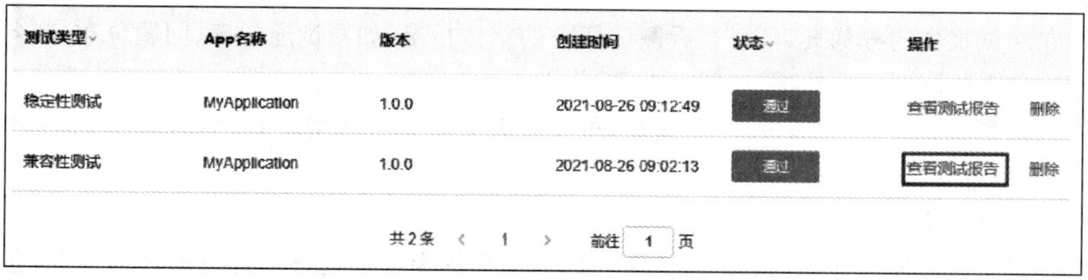

测试类型 App名称 版本 创建时间 状态 操作
稳定性测试 MyApplication 1.0.0 2021-08-26 09:12:49 通过 查看测试报告 删除
兼容性测试 MyApplication 1.0.0 2021-08-26 09:02:13 通过 查看测试报告 删除
共2条 1 前往 1 页

图 9-61　查看测试报告

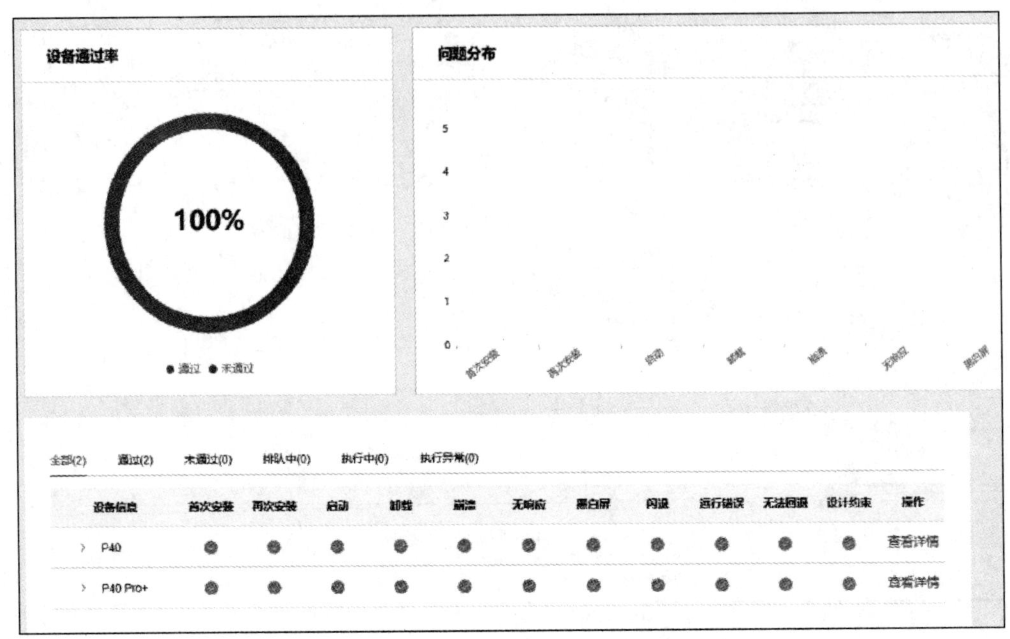

图 9-62　查看测试报告概览页

2）稳定性测试

稳定性测试主要验证 HarmonyOS 原子化服务在华为真机设备上运行的稳定性问题，包括崩溃/原子化服务冻屏、内存泄漏和踩内存，稳定性测试支持 Phone 和 TV 设备，包格式包括 HAP/App。

前提条件、创建测试任务、上传原子化服务包流程和兼容性测试流程相同。

测试时长设置，设置稳定性测试的测试时长，如图 9-63 所示。

选择测试设备，兼容性测试支持智慧屏(TV)、手机(Phone)和智能穿戴(Wearable)设备。

任务创建完成后，等待测试任务完成，可以在 HarmonyOS 云测试任务列表中查看任务状态。

查看测试报告，测试任务执行完成后，在任务列表中，可以单击“查看测试报告”按钮，查看测试结果详细信息。

在测试报告的概览页，可以查看测试任务的整体情况，如测试通过率、问题分布、在各个测试终端上的问题分布情况，如图 9-64 所示。

单击测试设备后的“查看详情”按钮，可以查看测试任务详情信息，如测试截屏、资源轨迹、异常信息和日志信息。

3）性能测试

性能测试主要验证 HarmonyOS 原子化服务在华为真机设备上运行的性能问题，包括启动时长、界面显示、CPU 占用和内存占用。性能测试支持 Phone 和 TV 设备，包格式包括 HAP/App。

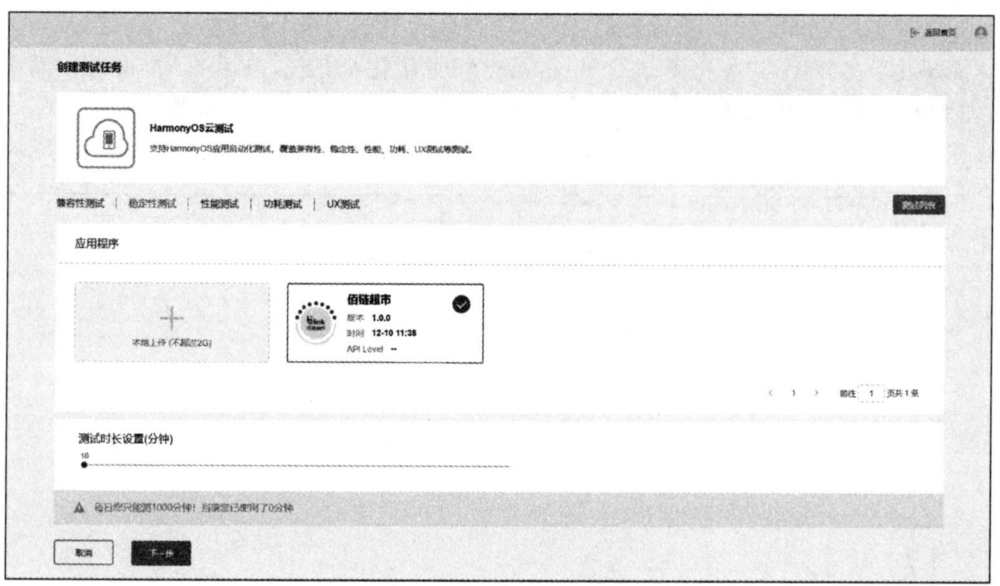

图 9-63　测试时长设置

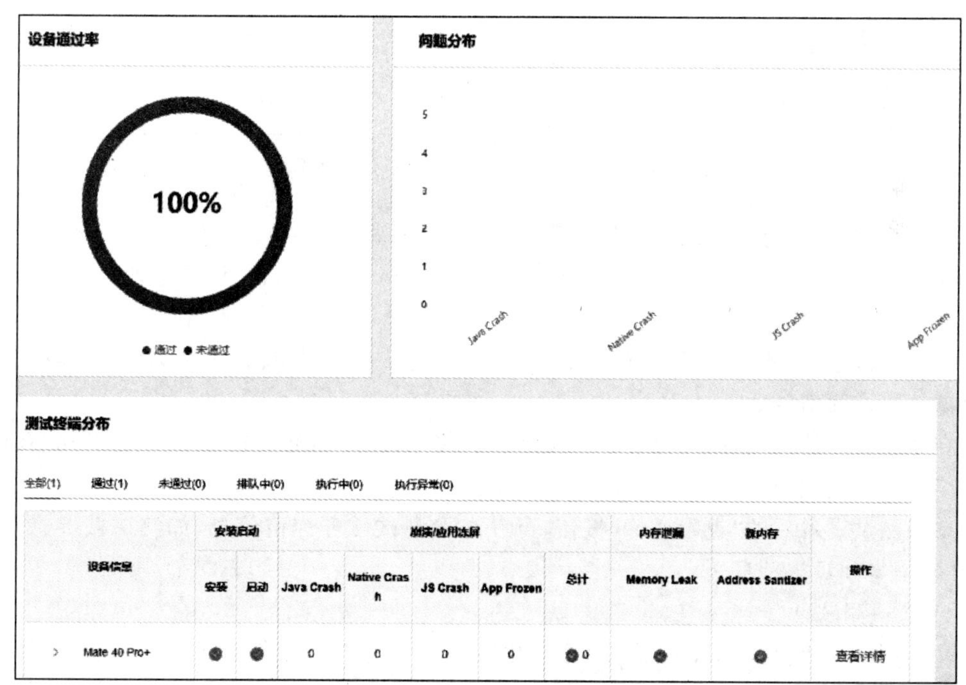

图 9-64　查看测试报告的概览页

前提条件、创建测试任务和兼容性测试流程相同。在创建测试任务页面选择性能测试，设置相关信息后，单击“下一步”按钮。

原子化服务程序，选择待测试的 HarmonyOS 原子化服务包，包括 HAP 和 App 两种格式，如果未上传原子化服务，则应先从本地上传一个 HarmonyOS 原子化服务包。

原子化服务分类，设置原子化服务的一级分类、二级分类和三级分类，如图 9-65 所示。

图 9-65　上传原子化服务与原子化服务分类

选择测试设备，兼容性测试支持智慧屏（TV）和手机（Phone）。

任务创建完成后，等待测试任务完成，可以在 HarmonyOS 云测试任务列表中查看任务状态。

查看测试报告，测试任务执行完成后，在任务列表中，可以单击“查看测试报告”按钮，查看测试结果详细信息。

在测试报告的概览页，可以查看测试任务的整体情况，如测试通过率、问题分布、在各个测试终端上的问题分布情况。

单击测试设备后的“查看详情”按钮，可以查看测试任务详情信息，如测试截屏、资源轨迹、异常信息和日志信息。

4）功耗测试

功耗测试主要验证 HarmonyOS 原子化服务在华为真机设备上运行的功耗，包括屏幕占用时长、WLAN 占用时长、声频占用时长等。功耗测试支持 Phone，包格式包括 HAP/App。

前提条件、创建测试任务和兼容性测试流程相同。

在创建测试任务页面选择"功耗测试"，设置相关信息后，单击"下一步"按钮。

原子化服务程序，选择待测试的 HarmonyOS 原子化服务包，包括 HAP 和 App 两种格式，如果未上传原子化服务，则应先从本地上传一个 HarmonyOS 原子化服务包。原子化服务分类，设置原子化服务的一级分类、二级分类和三级分类。

选择测试设备，功耗测试支持手机(Phone)和轻量级智能穿戴(LiteWearable)。

任务创建完成后，等待测试任务完成，可以在 HarmonyOS 云测试任务列表中查看任务状态。

查看测试报告，测试任务执行完成后，在任务列表中，可以单击"查看测试报告"按钮，查看测试结果详细信息。

在测试报告的概览页，可以查看测试任务的整体情况，如测试通过率、问题分布、在各个测试终端上的问题分布情况。

单击测试设备后的"查看详情"按钮，可以查看测试任务详情信息，如测试截屏、资源轨迹、异常信息和日志信息。

5）UX 测试

UX 测试主要验证 HarmonyOS 服务卡片和原子化服务的显示相关问题，可检测问题类别包括圆角类、位置类、尺寸类、形状类、字体类、配置类、交互类等。

UX 测试支持手机，包格式目前支持 HAP 和 App 格式，见表 9-6。

表 9-6　关于各测试项的说明

UX 测试项	说　明	支持的设备
深色模式	服务卡片需要适配深色模式，该检测项当前为建议项	手机(Phone)
卡片圆角	服务卡片有圆角裁切的情况不符合规范，卡片应为直角矩形，不可自行设计圆角，圆角裁切由桌面统一进行	手机(Phone)
内容圆角	服务卡片内容(组件)如用到圆角，则需使用规范定义的通用圆角，内容圆角可在 4vp、8vp、12vp 参数中选择	手机(Phone)
右上角(pin)热区	为了保证服务卡片在任何状态下的交互体验，服务卡片控件热区设置不得与卡片右上角 30×30vp 的范围重合	手机(Phone)
最小单击热区	为了保证服务卡片在任何状态下的交互体验，服务卡片中需要单击操作的元素，最短边不得小于 32vp，物理尺寸大于 5mm	手机(Phone)
四周安全边距	服务卡片内容不得过于接近服务卡片四周。1×2 服务卡片的四周安全距离不得小于 8vp；2×2、2×4、4×4 服务卡片的四周安全距离不得小于 12vp	手机(Phone)
卡片留白	为了保证服务卡片在任何状态下的交互体验，服务卡片中四边留白不得超过 60vp；建议服务卡片中间留白不超过 50vp	手机(Phone)
文字可识别度	服务卡片中不应存在文本被截断、卡片窗口截断、内容重叠及拉伸变形的情况，避免用户在查看信息时出现显示信息不全等情况	手机(Phone)

续表

UX 测试项	说　明	支持的设备
异形卡片	服务卡片内不得使用纯透明/半透明图片，不允许在服务卡片中露出桌面壁纸	手机(Phone)
字体范围	为了保证服务卡片中文字清晰易读，服务卡片中最小字号不得小于 10fp；建议选择使用通用字号，通用字号可在 10vp、12vp、14vp、16vp、20vp、30vp、38vp 中进行选择	手机(Phone)
默认卡片	支持服务卡片的鸿蒙原子化服务，为了保证鸿蒙原子化服务和服务卡片的上滑交互体验，必须设定默认卡片	手机(Phone)
交互手势	不能在服务卡片内使用滑动、拖曳和长按等交互手势，导致与系统层级交互产生冲突	手机(Phone)
纯图卡片	不能以一张图片作为服务卡片整体，否则缺乏布局自适应能力，并且无法支持无障碍能力	手机(Phone)

前提条件和创建测试任务与已述测试流程一样。

在创建测试任务页面选择"UX 测试"，选择待测试的 HarmonyOS 原子化服务包，包括 HAP 和 App 两种格式，如果未上传原子化服务，则应先从本地上传一个 HarmonyOS 原子化服务包。单击"下一步"按钮。

选择测试设备，UX 测试目前可支持手机(Phone)，如图 9-66 所示。

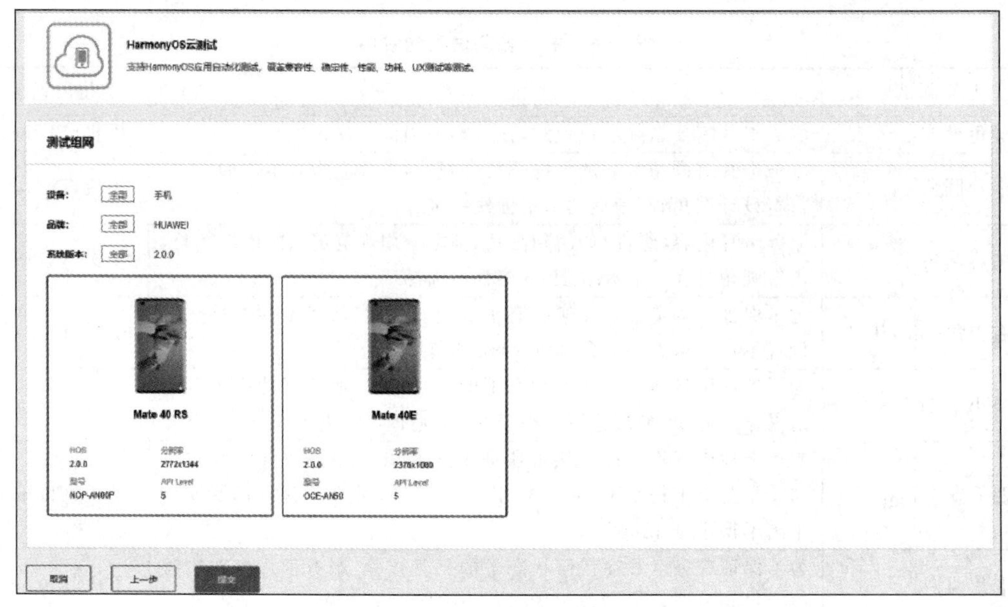

图 9-66　选择测试设备

任务创建完成后，等待测试任务完成，可以在 HarmonyOS 云测试任务列表中查看任务状态，如图 9-67 所示。

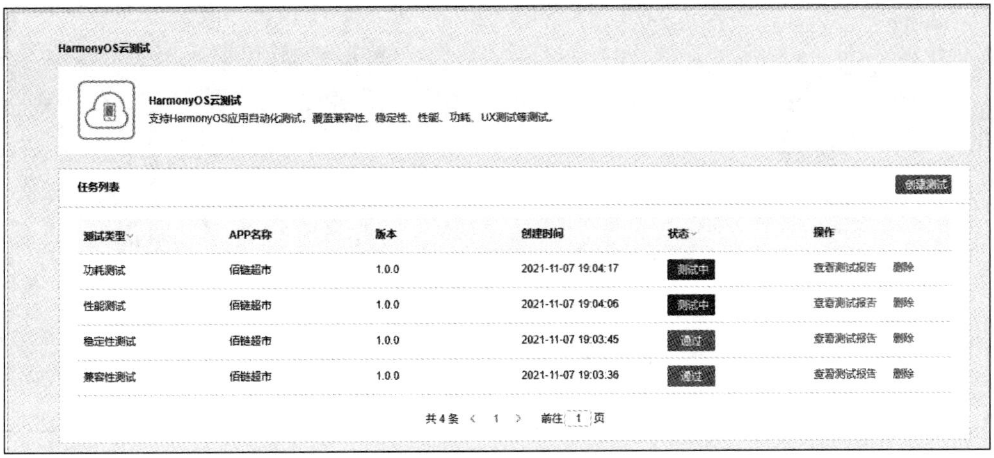

图 9-67　查看任务状态

查看测试报告,测试任务执行完成后,在任务列表中,可以单击“查看测试报告”按钮,查看测试结果详细信息,如图 9-68 所示。

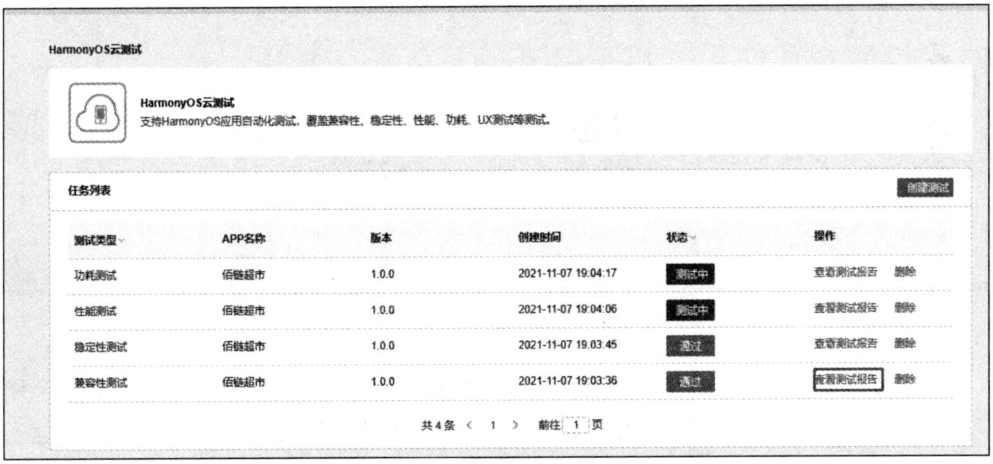

图 9-68　查看测试报告

在测试报告的概览页,可以查看测试任务的整体情况,如测试通过率、问题分布、在各个测试终端上的问题分布情况,如图 9-69 所示。

单击“查看详情”按钮,可以查看测试任务详情信息,如测试截屏、资源轨迹、异常信息和日志信息,如图 9-70 所示。

3. HarmonyOS 原子化服务远程真机测试

通过远程连接方式控制云端真机对 HarmonyOS 原子化服务进行测试,包括 HarmonyOS 原子化服务在远程真机上的安装、测试等,当前支持的真机设备包含 TV、Lite Wearable 设备、Phone 和平板计算机(Tablet)。

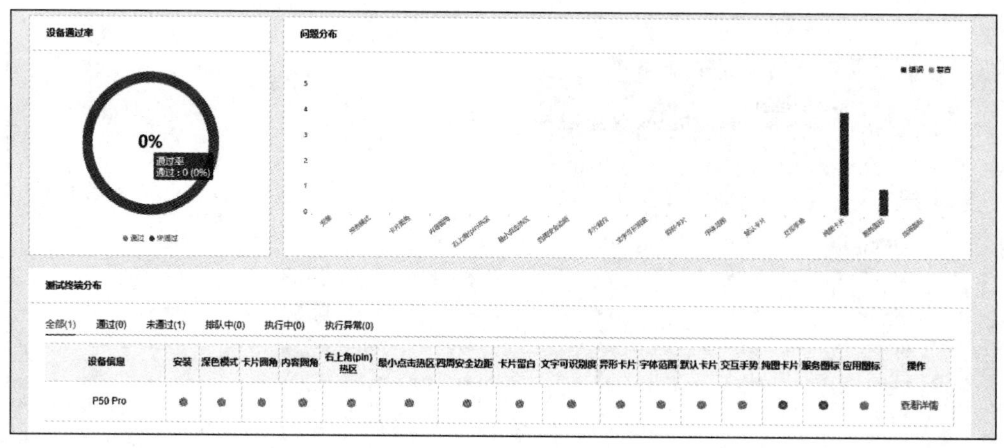

图 9-69　查看测试概览页

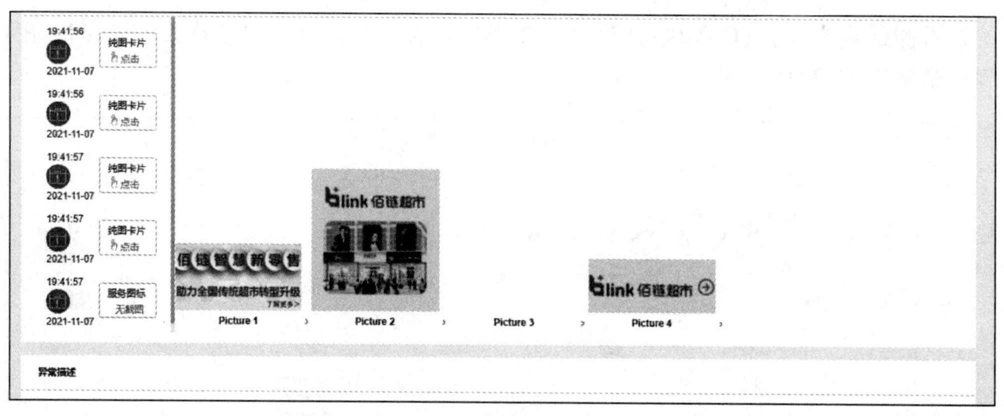

图 9-70　查看测试任务详情信息

通过 HUAWEI DevEco Services 调用远程真机对 HarmonyOS 原子化服务进行测试，HUAWEI DevEco Services 根据远程设备信息自动为 HAP 包签名，开发者无须事先对 HAP 包进行签名；已经签名的 HAP 包，HUAWEI DevEco Services 也会根据远程设备信息自动为 HAP 包重新签名。

前提条件和创建测试任务与已述测试流程一样。

进入项目空间，在左侧导航栏中选择远程实验室→远程真机，进入远程真机页面。

在远程真机页面的"机型选择"页签中选中要远程连接的设备，单击"开始测试"按钮，在弹出的"申请使用"对话框中选择使用额度，单击"确定"按钮，跳转到"正在使用的机型"页签，如图 9-71 所示。

在"正在使用的机型"页签的"应用"子页签中，选择 HAP 格式的原子化服务或从本地上传 HAP 格式的文件。从本地上传的 HAP 格式的文件会自动安装到远程真机上。如果安装失败，则可以在 HAP 包的右上角单击 按钮重新安装，如图 9-72 所示。

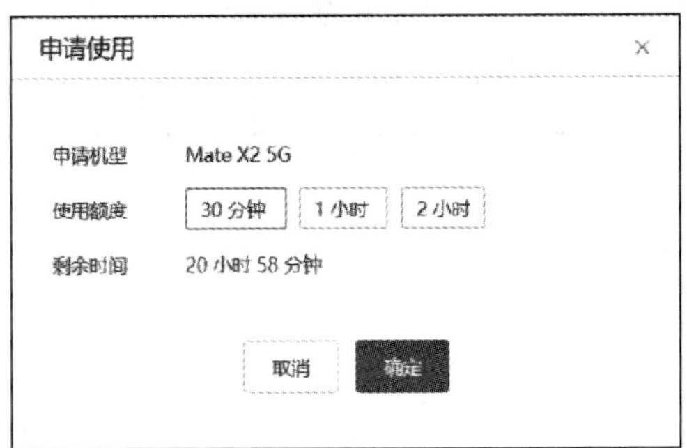

图 9-71　申请使用

图 9-72　重新安装

通过“正在使用的机型”页签左侧的远程真机的模拟屏幕对安装的原子化服务进行使用，测试该原子化服务是否正常，如图 9-73 所示。

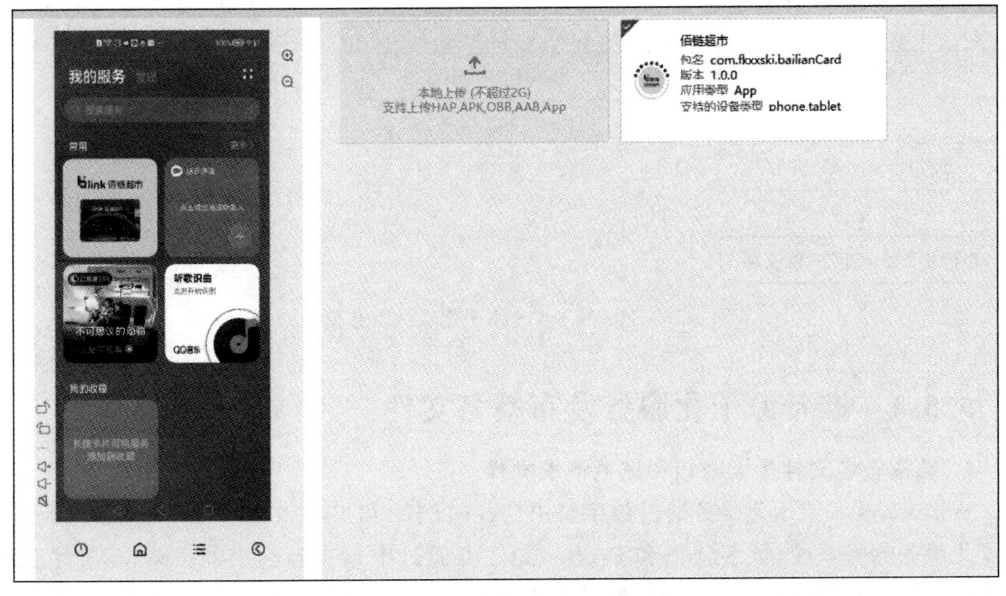

图 9-73　测试正常与否

查看测试报告，在“测试报告”页签中，可以查看使用远程真机进行测试的情况。单击“查看”按钮查看测试报告详情，如图 9-74 所示。

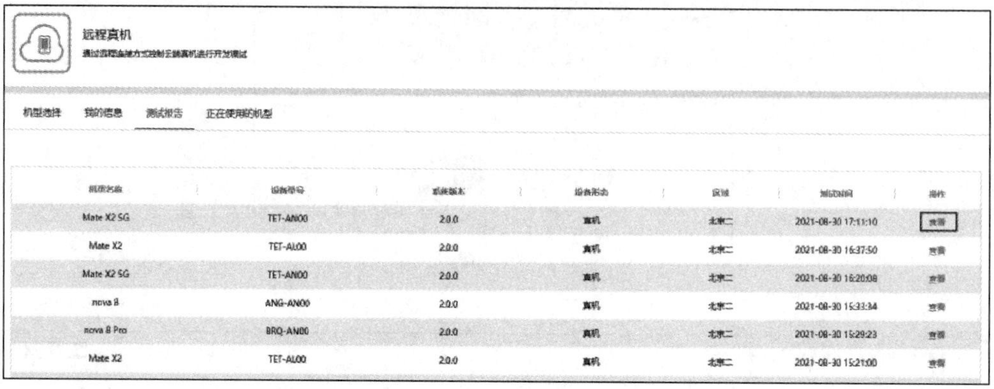

远程真机

机型选择 我的信息 测试报告 正在使用的机型

机型名称	设备型号	系统版本	设备形态	区域	测试时间	操作
Mate X2 5G	TET-AN00	2.0.0	真机	北京二	2021-08-30 17:11:10	查看
Mate X2	TET-AL00	2.0.0	真机	北京二	2021-08-30 16:37:50	查看
Mate X2 5G	TET-AN00	2.0.0	真机	北京二	2021-08-30 16:20:08	查看
nova 8	ANG-AN00	2.0.0	真机	北京二	2021-08-30 15:33:34	查看
nova 8 Pro	BRQ-AN00	2.0.0	真机	北京二	2021-08-30 15:29:23	查看
Mate X2	TET-AL00	2.0.0	真机	北京二	2021-08-30 15:21:00	查看

图 9-74 查看测试报告

9.5 原子化服务发布流程

整体原子化服务发布流程及相关因素如图 9-75 所示。

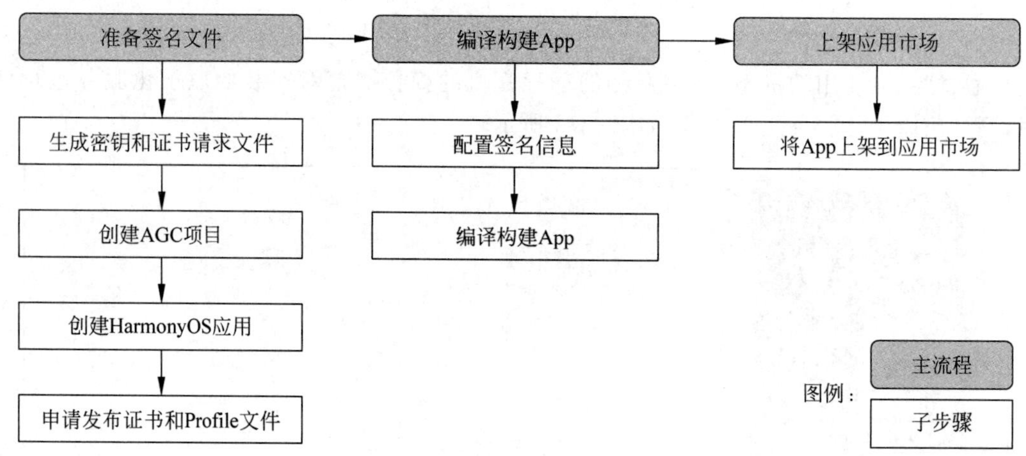

图 9-75 HarmonyOS 原子化服务发布流程图

9.5.1 准备原子化服务发布签名文件

1. 准备签名文件生成密钥和证书请求文件

HarmonyOS 原子化服务通过数字证书(.cer 文件)和 Profile 文件(.p7b 文件)来保证原子化服务的完整性，数字证书和 Profile 文件可通过申请发布证书和 Profile 文件获取。申请数字证书和 Profile 文件前，首先需要通过 DevEco Studio 来生成密钥文件(.p12 文件)

和证书请求文件(.csr 文件)。同时,也可以使用命令行工具的方式来生成密钥文件和证书请求文件。具体操作流程如下:

第一步,生成 p12 私钥文件。在主菜单栏依次单击 Build→Generate Key and CSR 命令,如图 9-76 所示。

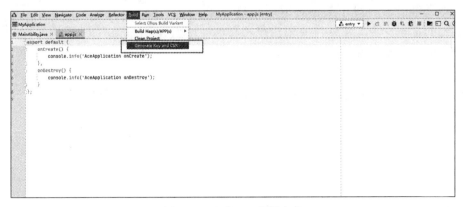

图 9-76　生成 p12 私钥文件

第二步,在 Key Store File 中,可以单击 Choose Existing 按钮选择已有的密钥库文件;如果没有密钥库文件,则可单击 New 按钮进行创建。下面以新创建密钥库文件为例进行说明,如图 9-77 所示。

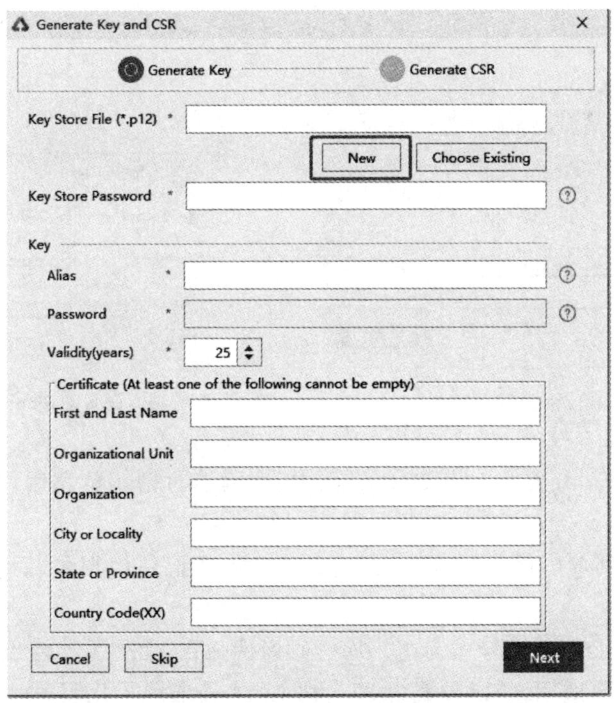

图 9-77　新创建密钥库文件

第三步，在 Create Key Store 窗口中，填写密钥库信息后，单击 OK 按钮，如图 9-78 所示。

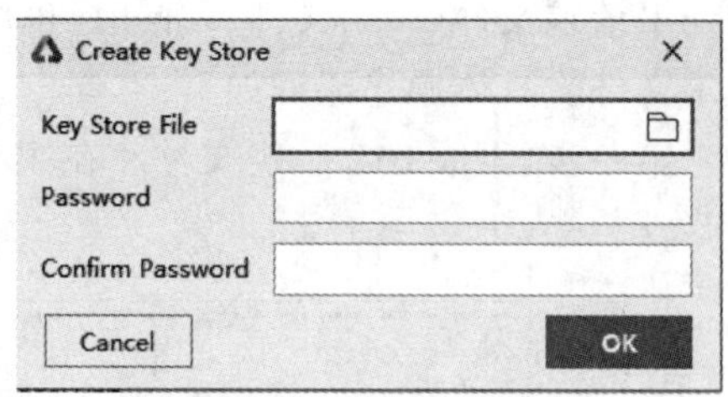

图 9-78　填写密钥库信息

Key Store File：选择密钥库文件存储路径。Password：设置密钥库密码，必须由大写字母、小写字母、数字和特殊符号中的两种或两种以上字符的组合，长度至少为 8 位。需要记住该密码，后续签名配置时需要使用。Confirm Password：再次输入密钥库密码。

单击 Key Store File 右侧文件夹按钮选择选择密钥库文件存储路径，并在下面 File Name 后填写密钥的名字，如图 9-79 所示。

设置 Password 和 Confirm Password 后单击 OK 按钮，如图 9-80 所示。

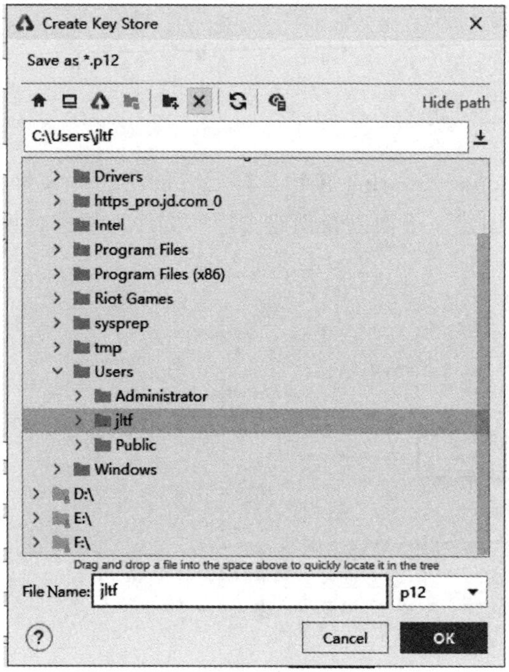

图 9-79　填写密钥的名字

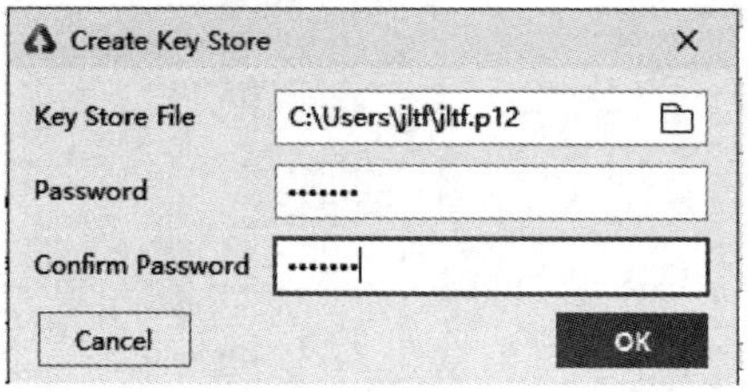

图 9-80　设置 Password 和 Confirm Password

第四步，在 Generate Key and CSR 界面中，继续填写密钥信息后，单击 Next 按钮，如图 9-81 所示。

Alias：密钥的别名信息，用于标识密钥名称。需要记住该别名，后续签名配置时需要使用。

Password：密钥对应的密码，与密钥库密码保持一致，无须手动输入。

Validity：证书有效期，建议设置为 25 年及以上，覆盖原子化服务的完整生命周期。

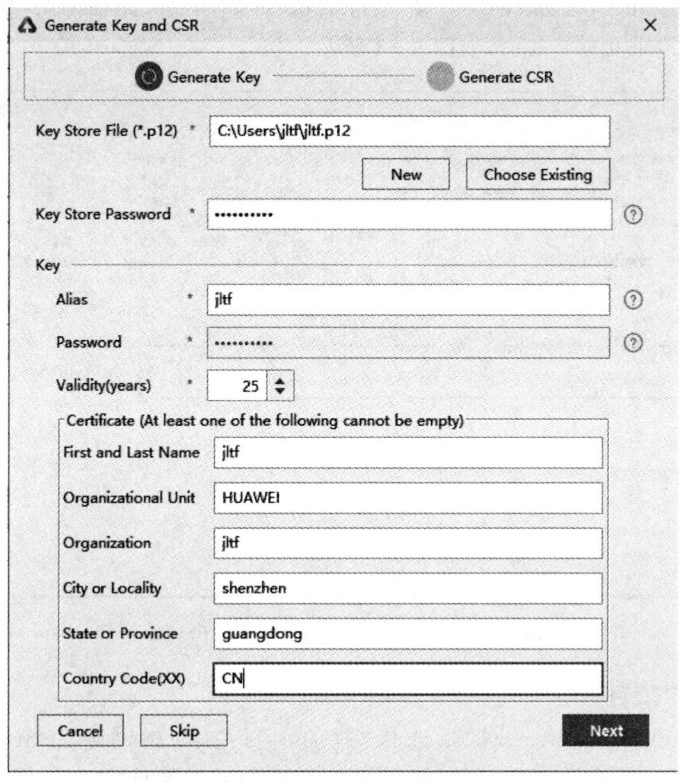

图 9-81 Generate Key and CSR 界面(1)

Certificate：输入证书基本信息，如组织、城市或地区、国家码等。

第五步，在 Generate Key and CSR 界面，选择密钥和设置 CSR 文件存储路径，如图 9-82 所示。

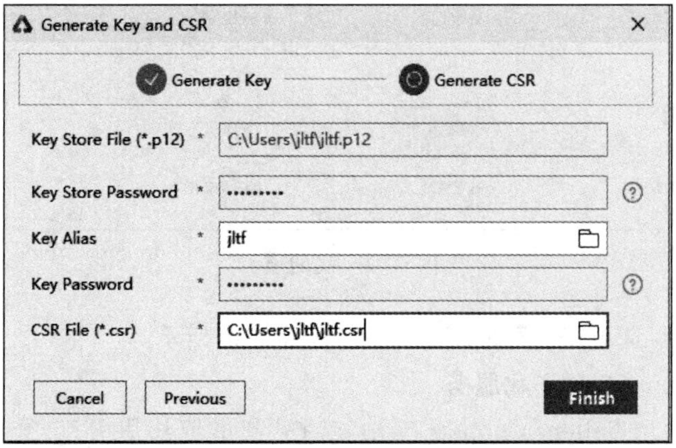

图 9-82 Generate Key and CSR 界面(2)

第六步，单击 Finish 按钮，创建 CSR 文件成功，可以在存储路径下获取生成的密钥库文件(.p12)和证书请求文件(.csr)，如图 9-83 所示。

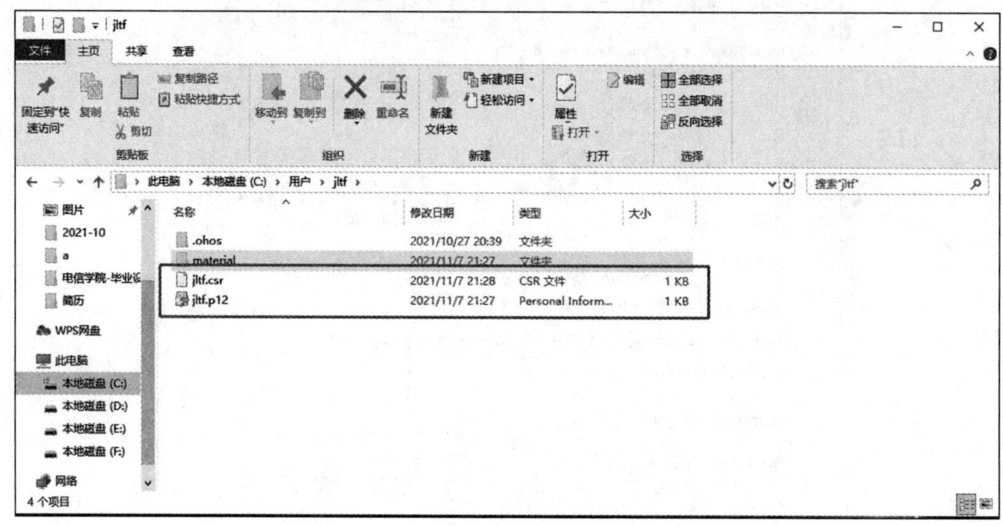

图 9-83 获取生成的密钥库文件(.p12)和证书请求文件(.csr)

2. 创建 AGC 项目

登录 AppGallery Connect 网站，选择"我的项目"。登录网址为 https://developer.huawei.com/consumer/cn/service/josp/agc/index.html。在网站首页中单击"我的项目"图标，如图 9-84 所示。

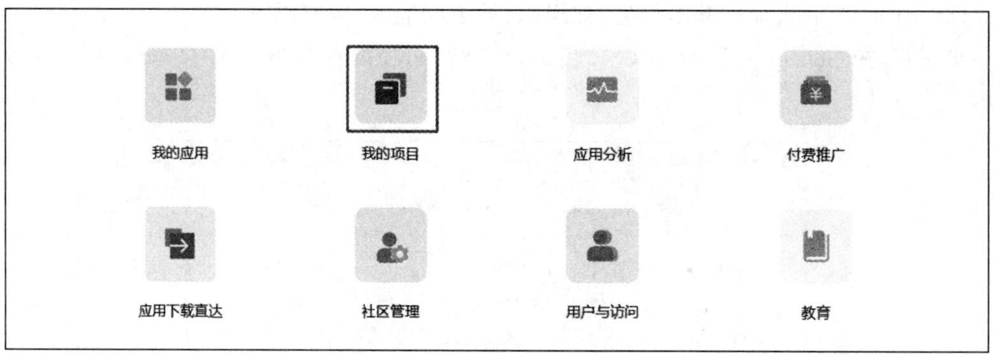

图 9-84 我的项目

在"我的项目"页面单击"添加项目"图标，如图 9-85 所示。

3. 创建 HarmonyOS 原子化服务

第一步，登录 AppGallery Connect 网站，选择"我的应用服务"。登录网址为 https://developer.huawei.com/consumer/cn/service/josp/agc/index.html，在网站首页中单击"我的应用"图标，如图 9-86 所示。

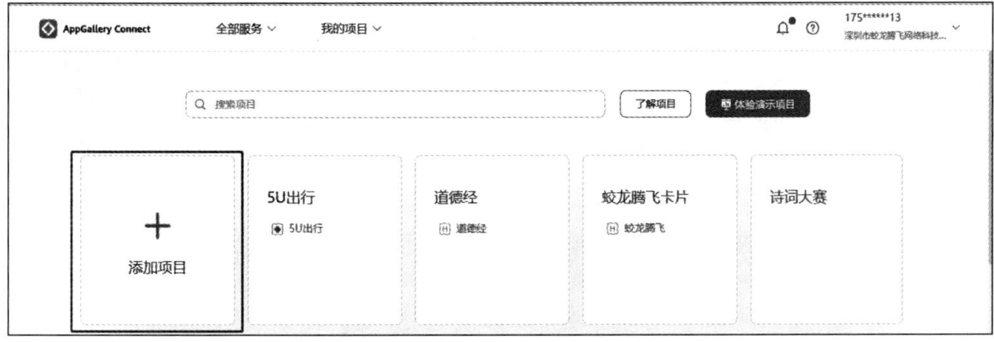

图 9-85 添加项目

图 9-86 “我的应用”服务

第二步，在“我的应用”页面单击“新建”按钮，如图 9-87 所示。

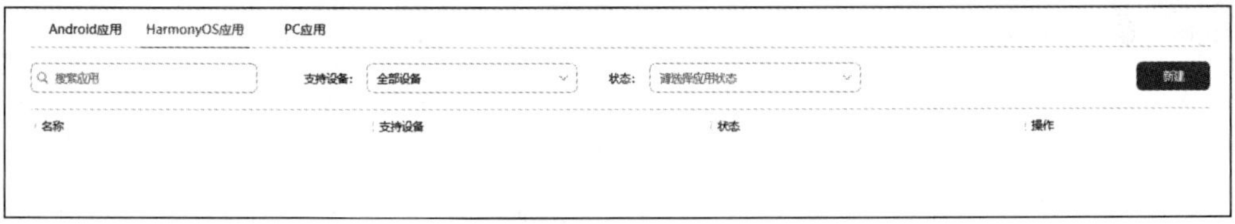

图 9-87 新建项目

第三步，填写原子化服务信息，完成后单击“确认”按钮，如图 9-88 所示。

本步骤就笔者创作期间的注意事项。不在受邀名单的开发者当前仅支持 HarmonyOS 原子化服务的开发和调测，无法进行与 HarmonyOS 原子化服务发布相关的任何操作，包括发布、升级、分阶段发布、回退、下架及发布后的版本记录和分析报表查询等。如需加入受邀名单，已实名开发者可将开发者名称、申请背景、支持设备类型及 Developer ID 发送至 agconnect@huawei.com 邮箱，华为运营人员将在 1～3 个工作日内为你安排对接人员。未实名开发者应先完成实名认证再发送申请。

图 9-88 填写原子化服务信息

Developer ID 查询方法：登录 AppGallery Connect 网站，单击“我的项目”。在项目列表中找到你的项目，选择你需要查询开发者账号 ID 或项目 ID 的原子化服务。在“项目设置”页面中，Developer ID 即为开发者账号 ID，如图 9-89 所示。

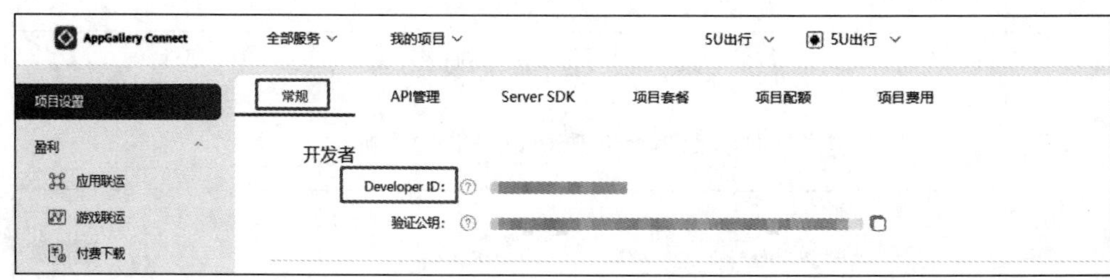

图 9-89 开发者 ID

第四步，返回应用列表，在 HarmonyOS 原子化服务页面查看已经创建的原子化服务，如图 9-90 所示。

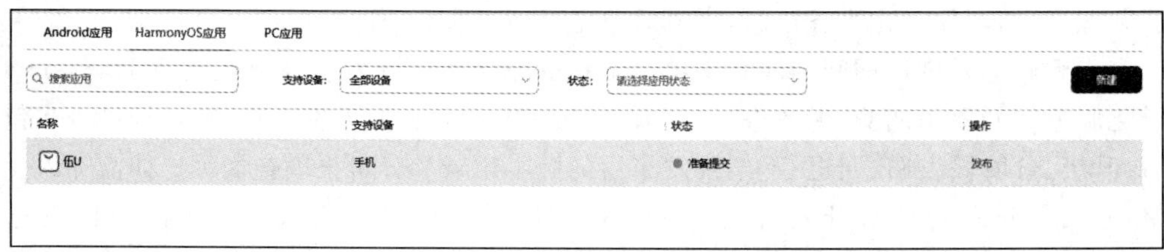

图 9-90 查看已经创建的原子化服务

4. 申请原子化服务发布证书

前提条件：开发者账号已实名认证且在受邀名单中。已创建 HarmonyOS 原子化服务。已通过 IDE 生成证书请求文件(CSR)。

第一步，登录 AppGallery Connect 网站，在网站首页中单击“用户与访问”图标，如图 9-91 所示。

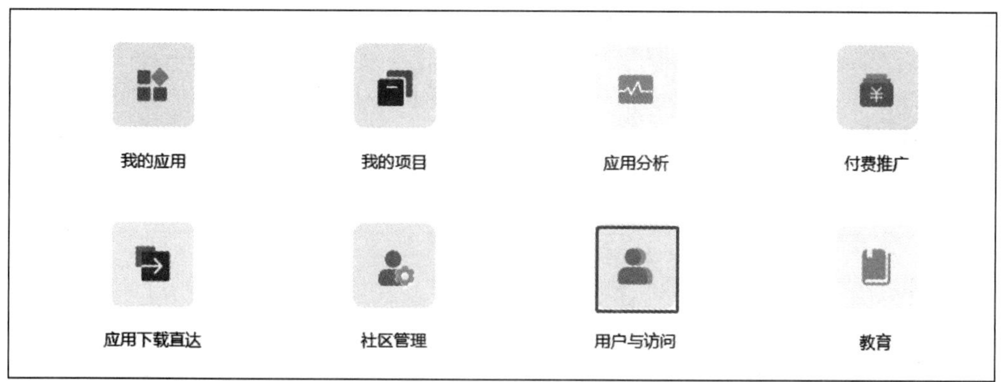

图 9-91　用户与访问

第二步，在单击左侧导航栏的“证书管理”，进入“证书管理”页面，如图 9-92 所示。

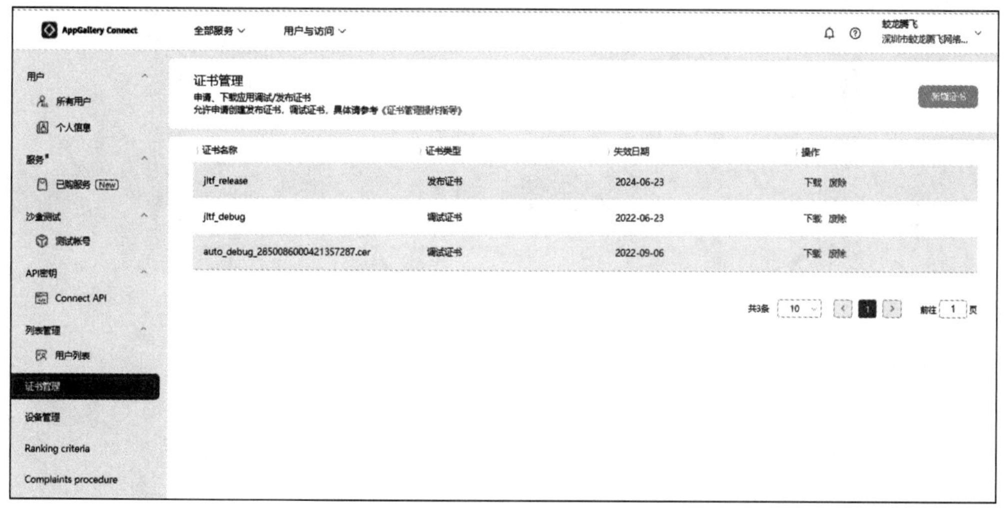

图 9-92　证书管理

第三步，单击右上角“新增证书”按钮，弹出“新增证书”窗口，如图 9-93 所示。

第四步，在“新增证书”窗口中填写要申请的证书信息，单击“提交”按钮，证书类型需选择“发布证书”，如图 9-94 所示。

第五步，单击“下载”按钮并保存证书，如图 9-95 所示。

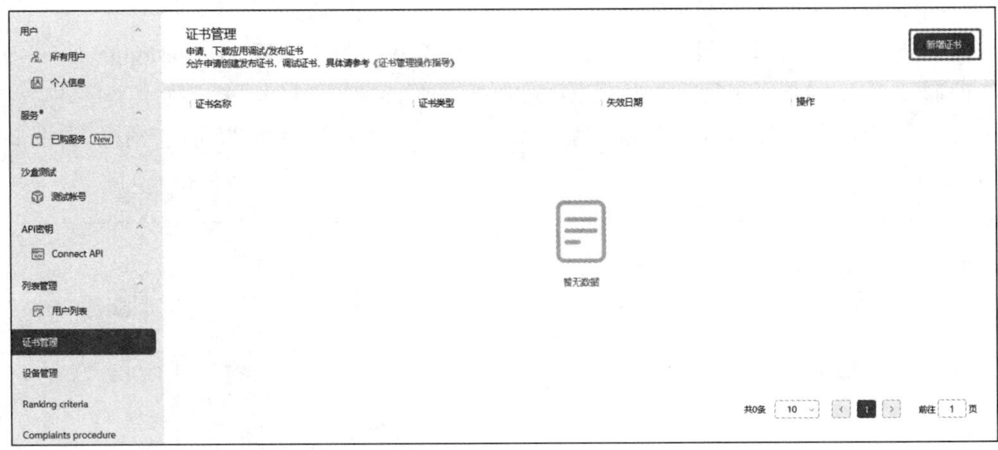

图 9-93　新增证书

图 9-94　发布证书

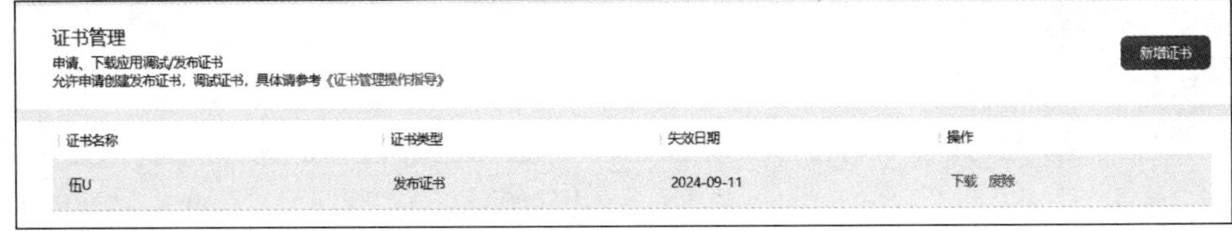

图 9-95　下载并保存证书

5. 申请原子化服务 Profile 文件

第一步，登录 AppGallery Connect 网站，在网站首页中单击“我的项目”。找到项目，单击创建的 HarmonyOS 原子化服务。在左侧导航栏选择“HarmonyOS 应用→HAP Provision

Profile 管理”，进入“管理 HAP Provision Profile”页，如图 9-96 和图 9-97 所示。

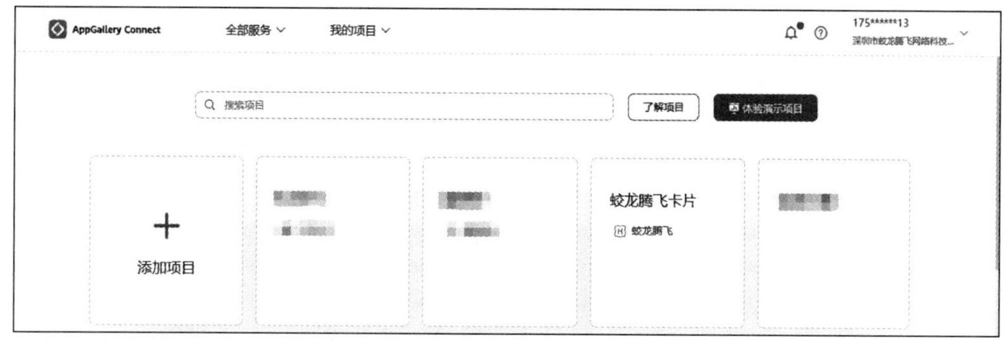

图 9-96　我的项目

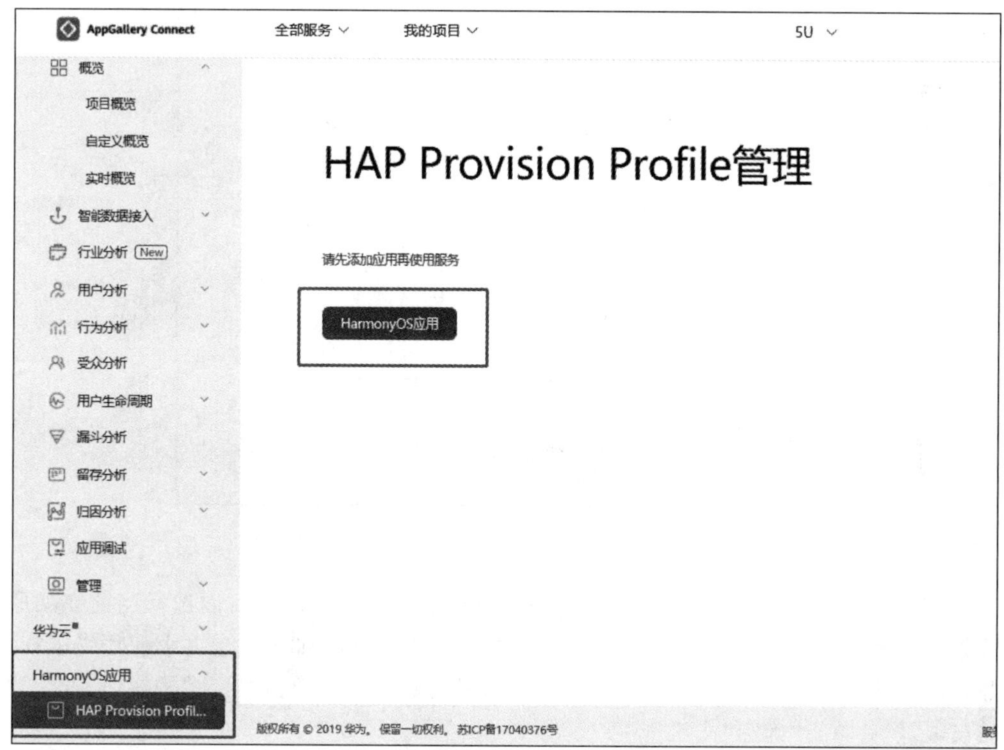

图 9-97　管理 HAP Provision Profile(1)

第二步，按要求添加 HarmonyOS 原子化服务，单击“HAP Provision Profile 管理”，进入“管理 HAP Provision Profile”页面，单击右上角的“添加”按钮，如图 9-98 所示。

第三步，弹出 HarmonyAppProvision 信息窗口，在弹出的 HarmonyAppProvision 信息窗口中添加 Profile，如图 9-99 所示。

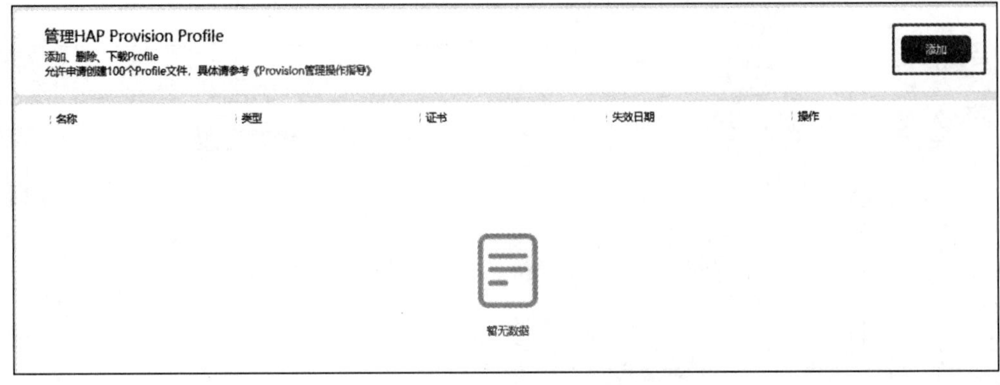

图 9-98　管理 HAP Provision Profile(2)

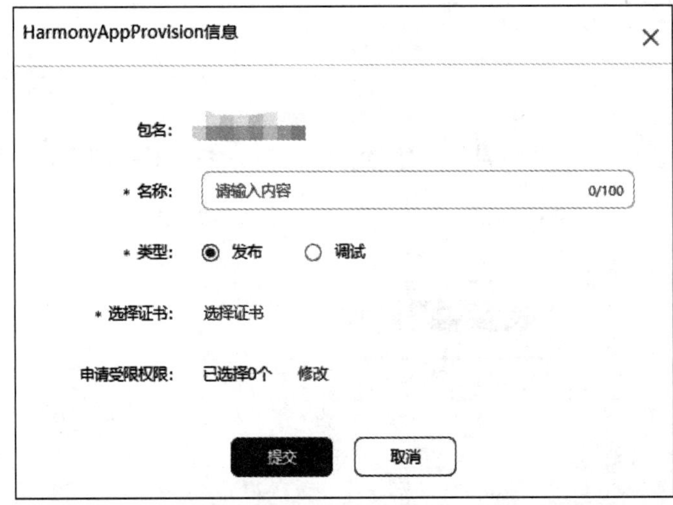

图 9-99　HarmonyAppProvision 信息

本操作步骤注意事项说明：类型选择发布，升级原子化服务时，可以选择当前在架原子化服务的发布证书，以继承已上架原子化服务的数据与权限。如软件包要求使用受限权限，则务必在此处进行申请，否则原子化服务将在审核时被驳回。单击“修改”按钮，勾选需要申请的权限，然后单击“确定”按钮。

第四步，发布 Profile 申请成功后，管理 HAP Provision Profile 页面会展示“名称”“类型”“证书”“失效日期”和“操作”等列信息，如图 9-100 所示。

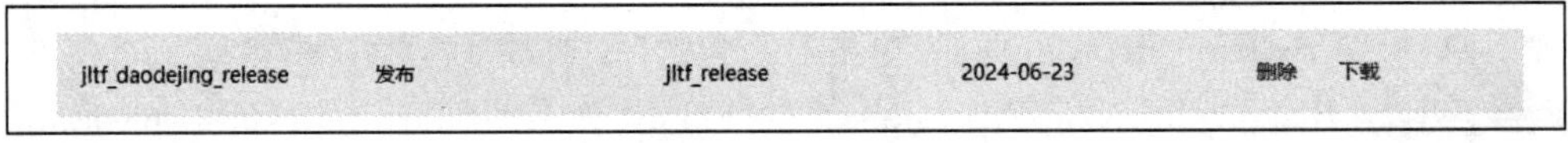

图 9-100　管理 HAP Provision Profile

9.5.2 构建类型为 Release 的 HAP

1. 配置签名信息

编译构建 App 需要使用制作的私钥(. p12)文件、在 AppGallery Connect 中申请的证书(. cer)文件和 Profile(. p7b)文件，然后在 DevEco Studio 中对工程进行配置。在 File→Project Structure→Project→Signing Configs→Debug 窗口中，配置工程的签名信息，如图 9-101 和图 9-102 所示。

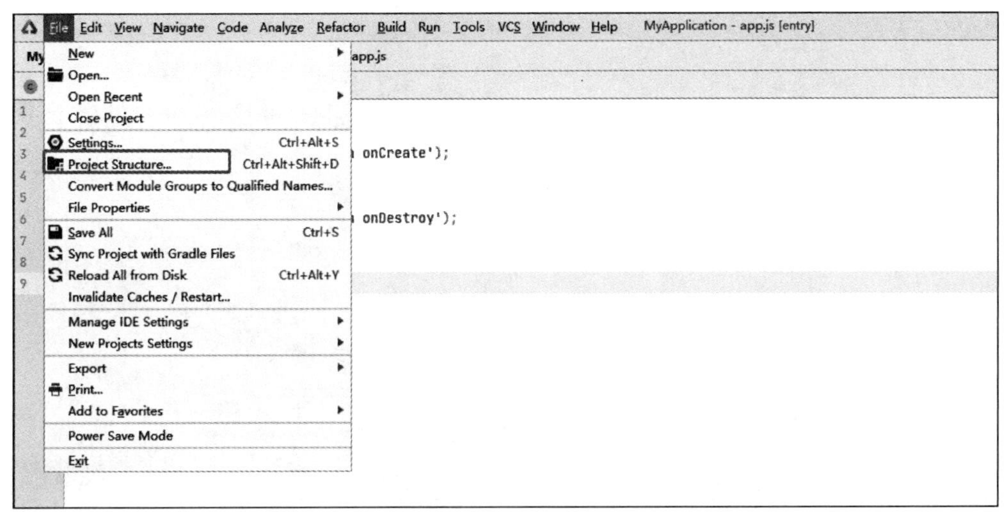

图 9-101 配置工程信息签名(1)

注意事项，Store File：选择密钥库文件，文件后缀为. p12。Store Password：输入密钥库密码。Key Alias：输入密钥的别名信息。Key Password：输入密钥的密码。Sign Alg：签名算法，固定为 SHA256withECDSA。Profile File：选择申请的发布 Profile 文件，文件后缀为. p7b。Certpath File：选择申请的发布数字证书文件，文件后缀为. cer。

2. 编译构建发布的 HAP 文件

打包 App 时，DevEco Studio 会将工程目录下的所有 HAP 模块打包到 App 中，因此，如果工程目录中存在不需要打包到 App 的 HAP 模块，应手动删除后再进行编译构建生成 App。

在主菜单栏依次单击 Build→Build HAP(s)/App(s)→Build HAP(s)，等待编译构建完成已签名的 HAP，如图 9-103 所示。

3. HarmonyOS 两种应用发布形式

就笔者创作本书期间，HarmonyOS 需要安装的 HarmonyOS 应用与原子化服务的主要发布流程和路径是一样的。

HarmonyOS 应用仅在 HUAWEI DevEco Studio 中创建工程时通过 Project Type 与普通 HarmonyOS 原子化服务区分。HarmonyOS 应用调试和发布操作与普通 HarmonyOS 原子化服务完全一致。

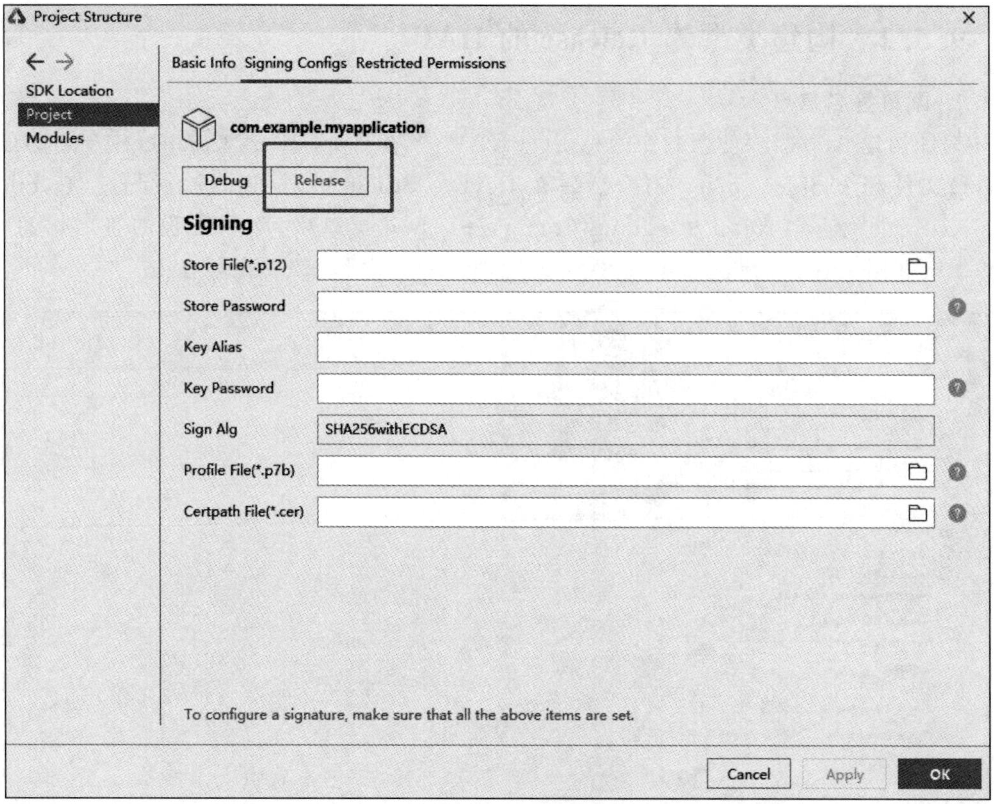

图 9-102　配置工程信息签名(2)

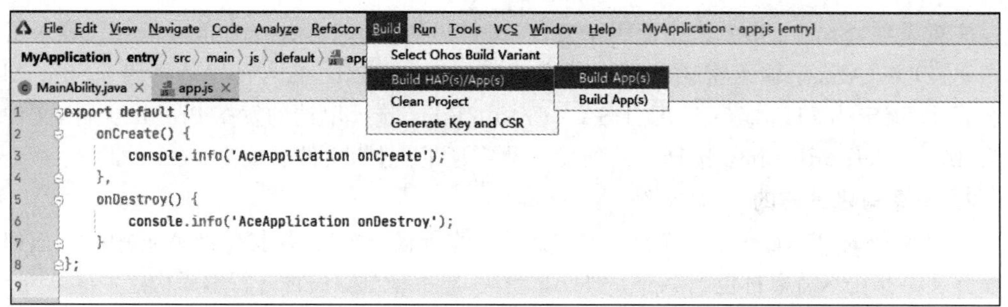

图 9-103　Build HAP(s)

9.5.3　原子化服务发布流程案例

1. 创建 HarmonyOS 原子化服务

第一步，登录 AppGallery Connect 网站后，选择“我的应用”。登录网址为 https://developer.huawei.com/consumer/cn/service/josp/agc/index.html，在网站首页中单击“我的应用”图标，如图 9-104 所示。

图 9-104　我的应用

第二步，在我的应用页面，选择 HarmonyOS 应用并单击“新建”按钮，如图 9-105 所示。

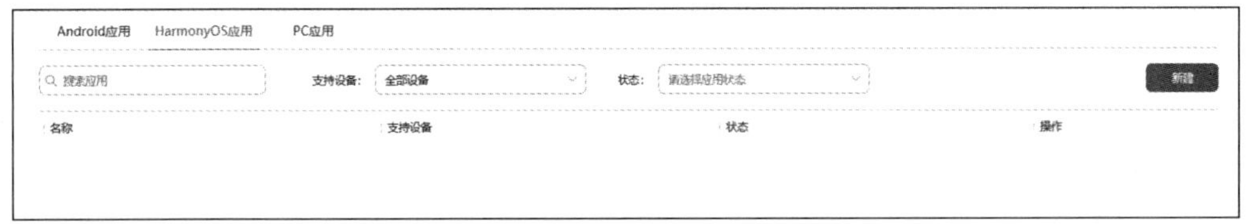

图 9-105　新建我的原子化服务

第三步，填写原子化服务信息，完成后单击“确认”按钮，如图 9-106 所示。

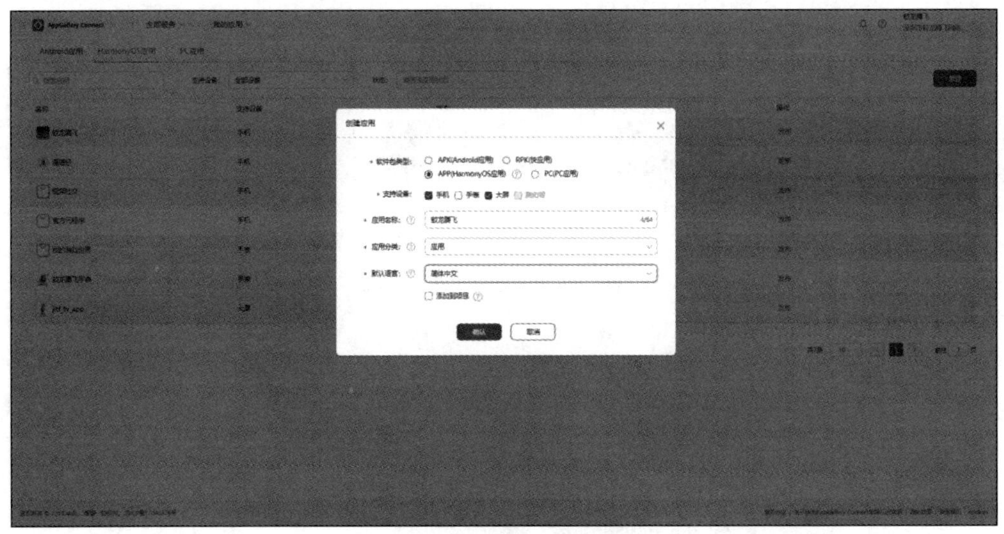

图 9-106　填写原子化服务信息

2. 发布原子化服务

(1) 单击打开新建的应用，填写上架所需要的原子化服务信息，包括应用介绍、版本特性等，如图 9-107 所示。

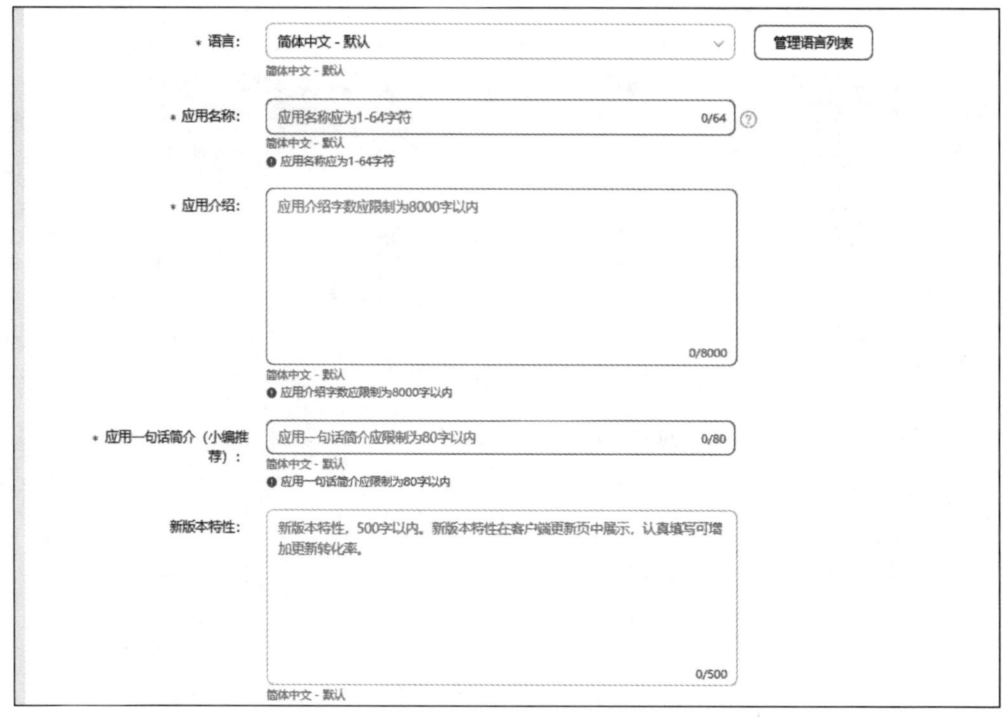

图 9-107　基础信息填写

(2) 单击选择上传原子化服务图标与截图等信息，如图 9-108 所示。

图 9-108　上传原子化服务图标与截图

(3) 将开发者服务信息进行完善,如图 9-109 所示。

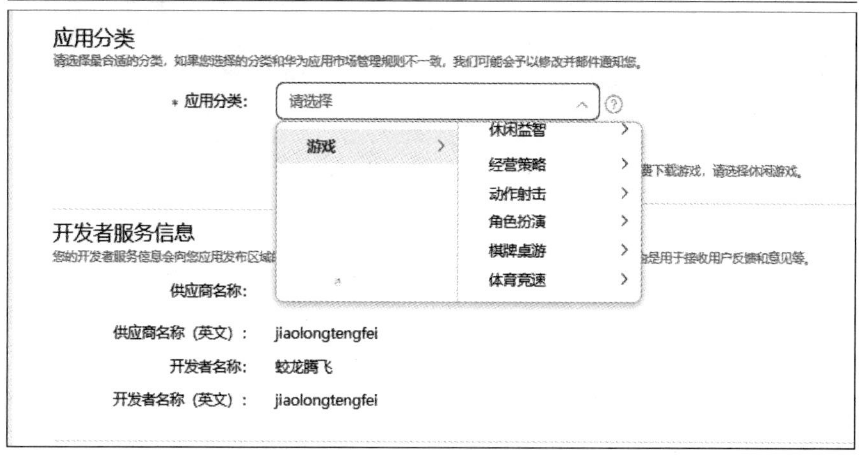

图 9-109　开发者服务信息

(4) 上传需要上架的原子化服务软件包,如图 9-110 所示。

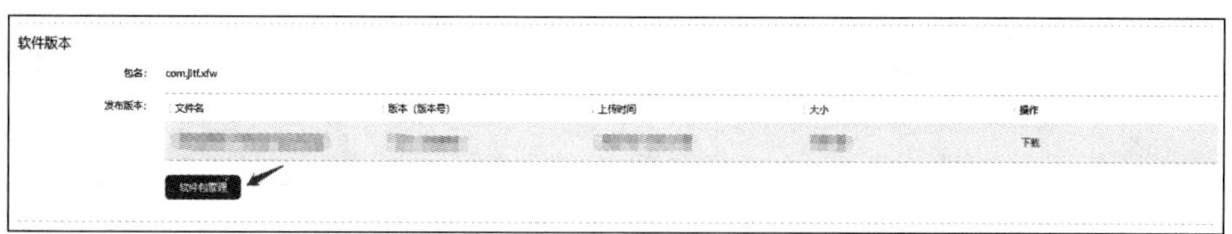

图 9-110　上传软件包

(5) 选择该原子化服务适合使用的年龄段,如图 9-111 所示。

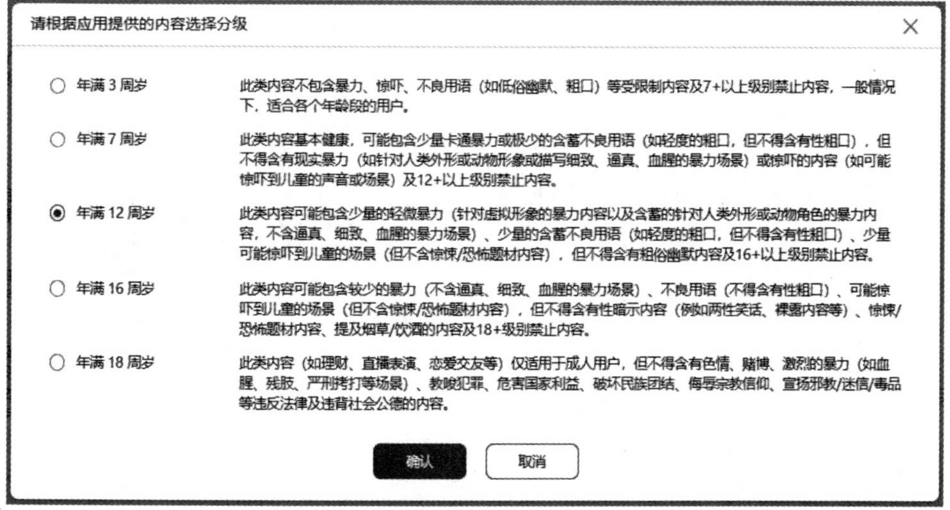

图 9-111　年龄分级

(6) 填写可以查看原子化服务隐私政策对应网址,如图 9-112 所示。

隐私声明

请提供隐私政策声明链接,供应用上架审核。您可以查看华为应用市场审核指南,了解如何保护用户隐私。

* 隐私政策网址:

隐私权利: 请输入URL,以http://或者https://开头

图 9-112 隐私政策网址

(7) 上传原子化服务版权证书或代理证书,如图 9-113 所示。

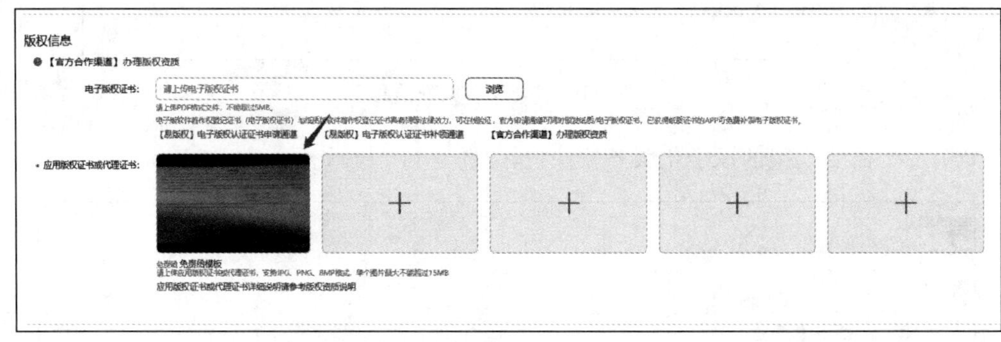

图 9-113 原子化服务版权证书或代理证书

(8) 最后提交审核,等待审核通过即可。

图书推荐

书　　名	作　　者
鸿蒙应用程序开发	董昱
HarmonyOS 应用开发实战(JavaScript 版)	徐礼文
鸿蒙操作系统开发入门经典	徐礼文
鸿蒙操作系统应用开发实践	陈美汝、郑森文、武延军、吴敬征
HarmonyOS 移动应用开发	刘安战、余雨萍、李勇军等
HarmonyOS App 开发从 0 到 1	张诏添、李凯杰
HarmonyOS 从入门到精通 40 例	戈帅
JavaScript 基础语法详解	张旭乾
华为方舟编译器之美——基于开源代码的架构分析与实现	史宁宁
鲲鹏架构入门与实战	张磊
华为 HCIA 路由与交换技术实战	江礼教
Android Runtime 源码解析	史宁宁
深度探索 Go 语言——对象模型与 runtime 的原理、特性及应用	封幼林
Flutter 组件精讲与实战	赵龙
Flutter 组件详解与实战	[加]王浩然(Bradley Wang)
Flutter 实战指南	李楠
Dart 语言实战——基于 Flutter 框架的程序开发(第 2 版)	亢少军
Dart 语言实战——基于 Angular 框架的 Web 开发	刘仕文
IntelliJ IDEA 软件开发与应用	乔国辉
Vue+Spring Boot 前后端分离开发实战	贾志杰
Vue.js 企业开发实战	千锋教育高教产品研发部
Python 从入门到全栈开发	钱超
Python 全栈开发——基础入门	夏正东
Python 全栈开发——高阶编程	夏正东
Python 游戏编程项目开发实战	李志远
Python 人工智能——原理、实践及应用	杨博雄主编,于营、肖衡、潘玉霞、高华玲、梁志勇副主编
Python 深度学习	王志立
Python 预测分析与机器学习	王沁晨
Python 异步编程实战——基于 AIO 的全栈开发技术	陈少佳
Python 数据分析实战——从 Excel 轻松入门 Pandas	曾贤志
Python 数据分析从 0 到 1	邓立文、俞心宇、牛瑶
Python Web 数据分析可视化——基于 Django 框架的开发实战	韩伟、赵盼
Python 玩转数学问题——轻松学习 NumPy、SciPy 和 matplotlib	张骞
Pandas 通关实战	黄福星
深入浅出 Power Query M 语言	黄福星
FFmpeg 入门详解——音视频原理及应用	梅会东
云原生开发实践	高尚衡
虚拟化 KVM 极速入门	陈涛
虚拟化 KVM 进阶实践	陈涛
物联网——嵌入式开发实战	连志安
人工智能算法——原理、技巧及应用	韩龙、张娜、汝洪芳
跟我一起学机器学习	王成、黄晓辉
TensorFlow 计算机视觉原理与实战	欧阳鹏程、任浩然

续表

书　　名	作　　者
分布式机器学习实战	陈敬雷
计算机视觉——基于 OpenCV 与 TensorFlow 的深度学习方法	余海林、翟中华
深度学习——理论、方法与 PyTorch 实践	翟中华、孟翔宇
深度学习原理与 PyTorch 实战	张伟振
ARKit 原生开发入门精粹——RealityKit＋Swift＋SwiftUI	汪祥春
HoloLens 2 开发入门精要——基于 Unity 和 MRTK	汪祥春
Altium Designer 20 PCB 设计实战(视频微课版)	白军杰
Cadence 高速 PCB 设计——基于手机高阶板的案例分析与实现	李卫国、张彬、林超文
Octave 程序设计	于红博
ANSYS 19.0 实例详解	李大勇、周宝
AutoCAD 2022 快速入门、进阶与精通	邵为龙
SolidWorks 2020 快速入门与深入实战	邵为龙
SolidWorks 2021 快速入门与深入实战	邵为龙
UG NX 1926 快速入门与深入实战	邵为龙
西门子 S7-200 SMART PLC 编程及应用(视频微课版)	徐宁、赵丽君
三菱 FX3U PLC 编程及应用(视频微课版)	吴文灵
全栈 UI 自动化测试实战	胡胜强、单镜石、李睿
FFmpeg 入门详解——音视频原理及应用	梅会东
pytest 框架与自动化测试应用	房荔枝、梁丽丽
软件测试与面试通识	于晶、张丹
智慧教育技术与应用	[澳]朱佳(Jia Zhu)
敏捷测试从零开始	陈霁、王富、武夏
智慧建造——物联网在建筑设计与管理中的实践	[美]周晨光(Timothy Chou)著；段晨东、柯吉译
深入理解微电子电路设计——电子元器件原理及应用(原书第5版)	[美]理查德·C. 耶格(Richard C. Jaeger)、[美]特拉维斯·N. 布莱洛克(Travis N. Blalock)著；宋廷强译
深入理解微电子电路设计——数字电子技术及应用(原书第5版)	[美]理查德·C. 耶格(Richard C. Jaeger)、[美]特拉维斯·N. 布莱洛克(Travis N. Blalock)著；宋廷强译
深入理解微电子电路设计——模拟电子技术及应用(原书第5版)	[美]理查德·C. 耶格(Richard C. Jaeger)、[美]特拉维斯·N. 布莱洛克(Travis N. Blalock)著；宋廷强译

图书资源支持

感谢您一直以来对清华大学出版社图书的支持和爱护。为了配合本书的使用，本书提供配套的资源，有需求的读者请扫描下方的“书圈”微信公众号二维码，在图书专区下载，也可以拨打电话或发送电子邮件咨询。

如果您在使用本书的过程中遇到了什么问题，或者有相关图书出版计划，也请您发邮件告诉我们，以便我们更好地为您服务。

我们的联系方式：

地　　址：北京市海淀区双清路学研大厦 A 座 714

邮　　编：100084

电　　话：010-83470236　010-83470237

资源下载：http://www.tup.com.cn

客服邮箱：tupjsj@vip.163.com

QQ：2301891038（请写明您的单位和姓名）

教学资源 · 教学样书 · 新书信息

人工智能科学与技术
人工智能|电子通信|自动控制

资料下载 · 样书申请

书圈

用微信扫一扫右边的二维码，即可关注清华大学出版社公众号。